U0917701

“十二五”职业教育国家规划教材
经全国职业教育教材审定委员会审定

机械技术基础

第2版

主　编　田　鸣
副主编　何　毅　汪成华　白　柳
参　编　杜宜洋　杨晓宁　梁天宇　朱庆高

机械工业出版社
CHINA MACHINE PRESS

本书是“十二五”职业教育国家规划教材，是根据《教育部关于“十二五”职业教育教材建设的若干意见》及教育部新颁布的《高等职业学校专业教学标准（试行）》，同时参考相关国家职业资格标准，在第1版的基础上修订而成的。本书将理论力学、材料力学、机械原理和机械零件四门课程的内容进行了有机的整合，包括静力学基础，力系的简化与平衡，摩擦与自锁，平面机构的运动力学基础，轴向拉伸及压缩，剪切与挤压，扭转，弯曲，平面连杆机构，其他常用机构，带传动，链传动，齿轮传动，轮系，轴承，轴及轴系，联接，联轴器、离合器和制动器，弹性连接，计19章。本书模式新颖，文字简明，通俗易懂，注重知识的实用性。为便于教学，本书配套有电子课件，选择本书作为教材的教师可登录www.cmpedu.com网站，注册、免费下载。

本书可作为高等职业院校机电类专业教材，也可作为机电行业岗位培训教材。

图书在版编目(CIP)数据

机械技术基础/田鸣主编. —2版. —北京：机械工业出版社，2014.6(2018.8重印)

“十二五”职业教育国家规划教材

ISBN 978-7-111-48145-4

Ⅰ.①机… Ⅱ.①田… Ⅲ.①机械学-高等职业教育-教材 Ⅳ.①TH11

中国版本图书馆CIP数据核字(2014)第227527号

机械工业出版社(北京市百万庄大街22号 邮政编码100037)

策划编辑：王佳玮 责任编辑：王佳玮 版式设计：赵颖喆

责任校对：刘怡丹 封面设计：张 静 责任印制：常天培

北京机工印刷厂印刷

2018年8月第2版第4次印刷

184mm×260mm · 18印张 · 434千字

标准书号：ISBN 978-7-111-48145-4

定价：43.00元

凡购本书，如有缺页、倒页、脱页，由本社发行部调换

电话服务	网络服务
社服务中心：(010) 88361066	教材网：http://www.cmpedu.com
销售一部：(010) 68326294	机工官网：http://www.cmpbook.com
销售二部：(010) 88379649	机工官博：http://weibo.com/cmp1952
读者购书热线：(010) 88379203	**封面无防伪标均为盗版**

第2版前言

本书是按照教育部《关于开展“十二五”职业教育国家规划教材选题立项工作的通知》，经过出版社初评、申报，由教育部专家组评审确定的“十二五”职业教育国家规划教材，是根据《教育部关于“十二五”职业教育教材建设的若干意见》及教育部新颁布的《高等职业学校专业教学标准(试行)》，同时参考相关国家职业资格标准，在第1版的基础上修订而成的。

本书主要介绍理论力学、材料力学、机械原理和机械零件四部分内容，根据读者的认识规律和难点分散的原则组成各章。原则上每一章只有一个主要专题，从而使每章都有较强的针对性，内容的组织力求体现循序渐进、由简到繁、由特殊到一般的特色。本书编写模式新颖，文字简明，通俗易懂，内容精炼，知识面宽，习题丰富，方便教学。

本书共十九章，由大连职业技术学院田鸣主编。具体分工如下：大连职业技术学院田鸣编写绪论和第十六章，大连职业技术学院杜宜洋编写第一～第三章，大连职业技术学院何毅编写第四章、第十三章和第十四章，大连职业技术学院杨晓宁编写第五章、第六章、第十一章、第十二章和第十八章，重庆市经贸中等专业学校汪成华编写第七章、第八章和第十九章，大连职业技术学院梁天宇编写第九章、第十章、第十五章和第十七章。全书由田鸣、汪成华、白柳、朱庆高负责统稿。

本书经全国职业教育教材审定委员会审定，教育部专家在评审过程中对本书提出了宝贵的意见；编写过程中，编者参阅了国内外出版的有关教材和资料，在此一并表示衷心感谢！

由于编者水平有限，书中不妥之处在所难免，恳请读者批评指正。

编　者

第1版前言

本书是根据由教育部机械职业教育教学指导委员会与中国机械工业教育协会联合成立的高职教材建设领导小组制定的机电类高等职业技术教育专业教学计划及教材编写计划编写的。

本书将理论力学、材料力学、机械原理和机械零件四门课程的内容进行了有机的整合。力学部分重点突出静力学部分的物体受力分析和强度计算；机械原理部分重点讲述常用机构的基本结构、工作原理、用途和机构设计方法；机械零件部分重点讲述通用零部件的结构、用途、选用原则等。根据读者的认识规律和难点分散的原则组成各章。基本顺序是：第一章至第五章是理论力学部分、第六章至第十章是材料力学部分、第十一章至第二十三章是机械原理和机械零件部分。原则上每一章只有一个主要专题，从而使每章都具有较强的针对性。

根据人才市场对高等职业技术教育的要求和高等职业院校在校学生的实际情况，本书在编写过程中，力求文字简明，通俗易懂，内容精炼，知识面宽，习题丰富，方便教学。从读者的认识规律出发，深入浅出，循序渐进，讲清基本概念、基本理论和基本方法；注重知识的实用性，简化理论推导和设计计算，强化重要定理的应用，降低学习难度；本书以填空和判断的形式编写了大量的习题，以期使读者通过训练，较好地掌握本书的知识点。

本书贯彻国家最新标准和规范，以便读者更好地掌握和贯彻。

参加本书编写的人员有：大连职业技术学院田鸣（绪论、第十一章第一节、第十六章、第二十章）、重庆工业职业技术学院黄淑容（第一章、第二章、第三章、第四章）、张家界航空工业职业技术学院魏道德（第五章、第十章）、辽宁机电职业技术学院张秀芳（第六章、第七章、第八章、第九章）、河北机电职业技术学院高桂仙（第十一章第二节至第四节、第十二章、第十三章、第十七章、第十八章）、安徽机电职业技术学院王亚芹（第十四章、第十五章、第二十一章）、山西机电职业技术学院崔树平（第十九章、第二十二章、第二十三章）。全书由田鸣担任主编，黄淑容和高桂仙担任副主编。

沈阳职业技术学院许文华担任本书主审，对书稿进行了细致、认真的审阅，并提出了许多宝贵的意见和建议，编者在此表示衷心的感谢。

由于我们水平有限，疏漏在所难免，恳请专家、广大读者指正。

编　者

目 录

CONTENTS

CONTENTS

绪　论

一、机械概述

人类在长期的生产实践中为了适应自身的生产和生活需要，创造出各种各样的机器，其目的是为了减轻人的劳动强度，提高劳动生产率。随着科学的发展和技术的进步，机器的种类不断增多，性能不断提高，功能不断扩大。机器既能提高生产率和加工质量，又能承担人所不能或不便承担的工作。机器的使用水平已经成为一个国家科技水平和现代化程度的重要标志之一。

那么，什么是机械？它是由什么组成的呢？

人们在日常生活和生产实践中早已形成了对机器的感性认识。例如，洗衣机、电动自行车、内燃机、汽车、推土机、卷扬机、各类金属切削机床等都是机器。为了加深对机器等概念的理解，下面先来分析两个机器实例。

图 0-1 所示是建筑行业广泛使用的卷扬机。它主要由电动机 1、联轴器 2 和 4、减速器 3、卷筒 5 等组成。卷扬机的功能是通过卷筒 5 的旋转带动缠绕其上的钢索，从而实现提升重物的目的。卷扬机的动力源是电动机 1，由于电动机 1 的转速较高，而要求卷筒 5 的转速较低，因此在卷筒 5 和电动机 1 之间配置了一台二级减速器 3，通过二级减速器，使卷筒获得了较缓慢的旋转运动。

图 0-2 所示是单缸内燃机。它主要由缸体 1、活塞 2、连杆 3、曲柄 4、齿轮 5 和 6、凸轮 7、进气门推杆 8、排气门推杆 9、进气门 10、排气门 11 等组成。当燃气推动活塞在气缸内作直线往复移动时，通过连杆使曲柄作连续转动，从而把燃料燃烧的热能转换为机械能。为了使内燃机能连续工作，曲柄轴的连续转动又通过齿轮 5 与齿轮 6 的啮合传动，带动凸轮轴转动，进而通过控制进气门 10 和排气门 11 定时启闭，而使可燃混合气体定时进入气缸和废气定时排出气缸。

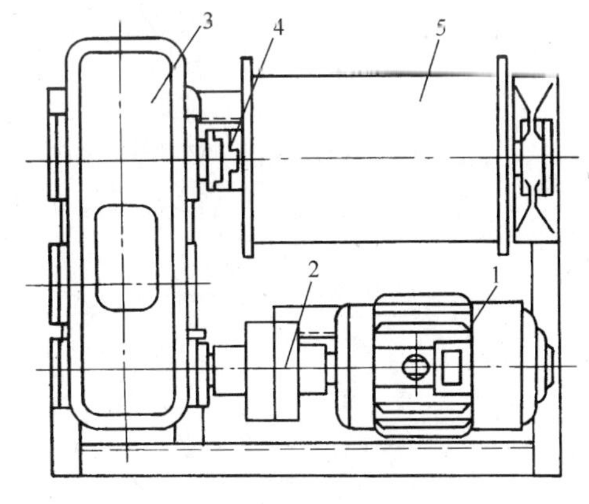

图 0-1　卷扬机

1—电动机　2、4—联轴器　3—减速器　5—卷筒

通过上述两个实例的分析以及日常生活中常见的其他机器可以看出，各种机器的构造和用途差别很大。但是，它们都具有下列共同特征：

1）它们都是人为的多种实体的组合体。

2）各实体间具有确定的相对运动。

3）能够代替人的劳动或减轻人的劳动强度，完成机械功或转换机械能。

凡具备以上三个特征的实体组合，都称为机器。只具备前两个特征的，则称为机构。例如图 0-2 中，由内燃机缸体 1、活塞 2、连杆 3、曲柄 4 构成了曲柄滑块机构，它将活塞的直线往复运动转换成曲柄的连续转动；由内燃机体、凸轮 7、进气门推杆 8、排气门推杆 9 构成了凸轮机构，它将凸轮轴的连续转动转换成推杆的直线往复运动；由内燃机体、齿轮 5 和齿轮 6 构成了齿轮机构，它可以改变从动轴的转动速度和转动方向。

通常，人们将机器与机构统称为机械。

零件是组成机构的最基本单元。构件是组成机构的运动单元，即构件可以是一个零件或是几个零件的刚性组合，但构件本身没有相对运动。例如图 0-3 所示的连杆，是由连杆体 1、轴套 2、连杆头 3、螺栓 4、螺母 5、轴瓦 6 等装配而成的。它是不可分割的运动单元。

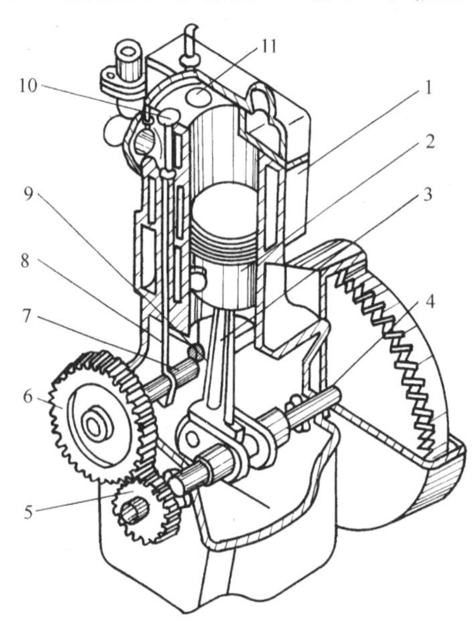

图 0-2　单缸内燃机

1—缸体　2—活塞　3—连杆　4—曲柄　5、6—齿轮
7—凸轮　8—进气门推杆　9—排气门推杆
10—进气门　11—排气门

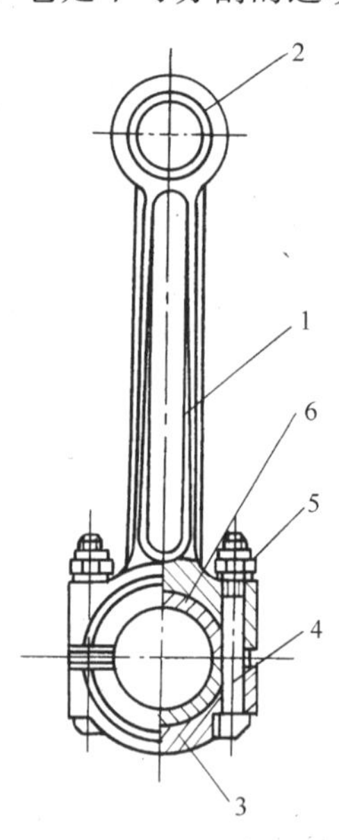

图 0-3　内燃机连杆

1—连杆体　2—轴套　3—连杆头
4—螺栓　5—螺母
6—轴瓦

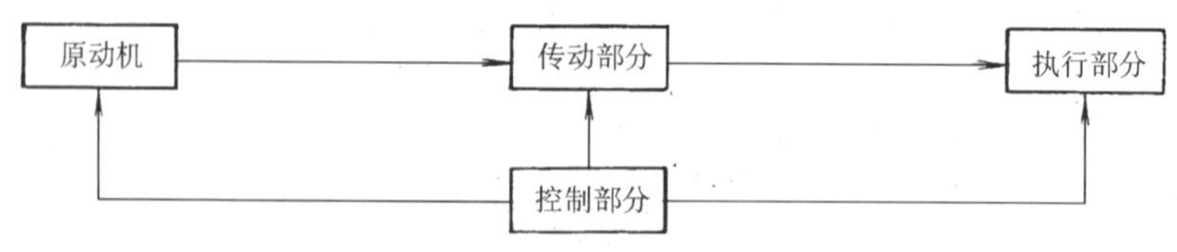

图 0-4　机器的构成

机器的种类很多，用途各异，但是一台完整的机器往往由以下四部分构成（图 0-4）：

（1）动力源　机器的动力来源。常见的有电动机和内燃机。此外还有高压气缸或液压缸等。

（2）执行机构　直接完成工作任务的部分。往往处于机器的机械传动路线的末端（如图 0-1 中的卷筒 5）。

（3）传动装置　把动力源的运动和动力传递给执行机构的装置，介于动力源和执行机构之间，可以改变运动速度、运动方式和力或转矩的大小。

（4）控制系统　人机交流的中介，使人能够根据自己的意图实现对机器进行操纵的机构。机器上的各种按钮、开关、手柄都是控制机构。此外，机器上的行程开关、传感器、计算机控制等也可以成为控制系统的组成部分。

二、本课程的主要研究对象和任务

本课程是机械类专业的一门综合性的技术基础课程。其研究的主要对象是机械及其受力分析和设计方法等，是一门介绍机构和零件的受力分析及其选用与培养学生机械设计基本能力的课程。具体内容有：

1. 力学基础

各种构件工作时往往承受载荷。在载荷作用下，构件将会产生变形或发生破坏。力学基础就是研究构件的受力状况、构件的变形程度及其对构件工作能力的影响，使构件工作可靠。

2. 常用机构

主要介绍机械中的常用机构及其工作原理、结构特点和运动特性等。

3. 机械零件

主要介绍各种机械零件及其失效形式、强度计算和设计方法等。同时介绍国家标准规范，标准零部件的选用原则，以及机器设备的使用、保养与维护等。

本课程的任务是：

1）通过对简单零部件的受力分析、运动及动力分析，使读者具有基本的工程力学知识。

2）初步掌握机械中的常用机构和通用零部件的工作原理、结构、特点、选用原则以及设计计算方法。

3）了解常用机械设备使用、维护和管理的基础知识。

4）为后续课程的学习奠定必要的基础。

思考题与习题

一、多选填空题：本题的可选答案中，有 2 ~ 4 个是正确的，请将正确答案号填到空格里。

0-1　机器的主要特征是____。

a）它们都是人为的多种实体的组合体

b）各实体间具有确定的相对运动

c）能够代替人的劳动或减轻人的劳动强度，完成机械功或转换机械能

d）为执行机构提供动力

0-2　机器的组成部分____。

a）动力源　　b）传动装置

c）控制系统　　d）执行机构

0-3　本课程主要研究____。

a）机械　　b）控制机构的原理和规律

c）机械的设计计算方法　　d）机械的受力分析

0-4　本课程的主要内容是____。

a）机械受力分析　　b）力学基础

c）常用机构　　　　　　　d）机械零件

0-5　本课程的主要任务是____。

a）培养工程力学素养　　　　b）常用机构设计方法

c）设备使用、维护基础　　　d）奠定机械工程基础

二、选择填空题：请将最恰当的一个答案号填到空格里。

0-6　本课程研究的对象是____。

a）机构　　b）机器　　c）机械　　d）构件

0-7　____是组成机构的最基本单元。

a）构件　　b）部件　　c）机构　　d）零件

0-8　____是组成机构的运动单元。

a）构件　　b）部件　　c）机构　　d）零件

三、判断题

0-9　通常，机器与机构的统称，是机械。(　　)

0-10　构件可以是一个零件或是几个零件的刚性组合，构件本身具有相对运动。(　　)

0-11　机构是由具有确定相对运动的构件组成的。(　　)

第一章　静力学基础

本章主要介绍力与力偶的概念及基本性质，力在直角坐标轴上的投影与力对点之矩的基本计算法则；讨论工程中常见的约束与约束力及物体的受力分析。

第一节　力的概念及其基本性质

一、力的概念

力是物体间相互的机械作用，它能使物体的运动状态发生改变或使物体的几何形状和尺寸发生改变。前者称为力的外效应或运动效应，后者称为力的内效应或变形效应。实践表明，力对物体的作用效果取决于力的大小、方向和作用点这三个要素。

力是矢量。凡是矢量，在图上均用带箭头的有向线段表示。如图 1-1 所示，矢量的方向（箭头指向）代表力的方向，矢量的始点或终点为力的作用点。当用符号表示力矢量时，应用黑体的大写字母（如 $\boldsymbol{F}$、$\boldsymbol{F}_{R}$、$\boldsymbol{P}$、$\boldsymbol{W}$、$\boldsymbol{G}$ 等）表示，矢量的模即为力的大小，用一般大写字母（如 F、F_{R}、P、W、G 等）表示。

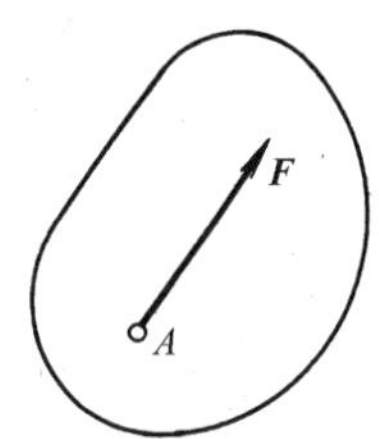

图 1-1　力的图示

工程中常涉及物体的平衡问题。力学中的平衡是指物体相对于地球保持静止或作匀速直线运动的一种状态。例如，静止在地面上的厂房、机床的床身、桥梁以及在直线轨道上匀速行驶的列车等，都是相对于地球处于平衡状态的。当物体处于平衡状态时，作用于物体上的一群力（称为力系）必须满足一定的条件，这个条件称为力系的平衡条件，而这个力系就称为平衡力系。

二、力的基本性质

1. 刚体与变形体的概念

任何物体在力的作用下，或多或少总要产生变形。工程实际中构件的变形通常都非常微小，在许多情形下，可以忽略不计。我们把在任何情况下都保持大小和形状不变的物体称为刚体。显然，这是一个抽象化的模型，实际上并不存在这样的物体。如果在所研究的问题中，物体的变形称为主要因素，就不能再把物体看成是刚体，而是受力后要发生变形的物体，这样的物体称为变形体。

2. 力的基本性质

性质 1　作用于同一刚体上的两个力，使刚体保持平衡的必要与充分条件是：这两个力的大小相等，方向相反，且作用在同一直线上。

性质 1 给出了刚体在最简单力系下的平衡条件，称为二力平衡条件。需要指出的是，此性质对变形体而言只是必要条件而非充分条件，如图 1-2a 中的杆（刚体）不论受拉还是受压均能处于平衡状态；若把杆换成软绳（变形体）如图 1-2b 所示，则受拉仍能处于平衡状态，而受压则将卷曲而不平衡。

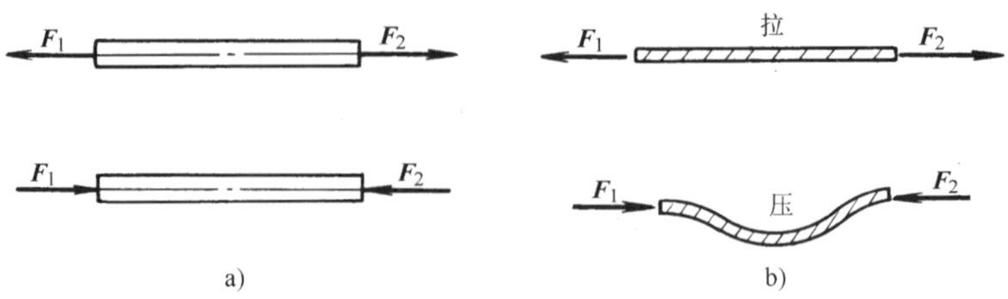

图 1-2　二力平衡条件

在工程中，常把只受两个力作用而平衡的构件称为二力构件，或称二力杆。对于二力构件或二力杆来说，若已知二力的作用点，则根据二力平衡条件，即可确定这两个力的方位，如图 1-3 所示的杆若不计自重，且只有 A、B 两点受力，那么这样的杆就为二力杆，其两点所受的力 $\boldsymbol{F}_A$ 和 $\boldsymbol{F}_B$ 的作用线则必定沿着力的作用点 A 和 B 的连线。

性质 2　在刚体上增加或减去一组平衡力系并不改变原力系对刚体的作用效应。

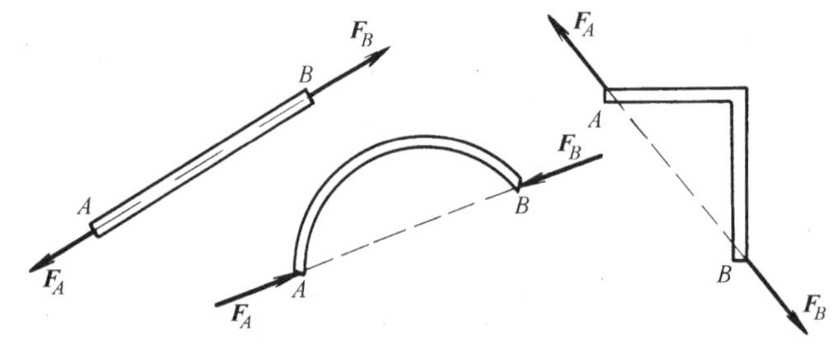

图 1-3　二力杆

性质 2 是力系简化的基础，称为加减平衡力系公理。由此性质可导出力的可传性原理（简要推导见图 1-4）：作用在刚体上的力可沿其作用线任意滑移，而不改变该力对刚体的作用效应。由此可见，力对刚体的效应与力的作用点在作用线上的位置无关。因此，对于刚体，力的三要素为力的大小、方向和作用线。应该强调的是，性质 2 和力的可传性原理均不适用于变形体。

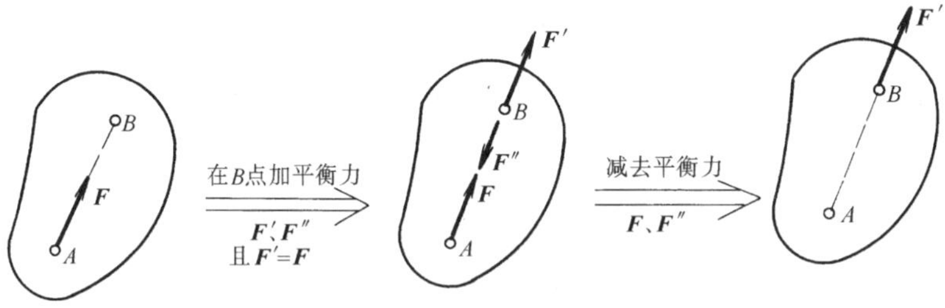

图 1-4　力的可传性原理推导

性质 3　作用在物体上某一点的两个力，可以合成为作用于该点的一个合力，合力的大小和方向由这两个力为边所构成的平行四边形的对角线确定。如图 1-5a 所示，图中 $\boldsymbol{F}_R$ 表示合力，$\boldsymbol{F}_1$、$\boldsymbol{F}_2$ 表示分力，合力与分力的矢量表达式为

$$\boldsymbol{F}_R = \boldsymbol{F}_1 + \boldsymbol{F}_2 \tag{1-1}$$

性质 3 即力的平行四边形法则，它为力系的简化提供了理论基础。由该性质可知，力的加减是矢量的合成与分解，必须遵循平行四边形法则。另外，由图 1-5b 所示，在求合力 $\boldsymbol{F}_R$

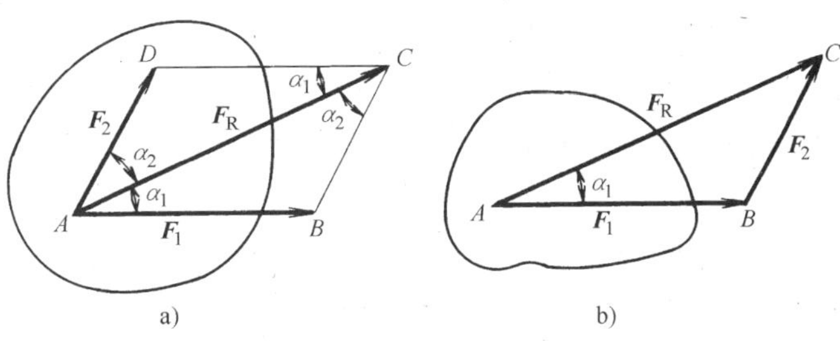

图 1-5 力的合成

时，可不必作出力的平行四边形，只需画出力三角形即可。力三角形的作法是：作矢量 $\boldsymbol{AB}$ 代表力 $\boldsymbol{F}_1$，再从 $\boldsymbol{F}_1$ 的终点 B 作矢量 $\boldsymbol{BC}$ 代表 $\boldsymbol{F}_2$，最后从 $\boldsymbol{F}_1$ 的起点 A 向 $\boldsymbol{F}_2$ 的终点 C 作矢量 $\boldsymbol{AC}$，即为合力 $\boldsymbol{F}_R$，这一合成方法称为力三角形法则。平行四边形法则既是力的合成法则，也是力的分解法则。例如设力 $\boldsymbol{F}$ 作用于物体上 A 点（图 1-6），有时就把力 $\boldsymbol{F}$ 分解为两个分力，一个是沿 x 方向的分力 $\boldsymbol{F}_x$，一个是沿 y 方向的分力 $\boldsymbol{F}_y$。这两个分力的大小分别为：

$$F_x = F\cos\alpha,\quad F_y = F\sin\alpha$$

性质 4　两物体间相互作用的作用力与反作用力总是大小相等，方向相反，沿同一直线分别作用在这两个物体上。

性质 4 即力的作用与反作用定律。该性质表明了物体系统中，力与运动的传递关系与规律，为研究由多个物体组成的物体系统的受力与动力分析提供了基础。

应该注意的是，力总是成对出现，有作用力就必有反作用力，它们同时出现，同时消失。另外，不能将作用力与反作用力的关系与二力平衡问题混淆起来。如图 1-7a 所示的 A、B 重物所组成的物体系统，其各自的受力如图 1-7b 所示，其中 $\boldsymbol{W}_A$ 与 $\boldsymbol{F}_N$ 作用在同一物体上构成一对平衡力，而 $\boldsymbol{F}_N'$ 与 $\boldsymbol{F}_N$ 虽然等值、反向、共线，但却分别作用与两个物体上，是作用力与反作用力的关系。

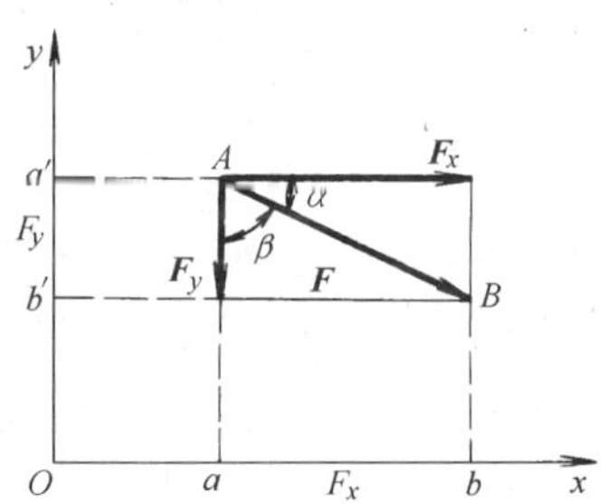

图 1-6 力的投影与力的分解

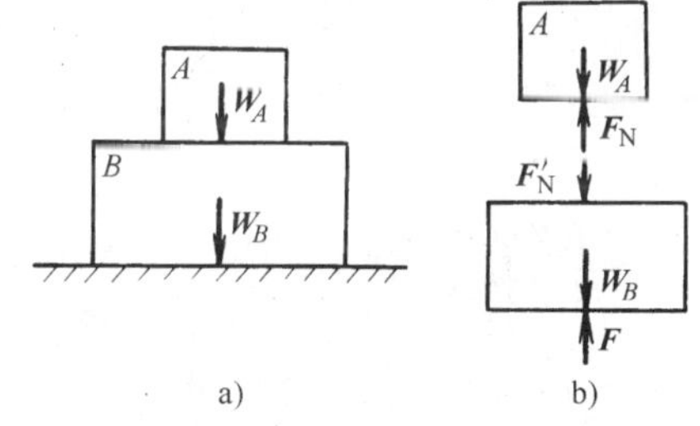

图 1-7 作用与反作用力的分析

第二节　力对点之矩

力对物体作用的运动效应有移动和转动。其移动效应由力矢量确定，而转动效应则由力对点（或力对轴）之矩来度量。

一、平面力对点之矩

若用扳手转动螺母（图 1-8），使螺母转动的效应不仅与力 $\boldsymbol{F}$ 的大小有关，而且与转动中心 O 点至力 $\boldsymbol{F}$ 的作用线的垂直距离 s 有关。由物理学可知，力使物体绕点 O 转动的效应，可用力对点之矩（简称力矩）来度量。在平面问题中，力对点之矩为代数量，其大小等于力 $\boldsymbol{F}$ 的大小与该力到转动中心（矩心）的距离 s（力臂）的乘积，其正负号规定为：力 $\boldsymbol{F}$ 使物体绕矩心逆时针转动时力矩为正，反之为负。记作

$$M_O(F) = \pm Fs \tag{1-2}$$

在国际单位制中，力矩常用的单位为牛顿·米（N·m）或牛顿·毫米（N·mm）。

由力矩的定义可知：

1）力矩的大小或转向将随着矩心位置的变化而发生变化。当力的作用线通过矩心时（力臂 $s=0$），力对点之矩为零。

2）对于刚体而言，当力沿其作用线滑移时，力对点之矩不变。

二、合力矩定理

一铰接杆受力如图 1-9 所示，设力 $\boldsymbol{F}$ 的正交分力为 $\boldsymbol{F}_x$、$\boldsymbol{F}_y$，若按力对点之矩的定义计算，则该力对点 O 之矩可通过下式计算：

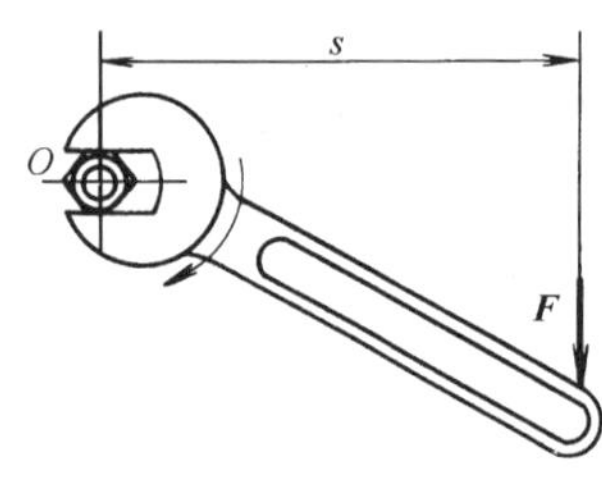

图 1-8　力对点之矩

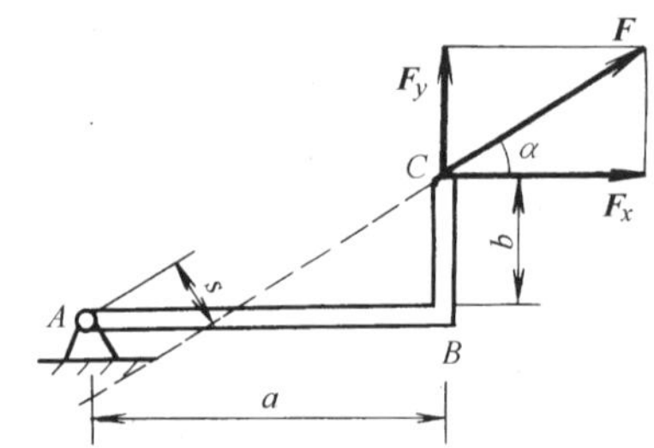

图 1-9　合力矩定理

$$s = \left(a - \frac{b}{\tan\alpha}\right)\sin\alpha = a\sin\alpha - b\cos\alpha$$

$$M_O(F) = Fs = Fa\sin\alpha - Fb\cos\alpha$$

其中，$F\sin\alpha = F_y$，$F\cos\alpha = F_x$，故力 $\boldsymbol{F}$ 对点 O 之矩又可表示为

$$M_O(F) = -F_x b + F_y a = M_O(F_x) + M_O(F_y)$$

上式表明，合力对平面内任一点之矩，等于各分力对该点之矩的代数和，此即合力矩定理。应用合力矩定理求力矩的方法为工程实用计算法。该定理适用于有合力的任何力系。对由多个力构成的力系，合力矩定理的表达式为

$$M_O(F_R) = M_O(F_1) + M_O(F_2) + \cdots + M_O(F_n) = \sum M_O(F) \tag{1-3}$$

例 1-1　作用于齿轮节圆处的啮合力 $F_n = 1000\text{N}$，节圆直径 $d = 160\text{mm}$，压力角 $\alpha = 20°$（见图 1-10），试求啮合力 F_n 对于轴心 O 之矩。

解　将啮合力 $\boldsymbol{F}_n$ 正交分解为圆周力 $\boldsymbol{F}_t$ 和径向力 $\boldsymbol{F}_r$，即 $F_t = F_n\cos\alpha$，$F_r = F_n\sin\alpha$，应用合力矩定理，有啮合力 $\boldsymbol{F}_n$ 对于轴心 O 之矩为

$$M_O(F_n) = M_O(F_t) + M_O(F_r) = (F_n\cos\alpha)\frac{d}{2} + 0$$

$$= \left(1000 \times \cos20° \times \frac{0.16}{2}\right)\text{N} \cdot \text{m}$$

1 CHAPTER

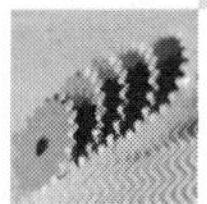

$= 75.2\text{N} \cdot \text{m}$

例 1-2 图 1-11 所示为制动踏板。已知力 $\boldsymbol{F} = 300\text{N}$，$a = 250\text{mm}$，$b = 50\text{mm}$，$\boldsymbol{F}$ 与水平线夹角 $\alpha = 30°$，试求力 $\boldsymbol{F}$ 对点 O 之矩。

解 1）按力矩的定义式直接求解。由图中的几何关系可得到如下结论。

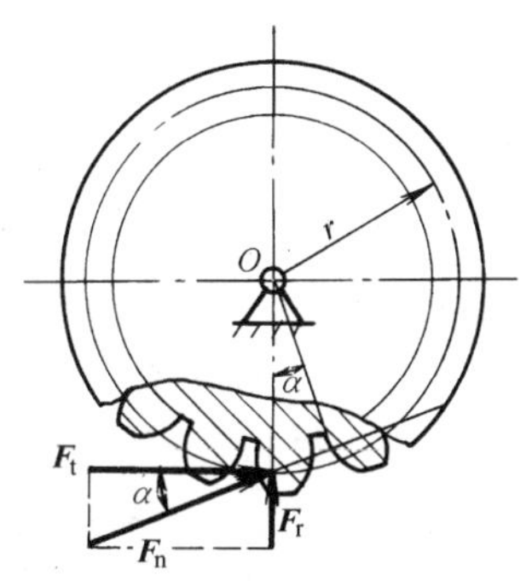

图 1-10 齿轮

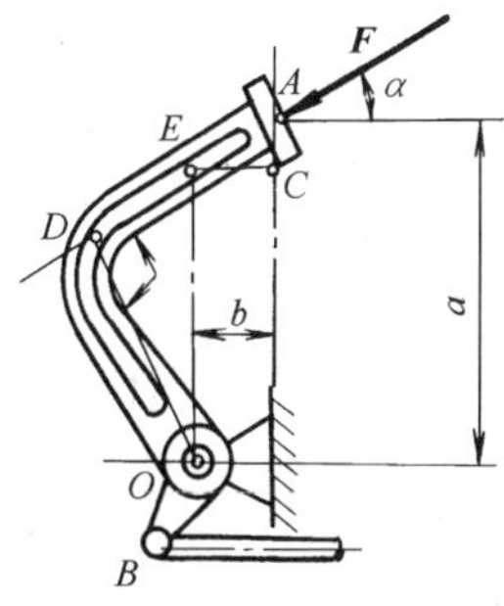

图 1-11 制动踏板

$$s = OD = OE\cos30° = (a - b\tan30°)\cos30° = 191.5\text{mm}$$

由式（1-2）可得 $M_O(F) = Fs = 300 \times 191.5\text{N} \cdot \text{mm} = 57450\text{N} \cdot \text{mm}$

2）按合力矩定理求解。将力 $\boldsymbol{F}$ 分解为力 $\boldsymbol{F}_x$ 和力 $\boldsymbol{F}_y$，有

$$F_x = F\cos30° = 259.8\text{N},\ F_y = P\sin30° = 150\text{N}$$

由式（1-3）可得

$$M_O(F) = M_O(F_x) + M_O(F_y) = aF_x - bF_y = (250 \times 259.8 - 50 \times 150)\text{N} \cdot \text{mm}$$
$$= 57450\text{N} \cdot \text{mm}$$

显然，对本例而言，用合力矩定理求力矩更为简便。

第三节 力 偶

一、力偶的定义

力学上把作用在同一物体上的一对大小相等、方向相反、作用线相互平行且不共线的两个力称为力偶，用符号（$\boldsymbol{F}$，$\boldsymbol{F}'$）或 M 来表示。在力偶中，两力作用线所决定的平面称为力偶面；作用线之间的垂直距离 d 称为力偶臂（图 1-12a）。力偶在生产和生活中常常遇到，如钳工用丝锥攻螺纹（图 1-12b）、司机操纵转向盘（图 1-12c）等。

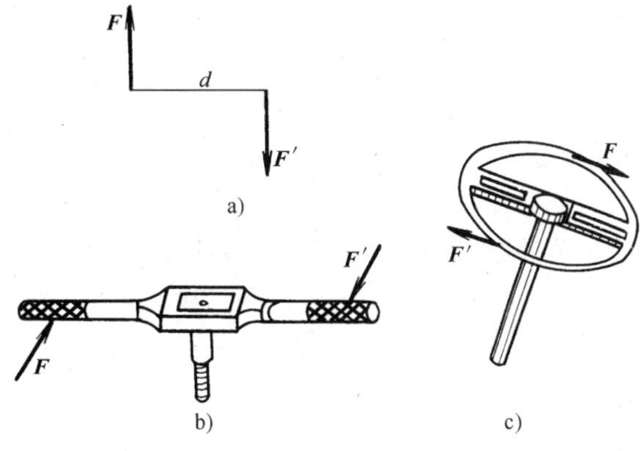

图 1-12 力偶

二、力偶的三要素

力偶是力学中的一个基本物理量。它对物体只产生转动效应，其转动效应

用力偶矩度量。在平面问题中，力偶矩为代数量，其大小为力偶中任一力的大小与力偶臂的乘积，即

$$M = \pm Fd \tag{1-4}$$

其正、负号规定为：力偶使物体逆时针转动的力偶矩为正，反之为负。力偶矩的单位与力矩的单位相同。

综上所述，力偶对物体的转动效应，取决于力偶矩的大小、力偶的转向与力偶面的方位这三个要素。

三、力偶的性质

性质1 力偶无合力且自身不平衡，故力偶不能与一个力等效，也不能与一个力平衡。

由力偶的定义可知，力偶中的两力在任意坐标轴上投影的代数和为零，且两个力无交点，故力偶无合力；又力偶中的两个力对物体不产生移动效应。因此，力偶不能与一力等效或平衡。

性质2 力偶对其作用面内任一点之矩恒等于力偶矩，而与矩心位置无关。

如图1-13所示，设有一力偶（$\boldsymbol{F}$，$\boldsymbol{F}'$）的力偶矩为 $M=-Fd$，现在力偶的作用面内任取一点 O 为矩心，设点 O 到力 $\boldsymbol{F}$ 作用线的垂直距离为 h，则力偶（$\boldsymbol{F}$，$\boldsymbol{F}'$）对点 O 之矩为

$$M_O(F,F') = M_O(F) + M_O(F') = Fh - F'(d+h)$$
$$= -Fd = M$$

上式即说明了力偶的力偶矩与矩心位置无关这一性质。

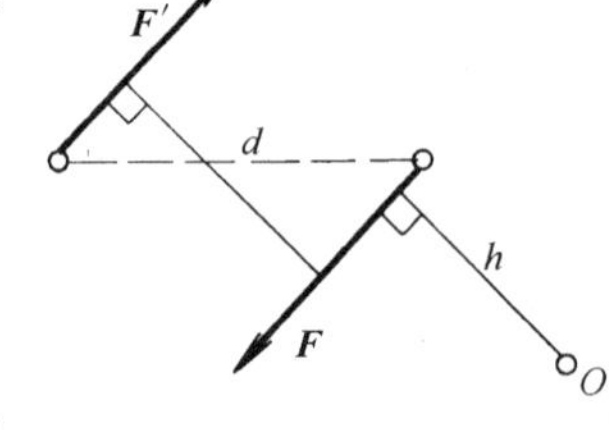

图1-13 力偶性质2的推证

性质3 作用于同一平面内的两个力偶，若其力偶矩相等，转向相同，则该两力偶彼此等效（此即力偶的等效性）。

由性质3可得到如下推论：

推论 只要保持力偶矩不变，可以任意改变力偶中力的大小和力偶臂的长短或将力偶在其作用面内任意移转，均不改变它对刚体的作用效应（图1-14）。

可见，平面力偶对刚体作用的效应最终取决于力偶矩的大小和力偶的转向。因此，可以将力偶用一带箭头的弧线表示，弧形箭头所在的平面为力偶作用面，弧形箭头的指向表示力偶的转向，M 表示力偶矩的大小。图1-15给出了力偶的几种表示方法。

四、平面力偶系及其合成

作用于同一物体上的一群力偶，称为力偶系。若力偶系中各力偶的作用面均在同一平面内，则称为平面力偶系。由力偶的性质可知，刚体在平面力偶系作用下的效应与一个力偶等效。因此，平面力偶系可以合成为一个力偶，则合力偶的力偶矩等于原力偶系中各力偶矩的代数和，即

$$\sum M = M_1 + M_2 + \cdots + M_n \tag{1-5}$$

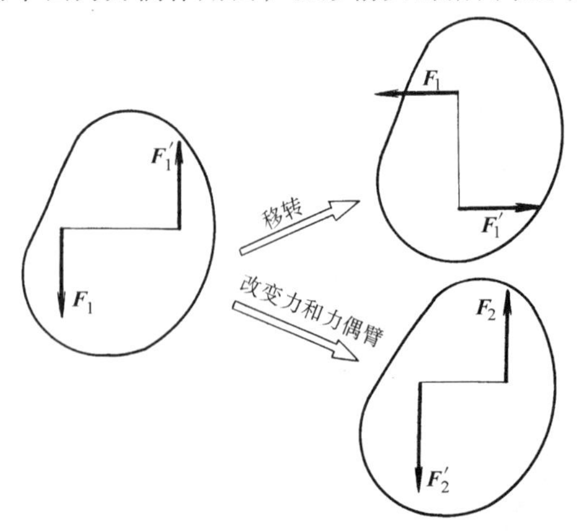

图1-14 力偶的特性

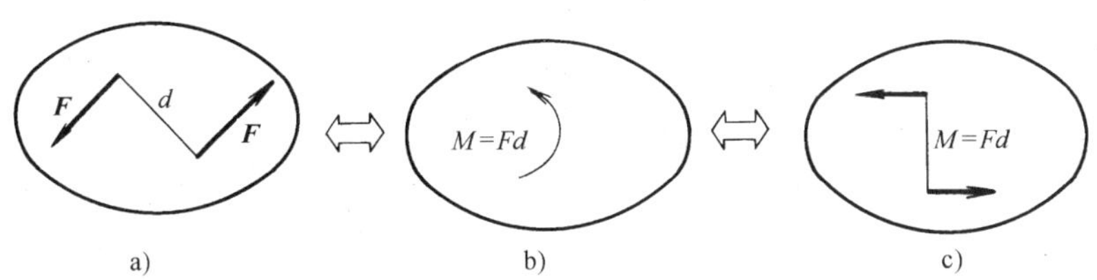

图 1-15　力偶的几种表示方法

五、力的平移定理

欲将作用于刚体上点 A 的力 $\boldsymbol{F}$ 平移至任一指定点 O（图 1-16a），可在点 O 加一对平衡力 $\boldsymbol{F}'$、$\boldsymbol{F}''$（图 1-16b），并使 $F'=F''=F$，显然力 $\boldsymbol{F}$ 与 $\boldsymbol{F}''$组成一力偶，称为附加力偶，其力偶臂为 d。于是作用于点 A 的力 $\boldsymbol{F}$ 可以用作用于点 O 的力 $\boldsymbol{F}'$和附加力偶（$\boldsymbol{F}$，$\boldsymbol{F}''$）来代替（图 1-16c），其附加力偶的力偶矩为

$$M=\pm Fd=M_O(F) \tag{1-6}$$

由此可知，作用于刚体上的力均可以从原来的作用位置平行移至刚体内任一指定点，欲不改变该力对于刚体的作用，则必须在该力与指定点所决定的平面内附加一力偶，其力偶矩等于原力对指定点之矩，这就是力的平移定理。需要说明的是，力的平移定理的逆定理也成立，且力的平移定理只适用于刚体，对变形体不适用。

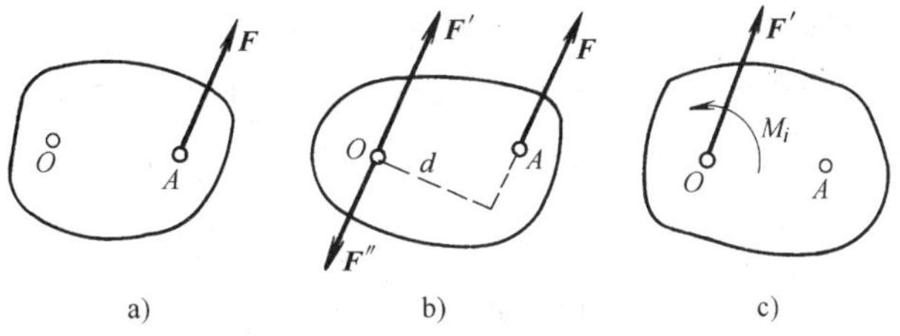

图 1-16　力的平移定理

力的平移定理揭示了力对刚体作用的两个方面的效应，即移动效应和转动效应。利用力的平移定理可解释生活与工程问题中的一些力学现象，例如，打乒乓球时，弧圈球是怎样拉出来的；用丝锥攻螺纹时，为什么不允许单手转动丝锥，而要求双手转动丝锥且用力须均匀等。

第四节　约束与约束力

一、约束与约束力

在工程实际问题中，任何构件都要受到与它相联系的其他构件的限制而不能自由运动。当一个物体的运动受到周围物体的限制时，这些周围的物体就称为该物体的约束。

工程中的构件和机械中的机构，为了承受确定的载荷以及传递运动实现所需要的动作，彼此间将形成各种各样的约束。例如，门、窗由于铰链的限制只能绕固定轴转动，铰链便是门、窗的约束（图 1-17a）；两齿轮的一对轮齿相互啮合，从动轮齿便是主动轮齿的约束（图 1-17b）；火车车轮在钢轨上行驶，钢轨便是火车车轮的约束（图 1-17c）；轴由于轴承的限制只能绕自身轴线转动，轴承便是轴的约束；活塞只能沿气缸直线移动，气缸便是活塞的约束（图 1-17d）等。

约束对物体运动的限制，使之受到被约束物体的作用力；反过来，根据作用与反作用定律，约束也必给物体一反作用力，这个反作用力就称为约束力。

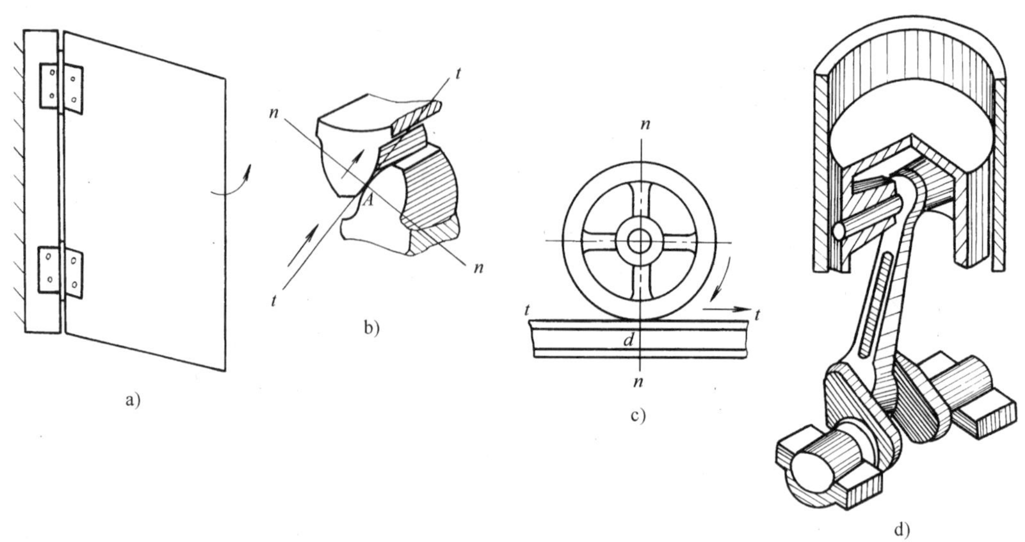

图 1-17 约束的形成

物体受到的力一般可分为两类，一类是使物体产生运动的力，如电动机输出的转矩、电磁场形成的电磁力以及重力等，这些力在一定的条件下将引起物体运动或使物体产生运动趋势，我们称这类力为主动力；另一类为阻碍物体运动的力，称为被动力。约束力是一种被动力，其大小和方向与约束的类型和作用于物体上的主动力有关。

下面介绍几种常见的约束及其约束力。

二、常见约束及其约束力

1. 柔性约束

由不计自重的绳索、传动带、链条等对物体所构成的约束，称为柔性约束。此类约束只能受拉，不能受压，即约束将限制物体沿柔体的中心线离开柔体的运动，其约束力必沿着柔体的中心线，其箭头背向物体。柔性约束拉力用符号 $\boldsymbol{F}_{T}$ 表示。

如图 1-18a 所示，链绳悬吊一根钢轨，根据柔性约束的特点，可知链绳对钢轨的约束力是沿链绳的中心线方向的拉力 $\boldsymbol{F}_{TB}$、$\boldsymbol{F}_{TC}$。又如在带传动中，传动带作用于带轮上的力 $\boldsymbol{F}_{T1}$、$\boldsymbol{F}_{T2}$ 仍为沿传动带中心线方向的拉力（图 1-18b）。

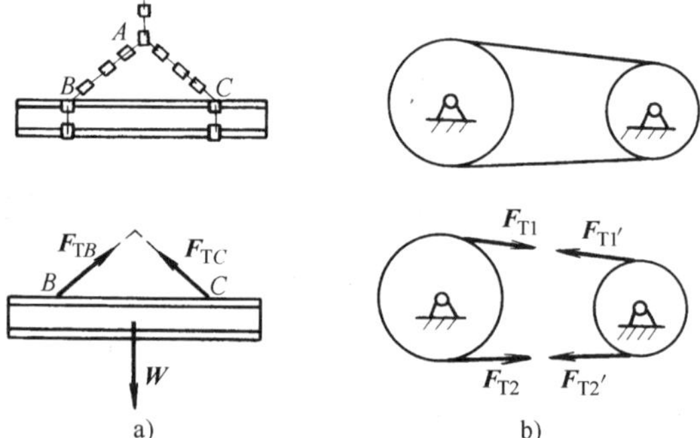

图 1-18 柔性约束

2. 光滑面约束

不计物体接触表面间摩擦的光滑平面或光滑曲面对物体所构成的约束，称为光滑面约束。由于这类约束只能限制物体沿着接触表面公法线方向而趋向支承面内的运动，因此其约束只产生压力，该力必通过接触点沿着接触表面的公法线，其箭头指向物体。光滑面约束力用符号 $\boldsymbol{F}_{N}$ 表示。

若不计图 1-19 中所示的各物体接触处的摩擦，则图 1-19a 中物块所受到的约束力 $\boldsymbol{F}_{\mathrm{N}}$、图 1-19b 中小球所受到的约束力 $\boldsymbol{F}_{\mathrm{N}}$、图 1-19c 中杆所受到的约束力 $\boldsymbol{F}_{\mathrm{N}A}$、$\boldsymbol{F}_{\mathrm{N}B}$、$\boldsymbol{F}_{\mathrm{N}C}$ 以及图 1-19d 中齿轮轮齿所受到的力 $\boldsymbol{F}_{\mathrm{N}}$ 均属于光滑面约束力。

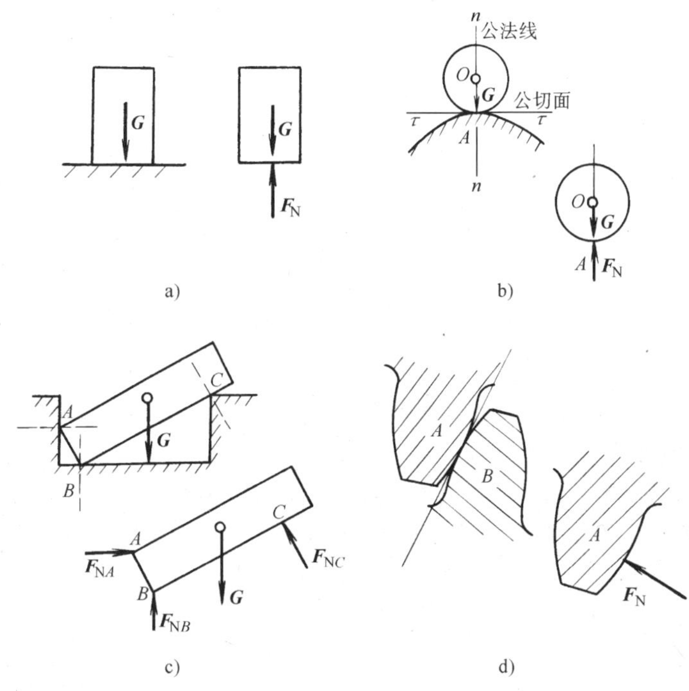

图 1-19　光滑面约束

3. 光滑圆柱铰链约束

两个物体用光滑圆柱销相联接而形成的约束，称为圆柱铰链约束。这种约束限制被约束物休间的相对移动，但不限制物体绕销轴的相对转动。

（1）固定铰链支座　当铰链联接的构件之中有一构件为固定构件（支座）时所构成的约束称为固定铰链支座，如图 1-20a 所示。图 1-20b 所示的是固定铰链支座的力学模型。

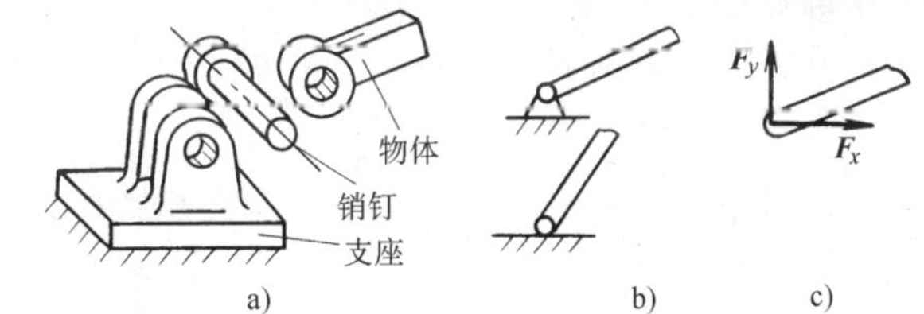

图 1-20　固定铰支座约束

（2）中间铰　当铰链联接的两构件均为活动构件时所构成的约束，称为中间铰，如图 1-21a 所示。图 1-21b 所示的是中间铰的力学模型。

铰链联接所产生的约束力从约束特性来看与光滑面约束相同，但由于接触点的位置与构件所承受的载荷有关，往往不易确定，故约束力的方向也不易确定。因此，通常用通过铰链中心的两个正交分力 $\boldsymbol{F}_x$、$\boldsymbol{F}_y$ 来表示，其分力的方向可以假设，如图 1-20c 和图 1-21c 所示。

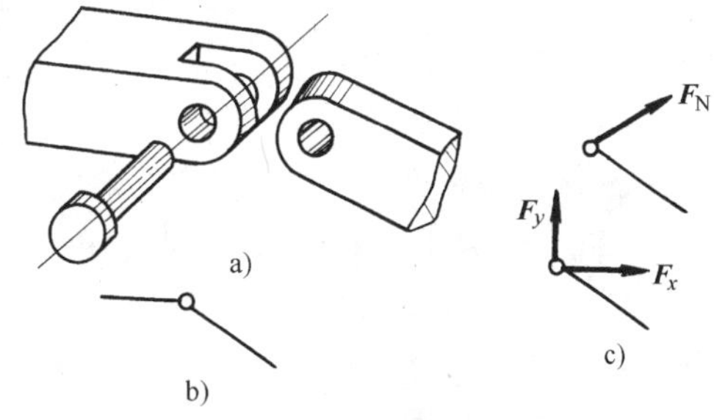

图 1-21　中间铰约束

另外，机械中对转轴起支承作用的向心滑动

轴承（图 1-22a）和向心滚动轴承（图 1-22b），它们的约束特性与圆柱铰链约束相同，即限制转轴沿垂直于轴线方向的移动而不限制其转动，故约束力也与圆柱铰链相同，通常也用两个正交分力来表示轴承对轴的约束力。

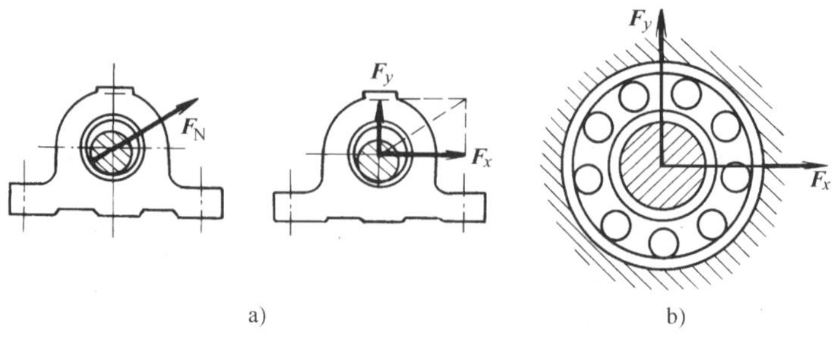

图 1-22　向心轴承约束

4. 辊轴约束

由光滑面和光滑圆柱铰链所形成的一种复合约束，称为辊轴约束，也称为辊轴支座或活动铰链支座。它是在铰链支座的底部安放若干辊子，辊子又与光滑面接触，并可沿光滑面移动（图 1-23a）。图 1-23b 为辊轴支座的力学模型。这种约束只能限制物体沿垂直于支承面方向的运动，故约束力通过铰链中心，垂直于支承面，指向或离开被约束物体。用符号 $\boldsymbol{F}_N$ 表示，如图 1-23c 所示。

5. 固定端约束

物体的一部分固嵌于另一物体所构成的约束，称为固定端约束。这种约束不仅限制物体在约束处沿任何方向的移动，也限制物体在约束处的转动。例如，建筑物中的阳台横梁（图 1-24a）、夹持在刀架上的刀具（图 1-24b）、切削加工时的镗刀（图 1-24c）等，相对于约束它们的墙体、刀架和套筒均不能移动和转动。

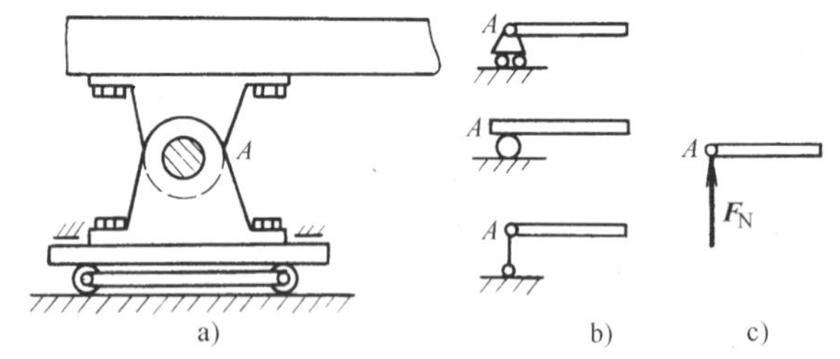

图 1-23　辊轴支座约束

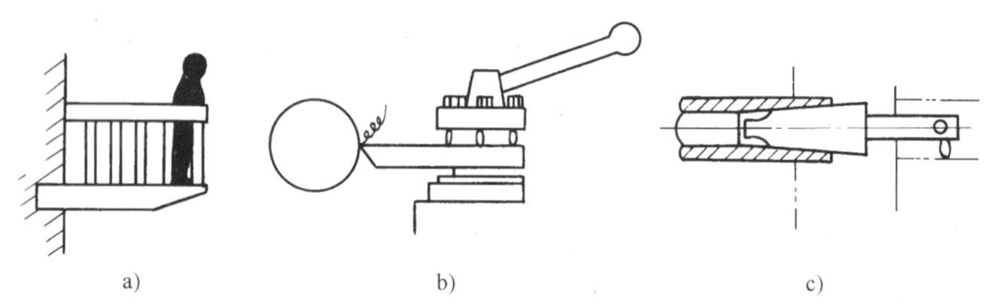

图 1-24　固定端约束的工程实例

在平面问题中，固定端的力学简图如图 1-25a 所示。固定端与物体接触的周围构成一个分布力系，该分布力系向固定端 A 点简化后可得一个约束力 $\boldsymbol{F}_A$（限制移动）与一个约束力偶 M_A（限制转动），如图 1-25b 所示。但由于 $\boldsymbol{F}_A$ 的方向往往不确定，也常用两个正交分力 $\boldsymbol{F}_{Ax}$、$\boldsymbol{F}_{Ay}$ 来表示（图 1-25c）。

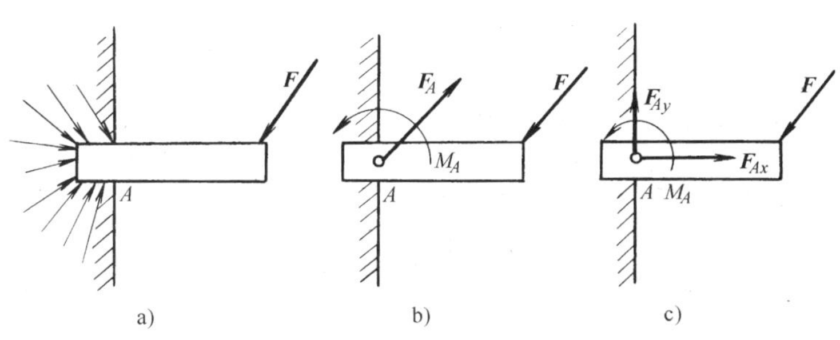

图 1-25　固定端约束

6. 光滑球形铰链约束

一端为球体的物体能在另一物体的球窝中转动所构成的约束，称为球形铰链约束（图 1-26a），简称球铰约束，其力学模型如图 1-26b 所示。球铰约束是一种空间约束，它可使物体在球窝内任意转动，但限制了物体沿任何方向的移动，即球铰的约束力作用于球窝与球体的接触点上，沿着该点的法线指向物体，但由于接触点不易确定，故通常用三个正交分力 $\boldsymbol{F}_x$、$\boldsymbol{F}_y$、$\boldsymbol{F}_z$ 来表示（图 1-26c）。

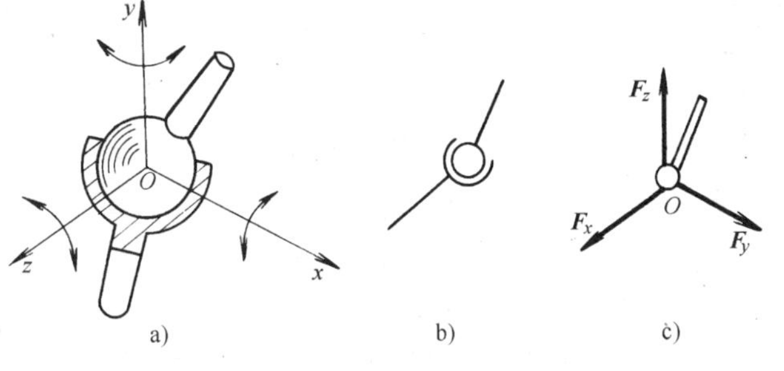

图 1-26　球形铰链约束

机械中常用的向心推力轴承（图 1-27a），其力学模型如图 1-27b 所示。这类轴承不仅限制轴的径向移动，也限制其轴向移动，它的结构虽与球铰不同，但其约束力特点却与球铰相似，通常也用三个正交分力 $\boldsymbol{F}_x$、$\boldsymbol{F}_y$、$\boldsymbol{F}_z$ 来表示（图 1-27c）。

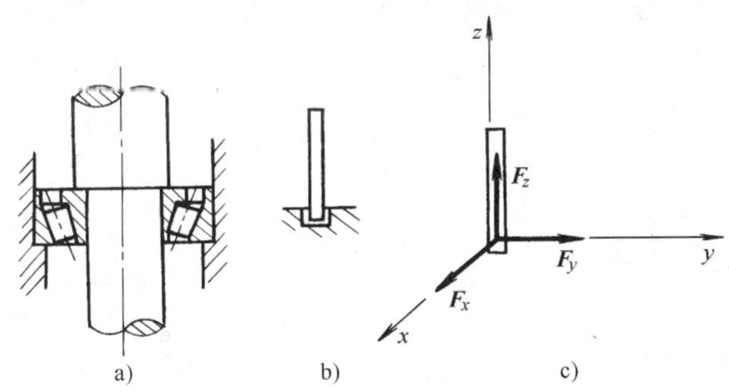

图 1-27　向心推力轴承

第五节　受力分析与受力图

物体运动状态的变化和承载能力均与其所受的外力紧密相关，因此，有必要对其进行受力分析。

在工程实际问题的受力分析中，为了求出未知的约束力，就必须根据已知条件和待求未知量从物体系统中确定某一物体或几个物体组成的局部系统作为研究对象，将研究对象的约束解除并从周围物体中分离出来。这种从周围物体中分离出来的研究对象，称为分离体。在分离体上将其所受的全部主动力和约束力用力矢标在其相应的位置上，即得到物体的受力图。

画受力图的步骤如下：

1）明确研究对象，画出分离体。

2）在分离体上标出全部主动力。

3）在分离体上去掉约束的地方按约束类型和约束性质画出相应的约束力。

例 1-3 用绳拉住且置于光滑的斜面上的小球处于平衡状态，如图 1-28a 所示。已知小球的重量为 G，试画小球的受力图。

解 1）确定研究对象，画分离体：取小球为研究对象，解除绳和斜面的约束，单独画出小球的轮廓图形。

2）画主动力：重力 $\boldsymbol{G}$ 为作用在小球上的主动力，该力通过球心且方向向下。

3）画约束力：绳对小球的约束为柔性约束，其约束力 $\boldsymbol{F}_T$ 作用于 C 点沿绳索背离小球；斜面对小球的约束为光滑面约束，其约束力 $\boldsymbol{F}_N$ 作用于 B 点，垂直于斜面（公法线方向）指向球心。

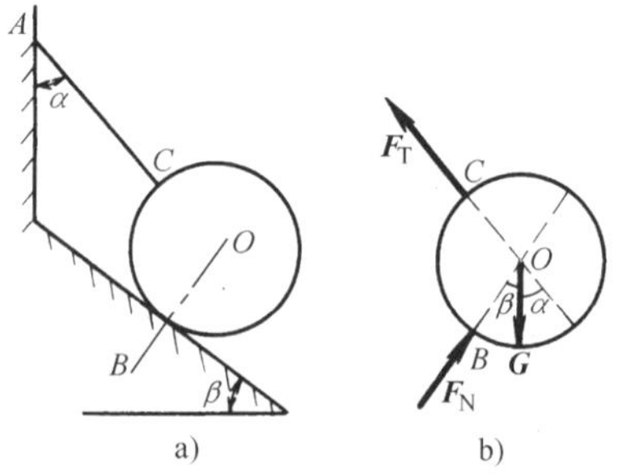

图 1-28 悬挂小球的受力分析

通过以上步骤，可画出小球的受力图，如图 1-28b 所示。

例 1-4 重为 $\boldsymbol{G}$ 的梯子 AB，在 E 点处用水平绳索将梯子与墙面连接，且搁置如图 1-29a 所示。若不计摩擦，试画出梯子 AB 的受力图。

解 1）确定研究对象，画分离体：取梯子为研究对象，解除绳与墙体对梯子的约束，单独画出梯子的轮廓图形。

2）画主动力：梯子受主动力 $\boldsymbol{G}$ 的作用，作用点在梯子的重心 C 处，方向铅垂向下。

3）画约束力：梯子在 A、D 处的约束为光滑面约束，其约束力 $\boldsymbol{F}_{NA}$、$\boldsymbol{F}_{ND}$ 分别沿各自接触面公法线方向指向梯子；梯子在 E 处受到柔性约束，其绳索对梯子作用的拉力 $\boldsymbol{F}_{TE}$ 沿着 EF 方向背离梯子。

由以上步骤，可画出梯子的受力，如图 1-29b 所示。

例 1-5 如图 1-30a 所示的三铰拱结构，由左右两拱铰接形成。拱 AC 上作用一铅垂载荷 $\boldsymbol{P}$。设各拱的自重不计，试分别画出拱 AC 和拱 BC 的受力图。

解 1）取拱 BC 为研究对象，画出其分离体。由于不计拱的自重，且拱 BC 仅在 B、C 两处受力，故 BC 为二力构件，根据二力平衡条件，可确定 B、C 两铰链处的约束力分别为 $\boldsymbol{F}_B$、$\boldsymbol{F}_C$，由此可画出拱 BC 的受力如图 1-30c 所示。

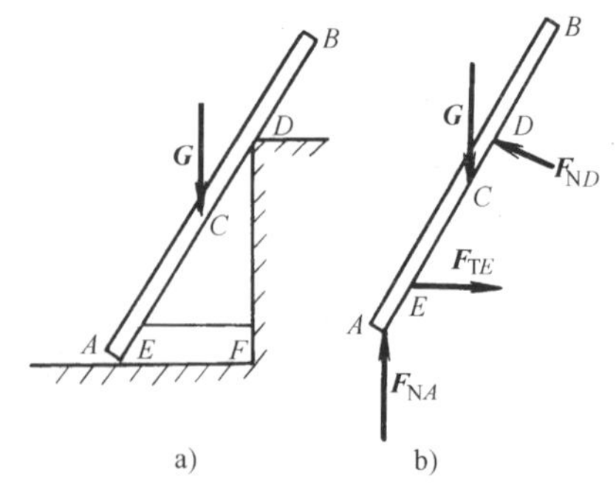

图 1-29 梯子的受力分析

2）取拱 AC 为研究对象，画出其分离体。拱上作用有主动力 $\boldsymbol{P}$；在中间铰 C 处，拱受到 BC 给它的反作用力 $\boldsymbol{F}_C'$，固定铰支座 A 对拱的约束力由于方向不能确定，故用正交分力 $\boldsymbol{F}_{Ax}$、$\boldsymbol{F}_{Ay}$ 来表示，由此可画出拱 AC 的受力如图 1-30b 所示。

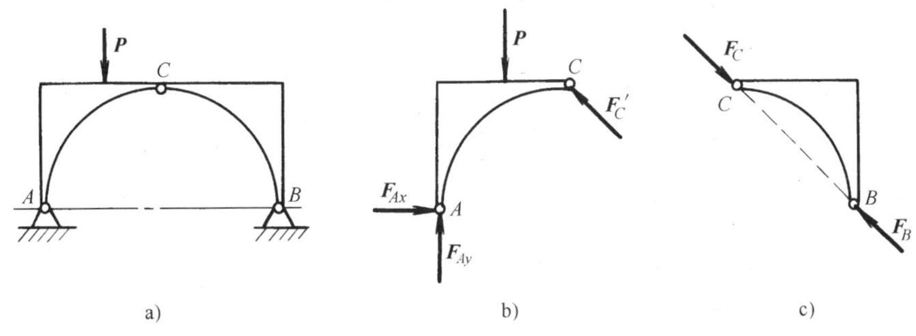

图 1-30　三铰拱的受力分析

例 1-6　曲柄冲压机构如图 1-31a 所示，设带轮的重量为 W，冲头 C 及连杆 BC 的重量忽略不计，冲头 C 受工件阻力 $\boldsymbol{Q}$ 作用。试画出带轮 A、连杆 BC、冲头 C 和机构系统的受力图。

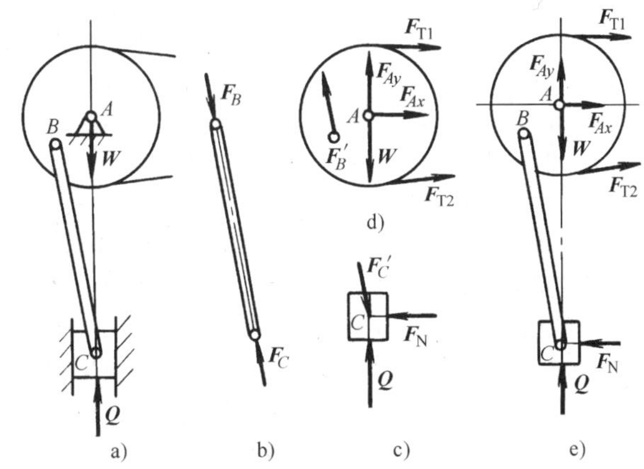

图 1-31　曲柄冲压机构的受力分析

解　由机构简图可知，连杆 BC 为二力杆，在运动与力的传递过程中，它起着桥梁的作用，故在对此机构进行受力分析时，应从连杆入手，然后依次分析与之相联接的其他构件及其系统的受力图。

1）取连杆 BC 为研究对象，假设连杆受压，根据二力平衡条件，可确定 B、C 两铰链处的约束力分别为 $\boldsymbol{F}_B$、$\boldsymbol{F}_C$，由此可画出连杆 BC 的受力如图 1-31b 所示。

2）取冲头 C 为研究对象，画出其分离体。冲头自重不计，作用于冲头上的力有工件的阻力 $\boldsymbol{Q}$。连杆对冲头的作用力为 $\boldsymbol{F}_C'$，$\boldsymbol{F}_C'$与 $\boldsymbol{F}_C$ 是作用力与反作用力的关系，若不计摩擦，则滑道对冲头的约束为光滑面约束，由机构的运动关系可知，滑道右侧对冲头产生约束力 $\boldsymbol{F}_N$，由此可得冲头 C 的受力如图 1-31c 所示。

3）取带轮 A 为研究对象，画出其分离体。带轮的重力 $\boldsymbol{W}$ 作用于轮心且方向向下；平带的拉力 $\boldsymbol{F}_{T1}$、$\boldsymbol{F}_{T2}$分别沿平带的中心线而背离带轮；连杆对带轮的作用力为 $\boldsymbol{F}_B'$，$\boldsymbol{F}_B'$与 $\boldsymbol{F}_B$ 是作用力与反作用力的关系；固定铰支座 A 对带轮的约束力通过铰链中心为 $\boldsymbol{F}_{Ax}$与 $\boldsymbol{F}_{Ay}$，由此分析可画出带轮 A 的受力如图 1-31d 所示。

4）取机构系统为研究对象，去掉不影响系统结构的外部约束（滑道和固定铰支座），画出系统的分离体。系统受到的主动力有 $\boldsymbol{Q}$、$\boldsymbol{W}$。约束力有滑道约束力 $\boldsymbol{F}_N$，平带拉力 $\boldsymbol{F}_{T1}$、$\boldsymbol{F}_{T2}$，固定铰支座的约束力 $\boldsymbol{F}_{Ax}$与 $\boldsymbol{F}_{Ay}$。由此分析可画出机构系统的受力如图 1-31e 所示。

由上例分析可以看出，当取系统（含局部系统）为研究对象时，只去掉不影响系统结构的外部约束，而构件之间由运动关系所形成的运动副为内部约束，不能去掉；否则系统就将被拆散而不成为系统。内部约束所产生的约束力为系统内力，这些力相互构成一平衡力系，对系统的受力分析不产生影响，故在系统受力图中不得画出内力。

思考题与习题

一、多选填空题：本题的可选答案中，有2~4个是正确的，请将正确答案号填到空格里。

1-1 力对物体的作用效果决定于力的____这三个要素。

a）矢量 b）方向 c）作用点 d）大小

1-2 力能使物体的____发生改变。

a）运动状态 b）受力状态 c）几何形状和尺寸 d）大小

1-3 力学中的平衡是指物体____的一种状态。

a）相对于地球保持静止 b）或作匀速圆周运动

c）或不变形 d）或作匀速直线运动

1-4 在任何力的作用下保持____不变的物体称为刚体。

a）矢量 b）形状 c）作用点 d）大小

1-5 作用在同一刚体上的两力，使刚体处于平衡状态的必要和充分条件是：这两个力的____。

a）大小相等 b）作用点相同 c）作用在同一直线上 d）方向相反

1-6 两个物体间的作用力与反作用力总是____。

a）大小相等 b）分别作用在两个物体上 c）沿同一直线 d）方向相反

1-7 力偶对物体的转动效应，取决于____三个要素。

a）力偶矩的大小 b）力偶的作用点 c）力偶的转向 d）力偶面的方位

1-8 由力的可传性原理可知，力对刚体的作用效果取决于力的____。

a）作用点 b）作用线 c）方向 d）大小

1-9 画受力图的步骤为____。

a）明确研究对象，画出分离体 b）在分离体上标出全不主动力

c）撤掉约束，画出约束力 d）分析分离体的受力

二、选择填空题：请将最恰当的一个答案的题号填到空格里。

1-10 力是具有大小和方向的物理量，所以力是____。

a）刚体 b）数量 c）变形体 d）矢量

1-11 作用于某一物体同一点上的两个力，$F_1=5N$，$F_2=12N$。当两个力的夹角为____时，它们的合力大小为13N。

a）30° b）60° c）90° d）180°

1-12 作用于某一物体同一点上的两个力，$F_1=5N$，$F_2=12N$。当两个力的夹角为____时，它们的合力大小为7N。

a）30° b）60° c）90° d）180°

1-13 二力杆是指____。

a）只受二力作用而处于平衡的构件 b）只受二力作用的构件

c）同一点只受二力作用的构件 d）二力作用线相同的构件

1-14 作用在刚体上的力可以____，并不改变该力对刚体的作用效果。

a）改变其作用位置 b）沿作用线滑移

c）改变其作用方向 d）改变其作用大小

1-15 如图1-32所示，重量为$\boldsymbol{G}$的物体A放在地面上，地面对物体A的作用力为$\boldsymbol{F}_N$，物体A对地面的压力为$\boldsymbol{F}_N'$，物体A____。

a）既是受力物体，又是施力物体

b）是受力物体

c）是施力物体

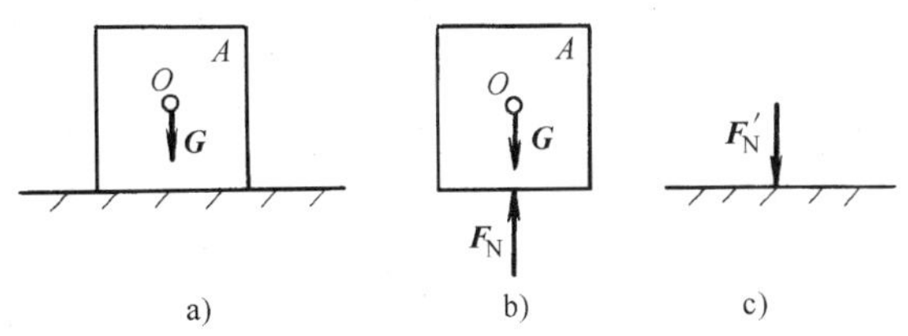

图 1-32　题 1-15 图

d）相对 $\boldsymbol{F}_N$ 来说是施力物体，相对 $\boldsymbol{F}_N'$ 来说是受力物体

1-16　与作用点无关的矢量是____。

a）作用力　　b）力矩　　c）力偶　　d）力偶矩

1-17　为使移动后的作用力与原作用力等效，应附加一____。

a）作用力　　b）力矩　　c）平衡力系　　d）力偶

1-18　如题图 1-33 所示的四种情况，刚体与铅垂面 A 有约束力的图是____。

a）四种情况都有　　b）图 b 和图 d　　c）图 a 和图 c　　d）图 b

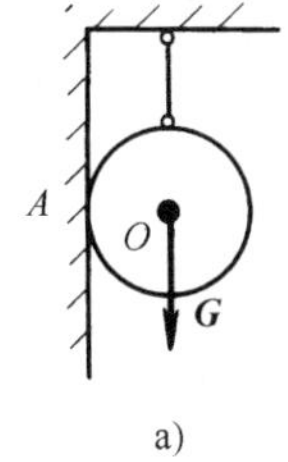

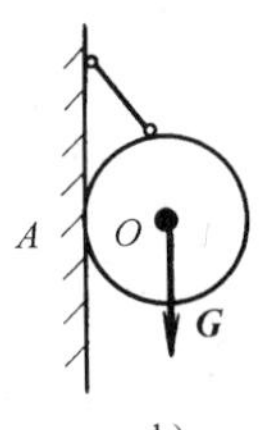

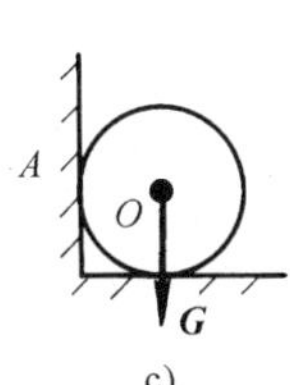

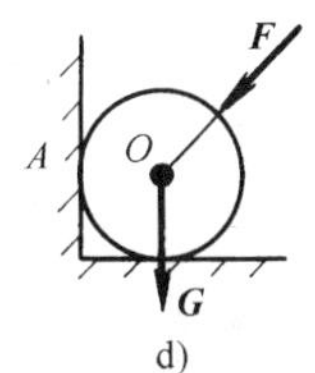

图 1-33　题 1-18 图

三、判断题

1-19　物体的平衡就是指物体静止不动。　　(　　)

1-20　二力平衡公理适用于刚体，作用与反作用公理适用于刚体与变形体。　　(　　)

1-21　当两个力共线时，利用矢量式 $\boldsymbol{F}_R=\boldsymbol{F}+\boldsymbol{F}$ 和代数相加式 $F_R=F+F$ 求合力时，其结果一样，这说明矢量式与代数相加式是完全相同的。　　(　　)

1-22　在两个力作用下处于平衡的杆件称为二力杆，二力杆一定是直杆。　　(　　)

1-23　因为物体间的作用力与反作用力总是成对出现，且大小相等，方向相反，沿着同一直线。所以，作用力与反作用力平衡。　　(　　)

1-24　在受力体上，加上或减去任意的平衡力系，力系对物体的作用效果不变。　　(　　)

1-25　平衡力系中，任意一力对于其余的力来说都是平衡力。　　(　　)

1-26　柔性约束只能承受拉力，而不能承受压力。　　(　　)

1-27　活动铰链支座约束的约束反力的方向不易确定。　　(　　)

四、问答题

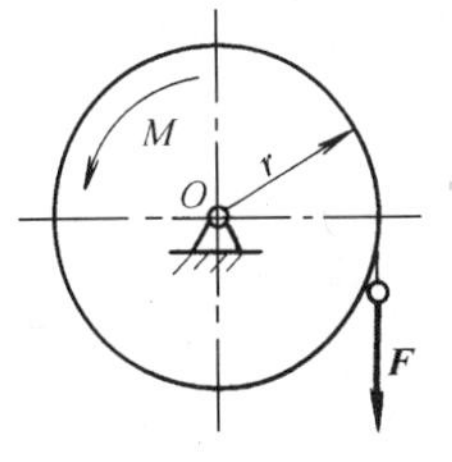

图 1-34　题 1-31 图

1-28　什么是物体的平衡状态？为什么说物体的平衡是相对的？

1-29　二力平衡公理和作用与反作用公理有什么不同？

1-30　为什么二力平衡公理、加减平衡力系公理和力的可传性原理只能适用于刚体？

1-31　力偶不能单独和一个力相平衡，为什么图 1-34 所示的均质轮能平衡（图中 $M=Fr$）？

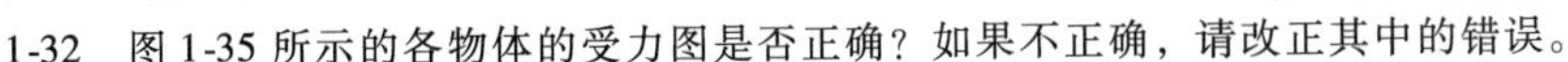

1-32　图 1-35 所示的各物体的受力图是否正确？如果不正确，请改正其中的错误。

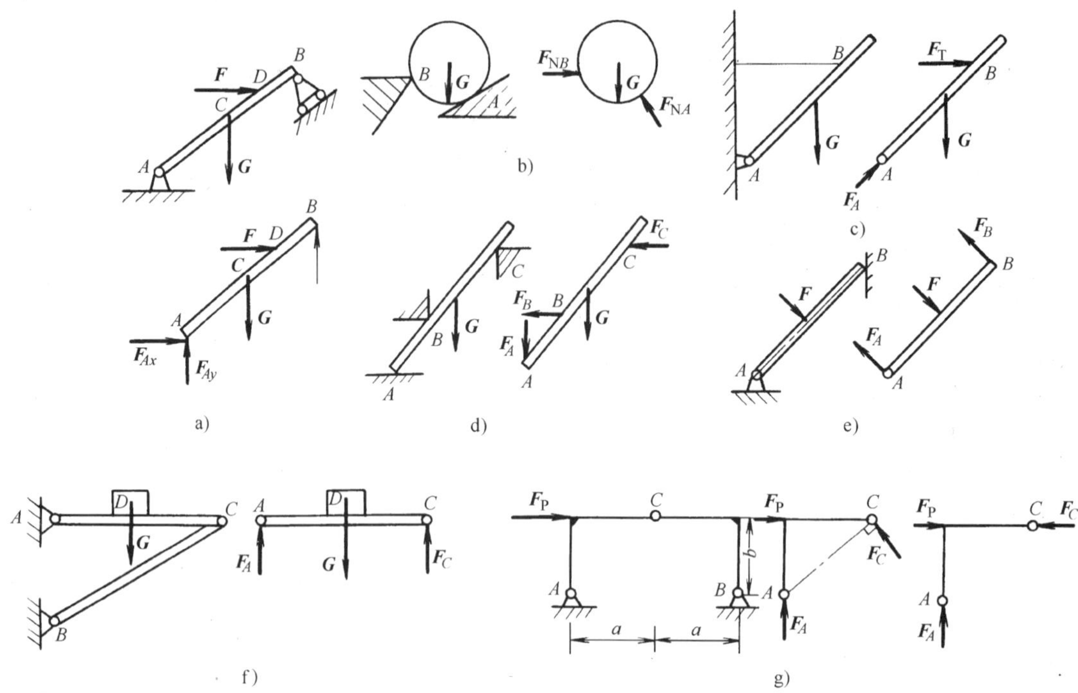

图 1-35 题 1-32 图

五、计算题

1-33 已知 $F_1=2000\text{N}$，$F_2=150\text{N}$，$F_3=200\text{N}$，$F_4=100\text{N}$，各力的方向如图 1-36 所示，试分别求各力在 x 轴和 y 轴上的分力。

1-34 试计算如图 1-37 所示的力 $\boldsymbol{F}$ 对 O 点之矩。

1-35 两推进器各以全速的推力 $\boldsymbol{F}=\boldsymbol{F}'=300\text{kN}$ 推船，如图 1-38 所示。试问在该船船舷处需加多大的推力 $\boldsymbol{F}_\text{P}$ 和 $\boldsymbol{F}_\text{P}'$，才能抵消两推进器全速运转时所产生的转动效应。

六、作图题

1-36 根据力的三角形法则，用作图法证明多个力合成的力多边形法则。

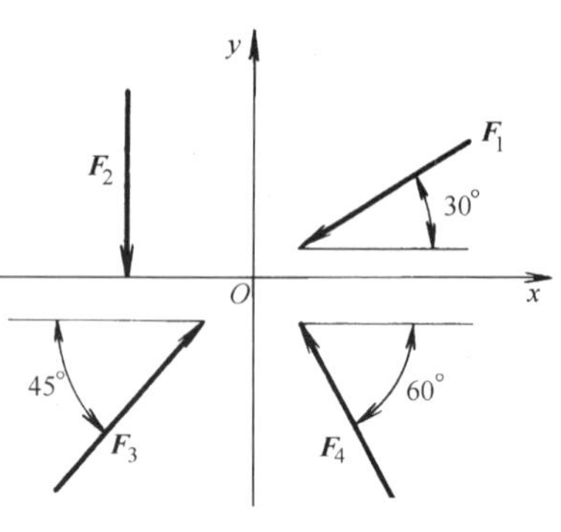

图 1-36 题 1-33 图

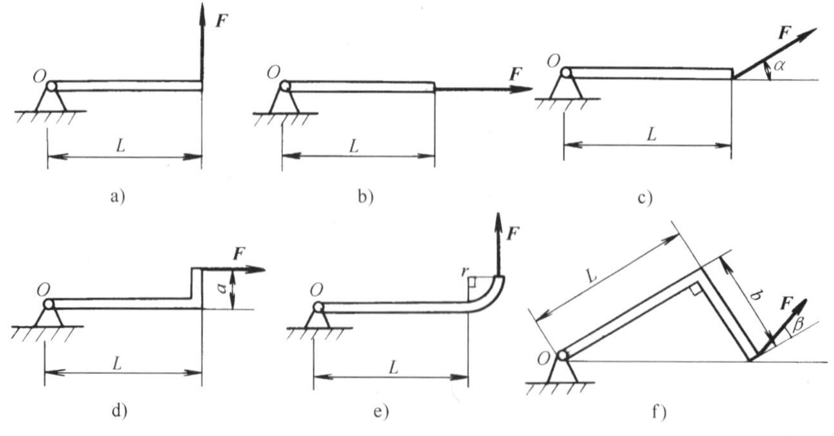

图 1-37 题 1-34 图

1-37　试分别画出图 1-39 所示物体系中各物体的受力图。图中未标出重力的物体均不计自重，并假设各接触面为光滑面接触。

1-38　画出图 1-30 所示的三铰拱的系统受力图。

1-39　试分别画出图 1-40 中标有字母的物体的受力图和系统的受力图。图中未标出重力的物体均不计自重，并假设各接触面为光滑面接触。

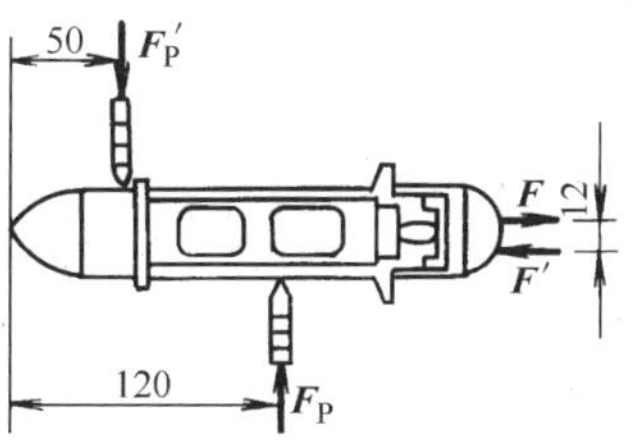

图 1-38　题 1-35 图

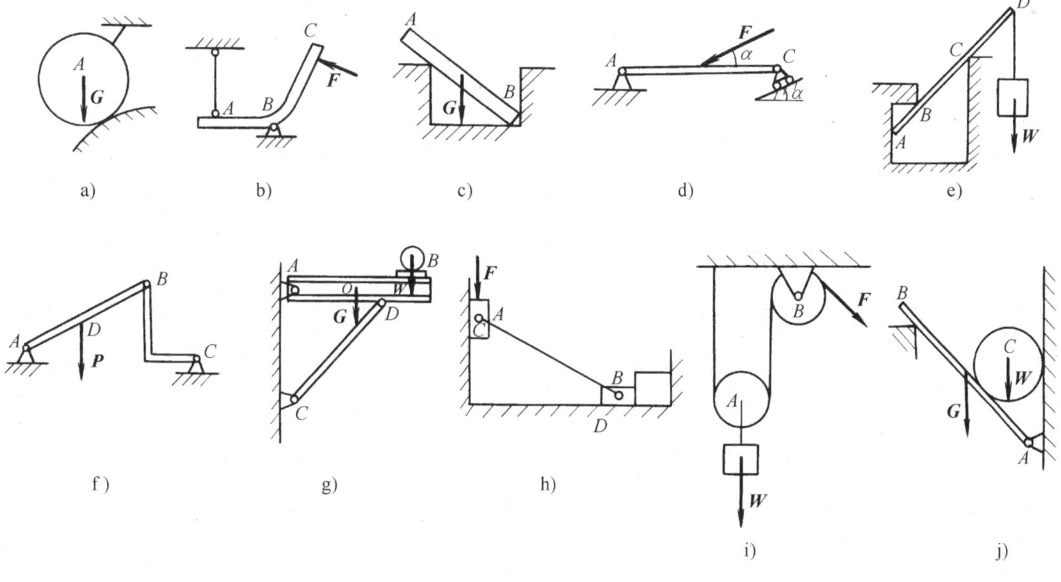

图 1-39　题 1-37 图

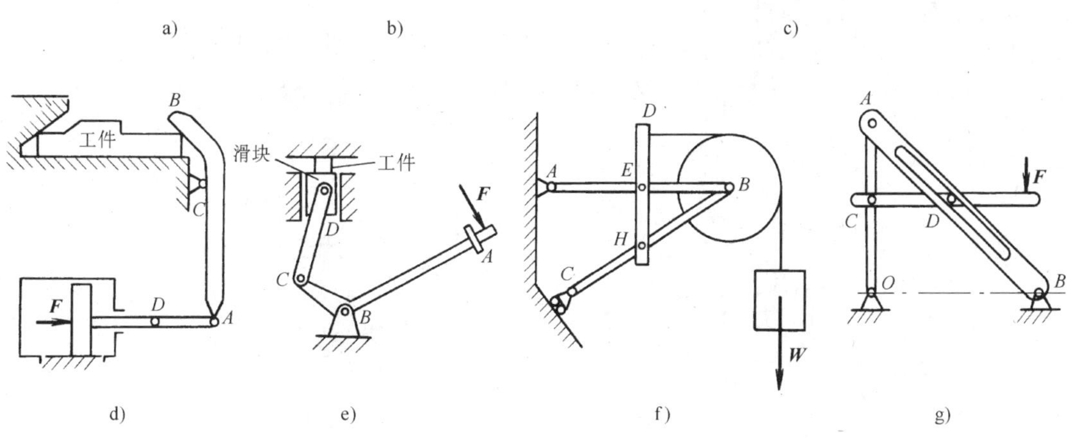

图 1-40　题 1-39 图

第一章　静力学基础

第二章　力系的简化与平衡

本章主要研究平面力系的简化与平衡条件，建立各类平面平衡力系的平衡方程，并应用平衡方程求解物体及物体系统的平衡问题，空间力系问题。

第一节　平面力系的概念及简化

一、平面力系的概念

力系中各力的作用线均在同一平面内的力系，称为平面力系。平面力系按作用线相互之间的几何位置关系又可分为平面汇交力系、平面平行力系与平面一般力系。各力的作用线汇交于一点的平面力系，称为平面汇交力系；各力的作用线相互平行的平面力系，称为平面平行力系；各力的作用线在平面任意分布的平面力系，称为平面一般力系。

图 2-1a 所示为电动机支承架，其中梁 AB 的受力（图 2-1b）即为一平面力系。

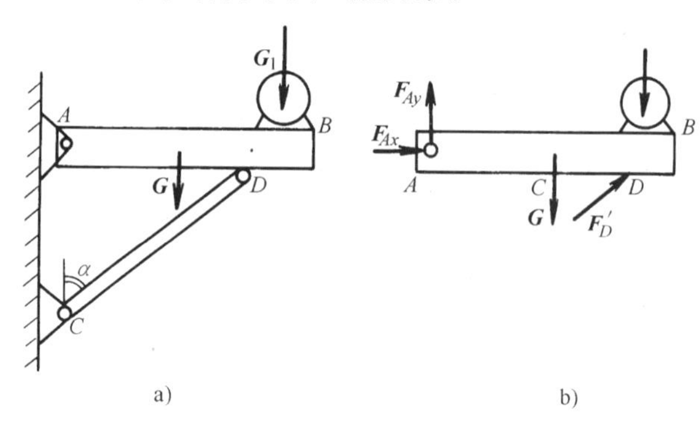

图 2-1　电动机支承架

在工程实际问题中，结构或机构的几何形状总是立体的，其受力情况往往呈空间状态。但若结构或机构的几何形体具有对称面或近似对称面，且所作用的力又可简化为作用于该对称面的力系时，这类问题仍属于平面问题。例如，图 2-2a 所示的推土机具有形体对称面，且所受的力简化后为作用于该对称面的平面一般力系（图 2-2b）。

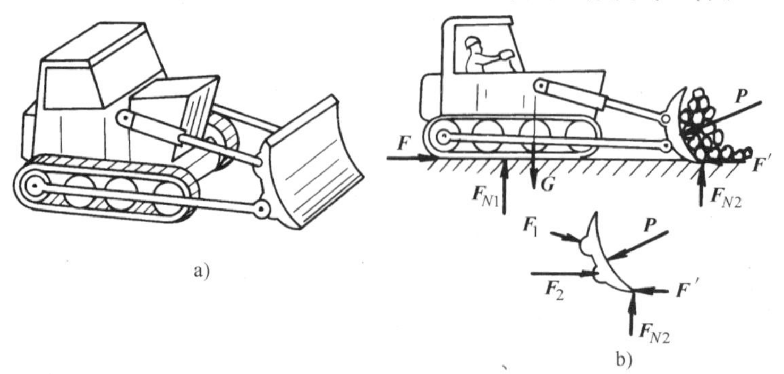

图 2-2　推土机

二、平面一般力系的简化与分析

设作用于刚体的平面一般力系 $\boldsymbol{F}_1$、$\boldsymbol{F}_2$、…、$\boldsymbol{F}_n$，且作用点分别为 A_1、A_2、…、A_n（图 2-3a）。今在力系所在的平面内任选一点 O，该点称为简化中心，根据力的平移定理，将力系中的各力分别平移至 O 点，则得到作用于刚体的平面汇交力系 $\boldsymbol{F}_1'$、$\boldsymbol{F}_2'$、…、$\boldsymbol{F}_n'$及平面力偶系 M_1、M_2、…、M_n（图 2-3b）。

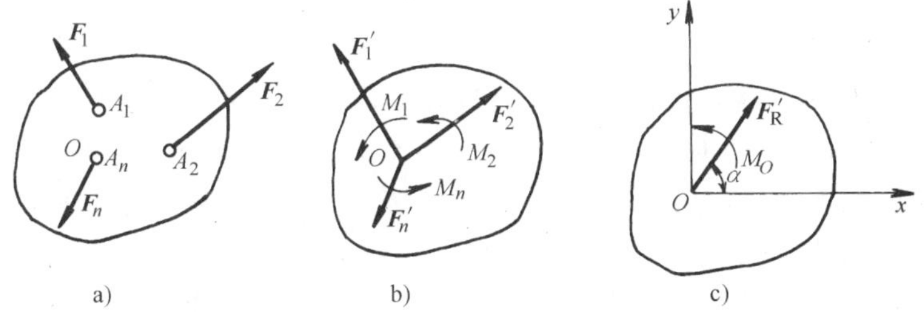

图 2-3　平面力系的简化

应用力的合成法则可以将平面汇交力系合成为作用于简化中心 O 的一个力，该力的大小和方向等于各分力之矢量和，即

$$\boldsymbol{F}_{\mathrm{R}}' = \boldsymbol{F}_1 + \boldsymbol{F}_2 + \cdots + \boldsymbol{F}_n = \sum \boldsymbol{F} \tag{2-1}$$

式中，$\boldsymbol{F}_{\mathrm{R}}'$等于原力系各力的矢量和，称为原力系的主矢。不难看出，当取不同点为简化中心时，主矢 $\boldsymbol{F}_{\mathrm{R}}'$的大小和方向均保持不变，即主矢是一个与简化中心位置无关的矢量。主矢的大小和方向可用下式计算，即

$$\begin{cases} F_{\mathrm{R}x}' = \sum F_x' = \sum F_x \\ F_{\mathrm{R}y}' = \sum F_y' = \sum F_y \\ F_{\mathrm{R}}' = \sqrt{(\sum F_x)^2 + (\sum F_y)^2} \\ \tan\alpha = \left| \dfrac{\sum F_y}{\sum F_x} \right| \end{cases} \tag{2-2}$$

其中，α 为主矢 $\boldsymbol{F}_{\mathrm{R}}'$的作用线与 x 轴之间所夹锐角，其具体指向由 $\sum F_x$ 与 $\sum F_y$ 的正负确定。

应用力偶的合成法则可以将附加平面力偶系合成为一个合力偶，其合力偶矩等于力偶系中各分力偶矩的代数和，即

$$M_O = M_1 + M_2 + \cdots + M_n = M_O(F_1) + M_O(F_2) + \cdots + M_O(F_n) = \sum M_O(F) \tag{2-3}$$

式中，M_O 等于原力系各力对 O 点之矩的代数和，称为原力系对简化中心 O 的主矩。注意，取不同点为简化中心，所得的主矩一般是不同的，即一般情况下主矩与简化中心的位置有关。

综上所述，平面任意力系向作用面内任一点简化，一般可以得到一个主矢和一个主矩 。主矢作用于简化中心，等于力系中各力的矢量和；主矩等于平面任意力系中各力对简化中心 O 点之矩的代数和，如图 2-3c 所示。

需要注意的是，只有 $\boldsymbol{F}_{\mathrm{R}}'$和 M_O 两者的共同作用才与原力系等效。也就是说，主矢 $\boldsymbol{F}_{\mathrm{R}}'$并不是原力系的合力，主矩 M_O 也不是原力系的合力偶。

平面力系向一点简化得到的主矢与主矩并不是最后的简化结果，现根据主矢与主矩存在的各种情况来讨论平面力系简化的最后结果。

1）主矢 $\boldsymbol{F}_R{}'\neq0$，主矩 $M_O\neq0$：力系简化为一个合力 $\boldsymbol{F}_R$。由力的平移定理的逆过程（见图2-4）可知，其主矢 $\boldsymbol{F}_R{}'$与主矩 M_O 可进一步合成为一个合力 $\boldsymbol{F}_R$，合力的大小 $F_R=F_R{}'$，合力作用线到简化中心的距离为

$$d=\frac{|M_0|}{F_R}$$

至于合力作用线在 O 点的哪一侧，则应根据主矢的方向与主矩的转向确定。

2）主矢 $F_R{}'=0$，主矩 $M_O\neq0$：力系简化为一个力偶 M。因为主矢为零，所以原力系不论向哪一点简化均与一个力偶等效。由于力偶对作用面内任一点之矩恒等于力偶矩，故合力偶矩即等于主矩，且与简化中心的位置无关。

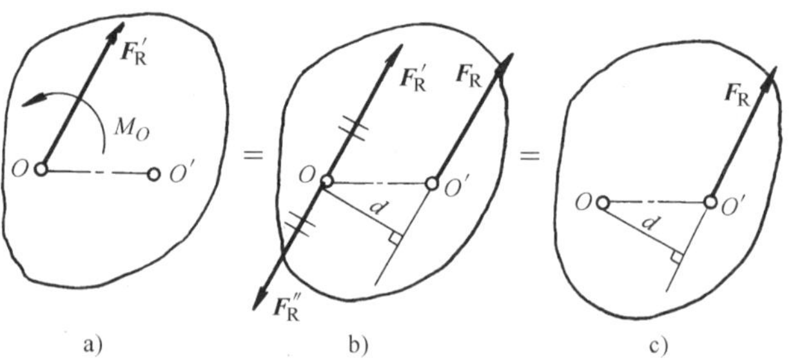

图2-4　力系简化结果分析

3）主矢 $\boldsymbol{F}_R{}'\neq0$，主矩 $M_O=0$：力系简化为作用于简化中心的一个合力 $\boldsymbol{F}_R$。因为主矩为零，所以原力系与作用于简化中心的主矢等效，且合力的大小 $F_R=F_R{}'$，合力的作用线通过简化中心。（若改变简化中心，情况会发生什么样的变化？其最终简化结果怎样？请读者自行分析）。

4）主矢 $\boldsymbol{F}_R{}'=0$，主矩 $M_O=0$：力系为一平衡力系。

第二节　平面力系的平衡条件与平衡方程

一、平面一般力系的平衡条件与平衡方程

1. 平面一般力系的平衡条件

由平面一般力系的简化结果分析可知，若平面力系向任一点简化所得的力或力偶中只要有一个不为零，那么该力系就不会平衡。因此，平面一般力系平衡的必要与充分条件是：该力系向任一点简化所得的主矢和主矩必须等于零。

2. 平面一般力系的平衡方程

由平面一般力系平衡条件的解析表达式为

$$\begin{cases}F_R{}'=\sum F=\sqrt{(\sum F_x)^2+(\sum F_y)^2}=0\\M_O=\sum M_O(F)=0\end{cases}$$

可得平面一般力系的平衡方程为

$$\begin{cases}\sum F_x=0\\\sum F_y=0\\\sum M_O(F)=0\end{cases}\tag{2-4}$$

上式表明，平面一般力系平衡时，力系中各力在任两个直角坐标轴（两个任意相交的坐标轴也可）上投影的代数和分别等于零，各力对平面内任一点之矩的代数和也等于零。

2 CHAPTER

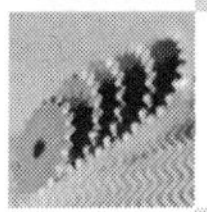

式（2-4）为平面一般力系平衡方程的基本形式，前两式称为投影方程，后一式称为力矩方程。

3. 平面一般力系平衡方程的其他形式

1）二力矩式（由一个投影方程和两个力矩方程组成）平衡方程为

$$\begin{cases}\sum M_A(F)=0\\ \sum M_B(F)=0\\ \sum F_x=0\end{cases} \tag{2-5}$$

上式的使用条件为：A、B 两矩心的连线不能垂直于投影轴 x。

2）三力矩式（由三个力矩方程组成）平衡方程为

$$\begin{cases}\sum M_A(F)=0\\ \sum M_B(F)=0\\ \sum M_C(F)=0\end{cases} \tag{2-6}$$

上式的使用条件为：A、B、C、三点不能共线。

必须注意的是，给定一个平衡的平面一般力系，只能列出三个独立的平衡方程式，最多可以求解三个未知量。另外，在应用式（2-5）和式（2-6）时还应注意其限制条件，否则会得到非独立的方程式，不能求得三个未知量。

例 2-1 图 2-5a 所示为一简支梁，梁上作用有均布载荷（在一段长度上均匀分布的载荷）和集中力。已知均布载荷的载荷集度（单位长度上所受的力）$q=3\text{kN/m}$，集中力 $F=20\text{kN}$，试求支座 A、B 对梁的约束力。

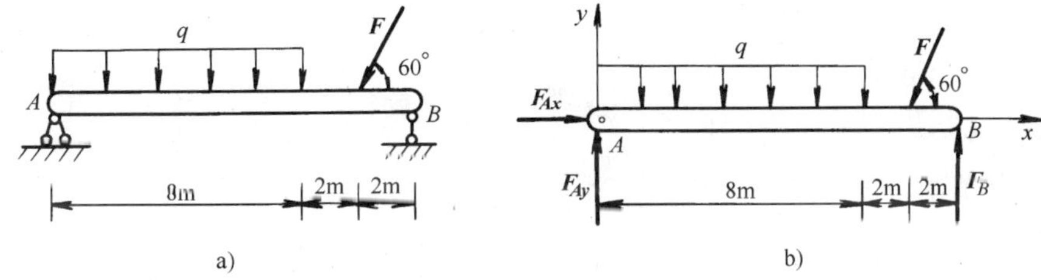

图 2-5 简支梁的受力分析

解 取梁 AB 为研究对象，其受力如图 2-5b 所示。

建立坐标系 Axy，由式（2-5）列平衡方程有

$\sum F_x=0$ $\qquad$ $F_{Ax}-F\cos60°=0$

图 2-6 平面特殊力系

$$F_{Ax} = F\cos60° = \left(20 \times \frac{1}{2}\right)\text{N} = 10\text{N}$$

$\sum M_B(F) = 0$ $\quad -F_{Ay} \times 12\text{m} + q \times 8\text{m} \times 8\text{m} + F\sin60° \times 2\text{m} = 0$

$$F_{Ay} = \left[\left(3 \times 8 \times 8 + 20 \times \frac{\sqrt{3}}{2} \times 2\right)/12\right]\text{kN} = 18.9\text{kN}$$

$\sum M_A(F) = 0$ $\quad F_B \times 12 - q \times 8 \times 4 - F\sin60° \times 10 = 0$

$$F_B = \left[\left(3 \times 8 \times 4 + 20 \times \frac{\sqrt{3}}{2} \times 10\right)/12\right]\text{kN} = 22.3\text{kN}$$

二、平面特殊力系的平衡方程

由平面一般力系的平衡方程能方便地得到平面特殊力系的平衡方程。

1. 平面汇交力系

若平面汇交力系汇交于 O 点（见图 2-6a），则式（2-4）的 $\sum M_O(F) \equiv 0$，由此得出平面汇交力系的平衡方程为

$$\begin{cases} \sum F_x = 0 \\ \sum F_y = 0 \end{cases} \tag{2-7}$$

上式有两个方程式，可解两个未知量。

2. 平面平行力系

设平面平行力系的各力与 y 轴平行（图 2-6b），则式（2-4）中的 $\sum F_x \equiv 0$，因而平面平行力系的平衡方程为

$$\begin{cases} \sum F_y = 0 \\ \sum M_O(F) = 0 \end{cases} \tag{2-8}$$

上式有两个方程式，可解两个未知量。

另外，平面平行力系的平衡方程也有二力矩形式，即

$$\begin{cases} \sum M_A(F) = 0 \\ \sum M_B(F) = 0 \end{cases} \tag{2-9}$$

上式的使用条件为：A、B 两点连线不得与力线平行，否则两方程实为一个方程。

3. 平面力偶系

由力偶的性质可知，力偶中的两力在任意坐标轴上的投影恒为零，力偶对作用面内任意点之矩恒等于力偶矩，因而有式（2-4）中的 $\sum F_x \equiv 0$，$\sum F_y \equiv 0$，则平面力偶系的平衡方程为

$$\sum M_O(F) = \sum M = 0 \tag{2-10}$$

上式只有一个方程式，可解一个未知量。

例 2-2 如图 2-7a 所示的起重机 AB、AC 杆用铰链支承在立柱上，并在 A 点用铰链互相连接，由绞车 D 引出水平钢索绕过滑轮 A 起吊重物。已知重物的重量 $W = 20\text{kN}$，各杆和滑轮的自重不计且忽略摩擦。试求杆 AB 和 AC 所受的力。

解 取滑轮 A 为研究对象，它受到钢索和重物对它的拉力 $\boldsymbol{F}_{TD}$、$\boldsymbol{F}'_{TW}$，以及杆对它的作用力 $\boldsymbol{F}_{BA}$ 与 $\boldsymbol{F}_{CA}$（均假设为拉力）。若忽略滑轮的大小，则该四个力的作用线均过 A 点，组成一个平衡的平面汇交力系，其受力如图 2-7b 所示。

以 A 点为原点，建立直角坐标系 Axy，由式（2-7）列平衡方程，有

$$\sum F_x = 0 \qquad -F_{BA}\cos30° - F_{CA}\sin30° - F_{TD} = 0$$

$$\sum F_y = 0 \qquad F_{BA}\sin30° - F_{CA}\cos30° - F'_{TW} = 0$$

由结构图和受力图可知，

$$F_{TD} = F'_{TW} = F_{TW} = W = 20\text{kN}$$

联立求解上述方程组，可得

$$F_{BA} = -7.32\text{kN}$$

$$F_{CA} = -27.32\text{kN}$$

$\boldsymbol{F}_{BA}$和$\boldsymbol{F}_{CA}$的求解结果为负值，说明两杆实际受力方向与所假设的方向相反，应为压力。

请读者将本例的坐标改为沿两未知力的作用线建立，然后列出平衡方程与上述平衡方程进行比较后，给出投影坐标轴的一些选择原则。

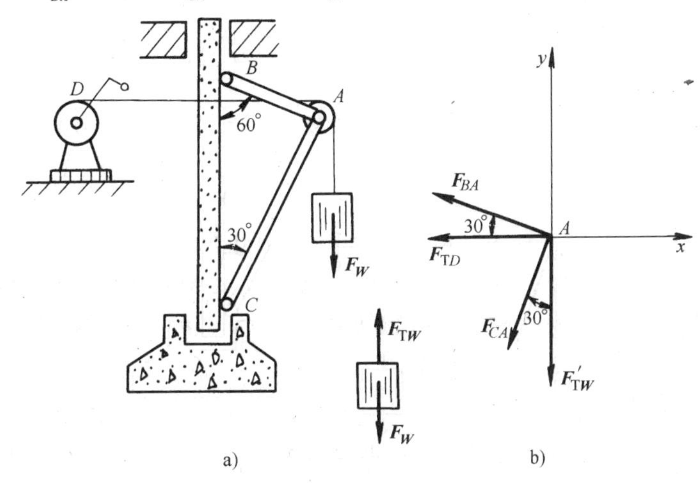

图 2-7　起重机受力分析

例 2-3　塔式起重机如图 2-8a 所示。已知机身重 $G = 220\text{kN}$，作用线通过塔架的中心，最大起重量 $F_P = 50\text{kN}$，平衡锤重 $F = 30\text{kN}$。试求满载和空载时轨道 A、B 的约束力，并分析起重机在使用过程中会不会翻倒。

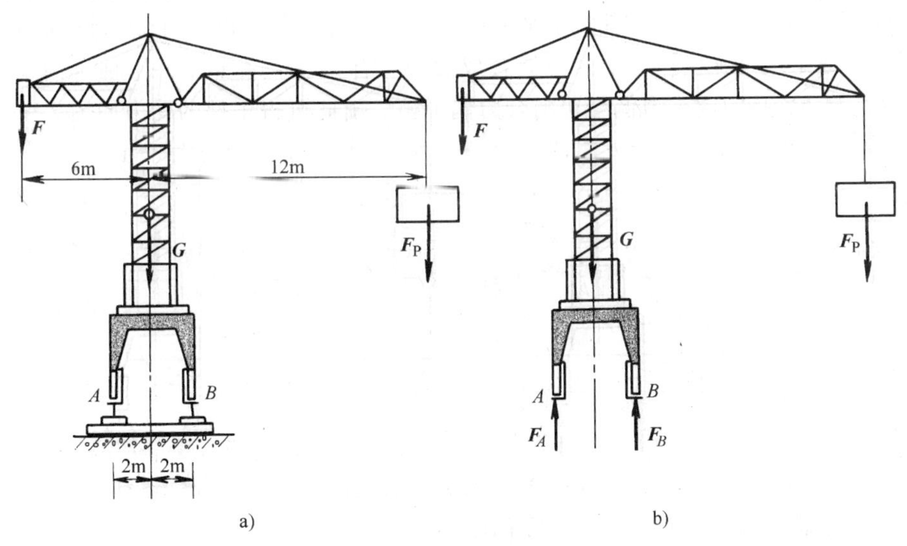

图 2-8　起重机受力分析

解　1）求解轨道对起重机的约束力。取起重机为对象，其上作用有已知力 $\boldsymbol{G}$、$\boldsymbol{F}_P$ 与 $\boldsymbol{F}$，以及轨道 A、B 对起重机的约束力 $\boldsymbol{F}_A$ 与 $\boldsymbol{F}_B$。这些力组成一平面平行力系如图 2-8b 所示。

根据式（2-9）列平衡方程得

$$\sum M_B(F) = 0 \qquad F \times 8 + G \times 2 - F_P \times 10 - F_A \times 4 = 0$$

$$\sum M_A(F) = 0 \qquad F \times 4 - G \times 2 - F_P \times 14 + F_B \times 4 = 0$$

由上述方程，可得

$$\begin{cases} F_A = 2F + 0.5G - 2.5F_P \\ F_B = -F + 0.5G + 3.5F_P \end{cases} \tag{1}$$

将 $F = 30\text{kN}$，$G = 220\text{kN}$，$F_P = 50\text{kN}$ 代入方程组（1），即得起重机满载时轨道 A、B 对起重机的约束力

$$F_A = (2 \times 30 + 0.5 \times 220 - 2.5 \times 50)\text{kN} = 45\text{kN}$$
$$F_B = (-30 + 0.5 \times 220 + 3.5 \times 50)\text{kN} = 255\text{kN}$$

当起重机空载时，$F_P = 0$，代入方程组(1)，即得轨道 A、B 对起重机的约束力

$$F_A = (2 \times 30 + 0.5 \times 220)\text{kN} = 170\text{kN}$$
$$F_B = (-30 + 0.5 \times 220)\text{kN} = 80\text{kN}$$

2）分析起重机的翻倒问题。满载时，起重机若要翻倒，则必绕 B 点翻倒。为了保证起重机不至于绕 B 点翻倒，必须使 $\boldsymbol{F}_A > 0$；空载时，起重机若要翻倒，则必绕 A 点翻倒。为了保证起重机不至于绕 A 点翻倒，必须使 $\boldsymbol{F}_B > 0$。由前面计算结果可知，$\boldsymbol{F}_A$ 与 $\boldsymbol{F}_B$ 均大于零，故起重机不会翻倒。

利用上述分析起重机翻倒问题的方法，可完成起重机在使用过程中，根据最大起重量配平衡锤的重量这一实际问题。请读者自行完成：该题在最大起重量不变的条件下，所配平衡锤的重量的范围值的分析与求解。

例 2-4　用多轴钻床在水平放置的工件上钻孔，如图 2-9a 所示。若每个钻头对工件施加的力偶矩分别为 $M_1 = M_2 = 10\text{N}\cdot\text{m}$ 和 $M_3 = 20\text{N}\cdot\text{m}$ 的力偶，固定工件的螺栓 A 和 B 的距离 $l = 200\text{mm}$。试求两个螺栓所受的力。

解　取工件为研究对象，工件在水平面内受到三个切削力偶和两个螺栓约束力的作用。根据力偶的合成定理可知，三个切削力偶合成后为一合力偶。若要工件平衡，则螺栓 A、B 的约束力 $\boldsymbol{F}_{NA}$ 与 $\boldsymbol{F}_{NB}$ 必构成一力偶与切削合力偶平衡。由此可得工件的受力如图 2-9b 所示。

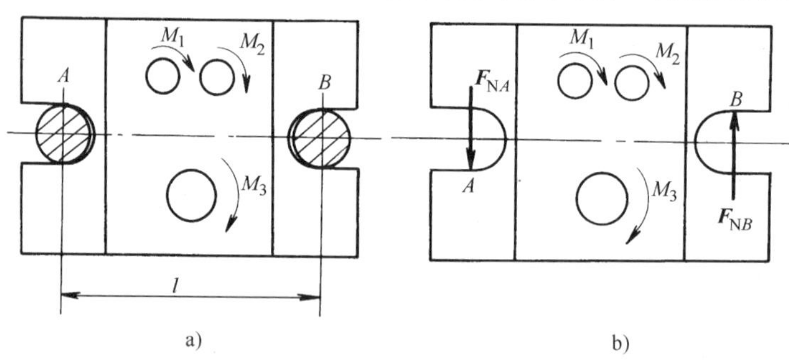

图 2-9　工件的受力分析

根据平面力偶系的平衡条件列平衡方程得

$$\sum M = 0 \qquad F_{NA}l - M_1 - M_2 - M_3 = 0$$

解方程得

$$F_{NA} = \frac{M_1 + M_2 + M_3}{l} = \left(\frac{10 + 10 + 20}{0.2}\right)\text{N} = 200\text{N}$$

$$F_{NB} = F_{NA} = 200\text{N}$$

由上述例题的求解过程可知，平面力系平衡问题求解的步骤如下：

1）由已知条件和应求解的问题确定研究对象，取研究对象的分离体画受力图。

2）确定投影坐标轴与矩心位置。

① 确定投影轴的方法：为方便列写平衡方程，应取较多力的方向为坐标轴的正方向。

② 确定矩心的方法：为减少未知力在同一方程中的个数，矩心应尽量选在有较多未知力的汇交点处。

3）分析力系的类型，列出相应的平衡方程求解。必要时对结果进行分析讨论。

4）可列出非独立的平衡方程，校核计算结果的正确性。

第三节　物体系统的平衡

一、静定与静不定问题的概念

工程中常会遇到由若干物体通过一定的约束组成的系统。当整个系统平衡时，则组成该系统的每个物体均是平衡的。假设系统由 n 个物体组成，且每一个物体都受平面一般力系作用。则该系统就可列出 $3n$ 个独立的平衡方程，从而求解出 $3n$ 个未知量。因此，对于所研究的平衡问题，其未知量的个数少于或等于可列出的独立平衡方程的数目时，全部未知量都可由静力平衡方程求出，这样的问题称为静定问题。例如，图 2-10a、b 所示的结构均为静定问题。反之，如果未知量的个数超过平衡方程的数目，则由静力平衡方程不能求解出全部未知量，这样的问题称为静不定问题或称为超静定问题。对于静不定问题，未知量的数目减去独立平衡方程的数目称为静不定次数。如图 2-11a 所示的杆件，受力图为平面汇交力系，有三个未知力，只能列出两个独立的平衡方程；如图 2-11b 所示的梁，其受力图为平面一般力系，有四个未知量，但只能列出三个独立的平衡方程，均属于一次静不定问题。

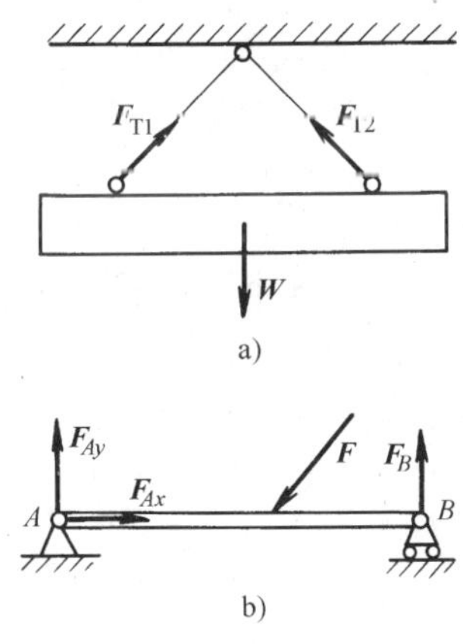

图 2-10　静定结构

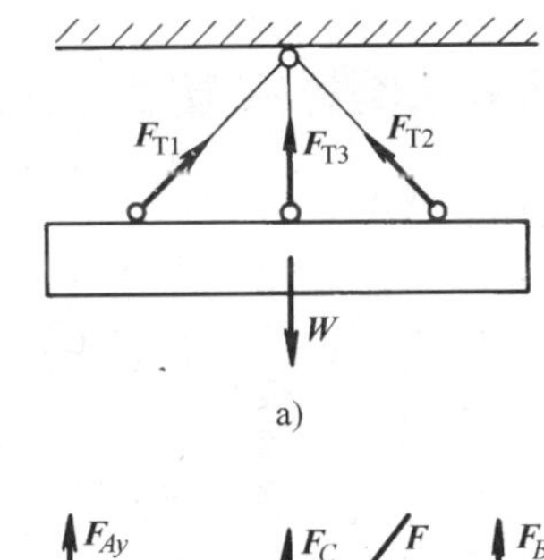

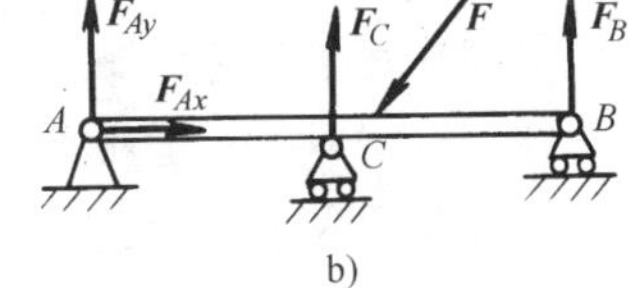

图 2-11　静不定结构

静不定结构在工程实际中应用较为广泛，因为它可以提高结构的刚度和牢固性，增强结构的承载能力。例如，在车床上只用卡盘夹住工件进行切削时（静定问题），工件由于切削力而容易引起弯曲变形，造成背吃刀量不够，使加工出的工件出现锥度（见图 2-12a）；如果在工件的自由端加装顶尖尾座，则可增加工件的刚度，使工件在加工过程中的变形显著减小（见图 2-12b）；如果再在卡盘与顶尖架之间增加一个中间支架或跟刀架，则工件的变形将会更小（见图 2-12c）。由于增加了顶尖尾座与中间支架，原来的静定问题变成了静不定

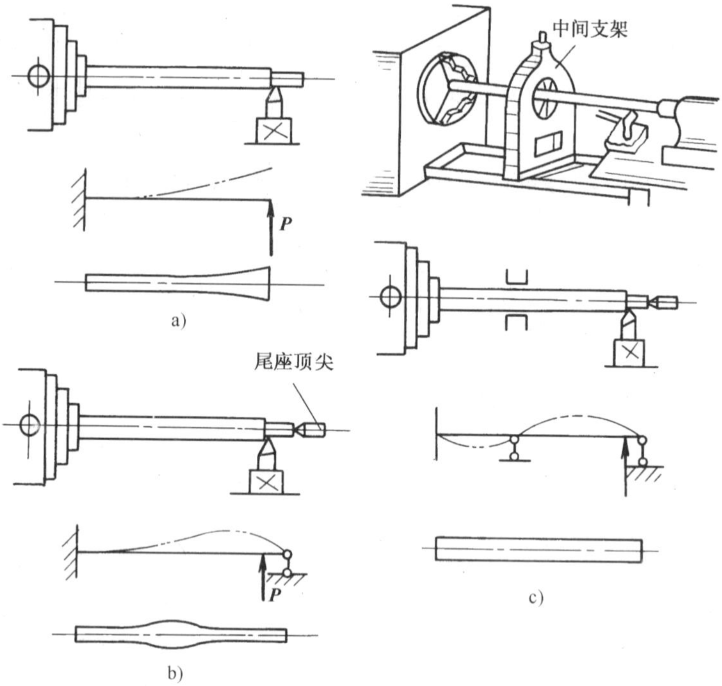

中间支架

尾座顶尖

a)

b)

c)

图 2-12 车削工件的静定与静不定分析

问题。

静不定问题的求解，需要借助于结构的变形建立变形协调的补充方程，使补充方程加上平衡方程的数目与未知量的数目相等，方能求解全部未知量。

二、物体系统的平衡

对于物体系统或单个物体平衡的受力分析问题，运用静力平衡方程式建立已知量和未知量的关系，只有当未知量的个数少于或等于独立平衡方程的数目时，才能使问题得到解决，这个条件称为可解条件。由可解条件可知，用平衡方程只能求解静定物体系统的平衡问题，所以本节所给出的物体系统平衡问题均为静定问题。

在物体系统平衡问题的研究中，一般是对符合可解条件的分离体先行求解，然后将求得的力通过作用与反作用的关系，转移到其他物体上作为已知力，逐步扩大已知力的数目，最终使所有的未知量全部求解。这是求解物系平衡问题的大致顺序。

现举例说明物体系统平衡问题的求解方法及一般解题步骤。

例 2-5 平面四连杆机构在 M_1 与 M_2 的作用下，在图 2-13a 所示的位置保持平衡。其中，M_1 与 M_2 的力偶面均在连杆机构的运动平面内。已知 $OA=0.6\text{m}$，$O_1B=0.4\text{m}$，作用在摇杆 OA 上的力偶矩 $M_1=1\text{N}\cdot\text{m}$，不计各杆自重，求力偶矩 M_2 的大小。

解 1）取杆 OA 为研究对象，其杆上作用有主动力偶矩 M_1，根据力偶的性质与平衡条件，在杆的两端 O、A 必作用有大小相等、方向相反的一对力 $\boldsymbol{F}_O$ 与 $\boldsymbol{F}_A$ 组成一反向力偶矩与之平衡。因为连杆 AB 为二力杆，所以 $\boldsymbol{F}_O$ 与 $\boldsymbol{F}_A$ 的作用方向确定，画出杆 OA 的受力图如图 2-13b 所示。

由力偶系的平衡条件列平衡方程有

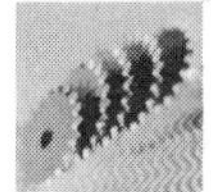

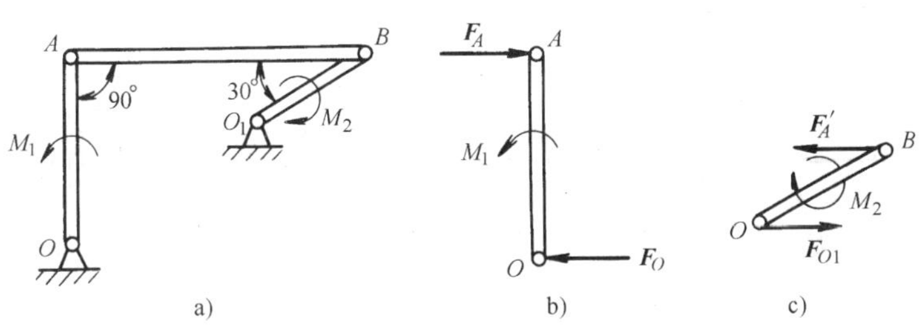

图 2-13 四连杆机构受力分析

$$\sum M = 0 \qquad M_1 - F_A \times 0.6 = 0$$

得
$$F_A = \frac{M_1}{0.6} = \frac{1}{0.6}\text{N} = 1.67\text{N}$$

2）取 O_1B 杆为研究对象，根据力偶的性质与平衡条件，可得 O_1B 杆的受力如图 2-16c 所示。

由力偶系的平衡条件列平衡方程有

$$\sum M = 0 \qquad F_B \times 0.4\sin 30° - M_2 = 0$$

因 AB 杆为二力杆，有 $F_B = F_A = 1.67\text{N}$，将其带入上式，得

$$M_2 = F_A \times 0.4\sin 30° = \left(1.67 \times 0.4 \times \frac{1}{2}\right)\text{N} \cdot \text{m} = 0.33\text{N} \cdot \text{m}$$

例 2-6 图 2-14a 所示为一偏心夹紧机构，在图示位置时压杆 AC 水平，已知 $\alpha = 30°$，$a = 120\text{mm}$，$b = 60\text{mm}$，$R = 40\text{mm}$，$e = 15\text{mm}$，$l = 100\text{mm}$。不计接触面之间的摩擦，求工件 E 所受的夹紧力。

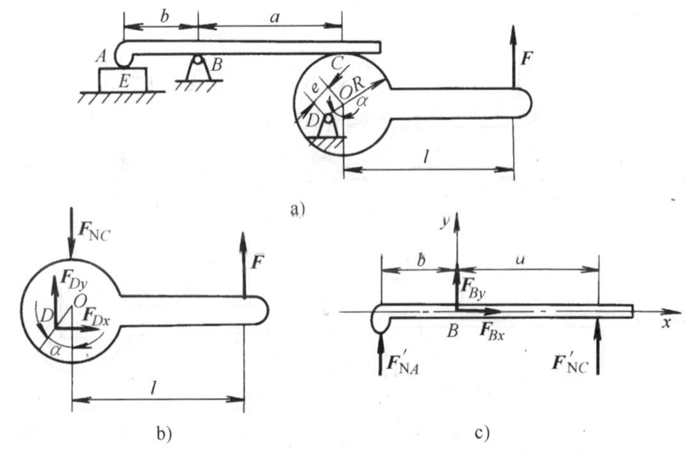

图 2-14 偏心夹紧机构

解 该题若以机构整体为研究对象，则不能求出任何一个未知量。因此，必须将机构拆开，分别对各构件进行受力分析。

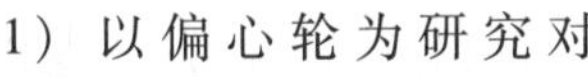

1）以偏心轮为研究对象，作用于偏心轮上的力有 $\boldsymbol{F}$、$\boldsymbol{F}_{NC}$、$\boldsymbol{F}_{Dx}$ 和 $\boldsymbol{F}_{Dy}$，受力如图 2-14b 所示。

列平衡方程有

$$\sum M_D(F) = 0 \qquad F(l + e\sin\alpha) - F_{NC}e\sin\alpha = 0$$

得
$$F_{NC} = \frac{l + e\sin\alpha}{e\sin\alpha}F = \frac{100 + 15\sin 30°}{15\sin 30°}F = 14.3F$$

由于不需求 D 处的约束力，故不必列出投影方程。

2）以杆 ABC 为研究对象，作用于杆上的力有 $\boldsymbol{F}_{NC}'$、$\boldsymbol{F}_{Bx}$、$\boldsymbol{F}_{By}$ 和 $\boldsymbol{F}_{NA}'$，受力如图 2-14c 所示。

列平衡方程有

$$\sum M_B(F)=0 \qquad aF'_{NC} - bF'_{NA}=0$$

得

$$F'_{NA}=\frac{aF'_{NC}}{b}=\frac{120\times 14.3F}{60}=28.6F$$

工件 E 所受的夹紧力 $\boldsymbol{F}_{NA}$ 与 F'_{NA} 等值、反向。

由上例可知，对于机构的平衡问题，一般应根据力与运动的传递关系，逐一分析单个构件的受力，方能使问题全部求解。

第四节 空间力系

一、空间力系概念

若力系中各力的作用线不在同一平面内，则称该力系为空间力系。空间力系按力作用线的相对位置又分为空间汇交力系、空间平行力系与空间一般力系。

例如，图 2-15a、b 所示的车刀车削工件，工件的受力为空间一般力系（图 2-15a）；车刀与工件接触点的受力分解后为一空间汇交力系（图 2-15b）。又如，搁置在地面上的小推车的受力为一空间平行力系（图 2-15c）。

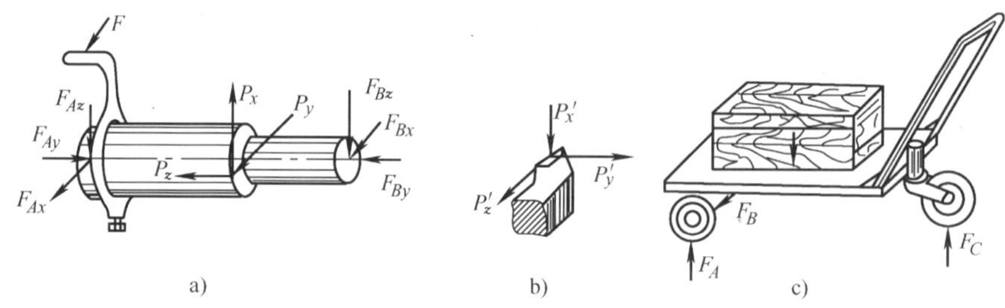

图 2-15 空间力系实例

二、空间力系的平衡方程简介

由平衡的概念可知，若物体在空间力系作用下处于平衡状态，则物体沿 x、y、z 三轴的移动状态和绕三轴的转动状态将不发生改变。根据平面力系的平衡条件可推理到空间力系平衡所必须满足的条件为

$$\begin{cases}\sum F_x=0,\ \sum F_y=0,\ \sum F_z=0\\ \sum M_x(F)=0,\ \sum M_y(F)=0,\ \sum M_z(F)=0\end{cases} \tag{2-11}$$

上式表明了空间任意力系平衡的必要且充分条件是：力系中各力在互相垂直的三个坐标轴上投影的代数和分别等于零，以及各力对这三个坐标轴之矩的代数和分别等于零。式（2-11）称为空间一般力系的平衡方程，可解六个未知量。

三、重心及其坐标公式

在工程实际问题中，确定物体的重心位置具有很重要的现实意义。如果将物体视为由无

数质点组成，则各质点的重力便组成一近似的空间同向平行力系，整个物体的重力就是这个空间平行力系的合力。通过实验可知，无论物体在空间如何放置，其重力作用线相对于物体总是通过一个确定的点，这个确定的点即为物体的重心。

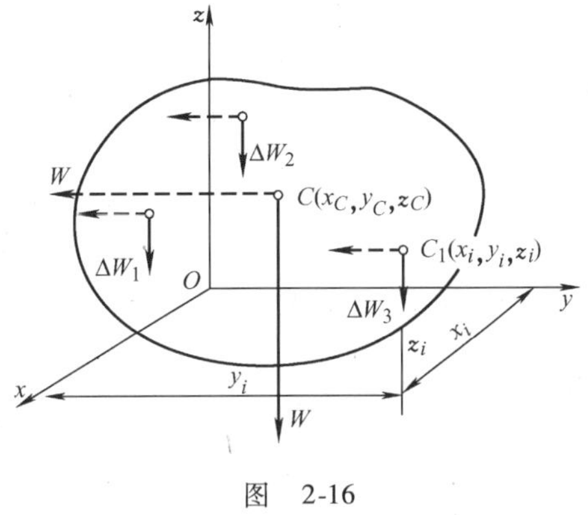

图 2-16

取固连于物体的空间直角坐标轴 $Oxyz$（图 2-16）。设物体的重力为 W，重心坐标为（x_C，y_C，z_C），将物体分成若干微元，每个微元所受重力为 ΔW_i，其坐标为（x_i，y_i，z_i）。根据合力矩定理，分别对 x 轴、y 轴取矩可得

$$-Wy_C = -\sum \Delta W_i y_i,\quad Wx_C = \sum \Delta W_i x_i$$

由于重心的位置相对于物体始终是一个确定的几何点，与物体的放置位置无关，所以可将物体连同坐标轴一起绕 x 轴旋转 90°，再应用合力矩定理对 z 轴取矩，可得

$$Wz_C = \sum \Delta W_i z_i$$

由上述三式可得重心的坐标公式为

$$x_C = \frac{\sum \Delta W_i x_i}{W},\quad y_C = \frac{\sum \Delta W_i y_i}{W},\quad z_C = \frac{\sum \Delta W_i z_i}{W} \tag{2-12}$$

由式（2-12）可知，均质物体的重心位置完全取决于物体的几何形状，而与物体的重量无关。

思考题与习题

一、多选填空题：本题的可选答案中，有 2～4 个是正确的，请将正确答案号填到空格里。

2-1 平面力系向平面内任意一点 O 简化的结果，一般得到____。

a）一个主矢 b）一个主矩 c）一个力矩 d）一个力偶矩

2-2 平面一般力系向已知点 O 简化，可能出现的情况是：____。

a）$F_R=0$，$M_O=0$ b）$F_R\neq0$，$M_O=0$ c）$F_R=0$，$M_O\neq0$ d）$F_R\neq0$，$M_O\neq0$

2-3 平面一般力系平衡的解析条件为____。

a）$F_R'\neq0$ b）$M_O=0$ c）$F_R'=0$ d）$M_O\neq0$

2-4 平面一般力系平衡的基本方程形式为____。

a）$\sum F_x=0$ b）$\sum M_O(F)=0$ c）$F_R'=0$ d）$\sum F_y=0$

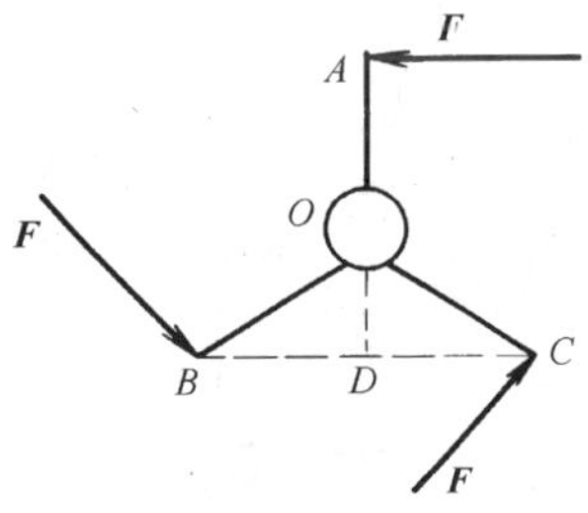

图 2-17 题 2-8 图

二、选择填空题：请将最恰当的一个答案的题号填到空格里。

2-5 应用平面一般力系的平衡方程解决单个刚体的平衡问题，可以写出____独立方程。

a）一个 b）两个 c）三个 d）四个

2-6 求解刚体的平衡问题时，一个独立方程可以求解____未知量。

a）一个 b）两个 c）三个 d）四个

2-7 设一平面任意力系向某一点 O 简化得到一合力；如另选适当的点为简化中心 O'，力系向该简化中心简化得到____。

a）一力偶 b）一合力 c）一合力和一力偶 d）平衡

2-8 如图 2-17 所示，铰盘有三根等长的手柄，该力系向中心 O 简化的结果与向 BC 连线的中心 D 简化

的结果是____。

a）F_R 相同，M 也相同　b）F_R 的大小和 M 的大小相同

c）F_R 相同，M 的转向相同，大小不同　d）F_R 和 M 都不相同。

三、判断题

2-9　作用于物体上的各力作用线都汇交于一点的力系，称为平面汇交力系。　（　　）

2-10　当刚体在平面力系作用下保持平衡时，力系的主矢和对任意一点的主矩必定同时为零。（　　）

2-11　在求解平面力系的平衡问题时，可通过不同的投影轴建立多个投影方程，也可选取不同的矩心建立多个力矩方程，因此，对一个平衡的平面力系可求解多个（含三个以上）未知量。　（　　）

四、问答题

2-12　用解析法求解平面汇交力系的平衡问题时，当任选两个互不平行的坐标轴 x、y，建立的平衡方程 $\sum F_x=0$，$\sum F_y=0$，能不能满足平衡条件？为什么？

2-13　平面力系中按力的作用线分布规律分类，可分为几种力系？每一种力系所能列出的独立平衡方程的数目是多少？各自能求解几个未知量？

2-14　在如图2-18所示的刚体上，A、B、C 三点分别作用有三个力 F_1、F_2、F_3，各力的方向如图所示，大小恰好相等。试问该刚体是否处于平衡？为什么？

图2-18　题2-14图

2-15　在列平衡方程时，最好将力矩方程的矩心选在较多未知力的汇交点，而对投影方程投影轴的选取，应尽可能使其与某些未知力垂直，这是为什么？

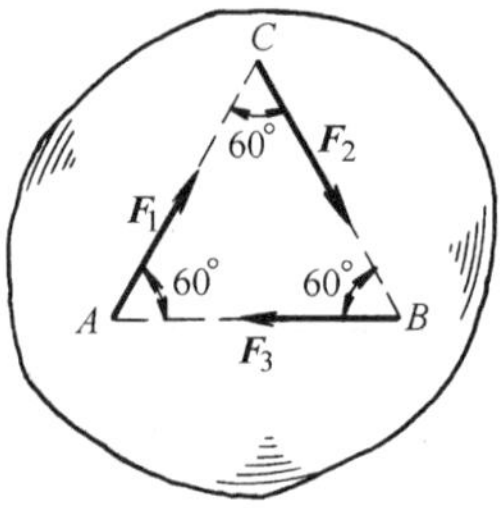

五、计算题

2-16　将图2-19所示的平面一般力系向坐标原点 O 简化，并求力系的最后简化结果。若力系有合力，求出合力的大小及其与原点的距离 d。已知 $F_1=1\text{kN}$，$F_2=1\text{kN}$，$F_3=2\text{kN}$，$M=4\text{kN}\cdot\text{m}$，$\alpha=30°$。图示长度单位为m。

2-17　已知 F、a，且 $q=F/a$，$M=Fa$，求图2-20所示各梁 A、B 支座的约束力。

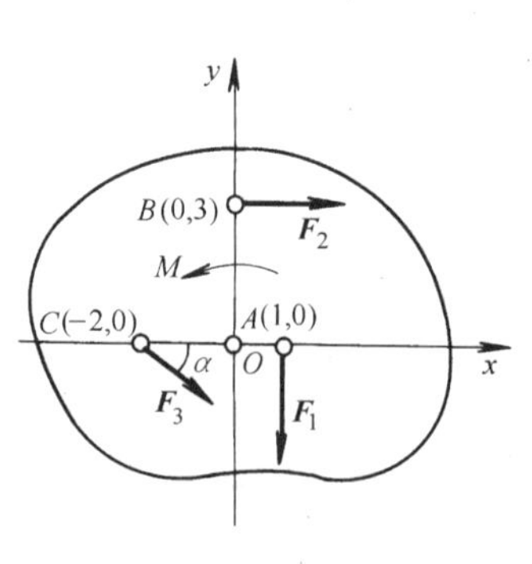

图2-19　题2-16图

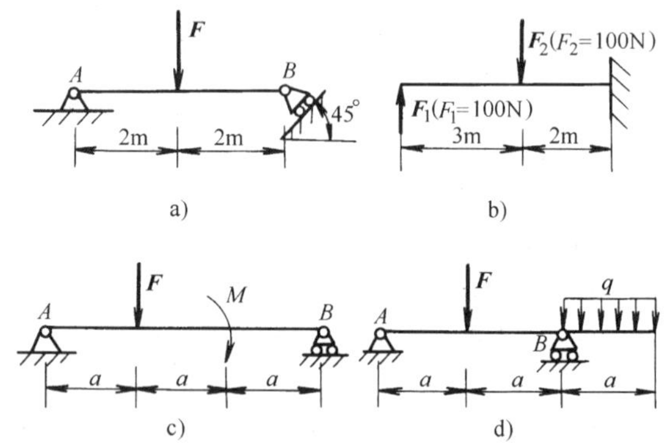

图2-20　题2-17图

2-18　弯杆 AC 受力与尺寸如图2-21所示，试求其支座的约束力。

2-19　试计算图2-22a、b所示两种支架中 A、C 处的约束力（杆自重不计）。

2-20　在图2-23所示结构中，各杆自重不计，在构件上作用一力偶矩为 M 的力偶，求固定铰链支座 A 和 C 的约束力。

2-21　简易吊车如图2-24所示。已知载荷重量 $G=3\text{kN}$，吊臂 AB 和钢丝绳分别与水平线夹角为 $\alpha=45°$，$\beta=30°$。若不计杆和滑轮的重量，忽略摩擦和滑轮的尺寸，试求平衡时支座 A 和钢丝绳 BD 的拉力。

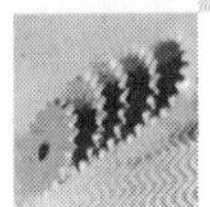

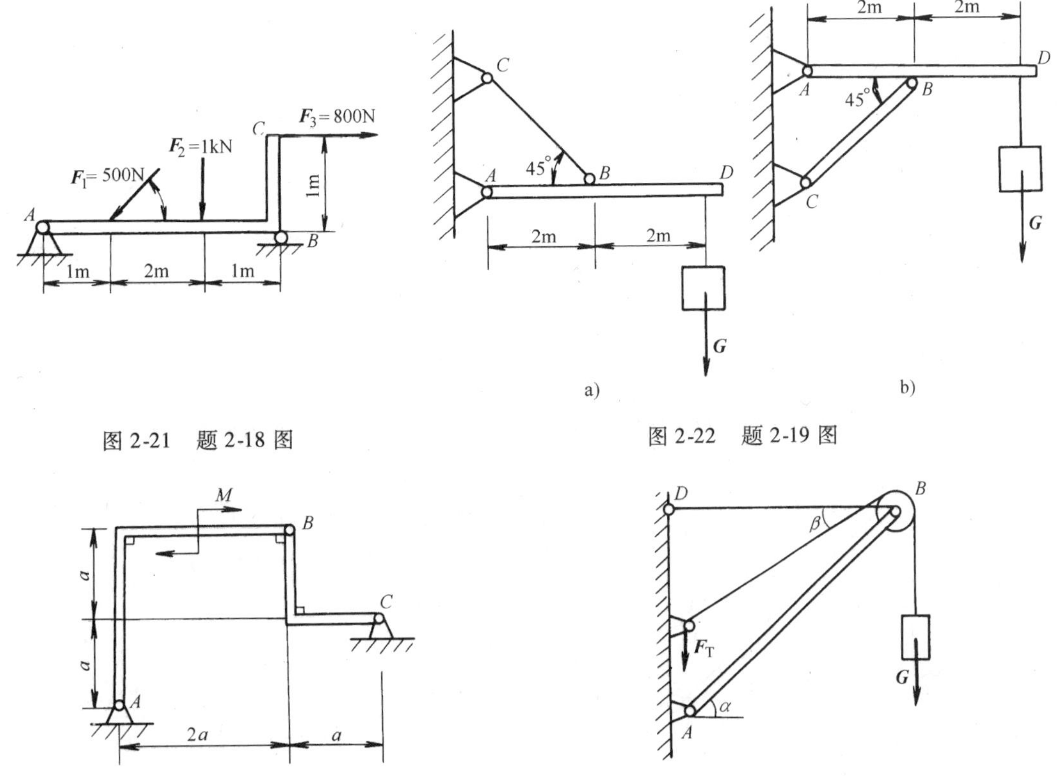

图 2-21　题 2-18 图

图 2-22　题 2-19 图

图 2-23　题 2-20 图

图 2-24　题 2-21 图

2-22　由杆 AB、BC 和 CE 组成的支架和滑轮 E 支持着物体，物体重 $Q=12\text{kN}$，如图 2-25 所示。不计滑轮自重，求支座 A、B 的约束力以及 BC 杆所受的力。

2-23　如图 2-26 所示，发动机的凸轮转动时，推动杠杆 AOB 来控制阀门 C 的启闭。设压下阀门需要对它作用 400N 的力，$\alpha=30°$。求凸轮对滚子 A 的压力 $\boldsymbol{F}_P$（长度单位为 mm）。

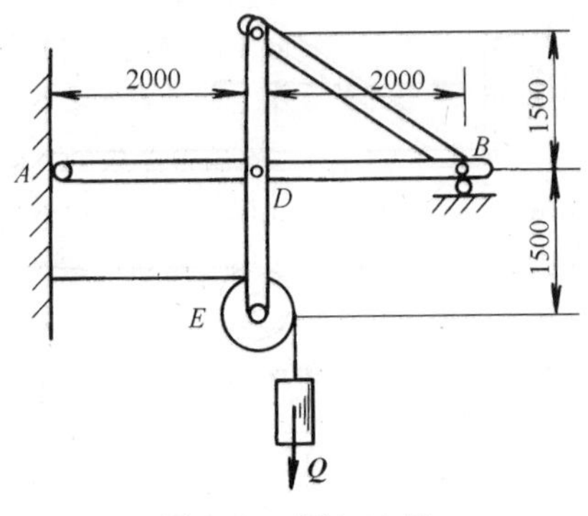

图 2-25　题 2-22 图

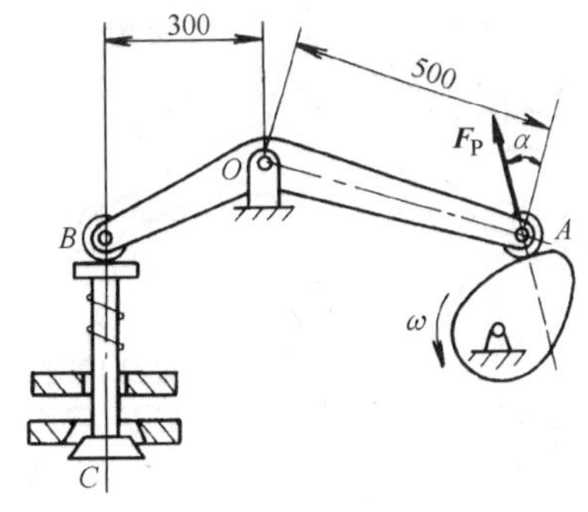

图 2-26　题 2-23 图

2-24　如图 2-27 所示汽车起重机的重量 $W_1=26\text{kN}$，伸臂的重量 $G_1=4.5\text{kN}$，起重机旋转及固定部分的重量 $W_2=31\text{kN}$。设伸臂在起重机对称面内，求图示位置汽车不至于翻倒的最大起重载荷 G_2。

2-25　曲柄连杆式压榨机如图 2-28 所示。已知曲柄 OA 上作用一力偶 $M=500\text{N}\cdot\text{m}$，$OA=r=0.1\text{m}$，$BD=DC=ED=a=0.3\text{m}$，$\alpha=30°$，机构在图示位置处于平衡，求水平压榨力 $\boldsymbol{F}$。

2-26　图 2-29 所示为一往复式水泵简图。电动机作用在齿轮 I 上的驱动力偶矩为 M_O，两个齿轮的节圆

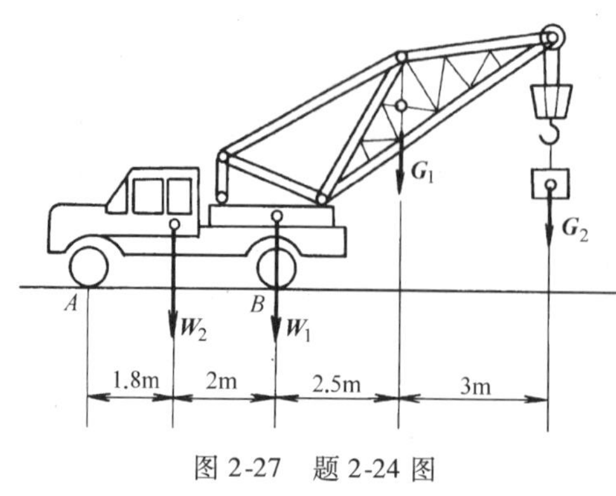

图 2-27 题 2-24 图

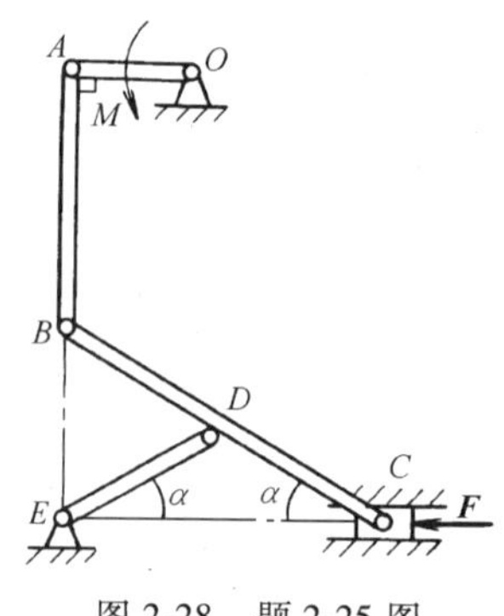

图 2-28 题 2-25 图

半径分别为 $r_1=50\text{mm}$ 和 $r_2=75\text{mm}$，曲柄 $OA=50\text{mm}$，连杆长 $AB=250\text{mm}$，齿轮压力角 $\alpha=20°$。当曲柄在图示位置时，活塞上的工作阻力 $F=6\text{kN}$。若不计各构件自重及摩擦，试求驱动力偶矩为 M_O。

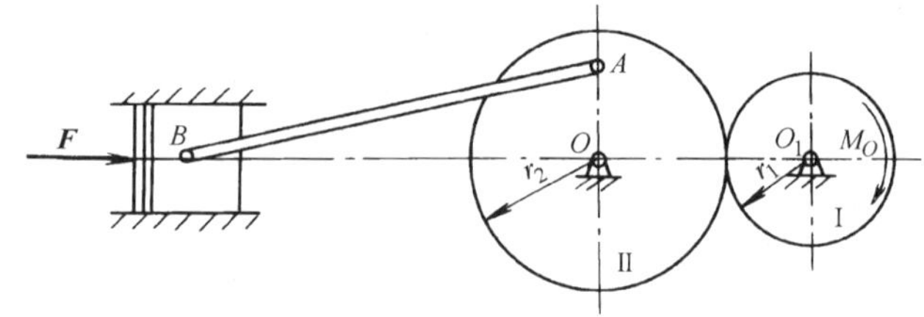

图 2-29 题 2-26 图

2-27 图 2-30 所示为一夹紧机构。当杆 AB 和 AC 逐渐向水平线 BC 接近，因而推动杠杆 BOD 绕点 O 转动，从而压紧工件。已知气体作用在活塞上的总压力 $F_P=3500\text{N}$，$\alpha=20°$，A、B、C、O 处均为铰链，其余尺寸如图 2-30 所示，不计各杆件自重。求杠杆压紧工件的压力。

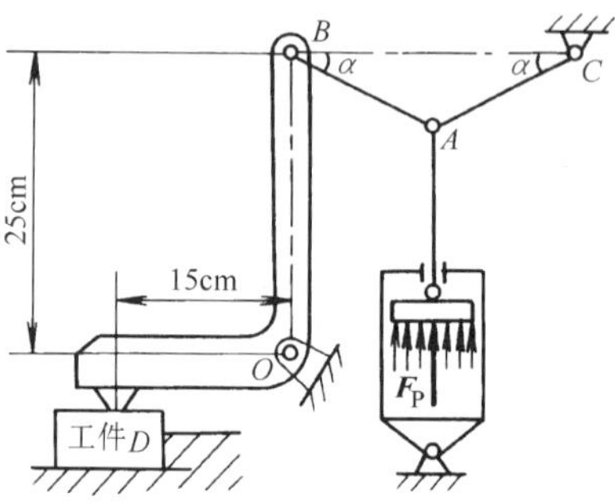

图 2-30 题 2-27 图

第三章　摩擦与自锁

在前面研究物体的平衡时，均将物体接触面的摩擦忽略不计而视为绝对光滑的理想状态来研究的，但大多数工程技术问题中，摩擦是不容忽视的重要因素。例如，千斤顶的自锁要依靠摩擦来工作，带传动、摩擦轮传动以及靠摩擦工作的离合器、制动器等都是利用摩擦实现运动和能量传送的机械装置。这些都是摩擦有利的一面，摩擦也有不利的一面。例如，机构运动副中的摩擦是一种主要的有害阻力，增加机器的动力消耗，降低机械效率，造成运动副的磨损与发热，缩短机器的使用寿命。因此，有必要讨论工程中的摩擦问题，认识摩擦的规律，在实际应用中尽量利用其有利的一面而避免不利的方面。

本章主要研究滑动摩擦与滚动摩擦的概念及性质，以及考虑摩擦的平衡问题的应用。

第一节　滑动摩擦

两个相互接触的物体发生相对滑动或存在相对滑动趋势时，彼此间就有阻碍滑动的力存在，此力称为滑动摩擦力。滑动摩擦力作用于接触处的公切面上，其方向始终与物体间滑动方向或相对滑动趋势方向相反。只有相对滑动趋势而无滑动事实的摩擦，称为静滑动摩擦，简称静摩擦。若滑动已发生，则称为动滑动摩擦，简称动摩擦。

一、静滑动摩擦

如图 3-1a 所示，由经验可知，当力 F 较小时，物体保持静止，由平衡条件得摩擦力 $F_f = F$。当力 F 增加时，摩擦力 F_f 随之增加，当 F 增加到某一值后物体即将开始滑动，此时，摩擦力达到最大值。由此可知，摩擦力的变化范围为

$$0 \leqslant F \leqslant F_{fmax}$$

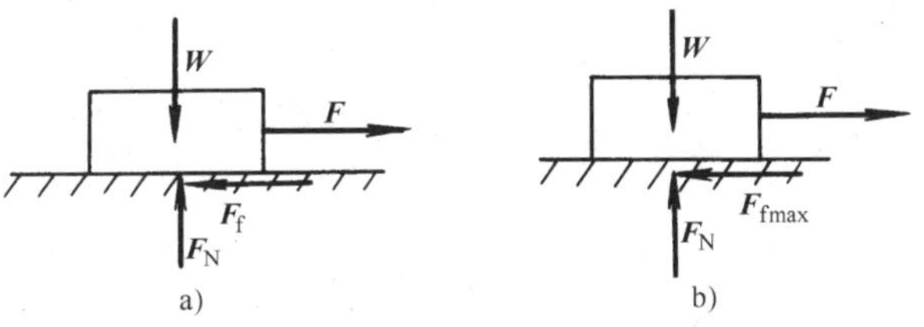

图 3-1　滑动摩擦

最大静摩擦力是物体处于即将滑动而未滑动的临界状态时产生的，故称为临界静摩擦力，用符号 F_{fmax} 表示。库仑通过大量实验得到：临界摩擦力的大小与物体间正压力成正比（见图 3-1b），即

$$F_{\mathrm{fmax}} = f_s F_N \tag{3-1}$$

上式称为静摩擦定律。f_s 称为静摩擦因数，其值与接触面材料及表面状态有关，可以在机械工程手册中查到。表3-1给出了部分常用材料的摩擦因数。

表3-1 常用材料的摩擦因数

材料名称	摩擦因数			
	静摩擦因数（f_s）		动摩擦因数（f）	
	无润滑剂	有润滑剂	无润滑剂	有润滑剂
钢与钢	0.15	0.10~0.12	0.15	0.05~0.10
钢与铸铁	0.30		0.18	0.05~0.15
钢与青铜	0.15	0.10~0.15	0.15	0.10~0.15
铸铁与青铜			0.15~0.20	0.07~0.15
橡胶与铸铁			0.80	0.50

二、动滑动摩擦

由前面的分析可知，当力 F 增加到大于 $F_{\max}$，这时最大静滑动摩擦力已不足以阻碍物体向前滑行，物体相对滑动时出现的摩擦力，称为动滑动摩擦力 F_{fd}，它的方向与两物体间相对速度的方向相反。通过实验也可得出与相应的动滑动摩擦定律，即

$$F_{\mathrm{fd}} = fF_N \tag{3-2}$$

式中，f 称为动摩擦因数，它除了与接触面的材料、表面粗糙度、温度、湿度等有关外，还与物体的滑动速度有关。f 值见表3-1。

三、摩擦角与自锁

若物体处于静摩擦状态，物体接触面所受到的约束力 $\boldsymbol{F}_N$ 和 $\boldsymbol{F}_f$ 可合成为一个合力 $\boldsymbol{F}_R$，由于合力 $\boldsymbol{F}_R$ 代表了 $\boldsymbol{F}_N$、$\boldsymbol{F}_f$ 的全部作用，故称为全反力（图3-2a、b）。令 $\boldsymbol{F}_R$ 与接触面法线间夹角为 φ，若 F_f 增加，显然 φ 角增大。当 $F_f = F_{\mathrm{fmax}}$ 时，φ 角取最大值，以 φ_m 表示，称为临界摩擦角，简称摩擦角。根据图中的几何关系得

$$\tan\varphi_m = \frac{F_{\mathrm{fmax}}}{F_N} = \frac{f_s F_N}{F_N} = f_s \tag{3-3}$$

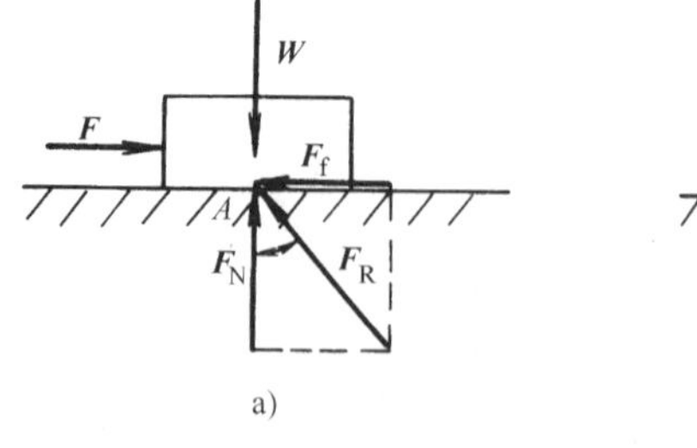

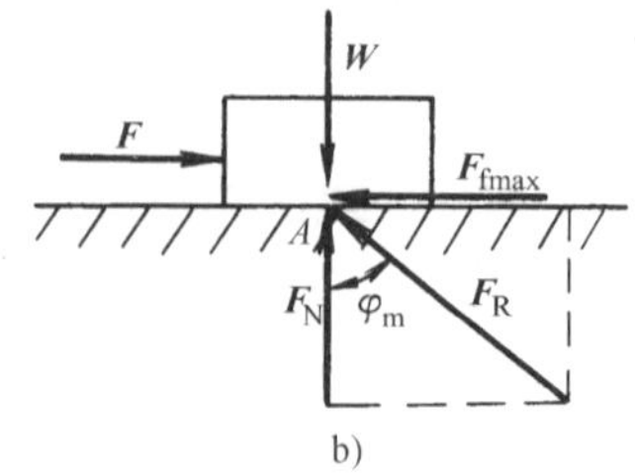

图3-2 全反力与摩擦角

摩擦角也是表示材料及接触表面摩擦性质的一个物理量。若接触面沿各方向 f_s 相同，则各方向均有相同 φ 存在，从空间角度来看，摩擦角就形成一个锥体，称为摩擦锥（见图3-3）。从图中可看出，主动力合力 $\boldsymbol{F}_P$ 只要作用在摩擦锥范围内，全反力 $\boldsymbol{F}_R$ 总能与之平衡，

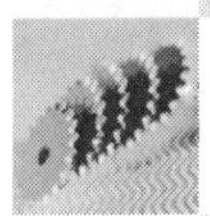

此时无论 F_P 增到多大，物体总能保持平衡而不移动，这种现象称为自锁。这种与主动力大小无关而与摩擦角（或摩擦因数）有关的几何条件称为自锁条件。摩擦自锁的条件为

$$\alpha \leqslant \varphi_m$$

利用摩擦角及自锁原理可解决许多工程中的实际问题。例如，斜面自锁条件在工程实际中就得到广泛的应用。如图 3-4 所示，只要主动力 W 与斜面法线的夹角 α（也是斜面的倾角）不大于摩擦角，即 $\alpha \leqslant \varphi_m$，则无论物体多重，都不会自动从斜面上滑下，物体处于平衡状态。所以斜面倾角 $\alpha \leqslant \varphi_m$ 这一条件，就是物体在斜面上的自锁条件。

另外，在工程上如螺旋千斤顶在被升起的重物重量作用下，不会自动下降，则千斤顶的螺旋升角必须小于摩擦角。又如，轴上斜键的自锁，以及机床上各种夹具的自锁等，都是应用自锁的实例。但工程实际中有时也要避免自锁产生，例如，工作台在导轨中要求能顺利地滑动，不允许出现卡死现象（即自锁）。

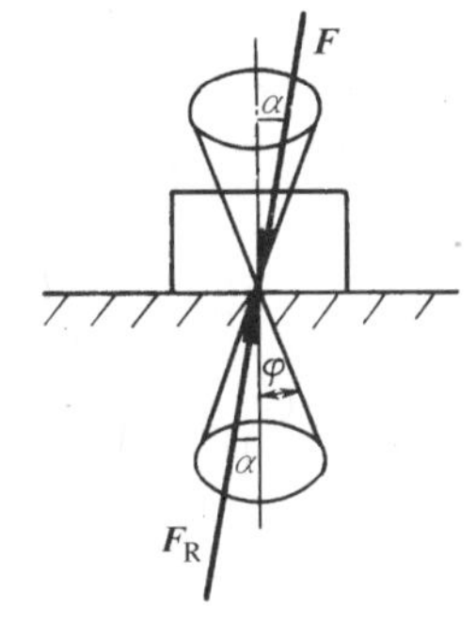

图 3-3　摩擦锥

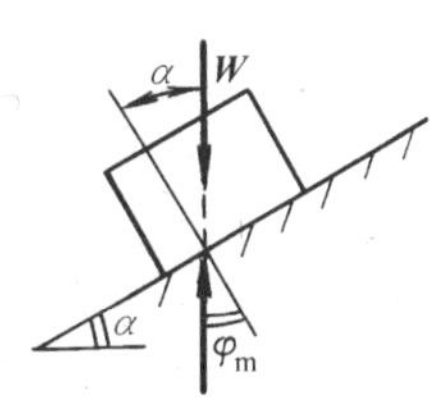

图 3-4　斜面自锁

第二节　考虑滑动摩擦时的平衡问题

考虑摩擦的平衡问题与不计摩擦平衡问题分析方法及解题步骤基本上是相同的。不同的是，有摩擦的平衡问题必须根据实际情况，分析摩擦力与判断该摩擦问题是属于静平衡范围内的摩擦还是临界平衡的摩擦问题，然后在列平衡方程的基础上由摩擦力的性质 $F_f \leqslant f_s F_N$ 添加补充方程，便能使有摩擦的平衡问题得到解答。

例 3-1　重为 W 的物块放在倾角为 α（且 $\alpha > \varphi_m$）的斜面上（图 3-5a），已知物块与斜面间静摩擦因数为 f_s。试求能使物块在斜面维持静止的水平力 F 的大小。

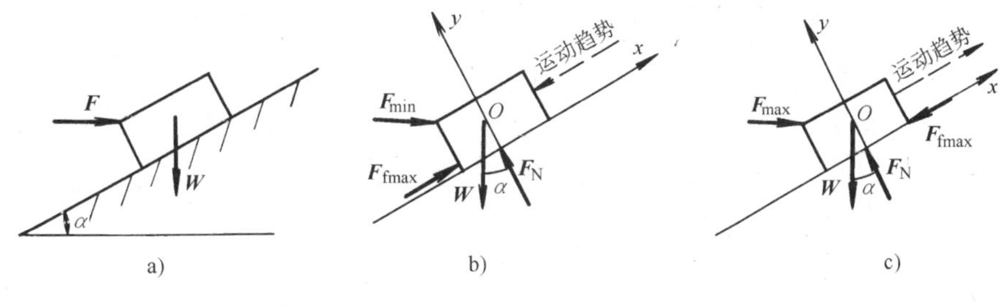

图 3-5　摩擦平衡实例

解　因 $\alpha > \varphi_m$，如果不加水平力 $\boldsymbol{F}$，物块将向下滑动。加上水平力 $\boldsymbol{F}$ 后，物块可能出现两种滑动趋势：当力 $\boldsymbol{F}$ 较小时，物块仍有沿斜面向下滑动的趋势；当力 $\boldsymbol{F}$ 较大时，物块将有向上滑动的趋势。可见，本题是求解物块保持静止时主动力 $\boldsymbol{F}$ 的大小所应有的范围问题。

1）确定维持物块不致下滑所需力 $\boldsymbol{F}$ 的最小值 F_{min}。取物块为研究对象，设物块处于将要下滑的临界平衡状态，静摩擦力已达到最大值，方向沿斜面向上，其受力如图 3-5b 所示，取坐标系 Oxy，列平衡方程

$$\sum F_x = 0 \qquad F_{fmax} + F_{min}\cos\alpha - W\sin\alpha = 0$$

$$\sum F_y = 0 \qquad F_N - F_{fmin}\sin\alpha - W\cos\alpha = 0$$

因物块处于临界平衡状态，由静摩擦定律列补充方程

$$F_{fmax} = f_s F_N$$

联立求解上述方程得

$$F_{max} = \frac{\sin\alpha - f_s\cos\alpha}{\cos\alpha + f_s\sin\alpha}W$$

2）确定维持物块不致上滑所需力 $\boldsymbol{F}$ 的最大值 $\boldsymbol{F}_{max}$。取物块为研究对象，设物块处于将要上滑的临界平衡状态，静摩擦力已达到最大值，方向沿斜面向下，其受力如图 3-5c 所示，取坐标系 Oxy，列平衡方程

$$\sum F_x = 0 \qquad -F_{fm} + F_{max}\cos\alpha - W\sin\alpha = 0$$

$$\sum F_y = 0 \qquad F_N - F_{max}\sin\alpha - W\cos\alpha = 0$$

因物块处于临界平衡状态，由静摩擦定律列补充方程

$$F_{fm} = f_s F_N$$

联立求解上述方程可得

$$F_{max} = \frac{\sin\alpha + f_s\cos\alpha}{\cos\alpha - f_s\sin\alpha}W$$

因此，要使物块在斜面上保持静止，水平力 $\boldsymbol{F}$ 的大小必须满足的条件是

$$\frac{\sin\alpha - f_s\cos\alpha}{\cos\alpha + f_s\sin\alpha}W \leqslant F \leqslant \frac{\sin\alpha + f_s\cos\alpha}{\cos\alpha - f_s\sin\alpha}W$$

例 3-2　铰车制动器如图3-6a所示，已知鼓轮半径 $r = 0.15\text{m}$，制动轮半径 $R = 0.25\text{m}$，主动力 $F_1 = 100\text{N}$，制动轮与制动块之间的静摩擦因数 $f_s = 0.6$，图中尺寸 $a = 1.6\text{m}$，$b = 0.4\text{m}$，试求维持系统静止所需最小制动力 $\boldsymbol{F}_2$ 的大小（不计制动轮顶点到杆 AB 的铅垂距离）。

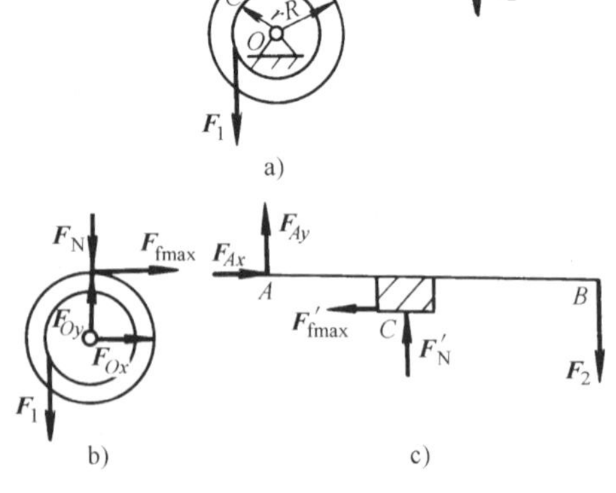

图 3-6　铰车制动器

解　这是考虑摩擦时物体系统的平衡问题。在最小制动力 $\boldsymbol{F}_2$ 作用的情况下，物体系统将处于临界平衡状态。取制动轮为研究对象，制动轮 O 在主动力 $\boldsymbol{F}_1$ 的作用下，具有逆时针转动趋势。因此，制动块除给制动轮 O 正压力 $\boldsymbol{F}_N$ 外，还有一个向右的最大静摩擦力 $\boldsymbol{F}_{fmax}$，其受力图如图 3-6b 所示。

由平衡条件得

$$\sum M_O(F) = 0, F_1 r - F_{\text{fmax}} R = 0$$

由摩擦条件列出补充方程，即

$$F_{\text{fmax}} = f_s F_N$$

求解以上方程，得

$$F_N = \frac{F_1 r}{f_s R} = \frac{100 \times 0.4}{0.6 \times 0.25}\text{N} = 100\text{N}$$

再取杠杆 ABC 为研究对象，画出受力图如图 3-9c 所示。

由平衡条件有

$$\sum M_A(F) = 0, F_N' b - F_2(a+b) = 0$$

求解以上方程，即得维持系统静止所需最小制动力的大小为

$$F_2 = \frac{F' b}{a+b} = \frac{100 \times 0.4}{1.6 + 0.4}\text{N} = 20\text{N}$$

例 3-3 某变速机构中滑移齿轮如图3-7a所示。已知齿轮轴孔与轴间的摩擦因数为 f_s，轮与轴接触面的长度为 b，齿轮重量忽略不计。问拨叉（图中未画出）作用在齿轮上的力 $\boldsymbol{F}$ 到轴线的距离 a 为多大时，才能保证齿轮不被卡住。

解 由于滑移齿轮轴孔与轴间存在一定的间隙，当拨叉推动齿轮运动时有倾倒的趋势，假设齿轮刚被卡住，此时齿轮与轴在 A、B 两点处接触，并处于平衡状态。取齿轮为研究对象，其受力如图 3-7b 所示。

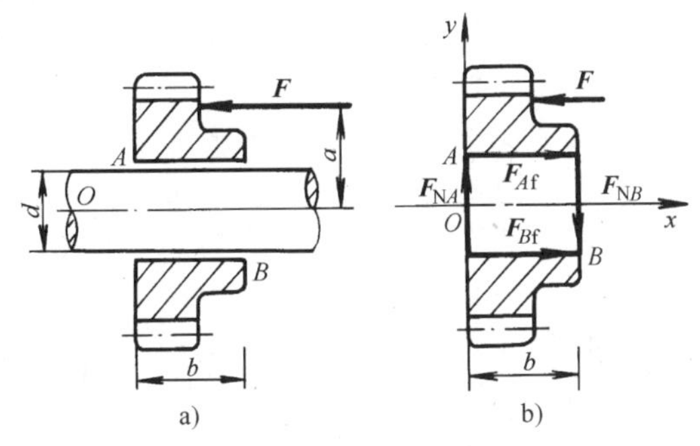

图 3-7 滑移齿轮

由平衡条件列平衡方程有

$$\sum F_x = 0 \qquad F_{Af} + F_{Bf} - F = 0$$

$$\sum F_y = 0 \qquad F_{NA} + F_{NB} = 0$$

$$\sum M_O(F) = 0 \qquad Fa - F_{NB} b - F_{Af}\frac{d}{2} + F_{Bf}\frac{d}{2} = 0 \tag{a}$$

考虑平衡的临界情况，由静摩擦定律有

$$F_{Af} = f_s F_{NA}, F_{Bf} = f_s F_{NB}$$

联立以上各式可解得 $a = \dfrac{b}{2f_s}$，这是临界情况所要求的条件。

齿轮不发生自锁（即不被卡住）的条件为

$$F > F_{Af} + F_{Bf} = f_s(F_{NA} + F_{NB}) = 2f_s F_{NB}$$

将式（a）所得力矩方程 $Fa = F_{NB} b$ 代入上式，得

$$F = \frac{b}{a} F_{NB} > 2f_s F_{NB}$$

得到齿轮不被卡住的条件为

$$a < \frac{b}{2f_s}$$

思考题与习题

一、选择填空题：请将最恰当的一个答案的题号填到空格里。

3-1 阻碍________的物体滑动的力称为静滑动摩擦力。

a）具有滑动趋势 b）开始滑动 c）静止不动 d）任意状态

3-2 静滑动摩擦力的大小等于________。

a）大于动滑动摩擦力的常量 b）小于动滑动摩擦力的常量 c）常量 d）变量

3-3 动滑动摩擦力的大小等于________。

a）大于静滑动摩擦力的常量 b）小于静滑动摩擦力的常量 c）变量 d）常量

3-4 斜面自锁的条件是斜面的倾角________。

a）小于或等于摩擦角 b）大于摩擦角 c）小于10° d）小于8°

3-5 螺纹的自锁条件是________。

a）直径大于8mm b）螺旋升角>摩擦角 c）螺旋升角≤摩擦角 d）导程小于1mm

3-6 半径为45cm充满气体的橡胶轮在混凝土路面上滚动时，其$\delta=0.315$cm，而$f=0.7$；使轮子开始滑动的力是使它开始滚动的力的________倍。

a）20/9 b）450/7 c）200/7 d）100

3-7 如图3-8所示，在水平面上放置A、B两个物体，重量分别为$G_A=100$N，$G_B=200$N，中间用一根绳连接（不计绳的重量）；A、B两个物体与地面间的静摩擦因数均为0.2；若以大小为$F=50$N的水平力拉物体B时，绳的张力为________。

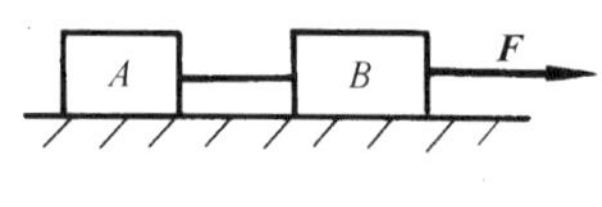

图3-8 题3-7图

a）0N b）10N c）20N d）40N

3-8 如图3-8所示，在水平面上放置A、B两个物体，重量分别为$G_A=100$N，$G_B=200$N，中间用一根绳连接（不计绳的重量）；A、B两个物体与地面间的静摩擦因数均为0.2；若以大小为$F=60$N的水平力拉物体B时，绳的张力为________。

a）0N b）10N c）20N d）40N

3-9 如图3-9所示物体A的重量$G=200$N，$F=20$N，$\alpha=10°$；在图示四种情况中，物体A处于静止状态，支承面与物体接触面之间的摩擦力最大的是________。

a）图a b）图b c）图c d）图d

3-10 如图3-10所示，A置于B上，A物体的质量为m，B物体的质量为$3m$，A、B之间及B与地面之间的摩擦因数均为f_s，要拉动B物体，$\boldsymbol{P}$的大小至少应为________。

a）$5f_smg$ b）$4f_smg$ c）$2f_smg$ d）$6f_smg$

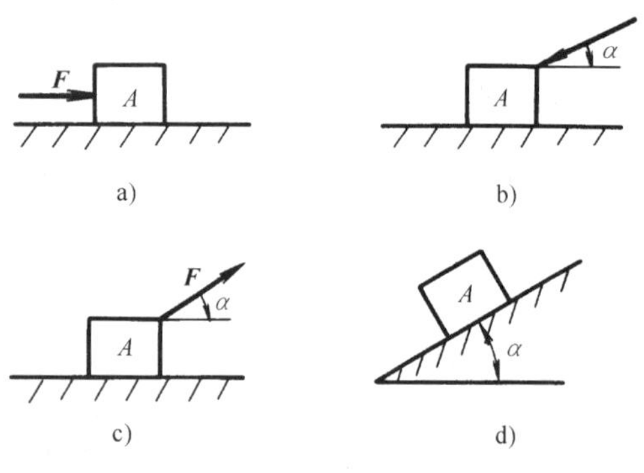

图3-9 题3-9图

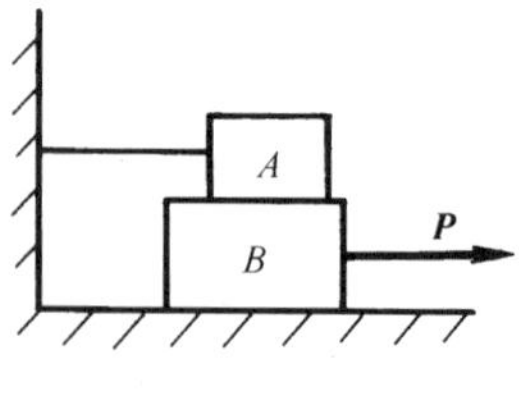

图3-10 题3-10图

二、判断题

3-11　静滑动摩擦力的大小与法向压力、两个相互接触物体表面情况和材料性质有关。　　(　　)

3-12　静滑动摩擦力的大小随主动力的情况而改变，但介于零与最大静摩擦力之间，由平衡条件决定其大小。　　(　　)

3-13　可以通过加大正压力的方法来实现增大两个相互接触物体之间的摩擦力。　　(　　)

3-14　依靠摩擦维持物体平衡的现象，称为自锁。　　(　　)

3-15　全反力与法线间的夹角 Φ，称为摩擦角。　　(　　)

3-16　在工厂里，常常用输送带来传送物品。当物品放在输送带上，跟输送带一起沿水平方向作匀速运动的过程中，它们受到了摩擦力的作用。　　(　　)

四、问答题

3-17　如图 3-11 所示，用一外力 $\boldsymbol{P}$ 作用在质量为 m 的物体上，由于物体与墙面有摩擦存在，此时物体保持静止，静摩擦力为 $\boldsymbol{F}_f$；若外力增加一倍，物体仍保持静止，则此时静摩擦力也增加一倍。由此可推断：若外力增加三倍，此时静摩擦力也增加三倍。这种推断对吗？为什么？

3-18　图 3-12 所示的带传动分别为平带和 V 带传动。已知在这两种情况下的静摩擦因数及张紧力 F 均相同，试分析这两种带传动的最大静摩擦力的比值与角 α 的关系（不计带长的影响）。

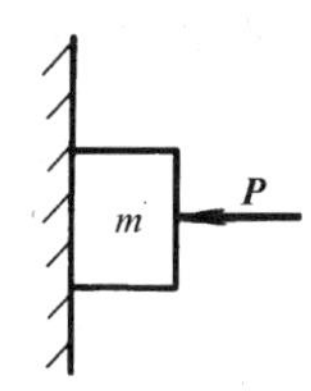

图 3-11　题 3-17 图

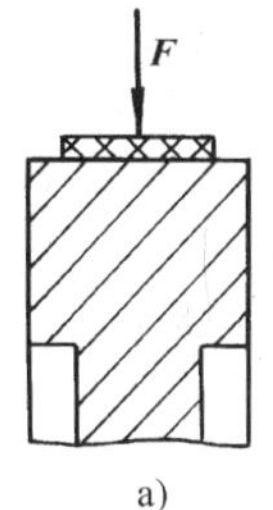

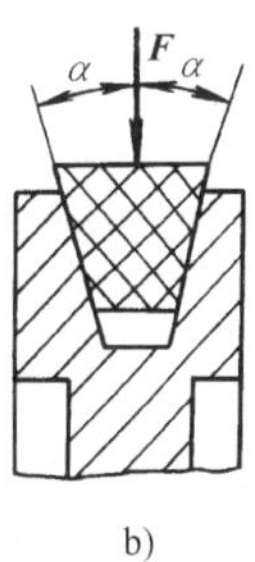

图 3-12　题 3-18 图

五、计算题

3-19　图 3-13 所示为滑块机构，滑块 A、B 的重量均为 $G=20\text{N}$，杆重不计，A、B、C 均为铰链，两滑块与接触面间的静摩擦因数均为 $f_s=0.1$，当作用于 C 点的力 $F=2\text{N}$ 时，求滑块 A、B 与地面接触所产生的摩擦力的大小。

3-20　如图 3-14 所示，B 物块重 1500N 放在水平面上，其上再放重 1000N 的 A 物块；而在 A 物块上又搁置一可绕固定轴 D 转动的折杆 CD，并在 C 点作用一力 Q，其大小为 500N，设 A 物块与折杆、A 物块与 B 物块、B 物块与地面之间的静摩擦因数分别为 0.3、0.2 、0.1。其他尺寸如图所示，不计折杆 CD 自重。问在 B 物块上加多大的水平力 F 才能使 B 物块滑动。

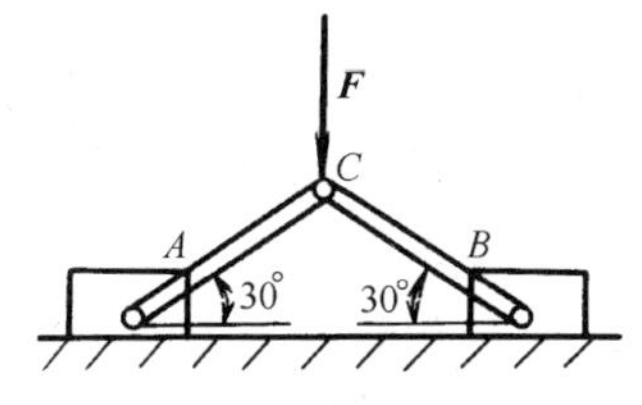

图 3-13　题 3-19 图

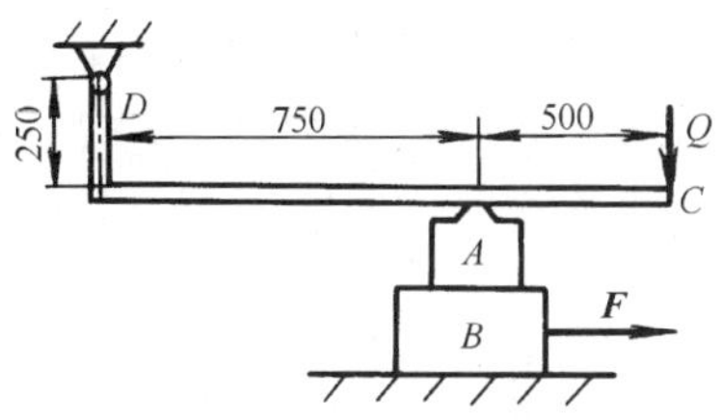

图 3-14　题 3-20 图

3-21　图3-15所示为一人字梯 ABC，设 $AB=AC$，不计自重，且 B、C 两端与地面的静摩擦因数均为 f_s，今有一体重为 $\boldsymbol{G}$ 的人从 C 点爬至 D 点，已知距离 $b=\frac{3}{4}l$，求梯子不致滑倒时与地面的最小倾角 α_{min}。

3-22　如图3-16所示装置中，角 $\gamma=15°$，各接触面的摩擦角均为12°；如有一力 F 作用于物块 C，恰与作用在物块 A 上的力 Q 平衡，且 $Q=10\text{kN}$，并使物块 C 开始向下滑动。不计各物块的自重，求力 F 的大小。

3-23　重为 $\boldsymbol{G}$ 的物块放置在倾角为 α 的倾面上，如图3-17所示。物块与斜面间的摩擦角为 φ_m。在物体上作用一与斜面成 θ 角的力 $\boldsymbol{F}$。试求：1）拉动物块时的力 F 值；2）当 θ 角为何值时，F 值最小，其最小值为多少？

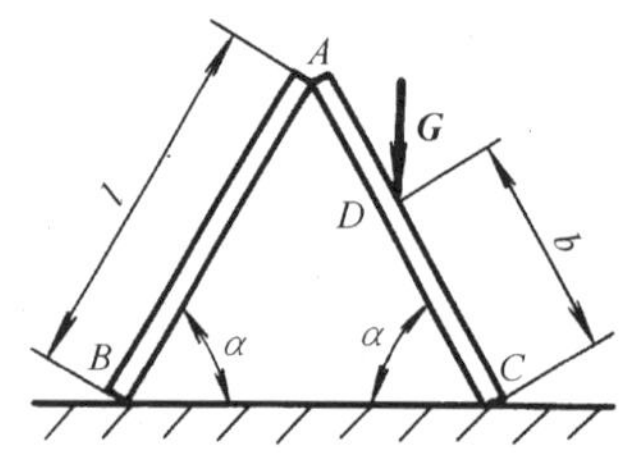

图3-15　题3-21图

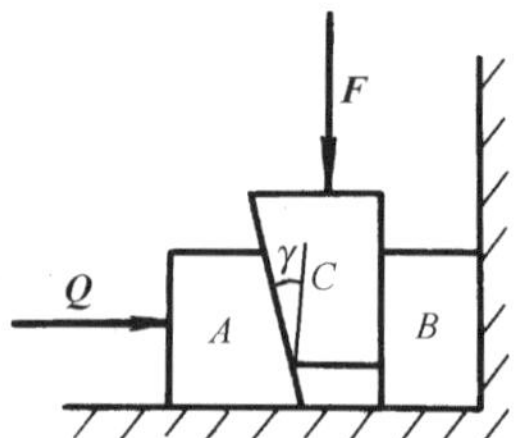

图3-16　题3-22图

3-24　如图3-18所示的两物块用连杆撑住，物块 A 重 $G_1=500\text{N}$，放在水平面上，水平面和物块间的静摩擦因数为0.2；物块 B 重 $G_2=1000\text{N}$，放在光滑的斜面上；连杆 AB 自重忽略不计。欲使水平面上的物块 A 开始向右运动，试求所需力 $\boldsymbol{F}$ 的大小。

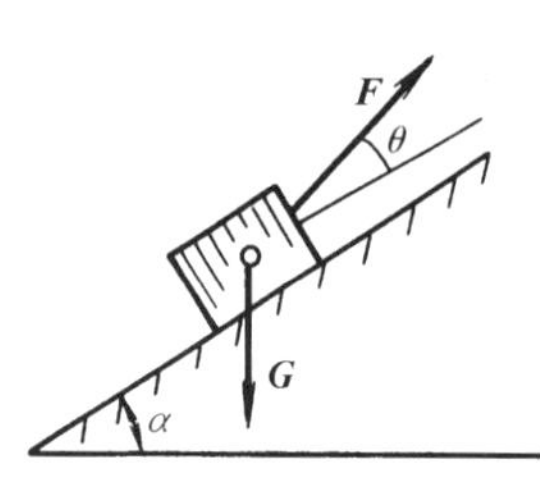

图3-17　题3-23图

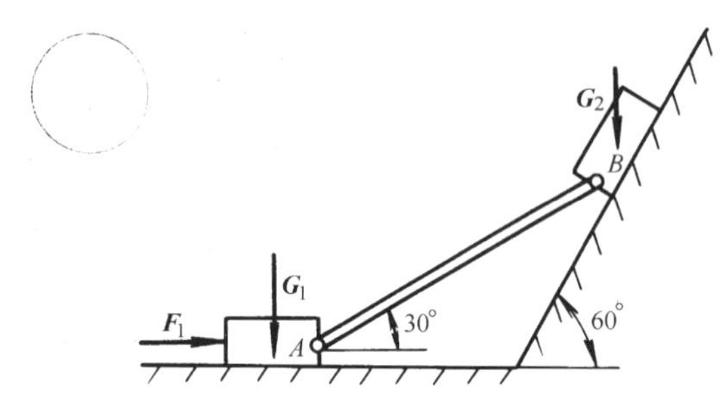

图3-18　题3-24图

3-25　砖夹的宽度为250mm，曲杆 AGB 与 $GCED$ 在点 G 铰接，砖的重量 $W=120\text{N}$，提起砖的力 $\boldsymbol{F}$ 作用在砖夹的中心线上，尺寸如图3-19所示。如砖夹与砖之间的静摩擦因数 $f_s=0.5$，求 F 应为多大时才能把砖夹起。

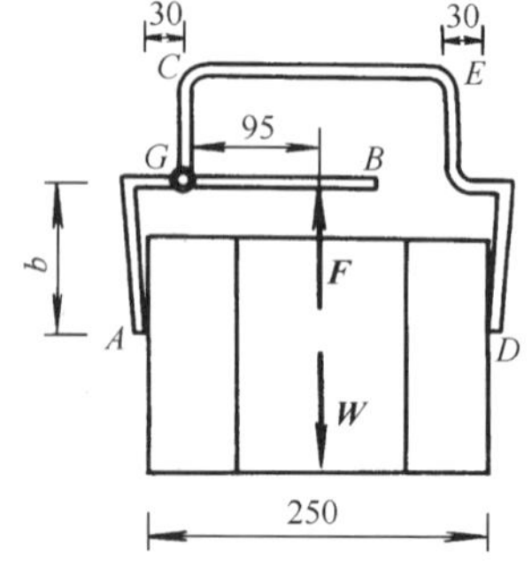

图3-19　题3-25图

3-26　如图3-20所示，摇臂钻床的摇臂 $W_1=6500\text{N}$，其重心至立柱中心的距离 $b=500\text{mm}$，主轴箱重 $W_2=3500\text{N}$，其重心离立柱中心的距离 $l=1752\text{mm}$，丝杠至立柱中心的距离 $a=270\text{mm}$，摇臂的滑套高度 $h=650\text{mm}$，立柱与滑套间的静摩擦因数 $f_s=0.15$。求平衡时丝杠的最大拉力 F。

3-27　如图3-21所示的圆柱滚子的重量为3kN，半径为0.5m，放在水平面上，设滚动摩擦因数为0.5。试求 $\alpha=0°$ 和 $\alpha=30°$ 的两种情况下拉动滚子所需的最小拉力 F 之值。

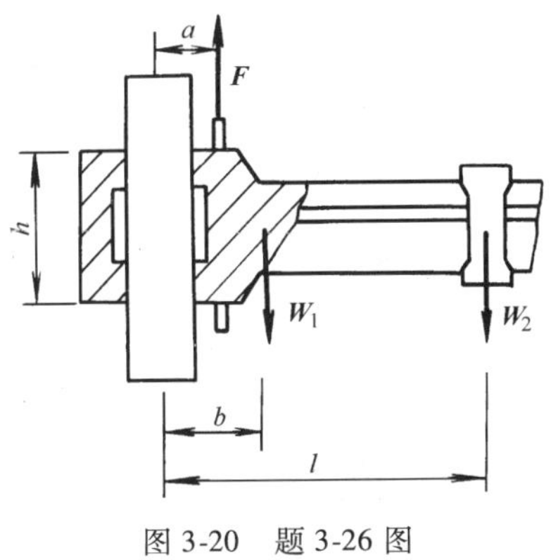

图 3-20　题 3-26 图

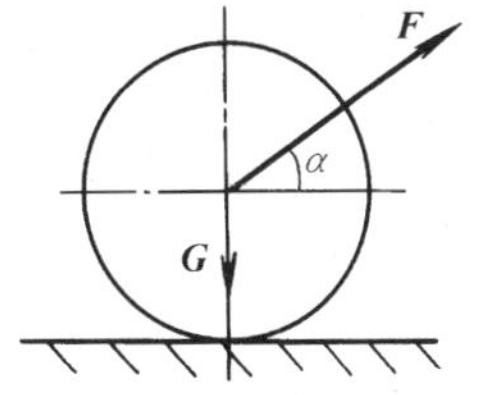

图 3-21　题 3-27 图

第四章　平面机构的运动力学基础

本章主要介绍平面机构的运动学和动力学基础知识。

运动学部分主要介绍点的运动、刚体的平动、定轴转动的基础知识。

动力学部分主要介绍定轴转动刚体的动力学方程、刚性回转件的平衡及机械效率等基本知识。

第一节　点的运动

点、质点和刚体是运动学和动力学的三个基本模型。所谓点，是指不计大小、质量，但占有确定的几何位置的几何点；质点是指不计大小、但计质量且占有确定几何位置的点。

确定物体在空间的位置，必须选取另一物体作为参照物，这个参照物称为参考体。选取的参考体不同，物体的运动状态就会得到不同的描述。例如，一列火车在行驶，对站在地面上的人来说是向前运动，而对坐在车厢中的人来说，则是静止的。在一般工程问题中，通常以地面作为参考体，固连在参考体的坐标系为参考系。

在运动学中，经常出现瞬时 t 和时间间隔 Δt 两个概念，瞬时是指某一时刻，它对应物体的某种运动状态；时间间隔是指两个瞬时 t_1 和 t_2 间的时间段，记为 $\Delta t = t_2 - t_1$，它对应物体的一个运动过程。

研究构件上点的运动，就是研究点的空间位置随时间的变化规律，即运动方程、轨迹、速度、加速度。

一、点的运动方程

1. 自然法

自然法是以点的运动轨迹建立自然坐标系来确定点的位置的方法。这种方法的先决条件是事先已知点的运动轨迹，如活塞在气缸中的往复运动、单摆小球的运动等都是运动轨迹已知的情况。

如图 4-1a 所示，设动点 M 沿某弧线运动，在弧线上任取一点 O 作为坐标原点，在原点两侧的轨迹曲线上规定正、负方向，即为一自然坐标系。

动点 M 的位置用弧长 OM 冠以适当的正、负号来确定，称为 M 点的弧坐标，记为 s，显然，s 的值与动点 M 的位置呈一一对应关系。当 M 运动时，s 是时间的单值连续函数，即

$$s = f(t) \tag{4-1}$$

式（4-1）称为用自然法表式动点 M 的运动方程。

2. 直角坐标法

如图4-1b所示，设动点 M 在某平面内作曲线运动，取直角坐标系 Oxy 作为参考坐系，

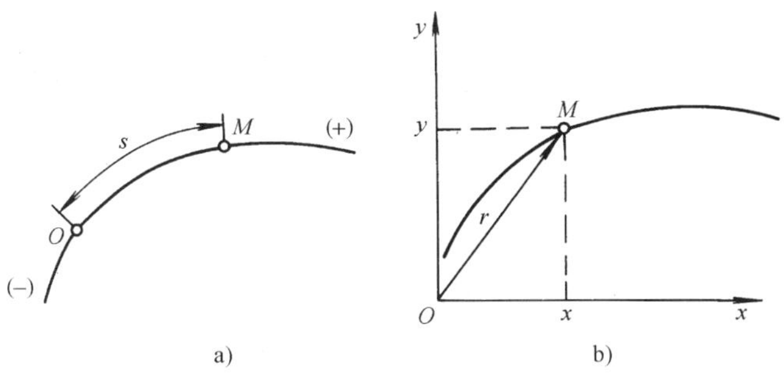

图 4-1

a）点运动的自然坐标系 b）点运动的直角坐标系

在任意瞬时，动点 M 的位置与坐标 x、y 呈一一对应关系，当动点位置变化时，x、y 可表示为时间的单值连续函数。

$$\begin{cases} x = f_1(t) \\ y = f_2(t) \end{cases} \tag{4-2}$$

式（4-2）为直角坐标表示的点的运动方程。

若从式（4-2）中消除时间 t，则得到点 M 的轨迹方程：

$$y = \varphi(x) \tag{4-3}$$

二、用自然法表示点的速度、加速度

如图4-2a所示，设动点 M 沿平面曲线运动，瞬时 t 的弧坐标为 s，经过时间间隔 Δt，即在 $t+\Delta t$ 瞬时动点运动到 M_1 位置，其弧坐标为 $s_1 = s + \Delta s$，即在时间间隔 Δt 内由点 M 移动到点 M_1，矢量 $\overline{MM_1}$ 称为动点 M 的位移。当 $\Delta t \to 0$ 时，位移 $\overline{MM_1}$ 大小趋近于弧长 Δs，即 $|\overrightarrow{MM_1}| \approx \Delta s$，因此动点的瞬时速度大小为

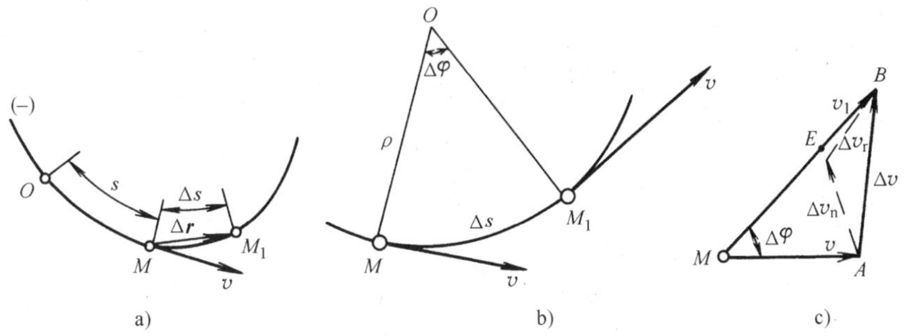

图 4-2

a）用自然法表示点的速度 b）两点的速度 c）速度增量的分解

$$v = \lim_{\Delta t \to 0} \frac{|\overrightarrow{MM_1}|}{\Delta t} = \lim_{\Delta t \to 0} \frac{\Delta s}{\Delta t} = \frac{\mathrm{d}s}{\mathrm{d}t} \tag{4-4}$$

当 $\Delta t \to 0$ 时，M_1 趋近于 M，$\overrightarrow{MM_1}$ 的极限方向与曲线在 M 点的切线方向重合，所以动点瞬时速度方向是沿轨迹上该点的切线方向，并指向运动的一方。

上式表明，动点作曲线运动的瞬时速度大小等于弧坐标对时间的一阶导数，其方向沿轨迹的切线方向。若$\frac{ds}{dt}>0$，动点沿弧坐标的正方向运动；若$\frac{ds}{dt}<0$，动点沿弧坐标的负方向运动。

如图 4-2b 所示，设动点在 t 瞬时的速度为$\boldsymbol{v}$，在 $t+\Delta t$ 瞬时的速度为$\boldsymbol{v}_1$，则在时间间隔 Δt 内的速度增量为 $\Delta\boldsymbol{v}=\boldsymbol{v}_1-\boldsymbol{v}$。如图 4-2c 所示，若在速度上截取一段 $ME=MA$，将速度增量 $\Delta\boldsymbol{v}$ 分解为 $\Delta\boldsymbol{v}_\tau$、$\Delta\boldsymbol{v}_n$ 两个分量，于是 $\Delta\boldsymbol{v}=\Delta\boldsymbol{v}_\tau+\Delta\boldsymbol{v}_n$，则动点的加速度可表示为

$$\boldsymbol{a}=\lim_{\Delta t\to 0}\frac{\Delta\boldsymbol{v}}{\Delta t}=\lim_{\Delta t\to 0}\frac{\Delta\boldsymbol{v}_\tau}{\Delta t}+\lim_{\Delta t\to 0}\frac{\Delta\boldsymbol{v}_n}{\Delta t}=\boldsymbol{a}_\tau+\boldsymbol{a}_n \tag{4-5}$$

式中，$\boldsymbol{a}_\tau=\lim\limits_{\Delta t\to 0}\frac{\Delta\boldsymbol{v}_\tau}{\Delta t}$称为切向加速度，反映速度大小随时间的变化率；$\boldsymbol{a}_n=\lim\limits_{\Delta t\to 0}\frac{\Delta\boldsymbol{v}_n}{\Delta t}$称为法向加速度，反映速度方向随时间的变化率。此式表明，动点瞬时加速度等于切向加速度和法向加速度的矢量和。

三、点运动的几种特殊情况

1. 匀速直线运动

当动点作匀速直线运动时，v 为常量，直线轨迹上各点曲率半径 $\rho\to\infty$，因此，$a_\tau=0$，$a_n=0$。

2. 匀速曲线运动

当动点作匀速曲线运动时，v 为常量，$a_\tau=0$，$a_n\neq 0$，此时，$a=a_n$，点的速度大小不变，方向随时间发生变化。

3. 匀变速曲线运动

当点作匀变速曲线运动时，a_τ 为常量，$a_n=v^2/\rho$。设点运动的初始条件为：当 $t=0$ 时，$s=s_0$，$v=v_0$，则有

$$\begin{cases} v=v_0+a_\tau t \\ s=s_0+v_0t+\dfrac{1}{2}a_\tau t^2 \\ v^2=v_0^2+2a_\tau(s-s_0) \end{cases} \tag{4-6}$$

四、直角坐标法表示点的速度、加速度

设动点 M 在平面内作曲线运动，其运动方程为 $x=f_1(t)$，$y=f_2(t)$。如图 4-3a 所示，设在瞬时 t，动点在 M 处，其坐标为 (x, y)，经过 Δt 后，动点运动到 M'位置，其坐标为 (x_1, y_1)，在时间间隔 Δt 内动点的位移为$\overrightarrow{MM'}$，其位移可分解为两个分量：$\overrightarrow{MM'}=\Delta\boldsymbol{x}+\Delta\boldsymbol{y}$，则动点的速度大小和方向为

$$\begin{cases} v=\sqrt{v_x^2+v_y^2}=\sqrt{\left(\dfrac{dx}{dt}\right)^2+\left(\dfrac{dy}{dt}\right)^2} \\ \tan\alpha=\left|\dfrac{v_y}{v_x}\right| \end{cases} \tag{4-7}$$

式中，α 为速度$\boldsymbol{v}$与 x 轴所夹的锐角；$\boldsymbol{v}$ 的指向由 v_x 和 v_y 的正负号决定（图 4-3b）。

4 CHAPTER

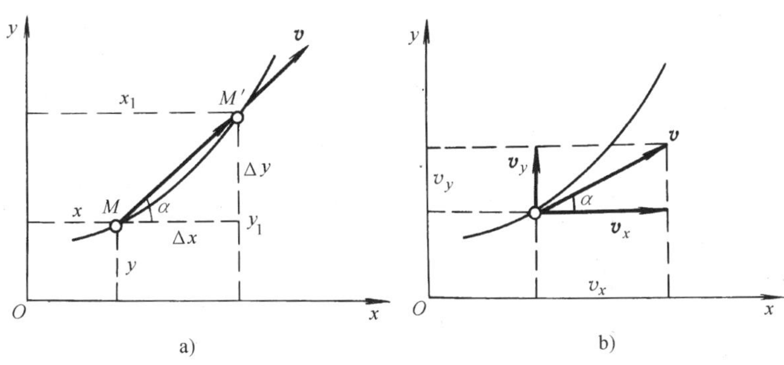

图 4-3　直角坐标表示点的速度

如图 4-4 所示，同理可以证明，其加速度的大小和方向分别为

$$
\left\{
\begin{aligned}
a &= \sqrt{a_x^2 + a_y^2} = \sqrt{\left(\frac{\mathrm{d}v_x}{\mathrm{d}t}\right)^2 + \left(\frac{\mathrm{d}v_y}{\mathrm{d}t}\right)^2} \\
&= \sqrt{\left(\frac{\mathrm{d}^2 x}{\mathrm{d}t^2}\right)^2 + \left(\frac{\mathrm{d}^2 y}{\mathrm{d}t^2}\right)^2} \\
\tan\beta &= \left|\frac{a_y}{a_x}\right|
\end{aligned}
\right.
\tag{4-8}
$$

式中，β 为加速度 $\boldsymbol{a}$ 与 x 轴所夹的锐角，指向由 a_x 和 a_y 的正负号决定。

图 4-4　用直角坐标表示点的加速度

第二节　刚体的平动

一、刚体平动的定义

刚体在运动过程中，若其上任意直线始终与它原来的位置保持平行，这种运动称为刚体的平行移动，简称平动。工程实际中，有许多平动刚体，如牛头刨床刨刀的运动，直线平动的车刀（图 4-5a），曲线平动的振动筛 AB（图 4-5b）。

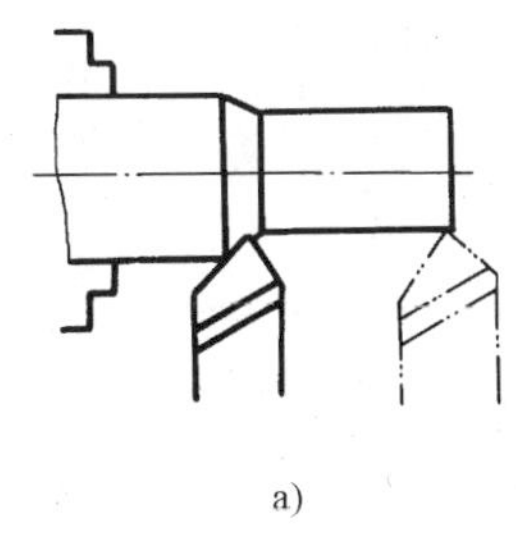

a)

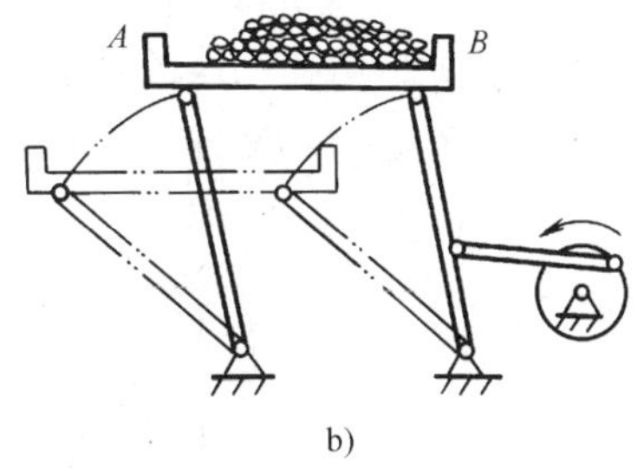

b)

图 4-5　刚体平动实例

a）直线平动的车刀　b）振动筛

刚体平动时，其上各点的轨迹若是直线，则称刚体作直线平动；其上各点的轨迹若是曲线，刚称刚体作曲线平动。

二、刚体平动时的运动特点

如图4-6所示，刚体平动时，刚体内任一线段 AB 依次运动到 A_1B_1、A_2B_2、…、A_nB_n 各位置，根据刚体的特点，A、B 两点的距离始终保持不变，即 $AB = A_1B_1 = A_2B_2 = \cdots = A_nB_n$。根据刚体平动的特点，$AB /\!/ A_1B_1 /\!/ A_2B_2 /\!/ \cdots /\!/ A_nB_n$，连接 A、A_1、B、B_1 所得的四边形 AA_1B_1B 为平行四边形。当时间间隔 Δt 取得无限小时，A、B 点的位移大小相等，方向相同，即 $\overrightarrow{AA_1} = \overrightarrow{BB_1}$。因此，$A$、$B$ 两点的轨迹相同，依此类推，刚体上各点的运动轨迹完全相同。

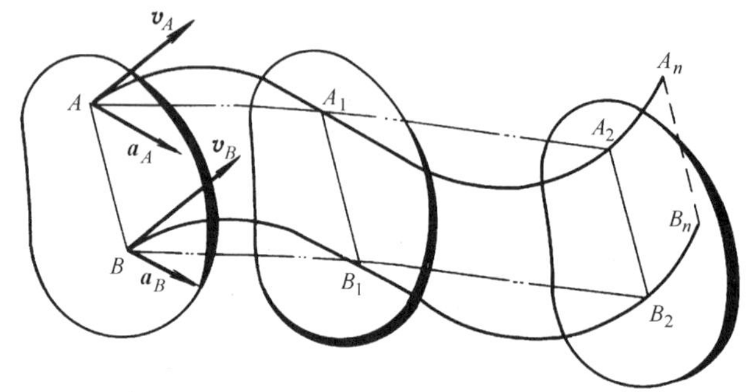

图4-6 刚体平动分析

根据速度的定义，在任意瞬时，A、B 两点的速度为

$$\boldsymbol{v}_A = \lim_{\Delta t \to 0} \frac{\overrightarrow{AA_1}}{\Delta t} = \lim_{\Delta t \to 0} \frac{\overrightarrow{BB_1}}{\Delta t} = \boldsymbol{v}_B$$

即同一瞬时，平动刚体上各点的速度相等。

因为任意瞬时 A、B 两点的速度完全相同，所以在任何时间间隔 Δt 内 A、B 两点的速度变化量也完全相同，故在任意瞬时 t，A、B 两点的加速度也相同。即

$$\boldsymbol{a}_A = \boldsymbol{a}_B$$

因为 A、B 两点是任意选取的，由此得出结论：刚体平动时，其上各点的轨迹均相同，同一瞬时各点的速度和加速度均相等。故刚体平动时，其上任意一点的运动就可代表整个刚体的运动，于是刚体的平动可简化为点的运动来研究。

第三节 刚体的定轴转动

工程中常见的齿轮、带轮、车床主轴、电动机转子等的运动，生活中常见的门、窗的运动，都具有一个共同的特点：即在刚体的运动过程中，刚体内始终有一条直线保持不动，而其余各点均绕此直线作圆周运动。这种运动称为刚体的绕定轴转动。这条不动的直线称为固定转轴。

一、转动方程

如图4-7a所示，设刚体绕 z 轴作定轴转动。描述刚体的定轴转动，需选择一个过 z 轴的固定参考平面Ⅰ和一个过 z 轴且随刚体一起转动的参考平面Ⅱ。在任意瞬时 t，两个参考平面的夹角 φ 的大小与刚体转动的位置呈一一对应关系。φ 称为刚体的转角，其单位为弧度(rad)。为使研究问题简便，通常在转轴 z 的垂直平面上取刚体的投影，转轴 z 的投影简化

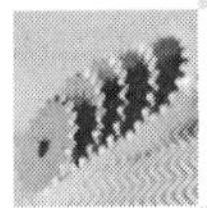

为固定铰链支座，即得到刚体的平面力学简图，如图 4-7b 所示。

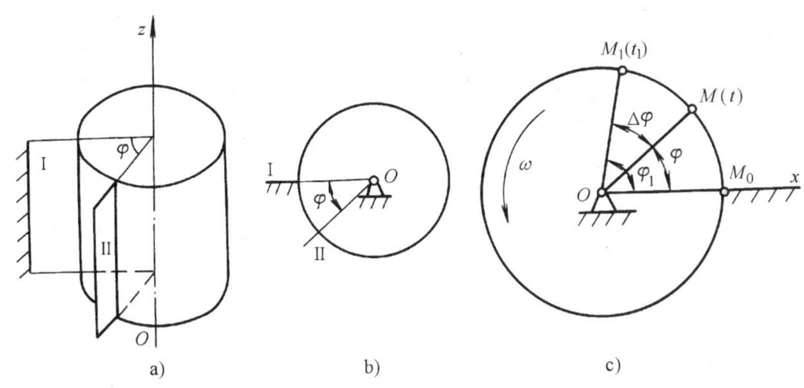

图 4-7

a）刚体定轴转动简图 b）刚体定轴转动平面图 c）刚体定轴转动计算简图

如图 4-7c 所示，在定轴转动刚体的平面力学简图上，固定参考平面的投影为线段 OM_0，转动参考平面的投影为线段 OM。当刚体转动时，转角 φ 是时间的单值连续函数，即

$$\varphi = f(t) \tag{4-9}$$

式（4-9）称为刚体的转动方程。转角 φ 是代数量，逆时针转动时 φ 取正值，反之取负值。

二、角速度

角速度是描述刚体转动快慢和转向的物理量。设已知刚体的转动方程为 $\varphi = f(t)$，在瞬时 t，转角为 φ，经时间间隔 Δt 后，转角为 $\varphi + \Delta\varphi$，取比值 $\Delta\varphi/\Delta t$ 在 $\Delta t \to 0$ 时的极限，得刚体绕定轴转动的瞬时角速度，用 ω 表示，即

$$\omega = \lim_{\Delta t \to 0} \frac{\Delta\varphi}{\Delta t} = \frac{d\varphi}{dt} \tag{4 10}$$

式（4-10）表明，刚体绕定轴转动的角速度等于转角对时间的一阶导数。角速度是代数量，在图上用弯箭头表示，当刚体作逆时针转动时，$\omega > 0$，反之 $\omega < 0$。

ω 的单位是弧度/秒（rad/s）。工程上常用每分钟转过的圈数表示构件转动快慢，称为转速，用符号 n 表示，单位为转/分（r/min）。转速 n 与角速度 ω 的关系为 $\omega = 2\pi n/60 = n\pi/30$。

三、角加速度

角加速度是描述刚体角速度变化快慢的物理量。电动机在起动或停止的过程中，角速度由小变大或由大变小，就是变角速度转动。

在瞬时 t，刚体的角速度为 ω，经时间间隔 Δt 后，角速度为 $\omega + \Delta\omega$，取比值 $\Delta\omega/\Delta t$ 在 $\Delta t \to 0$ 时的极限，即得刚体绕定轴转动的瞬时角加速度，用 ε 表示。即

$$\varepsilon = \lim_{\Delta t \to 0} \frac{\Delta\omega}{\Delta t} = \frac{d\omega}{dt} = \frac{d^2\varphi}{dt^2} \tag{4-11}$$

式（4-10）表明，刚体绕定轴转动的角加速度等于角速度 ω 对时间的一阶导数，或转角 φ 对时间的二阶导数。角加速度也是代数量，在图上用弯箭头表示，当刚体作逆时针转动时，

$\varepsilon>0$，反之 $\varepsilon<0$。ε 的正负不能说明刚体是加速转动还是减速转动。只有当 ε 与 ω 同号时，表示角速度的绝对值随时间的增加而增大，刚体作加速运动；反之，刚体作减速运动。角加速度的单位是弧度/秒^2（$\mathrm{rad\cdot s^{-2}}$）

转角 φ、角速度 ω、角加速度 ε 都是描述刚体转动的物理量，称为角量。因为在同一时间间隔内，刚体上各点转过的角位移都相等，所以在同一瞬时，刚体中的角量 ω 和 ε 对刚体内各点来说都是相同的。

四、匀速、匀变速转动

1. 匀速转动

刚体绕定轴匀速转动时，其角速度不变，即 $\omega=$常量。设 $t=0$ 时，$\varphi=\varphi_0$，参照点的匀速运动公式，可得

$$\varphi=\varphi_0+\omega t \tag{4-12}$$

2. 匀变速转动

刚体绕定轴作匀变速转动时，其角加速度不变，即 $\varepsilon=$常量。设 $t=0$ 时，$\varphi=\varphi_0$，$\omega=\omega_0$，参照点的匀变速运动公式，可得

$$\begin{cases}\omega=\omega_0+\varepsilon t\\ \varphi=\varphi_0+\omega_0 t+\dfrac{1}{2}\varepsilon t^2\\ \omega^2=\omega_0^2+2\omega(\varphi-\varphi_0)\end{cases} \tag{4-13}$$

刚体绕定轴转动的角量与点的曲线运动的线量之间存在对应关系，可列成表 4-1 进行对照。

例 4-1 如图 4-8 所示，曲柄 OA 以等角速度 ω_0 绕 O 轴转动，其转动方程 $\varphi=\omega_0 t$，通过滑块 A 带动摇杆 O_1D 绕轴 O_1 转动，设 $OO_1=h$，$OA=r$，求摇杆的转动方程。

解 摇杆的转动方程，即摇杆的转角 θ 随时间 t 的变化关系。为此从 A 点作 OO_1 的垂线 AB。

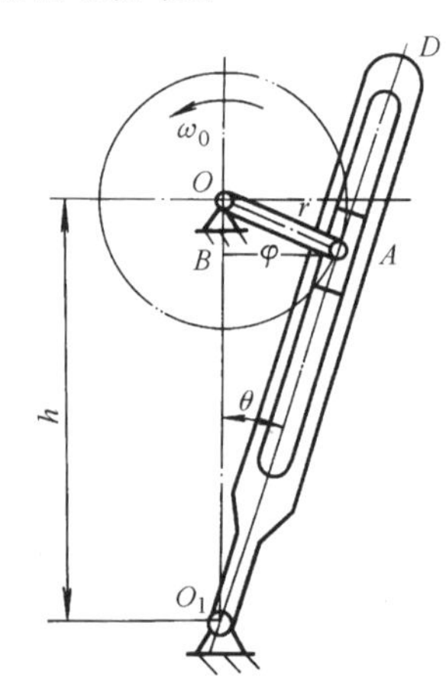

图 4-8 曲柄摇杆机构

在 $\triangle AO_1B$ 中，

$$\tan\theta=\frac{AB}{BO_1}$$

其中

$$AB=r\sin\varphi$$

$$BO_1=OO_1-OB=h-r\cos\varphi$$

将以上两式的值代入式 $\tan\theta=\dfrac{AB}{BO_1}$，得

$$\tan\theta=\frac{r\sin\varphi}{h-r\cos\varphi}=\frac{r\sin\omega_0 t}{h-r\cos\omega_0 t}$$

故

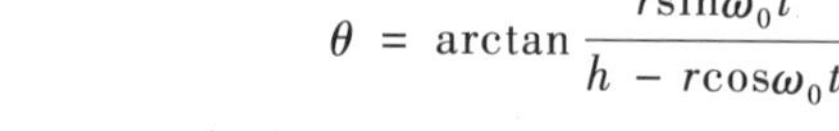

$$\theta=\arctan\frac{r\sin\omega_0 t}{h-r\cos\omega_0 t}$$

例 4-2 已知发动机主轴的转动方程为 $\varphi=t^3+4t-3$（φ 的单位为 rad，t 的单位为 s），

试求 $t=1\text{s}$、$t=2\text{s}$ 时，主轴转动的角速度和角加速度。

解 1）求角速度、角加速度方程为

$$\omega=\frac{\mathrm{d}\varphi}{\mathrm{d}t}=3t^2+4,\varepsilon=\frac{\mathrm{d}\omega}{\mathrm{d}t}=6t$$

2）求主轴的角速度和角加速度。当 $t=1\text{s}$、$t=2\text{s}$ 时，主轴的角速度和角加速度分别为

$$\omega_1=3t^2+4=(3\times1^2+4)\text{rad/s}=7\text{rad/s},\varepsilon_1=6t=6\times1\text{rad/s}^2=6\text{rad/s}^2$$

$$\omega_2=3t^2+4=(3\times2^2+4)\text{rad/s}=16\text{rad/s},\varepsilon_2=6t=6\times2\text{rad/s}^2=12\text{rad/s}^2$$

第四节 定轴转动刚体上各点的速度和加速度

在工程实际中，经常需要知道转动刚体上某些点的速度和加速度。例如，车削工件时，要计算切削速度（转动工件与车刀接触点的速度）；带式运输机的传送速度（带轮轮缘上一点的速度）；砂轮轮缘的速度。因此，研究定轴转动刚体内任意点的速度与加速度在工程上具有重要意义。

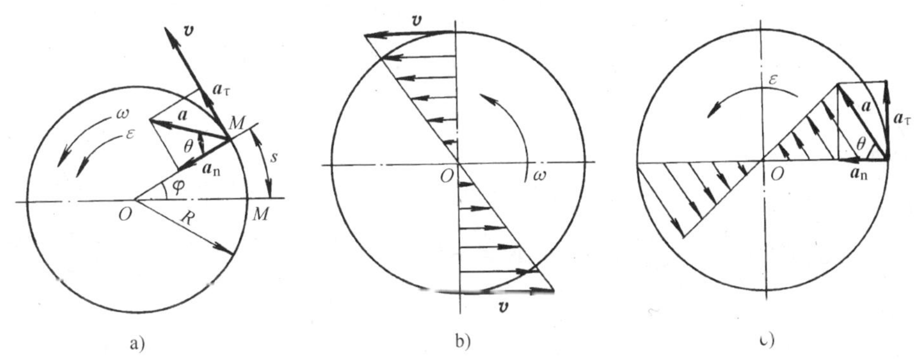

图 4-9 刚体的运动规律

a）点的全加速度 b）速度分布规律 c）全加速度分布规律

设刚体绕 z 轴转动，在某瞬时相对于固定参考面转过的角度为 φ，角速度为 ω，角加速度为 ε，如图 4-9a 所示，刚体上任意一点 M，经历时间 t 后由初始位置 M_0 运动到该瞬时的位置 M，现用自然法确定 M 点的运动方程、速度、切向加速度、法向加速度为

$$\begin{cases}s=R\varphi\\ v=\dfrac{\mathrm{d}s}{\mathrm{d}t}=R\dfrac{\mathrm{d}\varphi}{\mathrm{d}t}=R\omega\\ a_\tau=\dfrac{\mathrm{d}v}{\mathrm{d}t}=R\dfrac{\mathrm{d}\omega}{\mathrm{d}t}=R\varepsilon\\ a_n=\dfrac{v^2}{\rho}=R\omega^2\end{cases}\tag{4-14}$$

其全加速度的大小和方向为

$$\begin{cases} a = \sqrt{a_\tau^2 + a_n^2} = R\sqrt{\varepsilon^2 + \omega^4} \\ \tan\theta = \dfrac{|a_\tau|}{a_n} = \dfrac{|\varepsilon|}{\omega^2} \end{cases} \tag{4-15}$$

由上述分析可得出如下结论（如图 4-9b、c 所示）：

1）任一瞬时，绕定轴转动刚体上各点的速度、切向加速度、法向加速度和全加速度分别与其半径成正比。

2）任一瞬时，绕定轴转动刚体上各点的速度方向垂直于转动半径，其指向与角速度转向一致；各点的切向加速度方向垂直于转动半径，其指向与角加速度转向一致；各点法向加速度方向沿半径指向转轴。

3）任一瞬时，各点的全加速度与转动半径的夹角相同。

例 4-3 如图4-10所示，飞机螺旋桨的半径 $R=1.5\text{m}$，在地面试车时其转速 $n=1800\text{r/min}$，关小油门后 4s 时的转速降至 $n=1200\text{r/min}$。设在关小油门后，螺旋桨作匀变速转动。试求叶端 M 点在刚关小油门时的速度、切向加速度和法向加速度。

解 1）求速度。飞机在地面试车时，螺旋桨的运动为定轴转动。刚关小油门时其角速度为

$$\omega_0 = \frac{n_0\pi}{30} = \frac{1800\pi}{30} = 60\pi \text{ rad/s}$$

此时 M 点的速度为

$$v = \omega_0 R = 60\pi \times 1.5\text{m/s} = 90\pi\text{m/s} = 283\text{m/s}$$

方向如图 4-10 所示。

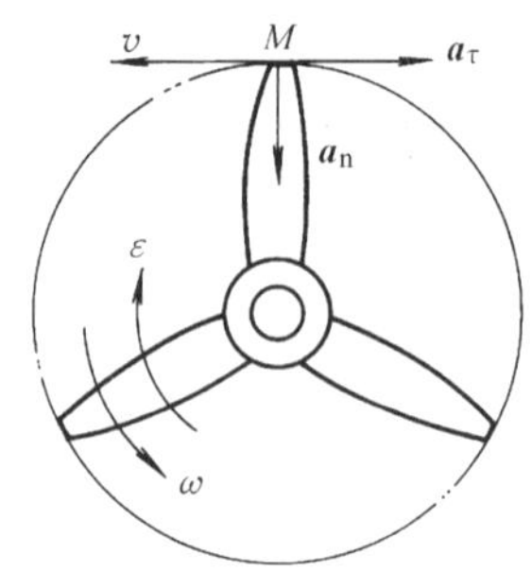

图 4-10 飞机螺旋桨

2）求加速度。关小油门后 4s 时螺旋桨的角速度为

$$\omega = \frac{n\pi}{30} = \frac{1200\pi}{30}\text{rad/s} = 40\pi \text{ rad/s}$$

由于螺旋桨作匀变速转动，故角加速度为

$$\varepsilon = \frac{\omega - \omega_0}{t} = \frac{40\pi - 60\pi}{4}\text{rad/s}^2 = -15.71\text{rad/s}^2$$

式中负号说明 ε 转向与螺旋桨的转向相反，螺旋桨作减速转动。M 点的切向加速度和法向加速度分别为

$$a_\tau = R\varepsilon = 1.5 \times (-15.71)\text{m/s}^2 = -23.56\text{m/s}^2$$

$$a_n = R\omega_0^2 = 1.5 \times (60\pi)^2\text{km/s}^2 = 53.3\text{km/s}^2$$

$\boldsymbol{a}_\tau$ 和 $\boldsymbol{a}_n$ 的方向如图 4-9 所示。

例 4-4 如图4-11所示，电动机带动卷扬机吊起重物，通过传送带传递动力。设主动轮 I 的转速 $n_1=100\text{r/min}$，半径 $r_1=100\text{mm}$，从动轮 Ⅱ 的半径 $r_2=205\text{mm}$，卷筒 Ⅲ 的半径 $r_3=50\text{mm}$，试求重物 E 上升的速度 v。

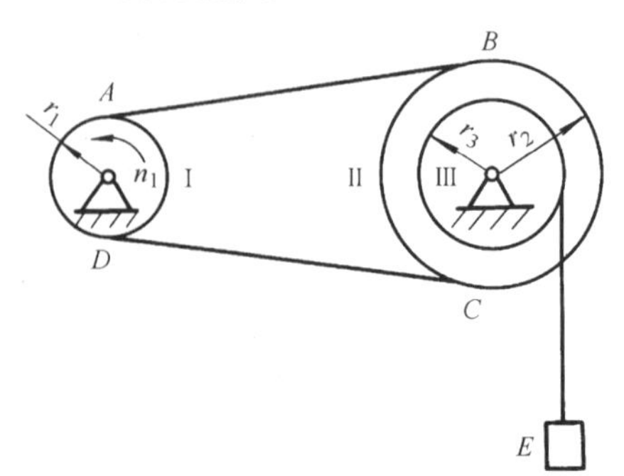

图 4-11 卷扬机

解 假如传送带不打滑，则其上各点速度大小相等，且等于轮缘上各点的速度，即 $v_A = v_B$，故

$$v_A = r_1\omega_1 = r_1\frac{2\pi n_1}{60}, v_B = r_2\omega_2 = r_2\frac{2\pi n_2}{60}$$

由上式可知

$$n_2 = \frac{r_1}{r_2}n_1 = \frac{100}{250}\times 100\text{r/min} = 40\text{r/min}$$

由于从动轮Ⅱ与卷筒Ⅲ固连在一起，故 $n_2 = n_3$，因而 $\omega_2 = \omega_3 = 2\pi n_2/60$。由此得重物上升的速度为

$$v = r_3\omega_3 = r_3\frac{2\pi n_2}{60} = 50\times\frac{2\pi\times 40}{60}\text{m/s} = 0.21\text{m/s}$$

第五节　刚体绕定轴转动的动力学方程

一、刚体绕定轴转动的动力学方程

上节介绍了定轴转动刚体运动学基本规律。在工程实际中，往往要了解物体运动状态的变化与作用在物体上的外力之间的关系。

设刚体在外力 $\boldsymbol{F}_1^e$，$\boldsymbol{F}_2^e$，…，$\boldsymbol{F}_n^e$ 作用下，绕 z 轴作定轴转动，图 4-12a 所示为刚体在垂直于 z 轴平面内的投影图。设某瞬时刚体转动的角速度为 ω，角加速度为 ε，把刚体看成是由无数多个质点组成，取其中任一质点，其质量为 m_i，到转轴的距离为 r_i，该质点绕轴作圆周运动，其切向加速度 $a_{i\tau} = r_i\varepsilon$，法向加速度 $a_{in} = r_i\omega^2$，为了研究方便，把作用于质点 m_i 的力分为外力 F_i^e 和内力 F_i^i，外力 F_i^e 表示刚体以外的物体对质点 m_i 作用力的合力在垂直于 z 轴平面内的投影，内力 F_i^i 表示刚体内其他质点对质点 m_i 作用力的合力在垂直于 z 轴平面内的投影（见图 4-12b）。

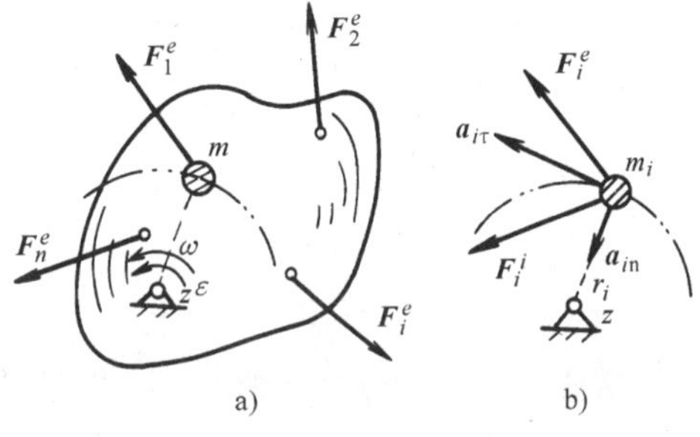

图 4-12　刚体绕定轴转动
a）刚体在垂直于 z 轴平面内的投影图　b）质点 m_i 受作用力

在垂直于 z 轴的平面中，采用自然坐标式，由牛顿第二定律，有

$$F_{i\tau}^e + F_{i\tau}^i = m_i a_{i\tau}$$

把 $a_{i\tau} = r_i\varepsilon$ 代入上式，得

$$F_{i\tau}^e + F_{i\tau}^i = m_i r_i\varepsilon$$

方程两边同乘以 r_i 得

$$F_{i\tau}^e r_i + F_{i\tau}^i r_i = m_i r_i^2\varepsilon$$

对于刚体内所有的质点，分别列出上式，然后求和得

$$\sum F_{i\tau}^e r_i + \sum F_{i\tau}^i r_i = \sum m_i r_i^2\varepsilon$$

上式右边各项中都有含有 ε，可表示为 $\sum m_i r_i^2\varepsilon = (\sum m_i r_i^2)\varepsilon$，并令 $\sum m_i r_i^2 = J_z$。又由于刚体内各质点的内力总是成对出现，故 $\sum F_{i\tau}^i r_i = 0$；而 $\sum F_{i\tau}^e r_i = \sum M_z(F_{i\tau}^e)$，表示各质点

上所有外力矩的代数和，记为 M_z。因此，上式可以写为

$$M_z = J_z\varepsilon \tag{4-16}$$

式（4-16）称为刚体绕定轴转动的动力学基本方程，$J_z = \sum m_i r_i^2$ 称为刚体绕 z 轴的转动惯量，是刚体转动惯性的度量。

式（4-16）表明，定轴转动刚体受到外力作用时，它所获得的角加速度大小与作用在刚体上的外力对定轴之矩的代数和成正比，与刚体绕定轴的转动惯量成反比。

把 $\varepsilon = \frac{d\omega}{dt} = \frac{d^2\varphi}{dt^2}$ 代入式（4-16）得刚体绕定轴转动的动力学基本方程的微分形式为

$$M_z = J_z\frac{d\omega}{dt} \quad \text{或} \quad M_z = J_z\frac{d^2\varphi}{dt^2} \tag{4-17}$$

二、转动惯量的计算

1. 转动惯量的计算

上面的讨论中已提到转动惯量的概念，从表达式 $J_z = \sum m_i r_i^2$ 可以看出，转动惯量的大小不仅与刚体的质量大小有关，还与质量相对于转轴的分布有关。质量越大，且分布离转轴越远，则转动惯量越大。内燃机的飞轮，边缘做得较厚，就是为了增大其转动惯量。

工程实际中，刚体的转动惯量一般由实验测定。对于简单形体，在均质状态下，$J_z = \sum m_i r_i^2$ 可通过积分计算。其积分表达式为

$$J_z = \int_m r^2 dm \tag{4-18}$$

现以均质等截面直杆为例说明积分法的应用。

如图 4-13 所示，设一均质杆长 l，质量为 m，计算杆对通过质心且与杆垂直的 z 轴的转动惯量。

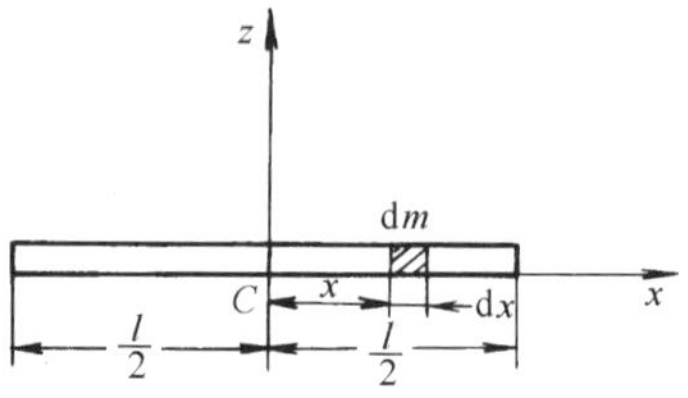

将杆长 l 分为无数个微段 dx，则每个微段的质量为 $dm = (m/l)\,dx$，设任意微段 dx 到 z 轴的距离为 x，则此微段的质量对 z 轴的二次矩为 $(m/l)\,x^2dx$，将每个微小质量 dm 对 z 轴的二次矩求和，即得以下积分表达式

$$J_z = \int_m x^2 dm = \int_{-l/2}^{l/2}\frac{m}{l}x^2dx$$

$$= \frac{m}{l}\int_{-l/2}^{l/2}x^2dx = \frac{1}{12}ml^2$$

图 4-13　计算均质杆的转动惯量

此即为均质细长直杆对其形心轴的转动惯量。对于一些简单形体的转动惯量可查阅工程设计手册。表 4-1 列出了几种常见均质形体转动惯量。

表 4-1　简单形状均质物体的转动惯量

物体形状	转动惯量	回转半径
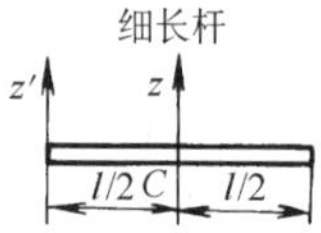 细长杆（z′、z 轴，l/2 C l/2）	$J_z = \frac{1}{12}ml^2$ $J_{z'} = \frac{1}{3}ml^2$	$\rho_z = \frac{\sqrt{3}}{6}l$ $\rho_{z'} = \frac{\sqrt{3}}{3}l$

（续）

物体形状	转动惯量	回转半径
细圆环	$J = mR^2$	$\rho_C = R$
薄圆板	$J_c = \frac{1}{2}mR^2$ $J_x = J_y = \frac{1}{4}mR^2$	$\rho_C = \frac{\sqrt{2}}{2}R$ $\rho_x = \rho_y = \frac{1}{2}R$
均质圆柱体	$J_z = \frac{1}{2}mr^2$ $J_x = \frac{m}{12}(L^2 + 3r^2)$	$\rho_z = \frac{r}{12}$ $\rho_x = \sqrt{\frac{L^2 + 3r^2}{12}}$

2. 回转半径

工程实际中，为计算方便，设想把刚体的质量集中在一点。此点到转轴的距离为 ρ，ρ 称为回转半径。则刚体的转动惯量可表示为

$$J_z = m\rho^2 \tag{4-19}$$

若已知刚体的转动惯量和质量，则其回转半径 ρ 为

$$\rho = \sqrt{\frac{J_z}{m}} \tag{4-20}$$

几种简单图形的回转半径见表 4-1。

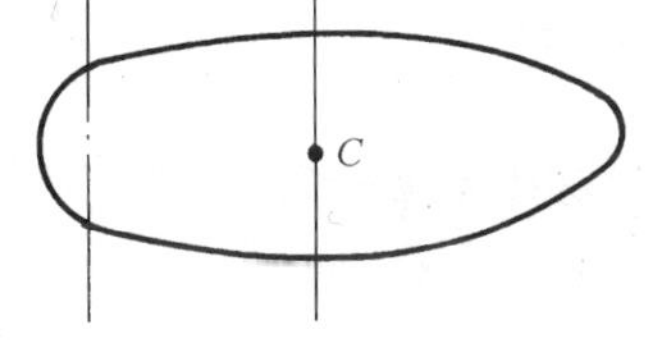

图 4-14　平行移轴公式图

3. 平行轴定理

如图 4-14 所示，一刚体质量为 m，z 轴为质心轴，z_1 轴与 z 轴平行，且相距为 d，可以证明，刚体对两轴的转动惯量的关系为

$$J_{z1} = J_z + md^2 \tag{4-21}$$

此式称为转动惯量的平行轴定理，即刚体对任意轴的转动惯量等于刚体对与该轴平行的质心轴的转动惯量，加上质量与两平行轴距离平方的乘积。

例 4-5　如图4-15所示，起吊机均质鼓轮的质量为 m_0，半径为 R，重物的质量为 m，作用在鼓轮上的转矩为 M，试求重物上升的加速度 a。

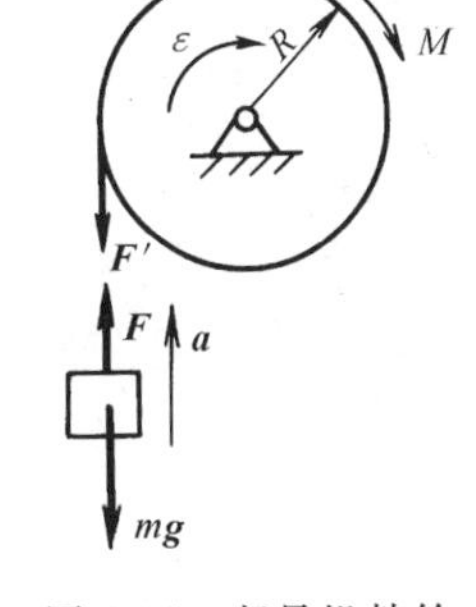

图 4-15　起吊机鼓轮受力图和重物受力图

解　1）画鼓轮和重物的受力图。重物作直线运动，鼓轮作定轴转动，受力图如图 4-15 所示。

2）列动力学方程。对重物，由牛顿第二定律得

$$F - mg = ma$$

对鼓轮，其转动惯量 $J_o = m_0R^2/2$，由定轴转动动力学基本方程得

$$M - F'R = J_o\varepsilon$$

又 $a=R\varepsilon$，联立求解以上两式，得鼓轮的角加速度为

$$\varepsilon=\frac{M-mgR}{J_o+mR^2}=\frac{2(M-mgR)}{(m_0+2m)R^2}$$

则重物上升的加速度为

$$a=R\varepsilon=\frac{2(M-mgR)}{(m_0+2m)R}$$

第六节 功、功率和机械效率

一、功

作用力在其作用点位移方向上的投影与经过路程的乘积称为功。

作用在物体上的力，使物体的运动状态发生改变。力的这种作用效果不仅与力的大小和方向有关，而且还与物体在力的作用下所经过的路程有关，如从高处下落的物体的速度会越来越大，就是重力在下落的高度中的积累效应。力对物体做的功就能表征这种积累效应，下面讨论功的计算。

1. 常力的功

设质点 m 在大小、方向不变的常力 $\boldsymbol{F}$ 作用下沿水平直线运动，力 $\boldsymbol{F}$ 与运动方向的夹角为 α，如图4-16所示，力 $\boldsymbol{F}$ 作用点的直线位移大小为 s，根据功的定义，力 $\boldsymbol{F}$ 在这段路程上对 m 所做的功为

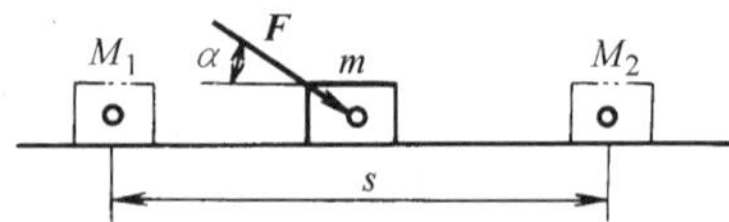

图4-16 常力对质点所做的功

$$W=F\cos\alpha \quad s=Fs\cos\alpha \tag{4-22}$$

功的单位是焦耳（J），1J=1N·m。下面讨论几种情况。

1）当 $\alpha<90°$ 时，$W>0$，力 $\boldsymbol{F}$ 对质点 m 做正功，使质点 m 的运动越来越强。

2）当 $\alpha>90°$ 时，$W<0$，力 $\boldsymbol{F}$ 对质点 m 做负功，质点 m 要克服阻力做功，使质点 m 的运动越来越弱。

3）当 $\alpha=90°$ 时，$W=0$，力 $\boldsymbol{F}$ 对质点 m 不做功，使质点 m 的运动无变化。

2. 变力的功

如图4-17所示，设质点 m 沿曲线运动，作用在质点上的力 $\boldsymbol{F}$ 的大小和方向都随位置而变。计算力 $\boldsymbol{F}$ 沿轨迹曲线从点 M_1（其弧坐标为 s_1）运动到点 M_2（其弧坐标为 s_2）时所做的功。

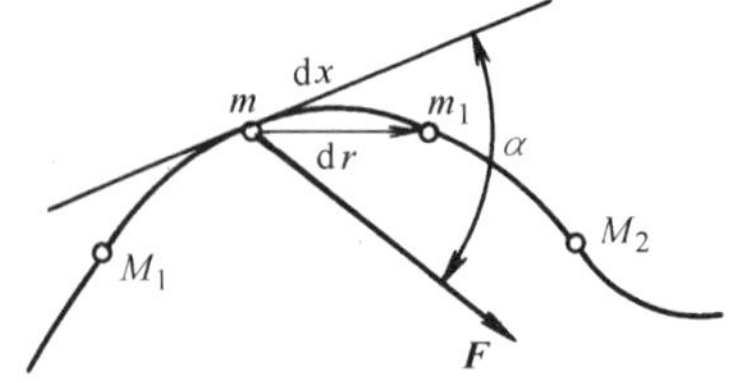

图4-17 变力沿曲线做功

现将全程分成无限多个小微段 ds，在微段 ds 上力的大小和方向可视为常量，微段 ds 可视为切线方向的小位移，变力 $\boldsymbol{F}$ 与质点运动方向的夹角为 α，则变力 $\boldsymbol{F}$ 在微段 ds 上所做的功记为 dW，称为变力 F 的元功。$\mathrm{d}W=F\cos\alpha\mathrm{d}s=F_\tau\mathrm{d}s$。力 F 沿轨迹曲线从 M_1 运动到 M_2 时所做的功应等于全程上所有元功的总和，即为积分形式

$$W=\int_{s_1}^{s_2}F\cos\alpha\mathrm{d}s=\int_{s_1}^{s_2}F_\tau\mathrm{d}s \tag{4-23}$$

式中，变力 F 的切向分量 F_τ 是位置的函数。上式表明，变力沿曲线轨迹所做的功等于力的切向分量沿轨迹曲线的积分。式（4-22）也可以表示成直角坐标形式，即

$$W = \int_{M_1M_2} (F_x \mathrm{d}x + F_y \mathrm{d}y) \tag{4-24}$$

3．合力的功

设质点 m 受力系 $\boldsymbol{F}_1$、$\boldsymbol{F}_2$、…、$\boldsymbol{F}_n$ 作用，它们的合力为 $\boldsymbol{F}_\mathbf{R}$，每个分力所做的功记为 W_1、W_2、…、W_n，则在同一段路程上，合力 $\boldsymbol{F}_\mathbf{R}$ 所做的功等于每个分力所做的功的代数和。即

$$W = \sum W_i \tag{4-25}$$

二、常见力的功

1．重力的功

如图 4-18 所示，设重为 G 的质点沿一轨迹曲线从点 M_1（其弧坐标为 s_1）运动到点 M_2（其弧坐标为 s_2），现计算重力 G 所做的功。取坐标系 Oxy，则 $F_x=0$，$F_y=-G$。现将各值代入到式（4-25）得

图 4-18　重力做的功

$$W = \int_{s_1}^{s_2} (F_x \mathrm{d}x + F_y \mathrm{d}y) = \int_{y_1}^{y_2} (-G\mathrm{d}y) = G(y_1 - y_2) = -Gh \tag{4-26}$$

式中，$h=(y_2-y_1)$ 表示质点的终点位置与起点位置的高度差。质点上升时 $h>0$，重力做负功，质点下降时 $h<0$，重力做正功。

上式表明，重力的功等于质点的重量与起始位置和终了位置高度差的乘积，与质点运动的路径无关。

2．弹力的功

设弹簧一端固定，另一端系一心质点 M，如图 4-19 所示，当弹簧原长为 l_0 时，质点 M 的位置 O 称为自然位置，以 O 为原点，弹簧中心线为 x 坐标轴，以弹簧伸长方向为正方向。当图中质点处于任意位置 M 时，弹簧伸长变形量为 x（但仍在弹性范围内），此时，质点受的弹力为 $F=-kx$，k 为弹簧的刚性系数。当质点正向移动微段 $\mathrm{d}x$ 时，弹性力的元功为 $\mathrm{d}W=-kx\mathrm{d}x$，质点的位置由点 M_1 运动到点 M_2 时，伸长量由 f_1 增至 f_2，此过程中弹性力所做的功为

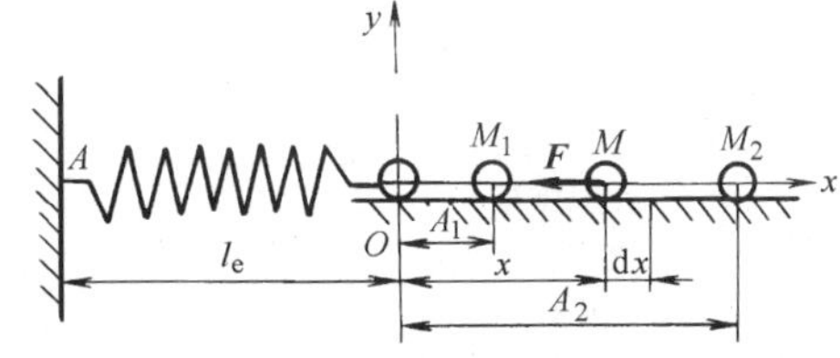

图 4-19　弹力的功

$$W = \int_{f_1}^{f_2} F\mathrm{d}x = \int_{f_1}^{f_2} (-kx)\mathrm{d}x = \frac{k}{2}(f_1^2 - f_2^2) \tag{4-27}$$

上式表明，弹性力的功等于弹簧始末位置变形量的平方差与刚度系数乘积的一半。弹性力的功只与弹簧处于始末位置时的变形量有关，与质点的运动轨迹无关。

3．常力矩的功

如图4-20所示，设绕 z 轴转动的刚体上某点 A 受大小不变的力 $\boldsymbol{F}$ 作用，力 $\boldsymbol{F}$ 的作用线始终保持在 A 点轨迹的切平面内，且与切线的夹角为 α，则力 $\boldsymbol{F}$ 对 z 轴的力矩保持为常量，即

$M_z = F\cos\alpha R$。在A点的轨迹曲线上取微段$ds = Rd\varphi$，则力$\boldsymbol{F}$所做的元功为$dW = F\cos\alpha ds = F\cos\alpha R d\varphi = M_z(F)d\varphi$。当$\varphi$由$\varphi_1$变到$\varphi_2$时，力矩$M_z$所做的功为

$$W = \int_{\varphi_1}^{\varphi_2} M_z(F)\,d\varphi = M_z\varphi \tag{4-28}$$

上式表明，作用在转动刚体上的常力矩所做的功，等于常力矩与转角的乘积。当力矩与转角同向时，力矩做正功；反之，力矩做负功。

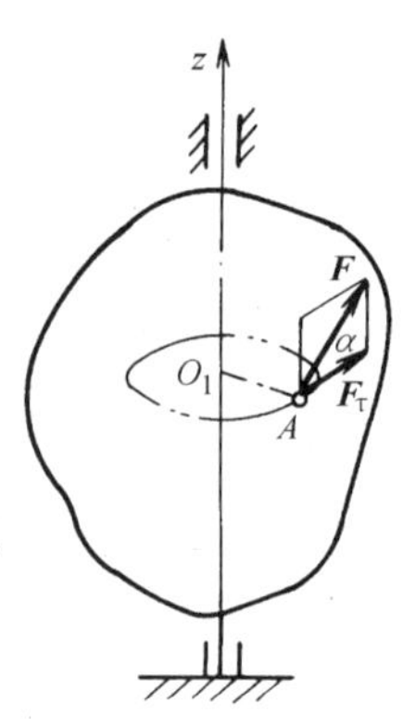

图4-20　常力矩的功

例4-6　如图4-21所示，重量为$G = 20\text{kN}$的物块，在力$\boldsymbol{F}$作用下沿倾角$\alpha = 30°$的斜面匀速上升。设物块与斜面间的动摩擦因数$f = 0.5$，试求物块移动距离$s = 5\text{m}$时，作用在物块上的各力所做的功。

解　1）取物块为研究对象。物块受有主动力$\boldsymbol{F}$，重力$\boldsymbol{G}$，法向反力$\boldsymbol{F}_N$，动滑动摩擦力$\boldsymbol{F}'$，画其受力图，由平衡方程得

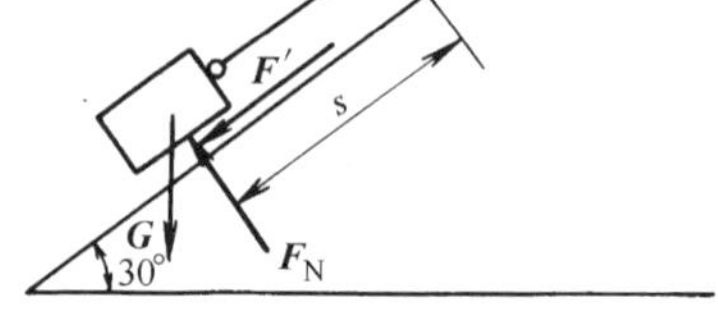

图4-21　斜面上物体各力的功

$$F' = G\cos30° f = 20 \times \frac{\sqrt{3}}{2} \times 0.5\text{kN} = 8.66\text{kN}$$

$$F = G\sin30° + F' = \left(20 \times \frac{1}{2} + 8.66\right)\text{kN} = 18.66\text{kN}$$

2）求各力所做的功。

重力$\boldsymbol{G}$做的功为

$$W = -Gh = -Gs\sin30° = -20 \times 10^3 \times 5 \times \frac{1}{2}\text{N}\cdot\text{m}$$

$$= -50 \times 10^3\text{J}$$

法向反力$\boldsymbol{F}_N$与运动路线垂直，所做的功为0。

摩擦力$\boldsymbol{F}'$做的功为

$$W = -F's = -8.66 \times 10^3 \times 5\text{N}\cdot\text{m} = -4.33 \times 10^4\text{J}$$

主动力$\boldsymbol{F}$做的功为

$$W = Fs = 18.66 \times 10^3 \times 5\text{N}\cdot\text{m} = 9.33 \times 10^4\text{J}$$

可以看出，所有力的功的代数和为零。物体的运动状态不发生改变，保持匀速直线运动。

三、功率

力在单位时间内所做的功称为功率。功率表征力作功的快慢程度，是表征机械作功能力的重要指标。

设一作用在质点上的力$\boldsymbol{F}$在时间间隔Δt内所做的元功为ΔW，则$\Delta W/\Delta t$称为力在这段时间内的平均功率，当$\Delta t \to 0$时，平均功率的极限dW/dt称为瞬时功率，用P表示，即

$$P = \lim_{\Delta t \to 0}\frac{\Delta W}{\Delta t} = \frac{dW}{dt} \tag{4-29}$$

功率的单位是瓦特（W）或千瓦（kW），1W = 1J/s，1kW = 1000W。

1）设作用在质点上的力$\boldsymbol{F}$，某瞬时瞬时速度为v，力$\boldsymbol{F}$的元功为$dW = F_\tau ds$，故力F在

该瞬时的功率为

$$P = \frac{\mathrm{d}W}{\mathrm{d}t} = \frac{F_\tau \mathrm{d}s}{\mathrm{d}t} = F_\tau v \tag{4-30}$$

上式表明，作用于质点上的力的功率等于力在运动曲线切向的投影与速度大小的乘积。

2）设作用在定轴转动刚体上的力矩为 M，某瞬时刚体的角速度为 ω，力矩 M 的元功为 $\mathrm{d}W = M\mathrm{d}\varphi$，故力矩 M 在该瞬时的功率为

$$P = \frac{\mathrm{d}W}{\mathrm{d}t} = \frac{M\mathrm{d}\varphi}{\mathrm{d}t} = M\omega \tag{4-31}$$

上式表明，作用于定轴转动刚体上的力矩的功率等于力矩与角速度的乘积。

3）若传动轴上某轮的输入功率为 P（kW），转速为 n（r/min），由上式可知，该轮的输入力矩 M（N·m）为

$$M = \frac{P}{\omega} = \frac{1000P}{2\pi n/60} = 9549\frac{P}{n} \tag{4-32}$$

四、机械效率

机器工作时，要从外界输入一定的功率，称为输入功率 P_0，机器正常工作时，有一部分功率用于做有用功，称为有用功率，用 P_1 表示，另一部分用于克服摩擦阻力等所消耗的功率称为无用功率，用 P_2 表示，把有用功率 P_1 与输入功率 P_0 的比值称为机械效率。用 η 表示，即

$$\eta = \frac{P_1}{P_0} \tag{4-33}$$

机械效率 η 表示了机器对输入功率的有效利用程度，它是评价机器质量的重要指标。机器的机械效率可在有关机械手册中查到。

例 4-7 图4-22所示为车床车削直径为 $d = 18\text{mm}$ 的工件，已知主轴的转速 $n = 960\text{r/min}$，主轴的转矩 $M = 27\text{N}\cdot\text{m}$，车床的机械效率 $\eta = 0.8$。试求车床的切削力 F 和电动机的输出功率。

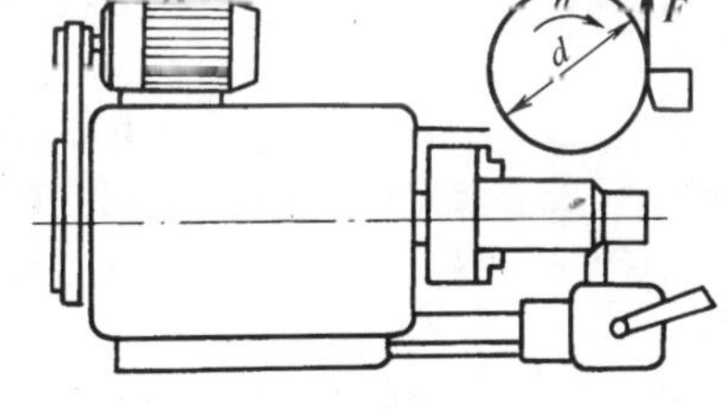

图 4-22　车床车削工件

解　1）取车床主轴为研究对象，求切削力 F。由主轴的转动平衡得

$$F = \frac{2M}{d} = \frac{2\times 27}{0.18}\text{N} = 300\text{N}$$

2）由功率计算式（4-29）得，切削力消耗的有用功率为

$$P_1 = \frac{Mn}{9549} = \frac{27\times 960}{9549}\text{kW} = 2.71\text{kW}$$

3）电动机的输出功率为

$$P_0 = \frac{P_1}{\eta} = \frac{2.71}{0.8}\text{kW} = 3.4\text{kW}$$

思考题与习题

一、多选填空题： 本题的可选答案中，有 1 ~4 个是正确的，请将正确答案号填到空格里。

4-1 动点的速度大小等于__________。

a）弧坐标对时间的一阶导数 b）弧坐标对时间的二阶导数

c）位移对时间的一阶导数 d）位移对时间的二阶导数。

4-2 动点瞬时加速度等于__________和法向加速度的矢量和。

a）加速度 b）切向加速度 c）法向加速度 d）全加速度

4-3 刚体平动时，其上各点的__________均相同。

a）速度 b）加速度 c）轨迹

4-4 刚体绕定轴转动指在运动过程中，刚体内始终有一条直线保持不动，而其余各点绕此直线作__________。

a）圆周运动 b）直线运动 c）曲线运动 d）抛物线运动

4-5 刚体对任意轴的转动惯量，等于刚体对与该轴平行的质心轴的转动惯量，加上质量与两平行轴__________的乘积。

a）距离平方 b）距离 c）距离立方

4-6 静平衡时调整平衡质量的大小和方向，使构件质心与__________重合，从而达到静平衡。

a）几何中心 b）回转中心 c）回转轴 d）重心

4-7 作用力在其作用点位移方向上的投影与经过路程的__________称为功。

a）和 b）平方的乘积 c）差 d）乘积

4-8 弹性力的功等于弹簧始末位置变形量的__________与刚度系数乘积的一半。

a）乘积 b）平方和 c）平方差 d）和

4-9 作用在转动刚体上的常力矩所做的功，等于常力矩与__________的乘积。

a）位移 b）转角 c）力臂 d）重力

4-10 功率表征力做功的__________。

a）正负 b）过程 c）大小 d）快慢程度

4-11 作用于定轴转动刚体上的力矩的功率等于力矩与__________的乘积。

a）角速度 b）速度 c）转角 d）位移

二、判断题

4-12 点在某瞬时的速度为零，那么该瞬时点的加速度也为零。 （ ）

4-13 点作匀速圆周运动时，其加速度为零。 （ ）

4-14 刚体绕定轴转动的角速度等于转角对时间的一阶导数。 （ ）

4-15 任一瞬时，定轴转动刚体上各点的速度、切向加速度、法向加速度和全加速度分别与其半径成反比。 （ ）

4-16 动平衡的转动件一定静平衡，而静平衡的转动件则不一定动平衡。 （ ）

4-17 当 $\alpha<90°$时，$W>0$，力 $\boldsymbol{F}$ 对质点 m 做正功，使质点 m 的运动越来越强。 （ ）

4-18 重力的功等于质点的重量与起始位置和终了位置高度差的乘积，与质点运动的路径成正比。 （ ）

4-19 有用功率 P_1 与输入功率 P_0 的比值，称为机械效率。 （ ）

三、计算题

4-20 列车制动后的直线运动方程为 $x=16t-0.2t^2$（x 以 m 计，t 以 s 计）。试求开始制动时的速度和加速度，并求制动过程所需的时间及列车从制动到停止前所走过的路程。

4-21 飞轮作加速转动，轮缘上一点的运动规律为 $s=0.1t^3$（s 以 m 计，t 以 s 计）。飞轮半径 $R=0.5$m。当点的速度 $v=30$m/s 时，求其切向加速度与法向加速度。

4-22 如图 4-23 所示，曲柄连杆机构，已知 $OA=AB=60$cm，$MB=20$cm，$\varphi=4t$。求 M 点的运动方程、轨迹及 $t=0$ 时 M 点的速度和加速度。

4-23　如图 4-24 所示，半圆形凸轮以匀速 $v_0 = 1\text{cm/s}$ 沿水平方向向左运动，从而带动活塞杆 AB 沿铅直方向运动。开始时，活塞杆的下端 A 在凸轮的最高点，设凸轮半径 $R = 8\text{cm}$。求活塞 B 的运动方程和加速度。

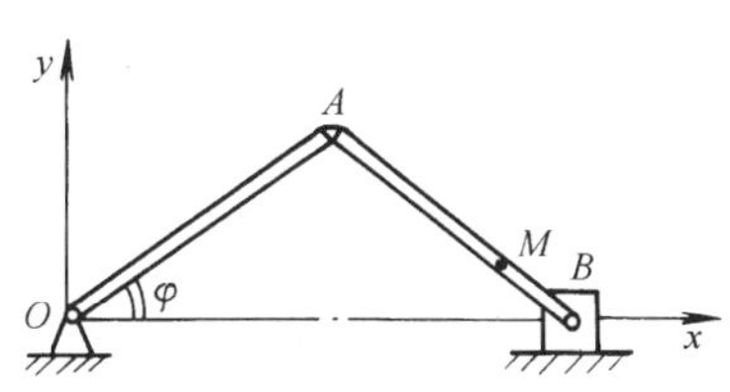

图 4-23　曲柄连杆机构

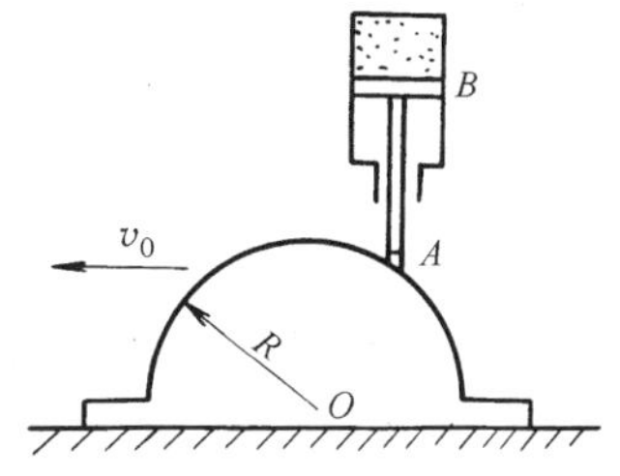

图 4-24　半圆形凸轮

4-24　点沿曲线 AOB 运动，曲线由 AO、OB 两圆弧相连而成，AO 段半径 $R_1 = 18\text{m}$，OB 段半径 $R_2 = 24\text{m}$，取圆弧交接处 O 为原点，正负方向如图 4-25 所示。已知点的运动方程为 $s = 3 + 4t - t^2$（s 以 m 计，t 以 s 计）。求（1）点由 $t = 0\text{s}$ 到 $t = 5\text{s}$ 所走过的路程；（2）$t = 5\text{s}$ 时的加速度。

4-25　设刚体的转动方程为 $\varphi = t^3 - 12t$，式中 φ 以 rad 计，t 以 s 计。求 $t = 3\text{s}$ 时的角速度及角加速度。

4-26　飞轮制动时按 $\varphi = 27\pi t - \pi t^3$ 转动，式中 φ 以 rad 计，t 以 s 计。求：（1）开始制动时的角速度；（2）制动所需的时间；（3）停止转动时的角加速度。

4-27　如图 4-26 所示，机构尺寸为 $O_1A = O_2B = AM = r = 0.2\text{m}$，$O_1O_2 = AB$。如轮 O_1 按 $\varphi = 15\pi t$ 的规律转动，式中 φ 以 rad 计，t 以 s 计。求当 $t = 0.5\text{s}$ 时，AB 杆上 M 点的速度和加速度。

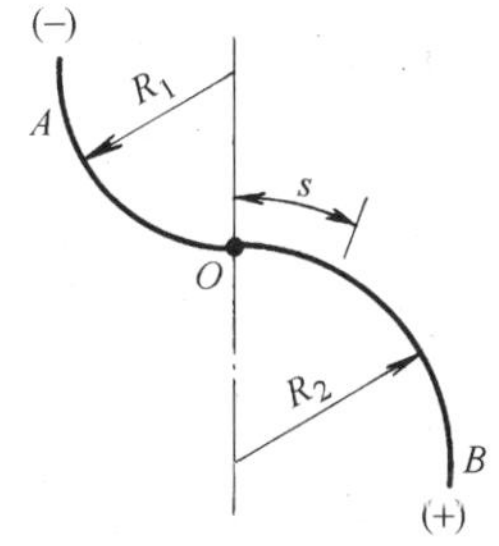

图 4-25　点沿曲线 AOB 运动

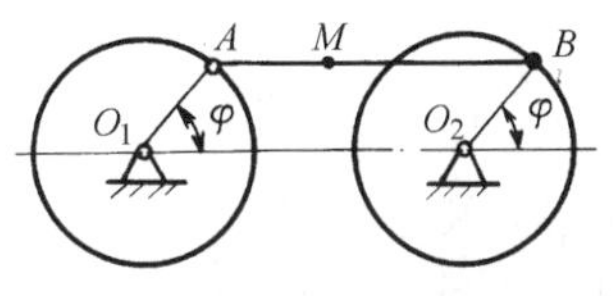

图 4-26　平行四边形机构

4-28　如图 4-27 所示，带轮轮缘上一点 A 的速度是 50cm/s，而与 A 点在同一直径上的 B 点的速度是 10cm/s，距离 $AB = 20\text{cm}$。求带轮的直径 d 及角速度 ω。

4-29　如图 4-28 所示，半径为 $R = 10\text{cm}$ 的轮子，由挂在其上的重物带动而绕 A 转动，重物的运动方程为 $x = 100t^2$（x 以 m 计，t 以 s 计）。求该轮的角速度 ω 和角加速度 ε，以及在任意瞬间 t，该轮边缘上一点的全加速度（以 x 的函数表示之）。

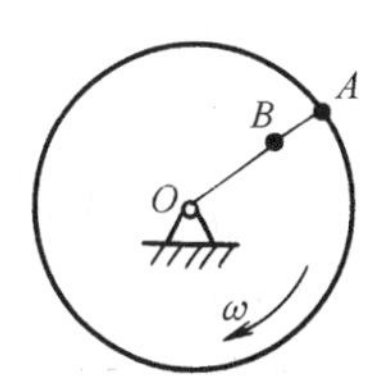

图 4-27　带轮上各点的速度

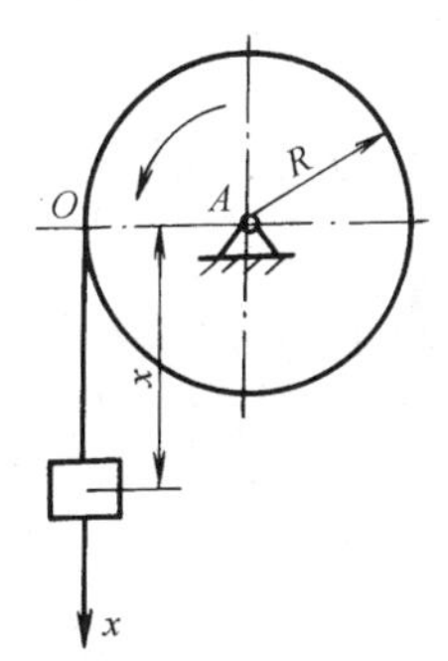

图 4-28　转轮吊起重物

第四章　平面机构的运动力学基础

4-30　如图4-29所示，发电机的带轮 B 由蒸汽机带轮 A 带动，两轮的半径分别为 $r_1=75\text{cm}$，$r_2=30\text{cm}$。当蒸汽机开动后 A 轮的角加速度 $\varepsilon_1=0.4\text{rad/s}^2$，问经过多少秒后发电机 B 轮的转速达到 $n_2=300\text{r/min}$?

4-31　如图4-30所示，鼓轮由两轮固连在一起构成，两轮半径分别为 $R=10\text{cm}$，$r=5\text{cm}$。鼓轮两侧通过细绳悬挂 A、B 两物体，已知 A 物体以运动方程 $x=5t^2$ 向下运动，式中 x 以 cm 计，t 以 s 计。试求：(1) 鼓轮的转动方程及 $t=2\text{s}$ 时大轮缘上一点的速度和切向加速度；(2) 物体 B 的运动方程。

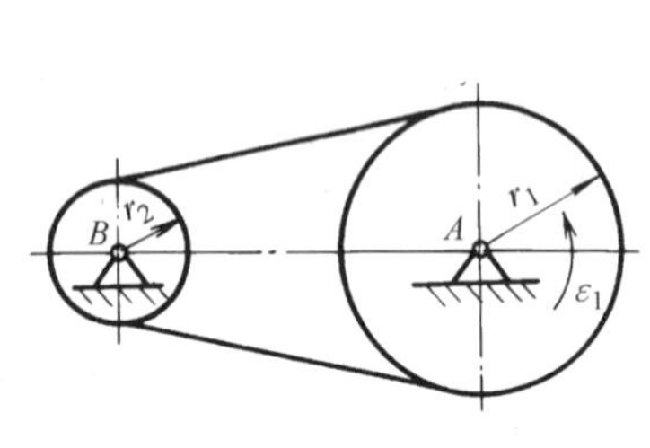

图4-29　带轮传动

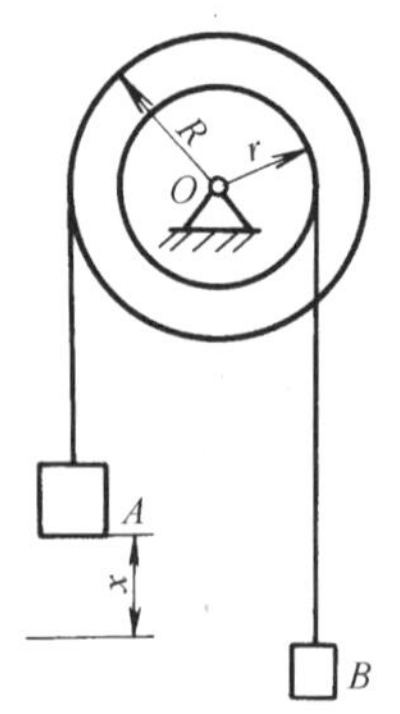

图4-30　两固连鼓轮的运动

4-32　如图4-31所示，飞轮对其质心轴的转动惯量 J 可用落体观察法测定，即在飞轮上缠上细绳，绳端系一质量为 m 的重锤，如图所示如重锤无初速的下落 h，所需的时间为 t，飞轮的半径为 R，试求飞轮的转动惯量。

4-33　图4-32所示为一偏心盘形凸轮，凸轮半径为 r，偏心距为 e，重为 G，试求凸轮对 z 轴的转动惯量。

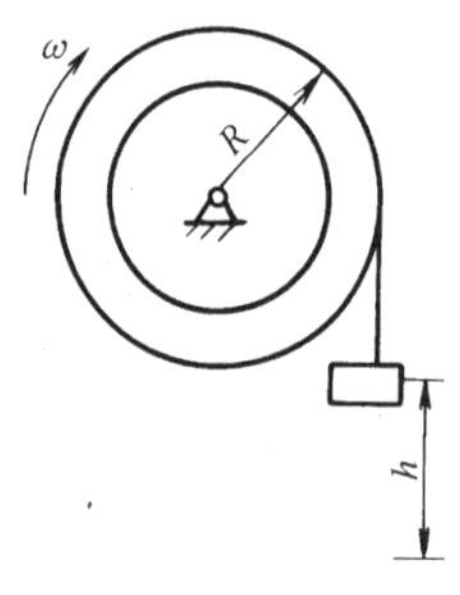

图4-31　飞轮

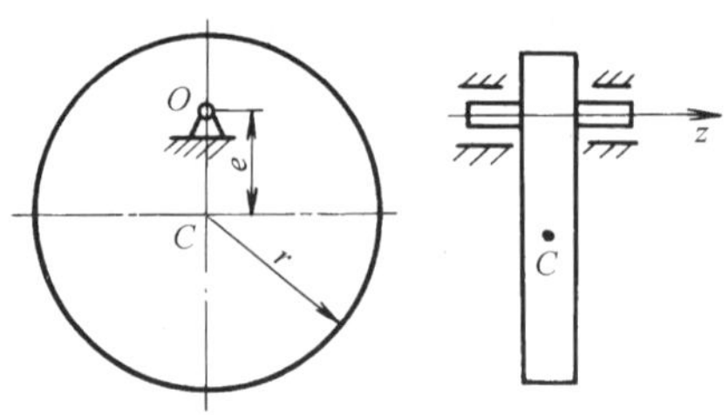

图4-32　偏心盘形凸轮

4-34　如图4-33所示，摆锤的质量为 m，$OA=r$，求摆锤由 A 至最低位置 B，以及由 A 经过 B 到 C 的过程中摆锤重力所做的功。图中 φ、θ 为已知。

4-35　如图4-34所示，弹簧原长为 l_0，刚度系数 $k=1960\text{N/m}$，一端固定，另一端与质点 M 相连。试分别计算下列各种情况时弹性力的功：(1) 质点由 M_1 至 M_2；(2) 质点由 M_2 至 M_3；(3) 质点由 M_3 至 M_1。

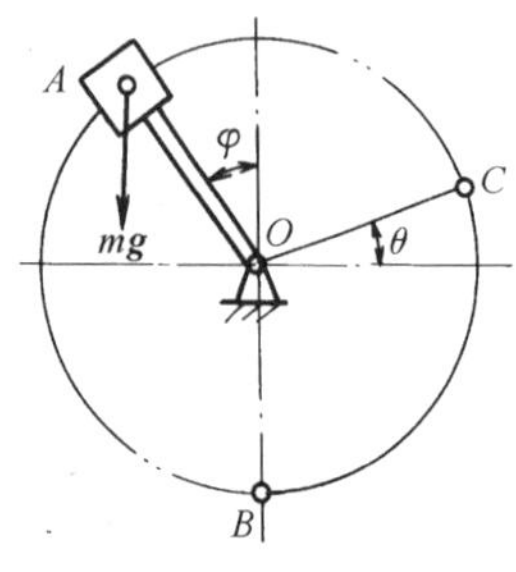

图4-33　摆锤

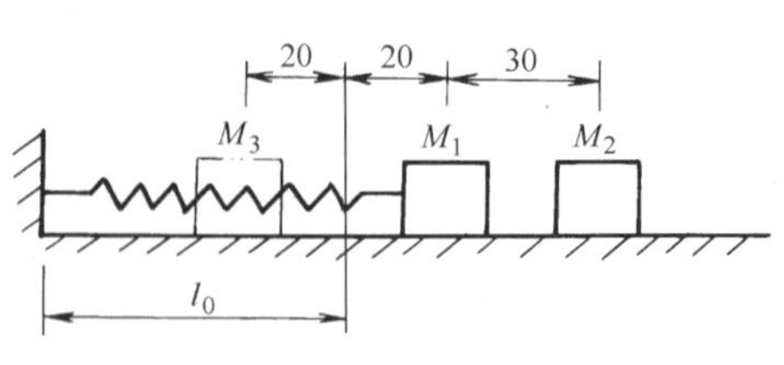

图4-34　弹簧

4-36 斜面倾角 $\alpha = 30°$，今将质量 $m = 2000\text{kg}$ 的重物沿斜面向上移动 10m，若动滑动摩擦因数 $f = 0.1$，试求所耗的功应为多少。

4-37 如图 4-35 所示，带轮半径 $R = 500\text{mm}$，传动带拉力分别为 $T_1 = 1800\text{N}$ 和 $T_2 = 600\text{N}$，若带轮转速 $n = 120\text{r/min}$，试求 1min 内传动带拉力所做的总功。

4-38 绞车鼓轮的直径 $D = 0.5\text{m}$，以转速 $n = 31.4\text{r/min}$ 提升。若提升物体重 $G = 5\text{kN}$，试求提升时的功率。

4-39 如图 4-36 所示，单级齿轮减速器电动机的功率 $P = 7.5\text{kW}$，转速 $n = 1450\text{r/min}$，已知齿轮的齿数 $z_1 = 20$，$z_2 = 50$，减速器的机械效率 $\eta = 0.9$，试求输出轴Ⅱ所传递的力矩和功率。

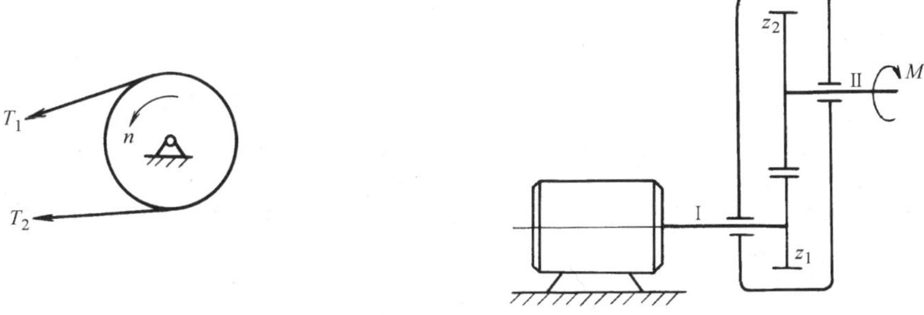

图 4-35 带轮受力图

图 4-36 单级齿轮减速器

4-40 如图 4-37 所示，夹板锤的质量 $m = 250\text{kg}$，由电动机通过提升装置带动，若在 10s 内锤被提高 $H = 2\text{m}$，提升过程可近似视为匀速，求锤头重力的功率。若传动效率 $\eta = 0.7$，求电动机的功率。

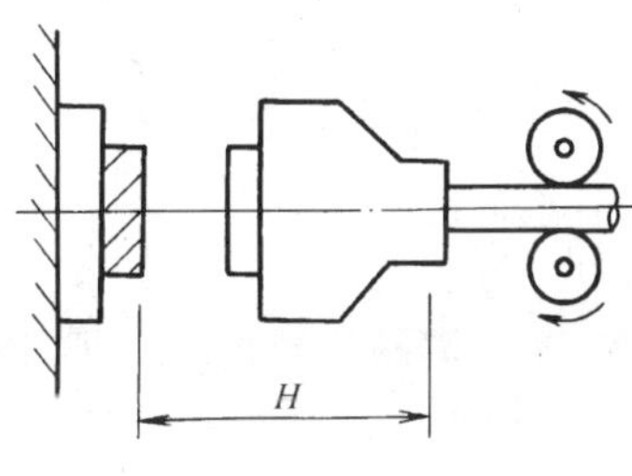

图 4-37 板锤

第五章　轴向拉伸及压缩

在静力学中研究物体的受力情况和平衡条件时，常把构件看成是不可变形的刚体，忽略了变形的存在，使所研究的问题大大简化。实际上构件均由可变形固体材料制成，在外力作用下，都要发生变形，若外力过大，还会发生破坏。为了保证构件正常工作，就必须考虑它的变形。工程构件中最常见的是杆件，即长度远大于其他两个方向的尺寸的构件。杆件受力后，其变形的基本形式有四种：拉伸和压缩、剪切、扭转、弯曲。

本章主要介绍杆件的轴向拉伸及压缩的受力和变形分析、材料的力学性能，以及受拉或受压杆件的强度和刚度问题。

第一节　杆件轴向拉伸及压缩时的内力分析

一、轴向拉伸及压缩的概念

工程实际中，发生轴向拉伸或压缩变形的杆件很多。图 5-1a、b 所示的联接钢板的螺栓，在钢板反作用力的作用下，沿其轴向发生伸长；图 5-2 a、b 所示的托架的撑杆 CD，受轴向压力作用，沿其轴向发生缩短。这些构件形状、加载方式和连接方式各不相同，为了便于研究，需加以简化：一方面不考虑杆端的连接部分，把杆件的形状简化为一等直杆；另一方面将作用于杆端的力系用其合力代替。这样，便得到了如图 5-1c 及图 5-2b 所示的计算简图。

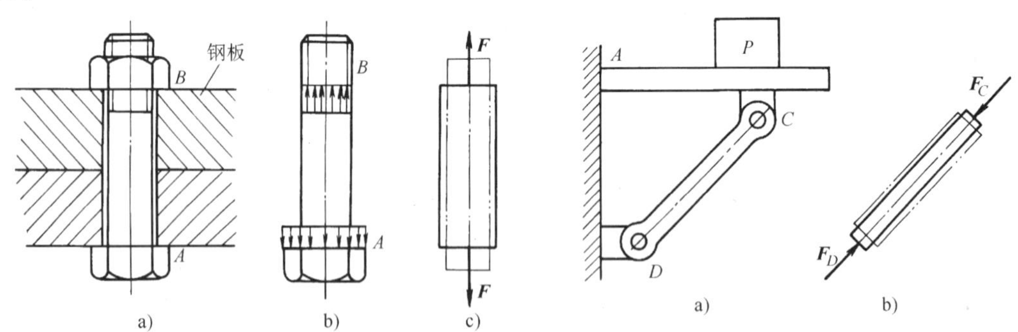

图 5-1　受拉螺栓

图 5-2　受压撑杆

由计算简图可知，杆件的受力与变形特点是：作用于杆件上的外力（或外力合力）的作用线与杆轴线重合，杆件只发生沿轴线方向的伸长或缩短。这种变形形式称为轴向拉伸或轴向压缩，发生轴向拉伸（压缩）的杆简称为拉（压）杆。

二、内力的概念

在本书第一章静力学基础中提到的“主动力”和“约束力”都是构件以外物体对构件的作用力，统称为外力。内力是指构件内部两相邻部分之间的相互作用力。构件在受外力之前，内部各相邻质点之间，已存在相互作用的内力，使各质点保持一定的相对位置，以保持构件固有的形状。构件受外力作用后产生变形，即构件内部各质点间的相对位置发生变化，因此质点间相互作用的内力也发生变化。也就是说，内力是指由外力作用所引起的，物体内相邻部分之间分布内力系的合力。

三、截面法

由于内力是构件内部的相互作用力，求内力时，须将构件截断才能使内力体现出来。现以两端受轴向拉力 $\boldsymbol{F}$ 作用的平衡拉杆（图 5-3a）为例说明求内力的方法。

欲求某 $m-m$ 截面（可以是任意方位截面，通常是横截面）上的内力，可假想把杆件沿截面 $m-m$ 分成左右两段。任取一段，如取左段为研究对象，而将右段对左段的作用以内力代替。内力是作用在 $m-m$ 截面上的连续分布力（图 5-3b）。设该连续分布内力的合力为 $\boldsymbol{F}_N$，由左段杆的平衡条件可知，合力 $\boldsymbol{F}_N$ 的作用线必沿杆的轴线，其数值等于 $\boldsymbol{F}$。若取右段杆为研究对象（图 5-3c），则有 $\boldsymbol{F}'_N$ 与外力 $\boldsymbol{F}$ 平衡。因 $\boldsymbol{F}_N$ 与 $\boldsymbol{F}'_N$ 是一对作用力与反作用力，必等值、共线，因此，无论以左段还是右段作为研究对象求出的内力都可以用来表示 $m-m$ 截面的内力。

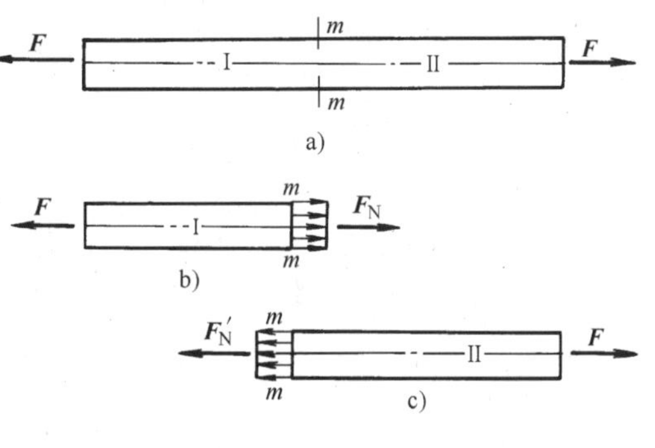

图 5-3　平衡拉杆

上述求截面内力的方法称为截面法。它是研究受力构件内力的基本方法。其求解步骤可归纳为：

1）截为二：假想沿欲求内力的截面将构件截开分成两部分。

2）弃一留一：取任一部分为研究对象，移去部分对保留部分的作用以内力来代替。

3）平衡求力：列研究对象的平衡方程，确定该截面内力的大小和方向。

四、轴力、轴力图

拉（压）杆的内力 $\boldsymbol{F}_N$（$\boldsymbol{F}'_N$）的作用线与杆件轴线重合（图 5-3b、c），故称 $\boldsymbol{F}_N$（$\boldsymbol{F}'_N$）为轴向内力，简称轴力。为了使无论取左段还是右段研究时，求得的内力具有相同正负号，通常根据杆件的变形规定轴力的正负号：拉伸［即 $\boldsymbol{F}_N$（$\boldsymbol{F}'_N$）的方向离开截面］时的轴力为正，称为拉力；压缩［即 $\boldsymbol{F}_N$（$\boldsymbol{F}'_N$）的方向指向截面］时的轴力为负，称为压力。在应用截面法求轴力时，通常先假设所求轴力为拉力，从而能使解平衡方程求得轴力的正负符号与人为规定的轴力的正负符号相一致。

当杆件受多个轴向外力作用时，杆件各部分横截面上的轴力不尽相同。为了表明轴力随横截面位置变化的情况，以轴线方向为横坐标（Ox），轴力 $\boldsymbol{F}_N$ 为纵坐标，绘出表示轴力大小与横截面位置关系的曲线，称为轴力图。

例5-1　图5-4a所示为等截面直杆，已知 $F_1=10\text{kN}$，$F_2=25\text{kN}$，$F_3=55\text{ kN}$，$F_4=20\text{ kN}$。试求指定截面轴力并画出杆的轴力图。

解　（1）用截面法确定各截面轴力　假想沿截面1－1把直杆分成两段，以左段作为研究对象，假设该截面的轴力 F_{N1} 为拉力（图5-4b），由平衡条件

$$\sum F_x=0 \quad F_{N1}-F_1=0$$

得
$$F_{N1}=F_1=10\text{kN}$$

F_{N1} 是正值，说明所设轴力为拉力是正确的。

同理，截面2－2上的轴力可由该截面左边一段（图5-4c）的平衡条件求得 $F_{N2}=35\text{ kN}$。

求截面3－3上的轴力 F_{N3} 时，可取截面右边一段作为研究对象（图5-4d）。由平衡条件

$$\sum F_x=0 \quad -F_{N3}-F_4=0$$

得
$$F_{N3}=-F_4=-20\text{ kN}$$

F_{N3} 是负值，说明其假设方向与实际方向相反，即 F_{N3} 实际为压力。

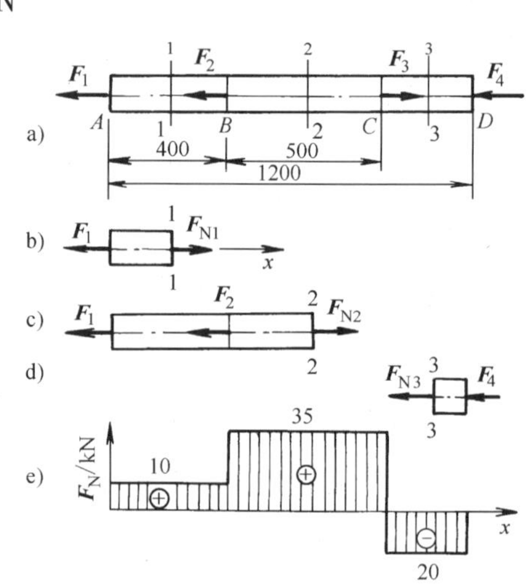

图5-4　轴力图

（2）作轴力图　该杆由所受外力的作用点分成 AB、BC、CD 三段。由截面法可知：杆中 AB 段内各横截面（除 A、B 两截面外）上的轴力皆为10kN，BC 段内各横截面（除 B、C 两截面外）上的轴力皆为35kN，CD 段内各横截面（除 C、D 两截面外）上的轴力皆为－20kN。以 x 轴表示横截面位置，以垂直于 x 轴的坐标轴 F_N 表示轴力的大小，按一定的比例尺分别标示各段轴力，作出的图线即为所求的轴力图（图5-4e）。

必须指出，在运用截面法求内力之前，是不允许使用力的可传性原理的。其中道理，请读者思考。

第二节　拉（压）杆的应力

一、应力的概念

求得拉（压）杆的轴力后，尚不足以说明杆件的受力程度。例如，用同种材料制成粗细不同的两根直杆，在相同的拉力作用下，虽然轴力相同，但随着拉力的增大，横截面小的杆将先被拉断。这表明杆件的破坏不仅与轴力的大小有关，还与横截面的面积大小有关，因此，必须引入应力的概念，即用应力来描述内力在截面上一点处分布的密集程度。

如图5-5a所示杆件，在截面上任一点 C 取一微面积 ΔA，设 ΔA 上作用的微内力为 ΔF，则微面积 ΔA 上的平均应力为

$$p_m=\frac{\Delta F}{\Delta A}$$

一般情况下，内力在截面上的分布并非均匀，为了更精确地描述内力的分布情况，令面

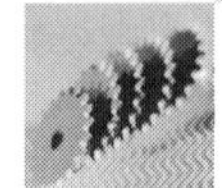

积 ΔA 趋近于零，由此所得平均应力的极限值，即为 C 点的应力，用 p 表示

$$p=\lim\frac{\Delta F}{\Delta A}=\frac{\mathrm{d}F}{\mathrm{d}A}$$

应力 p 是矢量，通常将其分解为与截面垂直的分量 σ 和与截面相切的分量 τ。σ 称为正应力，τ 称为切应力（见图 5-5b）。

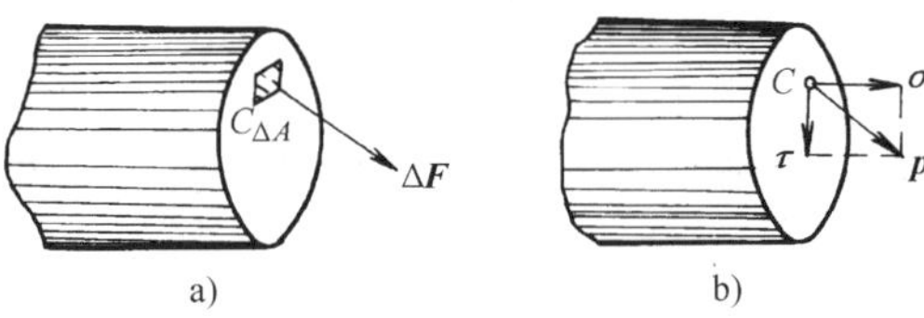

图 5-5　横截面的应力

在国际单位制中，应力的单位是牛顿/米^2（N/m^2），称为帕斯卡，简称帕（Pa），1Pa = 1 N/m^2。工程上常用兆帕（MPa）或吉帕（GPa）表示应力单位，1MPa = 1N/mm^2 = 10^6Pa，1GPa = 10^3 MPa = 10^9Pa。

二、拉（压）杆横截面上的应力

由理论推导及实验现象可知：拉压杆的内力在横截面上均匀分布，横截面上各点的应力大小相等，其方向与横截面上的轴力一致，故为正应力。横截面正应力计算公式为

$$\sigma=\frac{F_N}{A} \tag{5-1}$$

式中　σ——横截面上的正应力（MPa）；

F_N——横截面上的轴力（N）；

A——横截面的面积（mm^2）。

σ 的正负号与轴力正负号规定一致，即拉应力为正，压应力为负。

例 5-2　图 5-6a 所示为阶梯形钢杆，AC 段横截面面积 $A_1=500\text{mm}^2$，CD 段横截面面积 $A_2=300\text{mm}^2$，求各段杆内横截面上的应力。

解　（1）求 A 端约束反力　以 F_{xA} 代替固定端 A 对杆的约束（图 5-6b），由杆的平衡条件

$$\sum F_x=0\quad 30\text{kN}-10\text{kN}-F_{xA}=0$$

得

$$F_{xA}=20\text{kN}$$

（2）用截面法分段求轴力 F_{N1}、F_{N2}

AB 段：$F_{N1}-F_{xA}=0$

$F_{N1}=F_{xA}=20\text{kN}$（拉力）

BD 段：$-F_{N2}-10\text{kN}=0$

$F_{N2}=-10\text{kN}$（压力）

（3）作轴力图（图 5-6c）

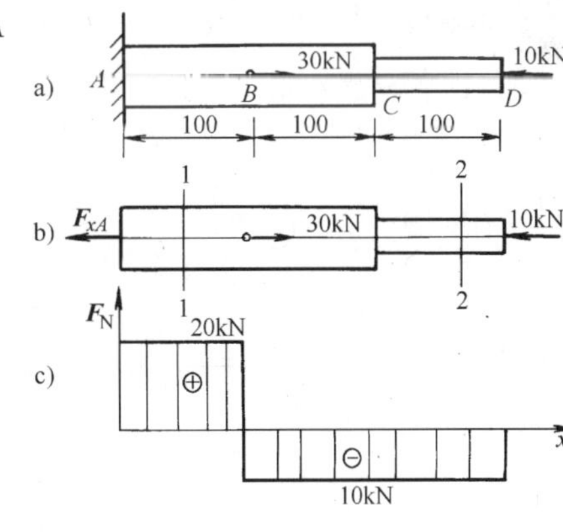

图 5-6　阶梯钢杆

（4）确定应力

$$AB\text{ 段：}\sigma_1=\frac{F_{N1}}{A_1}=\frac{20\times10^3}{500}\text{MPa}=40\text{MPa（拉应力）}$$

$$BC\text{ 段：}\sigma_2=\frac{F_{N2}}{A_1}=\frac{-10\times10^3}{500}\text{MPa}=-20\text{MPa（压应力）}$$

$$CD\text{ 段：}\sigma_3 = \frac{F_{N2}}{A_2} = \frac{-10\times10^3}{300}\text{MPa} = -33\text{MPa（压应力）}$$

计算结果表明，AB 段上各横截面的正应力的绝对值最大。对于拉压杆，正应力最大的截面称为危险截面。该阶梯杆的危险截面位于 AB 段。

三、拉（压）杆斜截面上的应力

轴向拉（压）杆的破坏有时不沿横截面，而沿斜截面。因此，为了全面分析拉（压）杆的强度，还需研究任意斜截面上的应力。

图 5-7a 所示为等截面拉杆，设 $m-m$ 斜截面外法线与 x 轴成 α 角，$m-m$ 斜截面将直杆截为两段，取左段为研究对象（图 5-7b），由截面法求得 $m-m$ 斜截面上的内力 $F_\alpha = F$，$m-m$ 斜截面上的应力 p_α 在该截面上均匀分布且方向与轴力 $\boldsymbol{F}_\alpha$ 相同，斜截面面积为 A_α，则有 $p_\alpha = F_\alpha / A_\alpha$，而斜截面面积 A_α 与横截面面积 A 之间有如下关系 $A_\alpha = A/\cos\alpha$，故 $p_\alpha = \sigma\cos\alpha$。将斜截面上任意一点的应力分解为正应力 σ_α 和切应力 τ_α（图 5-7c），则有

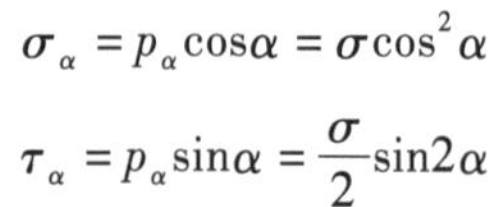

$$\sigma_\alpha = p_\alpha\cos\alpha = \sigma\cos^2\alpha$$

$$\tau_\alpha = p_\alpha\sin\alpha = \frac{\sigma}{2}\sin2\alpha$$

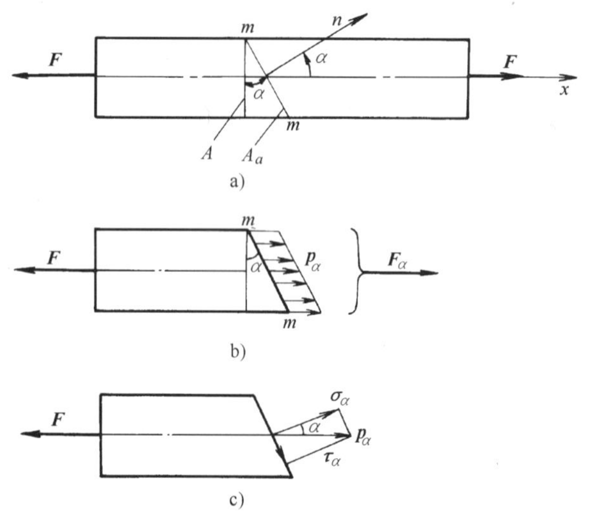

图 5-7　斜截面上的应力

特殊情况讨论如下：

1）$\alpha = 0°$ 时，$m-m$ 斜截面为横截面，$\sigma_{0°} = \sigma = \sigma_{max}$，$\tau_{0°} = 0$，说明拉（压）杆横截面上正应力达到最大值，而切应力为零。

2）$\alpha = 45°$ 时，有 $\sigma_{45°} = \sigma/2$，$\tau_{45°} = \sigma/2 = \tau_{max}$，说明拉（压）杆在 $\alpha = 45°$ 的斜截面上切应力达到最大值。

3）$\alpha = 90°$ 时，$\sigma_{90°} = 0$，$\tau_{90°} = 0$，说明拉（压）杆纵向截面上，既无正应力，也无切应力。

第三节　拉（压）杆的变形及胡克定律

一、变形和应变的概念

拉（压）杆承受载荷作用时，将产生一定的变形。如图 5-8a 所示的拉杆沿其轴向伸长而横向变细；图 5-8b 所示的压杆则沿其轴向缩短而横向变粗。

设 l、d 为直杆变形前的长度和横向尺寸（圆的直径或矩形的边长），l_1、d_1 为变形后的长度和横向尺寸，则纵向绝对变形 Δl 与横向绝对变形 Δd 分别为

$$\Delta l = l_1 - l$$

$$\Delta d = d_1 - d$$

Δl 和 Δd 的大小与杆件的长度有关，不能准确反映杆的变形程度，因此还需计算其单位长度内的变形量，即相对变形。对于轴力为常量的等截面直杆，其变形处处相同，可用 Δl 与 l 的比值或 Δd 与 d 的比值来表示单位长度的变形量，用 ε、ε'表示。

$$\varepsilon = \frac{\Delta l}{l}$$

$$\varepsilon' = \frac{\Delta d}{d}$$

其中，ε 称为纵向相对变形或纵向线应变，ε'称为横向线应变。由上式可以看出，应变是无量纲的量。

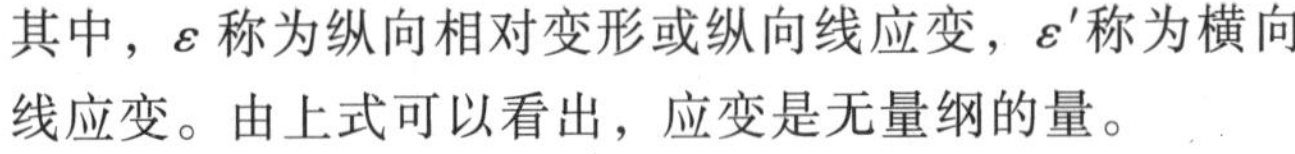

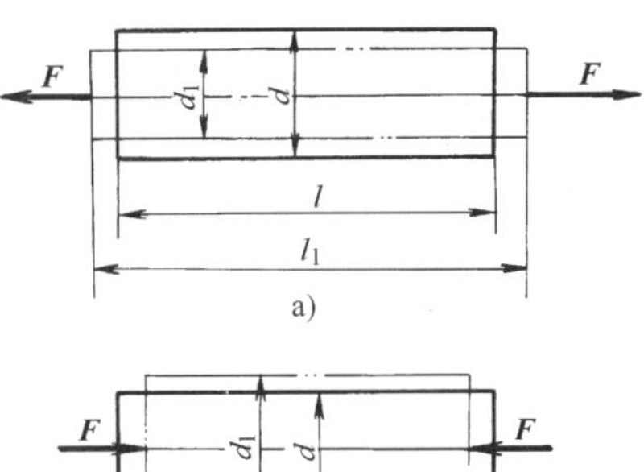

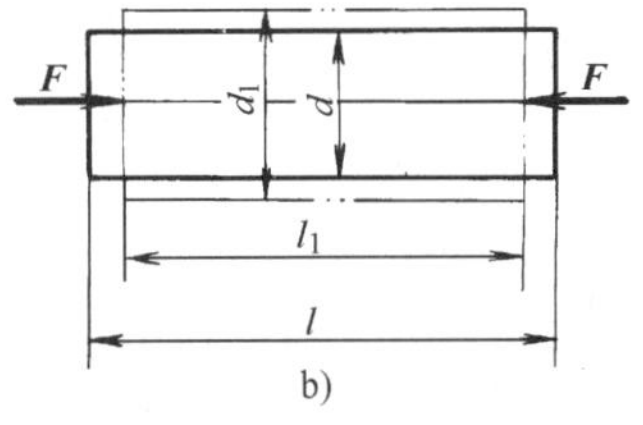

图 5-8 拉伸与压缩的变形

a) 拉伸 b) 压缩

实验表明，对于同一种材料，当应力不超过某一限度时，横向线应变 ε'与纵向线应变 ε 之比的绝对值为一常数，即

$$\varepsilon' = -\mu\varepsilon$$

式中，负号表示 ε'与 ε 的正负符号总是相反；μ 称为泊松比，其值随材料而异，由试验测定。几种常用材料的 μ 值见表 5-1。

表 5-1 几种常用金属材料的弹性模量 E 和泊松比 μ

材料名称	E/GPa	μ
碳钢	196 ~ 216	0.24 ~ 0.28
合金钢	186 ~ 216	0.25 ~ 0.30
灰铸铁	78.5 ~ 157	0.23 ~ 0.27
铜和铜合金	72.6 ~ 128	0.31 ~ 0.42
铝合金	70	0.33

二、胡克定律

试验表明，当杆内正应力不超过某一限度时，杆的变形 Δl 与轴力 F_N、杆长 l 成正比，与杆的横截面积 A 成反比，考虑材料性能不同，引进与材料有关的比例常数 E，则得胡克定律表达式

$$\Delta l = \frac{F_N l}{EA} \tag{5-2}$$

其中，常数 E 为材料的弹性模量，其数值随材料的不同而异。各种材料的弹性模量 E 可由试验测定，几种常见材料的 E 值见表 5-1。EA 称为杆的抗拉（压）刚度，对于长度相等且受力相同的拉杆，其抗拉刚度越大则拉杆变形越小。

将 $\sigma = \frac{F_N}{A}$和 $\varepsilon = \frac{\Delta l}{l}$代入式（5-2），则得到胡克定律的另一种表达式

$$\sigma = E\varepsilon \tag{5-3}$$

故胡克定律又可表述为：当应力不超过某一极限时，应力与应变成正比。式（5-3）中，

ε 是无量纲的量，故弹性模量 E 的单位与应力 σ 相同，其常用单位是 GPa（吉帕）。

例 5-3　图 5-9a 所示为阶梯杆，已知横截面面积 $A_{AB} = A_{BC} = 500\text{mm}^2$，$A_{CD} = 200\text{mm}^2$，弹性模量 $E = 200\text{GPa}$，试求杆的绝对变形 Δl。

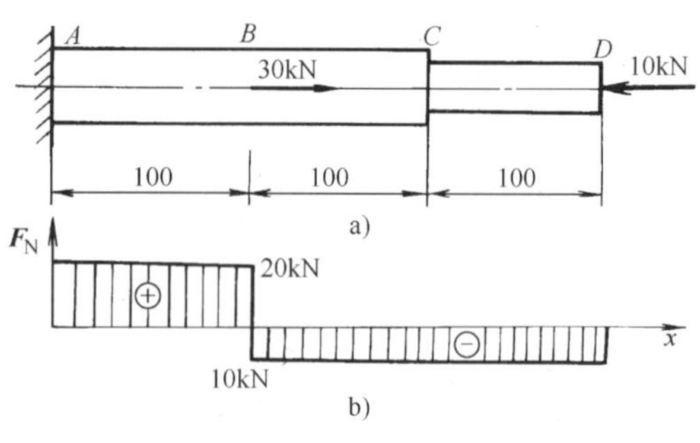

图 5-9　阶梯杆的变形

解　（1）作轴力图　由截面法可得：AB 段的轴力 $F_{N1} = 20\text{kN}$，BC 段及 CD 段的轴力 $F_{N2} = -10\text{kN}$。作出杆的轴力图如图 5-9b 所示。

（2）分段计算杆的变形　由胡克定律得

$$\Delta l_{AB} = \frac{F_{N1} l_{AB}}{EA_{AB}} = \frac{20 \times 10^3 \times 100}{200 \times 10^3 \times 500}\text{mm} = 0.02\text{mm}$$

$$\Delta l_{BC} = \frac{F_{N2} l_{BC}}{EA_{BC}} = \frac{-10 \times 10^3 \times 100}{200 \times 10^3 \times 500}\text{mm} = -0.01\text{mm}$$

$$\Delta l_{CD} = \frac{F_{N2} l_{CD}}{EA_{CD}} = \frac{-10 \times 10^3 \times 100}{200 \times 10^3 \times 200}\text{mm} = -0.025\text{mm}$$

杆的总变形量等于各段变形的代数和，即

$$\begin{aligned}\Delta l &= \Delta l_{AB} + \Delta l_{BC} + \Delta l_{CD} = (0.02 - 0.01 - 0.025)\ \text{mm} \\ &= -0.015\text{mm}\end{aligned}$$

计算结果为负，说明杆的总长度缩短了 0.015mm。

第四节　材料拉伸与压缩时的力学性能

受力构件横截面的应力随外力的增加而增大。当应力达到一定值时，构件是否破坏，取决于材料的力学性能。材料的力学性能是指在外力作用下，材料在强度和变形等方面所表现出的性质。它是解决构件强度、刚度和稳定性问题不可缺少的依据。材料的力学性能是通过试验测定的。同样的材料在不同的温度和加载方式下显示出不同的力学性能。本节仅讨论材料在常温（室温）、静载（加载速度很慢）条件下的力学性能。在测定材料力学性能的试验中，拉伸与压缩试验是最基本的试验。工程中，低碳钢和铸铁应用广泛，它们在拉伸或压缩时的力学性能也很典型，故本节重点讨论这两种材料在拉伸与压缩时的力学性能。

一、低碳钢拉伸时的力学性能

1. 低碳钢的拉伸试验

拉伸试验的试件要按规定的形状和尺寸，做成标准试件，以便比较不同材料的试验结果。我国国家标准 GB/T228—2002《金属材料　室温拉伸试验方法》[⊖] 中规定，试件截面形

⊖ 研究材料时，使用的符号同研究力学性能时略有差别，如国家标准中的应力符号为 R，而研究力学性能时常用 σ 表示应力，本节所用符号完全依照国家标准，请读者注意。

状可以采用圆形或矩形（图 5-10），试件中部直杆部分为试验段，其长度 L_0 称为标距。标距 L_0 可根据其横截面尺寸按规定的比例或不按比例适当选取。按比例选取的试件规定有长、短两种。圆形截面长试件 $L_0 = 10d_0$，短试件 $L_0 = 5d_0$；矩形截面长试件 $L_0 = 11.3\sqrt{S_0}$，短试件 $L_0 = 5.65\sqrt{S_0}$，S_0 为横截面面积。除此之外，对试验条件，测试内容及方法等，也都有具体规定。

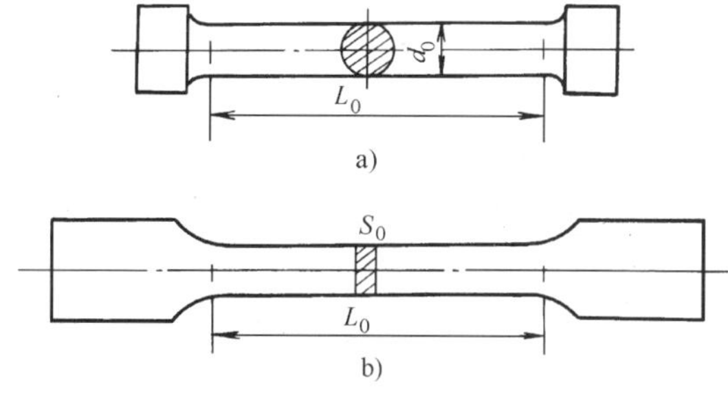

图 5-10　拉伸试件

a）圆试件　b）矩形截面试件

试验所用的主要设备有万能材料试验机和测量变形的仪器。试验前，测出试件的原始直径 d_0 及标距 l_0。试验时，将试件的两端装夹在试验机上，然后均匀缓慢加力，直到试件拉断为止。

2. 低碳钢拉伸时的力学性能

在拉伸的过程中，自动绘图仪能自动绘出载荷 F 与相应的伸长变形 ΔL 之间的关系曲线，称为力-伸长曲线（F-ΔL 曲线），如图 5-11a 所示。该曲线与试件的几何尺寸有关。为了消除试件几何尺寸的影响，反映材料本身的性质，将力-伸长曲线的纵坐标除以试件的原始横截面面积 S_0，横坐标除以标距 L_0，得应力 σ 与应变 ε 的关系曲线，称作应力-应变曲线（σ-ε 曲线），如图 5-11b 所示。

从低碳钢的应力-应变曲线和试验中观察到的现象可以知道，低碳钢拉伸试验分为四个阶段。

（1）弹性阶段（第Ⅰ阶段——Oa 直线段与 ab 微弯曲线段）　在此阶段中，试件的变形随外力的增加而增大，但若将外力卸去，试件工作段的变形将完全消失而恢复原状。这种随外力消失而变形亦消失的变形称为弹性变形。

从应力-应变曲线中可以看出，Oa 是直线，说明在此范围内应力与应变成正比，即符合胡克定律 $\sigma = E\varepsilon$。Oa 直线的斜率数值上等于材料的弹性模量 E。

（2）屈服阶段（第Ⅱ阶段——bc 锯齿形线段）　弹性变形阶段以后，试件的伸长显著增加，但外力却几乎不变，这种现象称为屈服或流动。

从应力-应变曲线上可以看出应力呈接近水平的小锯齿形波动（bc），说明此时应力基本保持不变，但应变却迅速增加，屈服阶段中，应力首次下降前的最高应力称为上屈服强度，用 R_{eH} 表示；不计初始瞬时效应时的最低应力称为下屈服强度，用 R_{eL} 表示。在这一阶段，如果卸载，将出现不能消失的塑性变形。

（3）强化阶段（第Ⅲ阶段——ce 上翘曲线段）过了屈服阶段以后，材料又恢复了抵抗变形的能力。即变形随外力加大而增加。在强化阶段中，曲线最高点 e 所对应的拉力 F_b 为试件拉断前所能承受的最大载荷。该点所对应的应力称为抗拉强度，以 R_m 表示。低碳钢的抗拉强度约为 400MPa。

（4）缩颈断裂阶段（第Ⅳ阶段——ed 下降曲线段）当拉力增大到 F_b 后，从应力-应变曲线上可以看出，从 e 点开始曲线逐渐下降，试件某处突然开始逐渐局部变细，形同细颈，称缩颈现象。缩颈出现以后，变形主要集中在细颈附近的局部。局部变形阶段后期，缩颈的横截面面积急剧减小，试件所能承受的拉力迅速降低，最后在缩颈处被拉断。当横截面上的应力达到抗拉强度 R_m 时，受拉杆件上将开始出现缩颈并随即发生断裂。因此，R_m 是衡量材料强度的另一个重要指标。

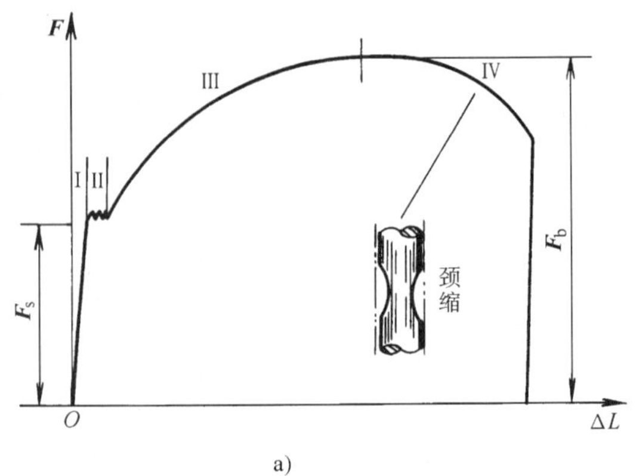

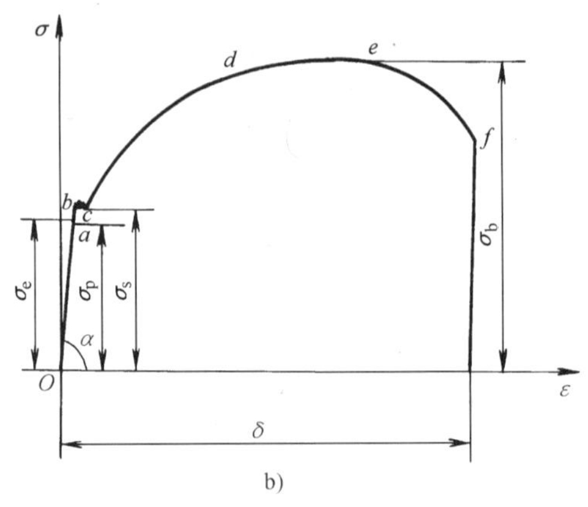

图 5-11 低碳钢拉伸试验时的曲线

a) F-ΔL 曲线 b) σ-ε 曲线

试件拉断后，弹性变形消失了，残留下的是塑性变形。工程中常用断后伸长率 A 和断面收缩率 Z 表示材料的塑性，它们的计算式分别为

$$A = \frac{L_1 - L_0}{L_0} \times 100\%$$

$$Z = \frac{S_0 - S_1}{S_0} \times 100\%$$

式中 L_1——试件拉断后的标距；

L_0——原标距；

S_1——试件断口处的最小横截面面积；

S_0——试件的原始横截面面积。

A、Z 越大，说明材料断裂时产生的塑性变形越大，塑性越好。因此，断后伸长率和截面收缩率是衡量材料塑性性质的两个重要指标。工程中，通常将常温、静载、简单拉伸下，断后伸长率 $A \geqslant 5\%$ 的材料称为塑性材料，如碳钢、黄铜等；断后伸长率 $A < 5\%$ 的材料称为脆性材料，如铸铁、陶瓷等。必须指出，温度、变形速度、受力状态和热处理等都会影响材料的力学性能，也就是说材料的塑性和脆性在一定的条件下是可以相互转化的。

综上所述，通过低碳钢的拉伸试验，可以测得其弹性模量 E、两个塑性特征值 A、Z 以及强度特征值 R_{eH}、R_{eL}、R_m。

二、其他塑性材料拉伸时的力学性能

工程上常用塑性材料的拉伸试验和低碳钢拉伸试验的方法相同，图 5-12 给出了几种材料拉伸时的应力-应变曲线。

由图 5-12 可见，有些材料（如合金钢 Q345）和低碳钢（Q235）一样，有明显的四个阶段；而有些材料（如锰钒钢）没有屈服阶段。对于没有明显屈服阶段的塑性材料，工程上将非比例延伸率等于规定引伸计标距百分率时的应力称为规定非比例延伸强度，并标识所规定的百分率，如 $R_{p0.2}$ 表示规定非比例延伸率为 0.2% 时的应力，如图 5-13 所示。

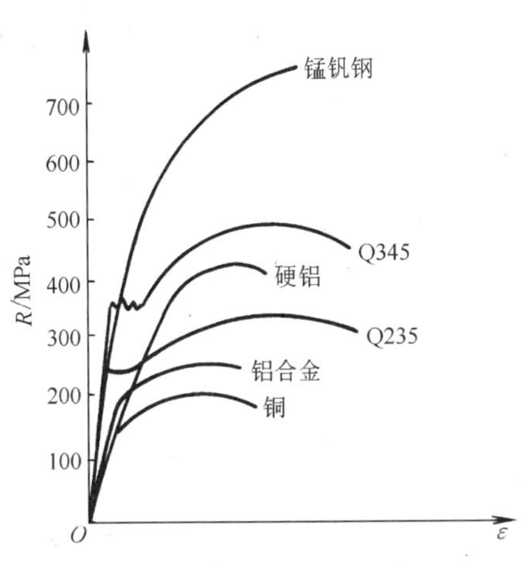

图 5-12　常用塑性材料拉伸时的 σ-ε 曲线

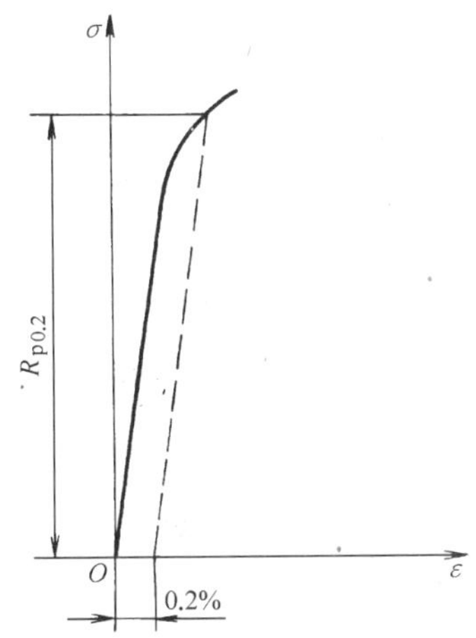

图 5-13　屈服强度 $R_{p0.2}$

三、铸铁拉伸时的力学性能

作为典型脆性材料，铸铁拉伸时的应力-应变曲线如图 5-14 所示。

从图 5-14 可以看出，铸铁拉伸曲线没有明显的直线阶段，也没有屈服阶段。断裂是突然发生的，断口与轴线垂直，塑性变形很小。衡量铸铁强度的唯一指标是抗拉强度 R_m。因铸铁的应力-应变曲线中没有明显的直线部分，故它不符合胡克定律，但由于铸铁构件总是在较小的应力范围内工作，故可近似地以割线（图 5-14 中的虚线）代替曲线，认为胡克定律在较小应力的范围内可以近似地使用，并规定有不变的 E 值。

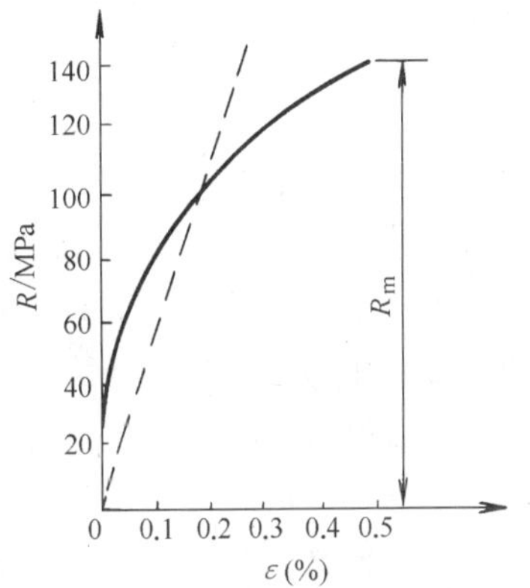

图 5-14　铸铁拉伸时的 R-ε 曲线

四、材料压缩时的力学性能

1. 低碳钢压缩时的力学性能

图 5-15 中画出了低碳钢压缩时的应力-应变曲线，图中虚线为低碳钢拉伸时的应力-应变曲线。

可以看出，在弹性阶段和屈服阶段中二曲线重合，表明低碳钢材料压缩时的性能和拉伸时基本相同，只是超过屈服点后，试件被越压越扁，横截面面积随压力升高而增大，不可能压断，无法测得到在压缩时的强度极限。一般塑性材料都具有上述特点，故可以认为它们在拉伸、压缩时的力学性能基本相同，一般也不必再作压缩试验。

2. 铸铁压缩时的力学性能

图 5-16 中实线是铸铁压缩时的应力-应变曲线，虚线是拉伸时的应力-应变曲线。可以看出，铸铁压缩时，曲线没有明显的直线部分，在应力较小时可以近似地认为符合胡克定律。此外，曲线没有屈服阶段，变形不大时就沿与轴线大致成 45°角的斜截面发生断裂破坏。为了区分铸铁的抗拉强度和抗压强度，用 R_m^+ 表示抗拉强度，用 R_m^- 表示抗压强度。很明显，

铸铁的抗压强度 R_m^- 大于抗拉强度，一般 R_m^- 约为 R_m^+ 的 4~5 倍，其抗压性能远大于抗拉性能。

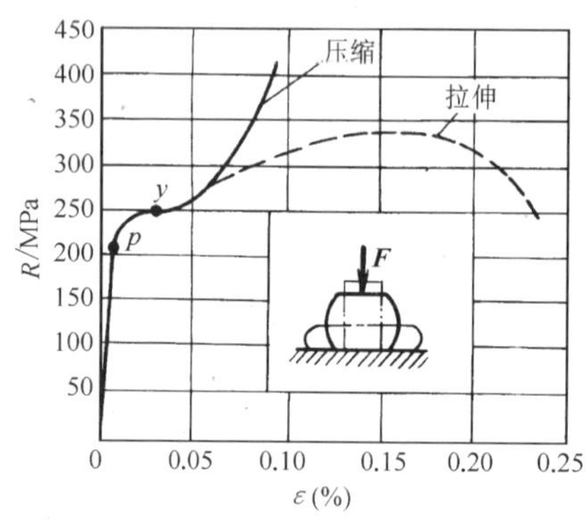

图 5-15　低碳钢压缩时的 R-ε 曲线

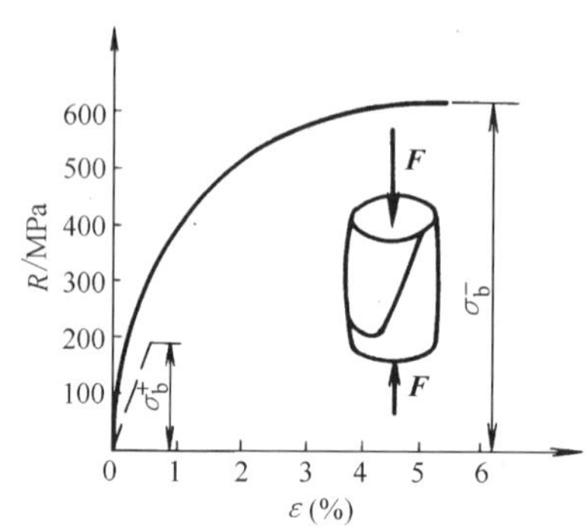

图 5-16　铸铁压缩时的 R-ε 曲线

第五节　拉（压）杆的强度计算

一、极限应力、许用应力和安全系数

任何工程材料能承受的应力都是有限度的。由材料的力学性能和工程实践可知，对于塑性材料的构件，当工作应力达到屈服点时，会因产生较大的塑性变形而失效；对于脆性材料的构件，当工作应力达到强度极限时，会发生断裂破坏而失效。材料因过大的塑性变形或断裂而丧失工作能力时的应力，称为极限应力，用 σ^0 表示。因此，塑性材料的极限应力为其上屈服强度或下屈服强度；脆性材料的极限应力为其抗拉强度或抗压强度。

设计构件时，为了保证构件安全可靠地工作，并有适当的强度储备，必须使其工作应力小于材料的极限应力。为此，将材料的极限应力除以一个大于 1 的系数 n，作为构件允许承受的最大应力值，称为许用应力，用 $[\sigma]$ 表示。系数 n 称为安全系数。对于塑性材料，许用应力为

$$[\sigma]=\frac{R_{eH}}{n_s}\text{或}[\sigma]=\frac{R_{eL}}{n_s} \tag{5-4}$$

对于脆性材料，其许用应力为

$$[\sigma]=\frac{R_m}{n_b} \tag{5-5}$$

式中　n_s——屈服安全系数；

n_b——断裂安全系数。

由于塑性材料拉、压时的力学性能基本相同，故其许用拉应力 $[\sigma]^+$ 和许用压应力 $[\sigma]^-$ 也基本相同，即 $[\sigma]^+=[\sigma]^-=[\sigma]$；而脆性材料拉、压极限应力 σ_b 不同，故其许用拉应力 $[\sigma]^+$、许用压应力 $[\sigma]^-$ 也不相同，一般 $[\sigma]^+<[\sigma]^-$。

安全系数的选取是一个比较复杂的问题，关系到构件的安全性与经济性，各种不同工作

条件下构件安全系数的选取，可参照有关工程手册确定。

二、拉（压）杆的强度计算

为了保证拉（压）杆在外力作用下能安全可靠地工作，必须使杆件横截面上的最大工作应力不超过其材料的许用应力，即拉（压）杆的强度条件为

$$\sigma_{max} = \frac{F_N}{A} \leqslant [\sigma] \tag{5-6}$$

式中 σ_{max}——危险截面的正应力（MPa）；

F_N——危险截面的轴力（N）；

A——危险截面的横截面积（mm^2）。

在进行强度计算设计时，要准确找出危险截面，若危险截面满足了强度条件，则整个杆件就具备了足够的强度。

根据强度条件可解决以下三类问题：

（1）校核强度　已知杆件承受的载荷、截面尺寸以及的材料许用应力，由式（5-6）可校核此杆的强度是否满足强度条件，从而判断杆件能否安全地工作。

（2）设计截面尺寸　已知杆件所承受的载荷及材料的许用应力，确定杆件的横截面面积，再根据工程上的其他要求确定横截面的几何尺寸。

（3）确定许可载荷　已知杆件的横截面面积和材料的许用应力，可确定杆件允许的最大轴力，再由轴力与外力的关系确定杆件能承受的许可载荷。

在强度计算中，可能出现最大应力 σ_{max} 稍大于许用应力 $[\sigma]$ 的情况，只要超过值在许用应力的5%以内，是允许的。另外，对压杆或杆件的轴向压缩段进行强度计算时，公式（5-6）中可以不用绝对值符号，而直接将轴向压缩内力以绝对值代入公式进行计算。

例5-4　阶梯形铸铁杆 AD（见图5-17a），轴向载荷 $F_1=30\text{kN}$，$F_2=10\text{kN}$，各段横截面面积 $A_1=500\text{mm}^2$，$A_2=200\text{mm}^2$。材料的许用拉应力 $[\sigma]^+=40\text{MPa}$，许用压应力 $[\sigma]^-=100\text{ MPa}$，试校核其强度。

解　对由抗拉、抗压性能不同的材料制成的杆件或工程结构进行强度计算时，应使其拉伸、压缩强度均满足强度条件，杆件或结构才能安全正常地工作。

（1）求约束反力 R_A（若以截面右侧外力计算轴力，则可省去此步）　如图5-17b所示，由杆的平衡条件

$$\sum F_x=0 \quad F_1-F_2-R_A=0$$

得

$$R_A=F_1-F_2=(30-10)\text{ kN}=20\text{kN}$$

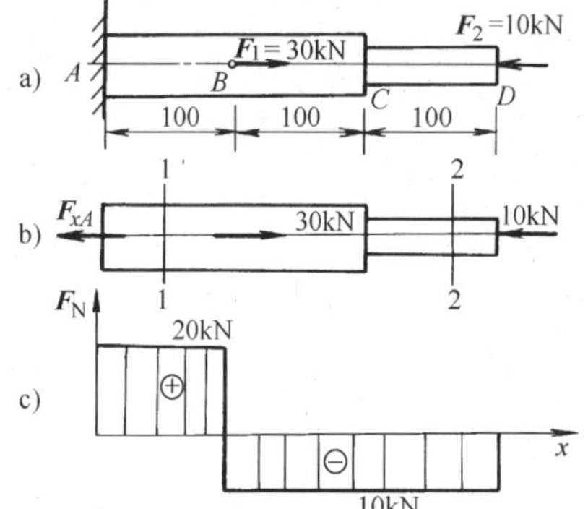

图5-17　拉（压）杆强度校核

（2）分段计算轴力并画轴力图，如图5-17c所示。

（3）确定危险截面　由轴力图及杆的截面尺寸知：AB 段各截面的应力为最大拉应力 σ^+_{max}，CD 段各截面的应力为最大压应力 σ^-_{max}，故 AB 段及 CD 段各截面均为危险截面。

（4）强度校核　分别计算 AB 与 CD 段的最大正应力，并与 $[\sigma]$ 比较。

AB 段各截面 $$\sigma_{max}^{+}=\frac{F_{N1}}{A_1}=\frac{20\times10^3}{500}\text{MPa}=40\text{MPa}=[\sigma]^{+}$$

CD 段各截面 $$\sigma_{max}^{-}=\frac{F_{N2}}{A_2}=\frac{10\times10^3}{200}\text{MPa}=50\text{MPa}<[\sigma]^{-}$$

故杆 AD 满足强度要求。

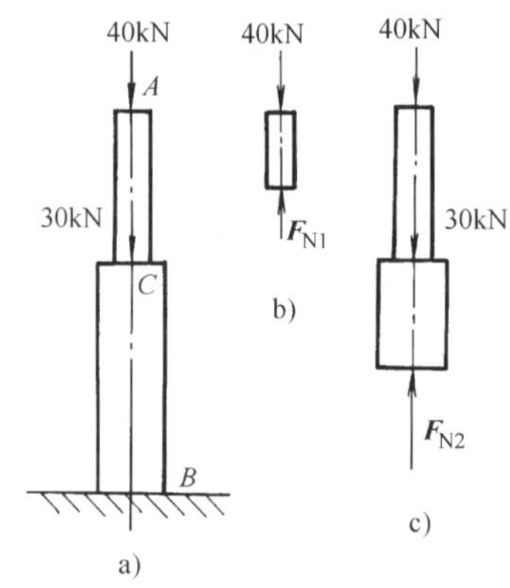

图 5-18　压杆截面设计

例 5-5　一变截面柱在 A 及 C 处承受外力作用（见图 5-18a），若柱子材料的许用压应力 $[\sigma]^{-}=40\text{MPa}$，试设计此柱子各段正方形截面所需的边长。

解　（1）确定各段横截面的内力　由截面法可知，AC 段横截面的轴力 $F_{N1}=-40\text{kN}$（见图 5-18b），BC 段横截面的轴力 $F_{N2}=-70\text{kN}$（见图 5-18c）。

（2）设计截面尺寸　由强度条件可知，AC 段所需的截面面积为

$$A_{AC}\geqslant\frac{F_{N1}}{[\sigma]^{-}}=\frac{40\times10^3}{40}\text{mm}^2=1000\text{mm}^2$$

故正方形截面的边长

$$b_{AC}=\sqrt{A_{AC}}=\sqrt{1000}\text{mm}=31.6\text{mm}$$

取 $$b_{AC}=32\text{mm}$$

$$A_{BC}\geqslant\frac{F_{N2}}{[\sigma]^{-}}=\frac{70\times10^3}{40}\text{mm}^2=1750\text{mm}^2$$

同理

$$b_{BC}=\sqrt{A_{BC}}=\sqrt{1750}\text{mm}=41.8\text{mm}$$

取 $$b_{BC}=42\text{mm}$$

例 5-6　图 5-19a 所示桁架，已知截面积 $A_{AB}=100\text{mm}^2$，$A_{BC}=300\text{mm}^2$，材料的许用拉应力 $[\sigma]^{+}=100\text{MPa}$，许用压应力 $[\sigma]^{-}=200\text{MPa}$，若不计两杆的自重，试确定许可载荷 $[F]$。

解　（1）受力分析　在不计杆的自重及连接处的摩擦时，两杆均为二力杆。假设杆 AB 受压力，杆 BC 受拉力，取节点 B 点作为研究对象，B 点受力如图 5-19b 所示。根据平衡方程

$$\sum F_x=0\quad F'_{N1}-F'_{N2}\cos30^\circ=0$$
$$\sum F_y=0\quad F'_{N2}\sin30^\circ-F=0$$

得 $$F'_{N2}=\frac{F}{\sin30^\circ}=\frac{F}{0.5}=2F$$

$$F'_{N1}=F'_{N2}\cos30^\circ=2F\cos30^\circ=1.73F$$

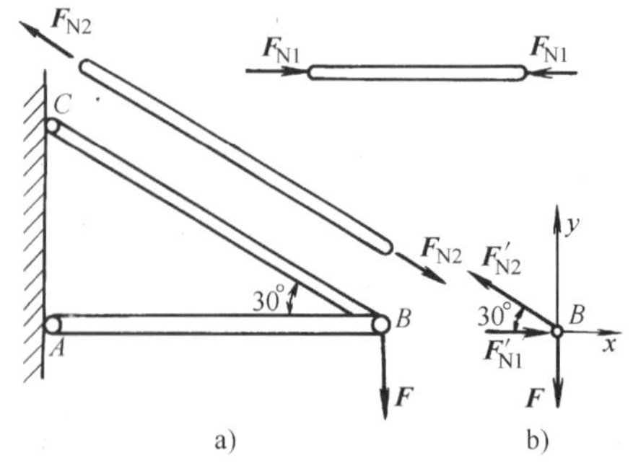

图 5-19　确定许可载荷

所求两力结果为正值，说明假设成立，即杆 AB 为压杆，杆 BC 为拉杆。

（2）确定许可载荷 $[F]$　由强度条件可知

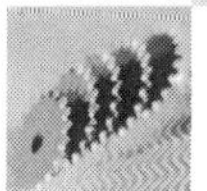

$$\sigma_{max}^{+}=\frac{F_{N2}}{A_{BC}}=\frac{2F}{A_{BC}}\leqslant[\sigma]^{+}$$

对于杆 BC
$$F\leqslant\frac{A_{BC}[\sigma]^{+}}{2}=\frac{300\times100}{2}\text{N}=15\text{kN}$$

对于杆 AB
$$\sigma_{max}^{-}=\frac{F_{N1}}{A_{AB}}=\frac{1.73F}{A_{AB}}\leqslant[\sigma]^{-}$$

得
$$F\leqslant\frac{A_{AB}[\sigma]^{-}}{1.73}=\frac{100\times200}{1.73}\text{N}=11.56\text{kN}$$

为了保证整个结构安全，许可载荷［F］取较小值11.56kN。

思考题与习题

一、选择填空题：请将最恰当的一个答案号填到空格里。

5-1 在下列关于轴向拉压杆轴力的说法中，________是错误的。

a）拉压杆的内力只有轴力　　b）轴力的作用线与杆轴线重合

c）轴力是沿杆轴作用的外力　　d）轴力与杆的截面积和材料有关

5-2 在图5-20所示阶梯杆，AB 段为钢，BD 段为木材，在力 F 作用下________。

a）AB 段轴力最大　　b）BC 段轴力最大

c）CD 段轴力最大

d）AB，BC，CD 三段轴力一样大

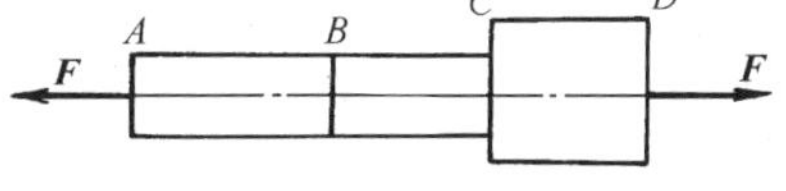

图5-20　题5-2图

5-3 材料相同、横截面面积相等的两拉杆，一为圆形截面，另一为方形截面，在相同拉力作用下，两拉杆横截面上的应力________。

a）相等　b）圆杆大于方杆　c）方杆大于圆杆

5-4 有两杆，一为圆截面，一为正方形截面，若两杆材料，横截面积及所受载荷相同，长度不同，则两杆的________不同。

a）轴向正应力 σ　　b）轴向线应变 ε

c）轴向伸长 Δl　　d）横向线应变

5-5 在 σ-ε 曲线和 F-Δl 曲线中，能反映材料本身性能的曲线是________。

a）σ-ε 曲线　　b）F-Δl 曲线

c）两种曲线都是　　d）两种曲线都不是

5-6 三种材料拉伸时的 σ-ε 曲线如图5-21所示。其中顺序表示强度最高、刚度最大和塑性最好材料的特性曲线是________。

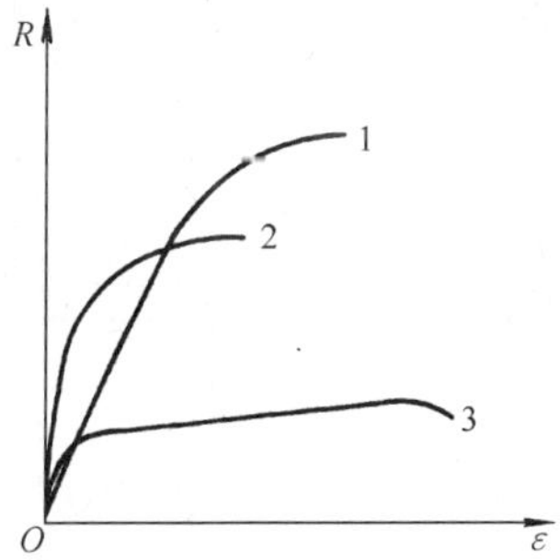

图5-21　题5-6图

a）1、2和3　b）1、3和2　c）2、3和1　d）2、1和3

二、判断题

5-7 作用于一个杆件上的两个外力等值、反向、共线，则杆件受轴向拉伸或压缩。（　）

5-8 杆件受到轴力 F_N 越大，横截面上的正应力 σ 越大。（　）

5-9 断后伸长率 A 值越大，表示材料的塑性越好。（　）

5-10 $R_{p0.2}$ 是试件的应变等于0.2%时所对应的应力值。（　）

5-11 对于脆性材料，抗压强度极限比抗拉强度极限高出许多。（　）

5-12 铸铁拉伸时，没有屈服现象，只能测出抗拉强度。（　）

三、计算题

5-13　求图 5-22 所示各杆上指定截面的轴力，并画出轴力图。

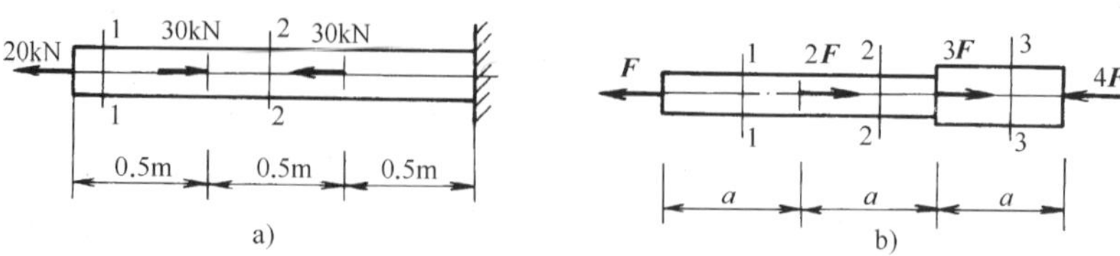

图 5-22　题 5-13 图

5-14　如图 5-23 所示，在圆钢杆上铣去一穿通直径的槽，已知钢杆直径 $d=20\text{mm}$，拉力 $F=20\text{kN}$，试求 1-1 和 2-2 截面上的应力（铣去槽的面积近似看成矩形，且暂不考虑应力集中）。

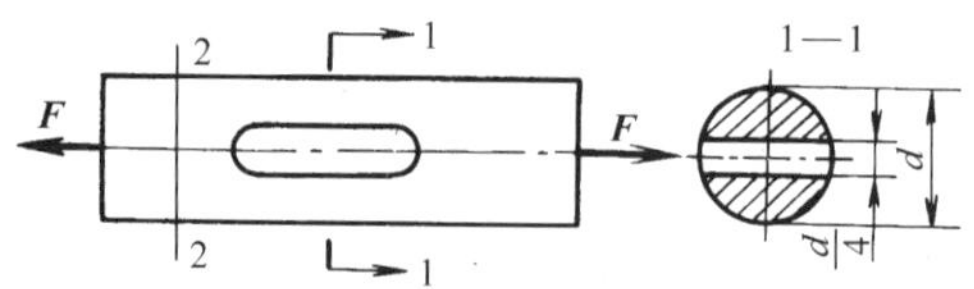

图 5-23　题 5-14 图

5-15　如图 5-24 所示的厂房柱子，受到屋顶作用的载荷 $F_1=120\text{kN}$，起重机作用的载荷 $F_2=100\text{kN}$，柱子的弹性模量 $E=18\text{GPa}$，$l_1=3\text{m}$，$l_2=7\text{m}$，横截面面积 $A_1=4\times10^4\text{mm}^2$，$A_2=6\times10^4\text{mm}^2$。试绘制其轴力图，并求：1）各段横截面上的应力；2）最大切应力；3）柱子的总变形 Δl。

5-16　图 5-25 所示起重机吊钩的上端用螺母固定，吊钩螺栓部分的小径 $d_1=55\text{mm}$，材料的许用应力 $[\sigma]=80\text{MPa}$，载荷 $F=160\text{kN}$。试校核螺栓部分的强度。

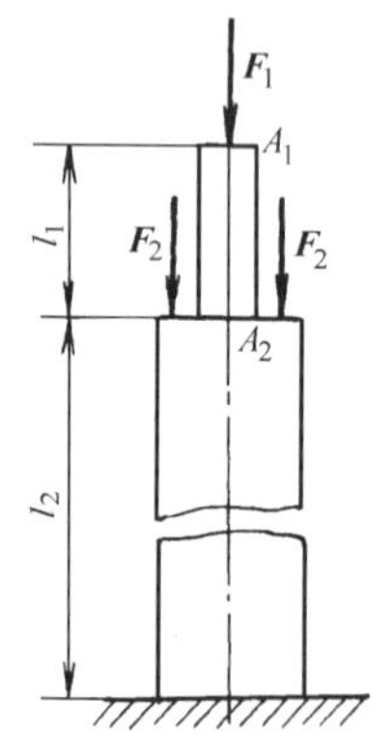

图 5-24　题 5-15 图

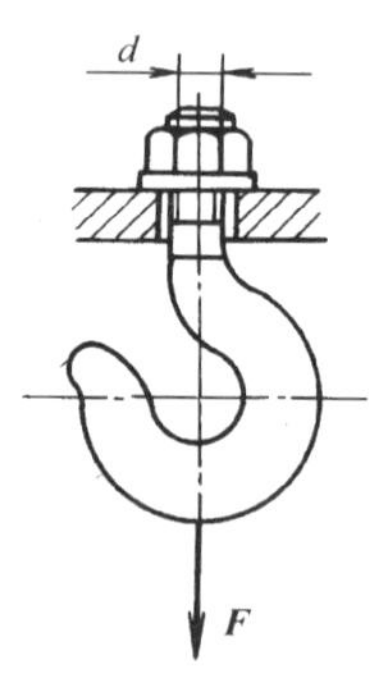

图 5-25　题 5-16 图

5-17　如图 5-26 所示的悬臂吊车，最大起重载荷 $F=15\text{kN}$，AB 杆为 Q235A 圆钢，许用应力 $[\sigma]=120\text{MPa}$。试设计 AB 杆的直径 d。

5-18　图 5-27 所示的手动压力机的螺杆和两立柱的的材料相同，已知材料 $[\sigma]=160\text{MPa}$，立柱的直径 $D=25\text{mm}$，螺杆的小径 $d_1=40\text{mm}$。求压力机能承担的最大压力。

5-19　图 5-28 所示为双杠杆夹紧机构，需产生一对 20kN 的夹紧力，试求水平杆 AB 及斜杆 BC 和 BD 的横截面直径。已知：三杆的材料相同，$[\sigma]=100\text{MPa}$，$\alpha=30°$。

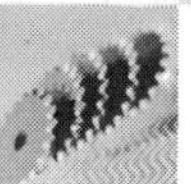

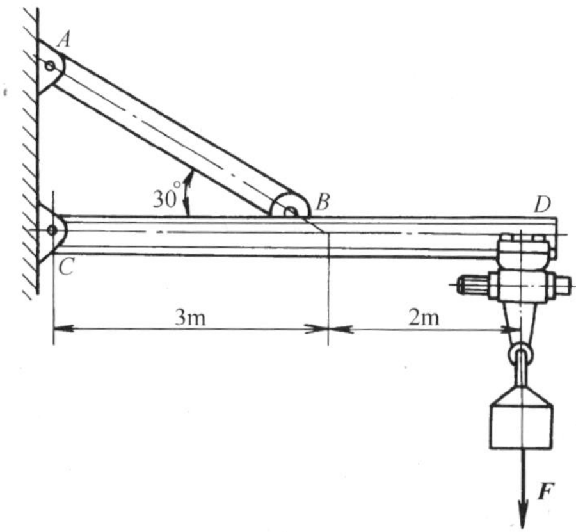

图 5-26　题 5-17 图

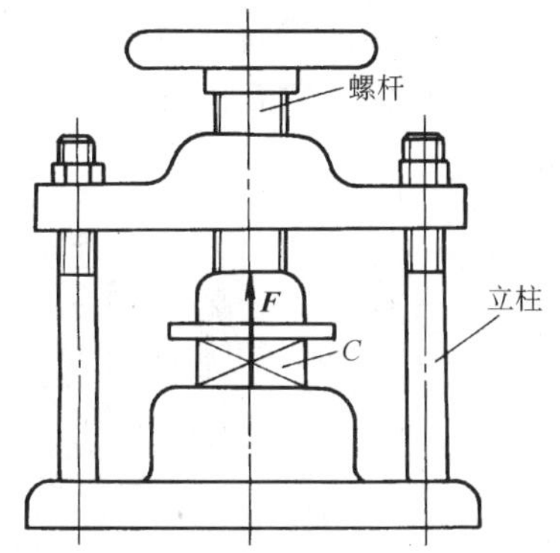

图 5-27　题 5-18 图

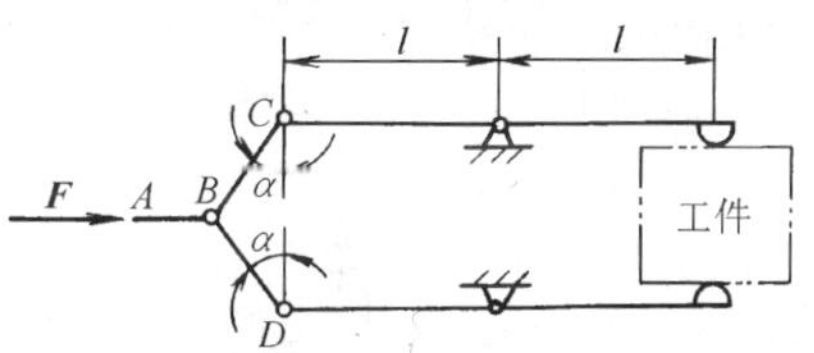

图 5-28　题 5-19 图

第六章　剪切与挤压

第一节　剪切与挤压的概念

工程中，常用到螺栓、铆钉、销钉、键等联接件。图 6-1a 所示的铆钉及图 6-1b 所示的键，其受力和变形有相同之处，即承受的外力分布在两个侧面上，其合力大小相等、方向相反、且作用线相距很近，两力作用线之间的截面 $m-m$ 处发生了相对错动，这种变形称为剪切变形，产生相对错动的截面 $m-m$ 称为剪切面，因剪切变形造成的破坏称为剪切破坏。

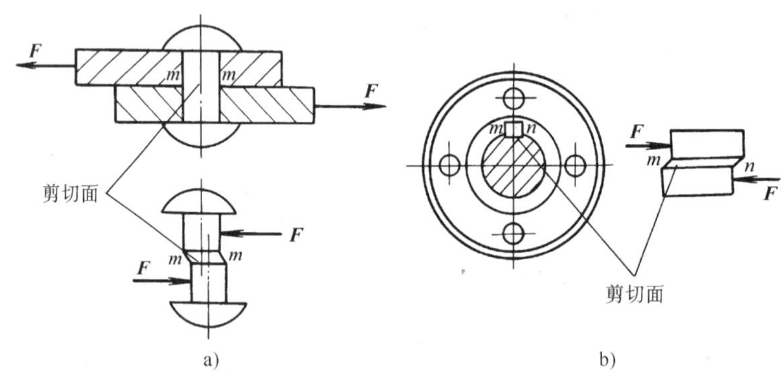

图 6-1　常用联接件

a) 铆钉联接　b) 键联接

联接件发生剪切变形的同时，联接件与被联接件的接触面相互压紧，这种现象称为挤压现象，接触面称为挤压面（图 6-2）。挤压力过大时，在接触面的局部范围内将发生的塑性变形，甚至被压溃。这种因挤压力过大，联接件接触面的局部范围内发生的塑性变形（甚至压溃），称为挤压变形，因挤压变形造成的破坏叫挤压破坏。

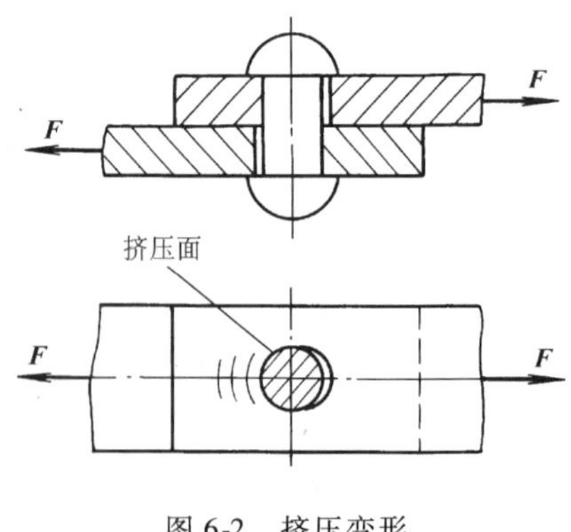

图 6-2　挤压变形

必须指出，挤压和压缩是两个完全不同的概念，挤压变形发生在两构件相互接触的表面；而压缩则是发生在一个构件上。挤压发生在局部，压缩发生在整个构件上。

第二节 剪切与挤压的实用计算

一、剪切的实用计算

为了对联接件进行抗剪强度计算，需先求出剪切面上的内力。现以图 6-3a 所示的螺栓为例进行分析。

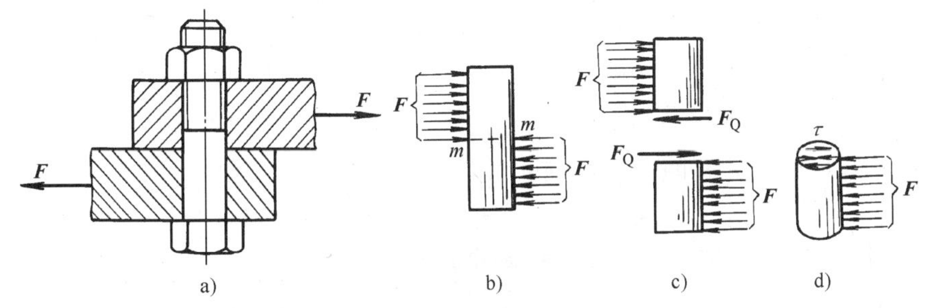

图 6-3 螺栓联接

用截面法假想地将螺栓沿其剪切面 $m-m$ 截开，取任一部分为研究对象（图 6-3c），由平衡条件可知，必有一个沿截面作用的内力，称为剪力，用 F_Q表示。剪力 F_Q的大小由平衡条件确定，即

$$\sum F_x = 0 \quad F - F_Q = 0$$

得

$$F_Q = F$$

由于剪力 F_Q的作用，剪切面上有平行于截面的应力的存在，称为切应力，用符号 τ_j表示。切应力在剪切面上的分布情况比较复杂，工程中，通常采用“实用计算法”来计算，即假定切应力在剪切面上的分布是均匀的，由此得到切应力计算公式

$$\tau = \frac{F_Q}{A} \tag{6-1}$$

式中 A——剪切面面积。

为了保证联接件安全地工作，要求工作切应力 τ_j不得超过材料的许用切应力［τ］，则抗剪强度条件为

$$\tau_j = \frac{F_Q}{A} \leqslant [\tau] \tag{6-2}$$

其中，许用切应力［τ］可从有关设计规范中查得，也可按如下的经验公式确定：

塑性材料：$[\tau] = (0.75 \sim 0.8)[\sigma]$

脆性材料：$[\tau] = (0.8 \sim 1.0)[\sigma]^+$

应用抗剪强度条件同样可以解决联接件抗剪强度计算的三类问题，即校核强度、设计截面和确定许用载荷。计算中要注意考虑所有的剪切面，以及每个剪切面上的剪力和切应力。

二、挤压的实用计算

挤压面上相互的作用力称为挤压力，用 F_{jy}表。挤压面上的压强称为挤压应力，用 σ_{jy}表示。挤压应力在挤压面上的分布也是比较复杂的，所以同剪切计算一样，工程计算中常采用“实用计算法”，即假定挤压应力在挤压面上是均匀分布的，则

$$\sigma_{jy} = \frac{F_{jy}}{A_{jy}} \tag{6-3}$$

式中　A_{jy}——挤压面积。

在挤压强度计算中，A_{jy}要根据接触面的具体情况而定。图6-4a所示为键，其挤压面为平面，则挤压面积为有效接触面面积 $A_{jy}=\frac{hl}{2}$；若挤压面是圆柱形曲面，如铆钉、销钉、螺栓等圆柱形联接件，如图6-4b所示，则挤压计算面积按半圆柱侧面沿挤压力方向的正投影面积计算，即 $A_{jy}=dt$。

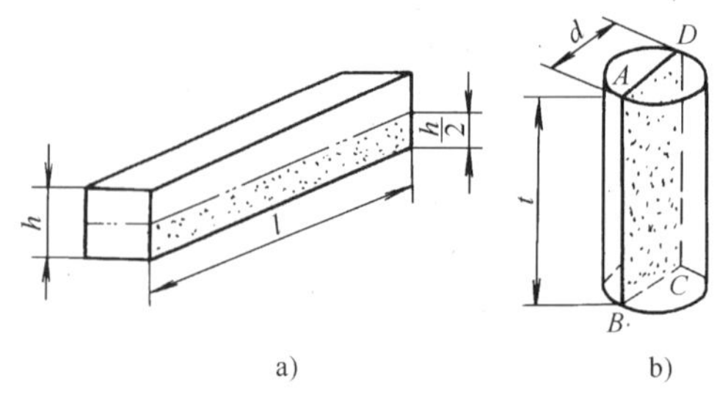

图6-4　挤压面积的计算

为保证联接件不致因挤压而失效，联接件应具有足够的挤压强度，即

$$\sigma_{jy} = \frac{F_{jy}}{A_{jy}} \leqslant [\sigma_{jy}] \tag{6-4}$$

许用挤压应力 $[\sigma_{jy}]$ 的确定与剪切许用切应力的确定方法相类似。设计时可查阅有关设计手册，也可按如下经验公式确定：

塑性材料　$[\sigma_{jy}]=(1.5\sim2.5)[\sigma]$

脆性材料　$[\sigma_{jy}]=(0.9\sim1.5)[\sigma]^{+}$

必须注意，如果联接件和被联接件的材料不同，应对许用应力较低者进行挤压强度计算。这样，才能保证结构安全可靠地工作。

例6-1　图6-5a所示为齿轮和传动轴的键联接，已知轴传递的转矩 $M=200\text{N}\cdot\text{m}$，轴的直径 $d=32$ mm，键的尺寸为 $b\times h\times l=10\text{mm}\times8\text{mm}\times50\text{mm}$，键的许用切应力 $[\tau]=87\text{MPa}$，许用挤压应力 $[\sigma_{jy}]=100\text{MPa}$，试校核键的联接强度。

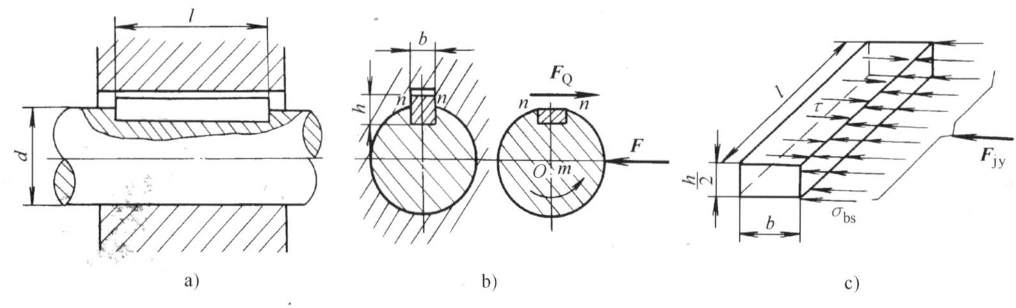

图6-5　键联接强度的校核

解　（1）抗剪强度校核　首先确定键在剪切面上的剪力 F_Q，为此将键沿剪切面 $n-n$ 假想截开，并把半个键和轴一起取出，如图6-5b所示。由平衡条件 $\sum M_O=0$，可得

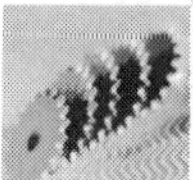

$$F_Q \frac{d}{2} - M = 0$$

$$F_Q = \frac{2M}{d} = \frac{2 \times 200 \times 10^3}{32}\text{N} = 12.5\text{kN}$$

剪切面面积

$$A = bl = 10 \times 50\text{mm}^2 = 500\text{mm}^2$$

因而

$$\tau = \frac{F_Q}{A} = \frac{12.5 \times 10^3}{500}\text{MPa} = 25\text{MPa} < [\tau]$$

故键满足抗剪强度条件。

（2）挤压强度校核　先确定挤压力 F_{jy}，由半个键的平衡（图 6-5c），知 $F_{jy} = F_Q = 12.5\text{kN}$，键的挤压面积

$$A_{jy} = \frac{1}{2}hl = \frac{8 \times 50}{2}\text{mm}^2 = 200\text{mm}^2$$

因而

$$\sigma_{jy} = \frac{F_{jy}}{A_{jy}} = \frac{12.5 \times 10^3}{200}\text{MPa} = 62.5\text{MPa} < [\sigma_{jy}]$$

所以，键也满足挤压强度条件。

例 6-2　如图 6-6a 所示的挂钩用销钉联接，已知 $F = 20\text{kN}$，$t = 10\text{mm}$，销钉的许用切应力 $[\tau] = 60\text{MPa}$，许用挤压应力 $[\sigma_{jy}] = 160\text{MPa}$，试求销钉直径 d。

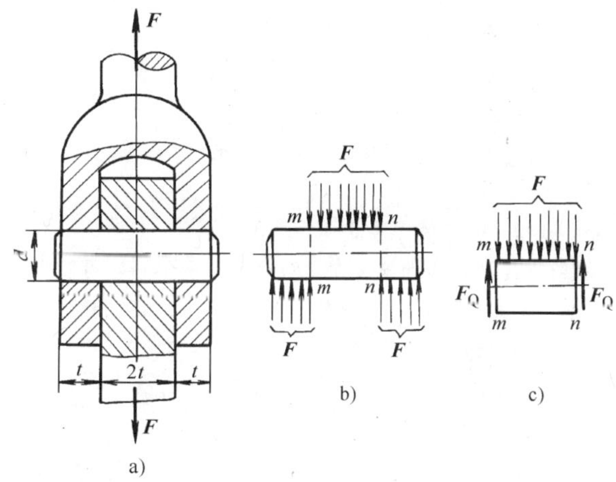

图 6-6　销钉直径的设计

解　（1）根据抗剪强度条件设计直径 d 如图 6-6c 所示，以销钉为研究对象，进行外力分析。

由平衡条件　$\sum F = 0$

得　$F_Q = \frac{F}{2} = 10\text{kN}$

根据抗剪强度条件

$$\tau = \frac{F_Q}{A} \leqslant [\tau]$$

得

$$A = \frac{\pi d^2}{4} \geqslant \frac{F_Q}{[\tau]}$$

因而

$$d \geqslant \sqrt{\frac{4F_Q}{\pi[\tau]}} = \sqrt{\frac{4 \times 10 \times 10^3}{\pi \times 60}}\text{mm} = 14.6\text{mm}$$

（2）根据挤压强度条件设计销钉直径 d　由图 6-6b 可知，挤压力为 F 处的挤压面积为 $A_{jy} = 2td$，而挤压力为 $F/2$ 处的挤压面积为 $A_{jy} = td$，所以两处的挤压应力相同。按挤压强度

条件

$$\sigma_{jy}=\frac{F_{jy}}{A_{jy}}=\frac{F}{2td}\leqslant[\sigma_{jy}]$$

有

$$d\geqslant\frac{F}{2t[\sigma_{jy}]}=\frac{20\times10^3}{2\times10\times160}\text{mm}=6.25\text{mm}$$

要同时满足剪切和挤压强度，销钉最小直径选择 $d=15\text{mm}$。

以上两道例题，皆为保证联接结构安全正常地工作的问题。但是，工程实际中也会遇到与之相反的问题，即利用剪切破坏。例如，车床传动轴上的保险销，当超载时，保险销被剪断，从而保护车床的重要部件不被破坏。又如，冲床冲压时，为了冲制所需的零部件，必须使材料发生剪切破坏。对此类问题所要求的破坏极限条件为

$$\tau=\frac{F_Q}{A}\geqslant\tau_b \tag{6-5}$$

式中　τ_b——材料的抗剪强度。

思考题与习题

一、选择填空题：请将最恰当的一个答案的题号填到空格里。

6-1　在联接件上，剪切面和挤压面分别________于外力方向。

a）垂直和平行　b）平行和垂直　c）平行　d）垂直

6-2　受剪螺栓的直径增加一倍，当其他条件不变时，剪切面上的切应力将为原来的________。

a）1/2　b）3/8　c）3/4　d）1/4

6-3　用螺栓联接两块钢板，当其他条件不变时，螺栓的直径增加一倍，其挤压应力将减少为原来的________。

a）1/2　b）1/4　c）3/4　d）3/8

6-4　在平板和受拉螺栓之间垫上一个垫圈，可以提高________强度。

a）螺栓的抗拉　b）螺栓的抗剪　c）平板的挤压　d）螺栓的挤压

6-5　如图 6-7 所示的联接，按实用计算校核圆锥销的挤压强度时，其挤压面面积应为________。

a）$2dh$　b）$(D+d)h$　c）$(3D+d)h/4$　d）$(D+3d)h/4$

6-6　如图 6-8 所示，接头的挤压面积等于________。

a）ab　b）cb　c）lb　d）lc

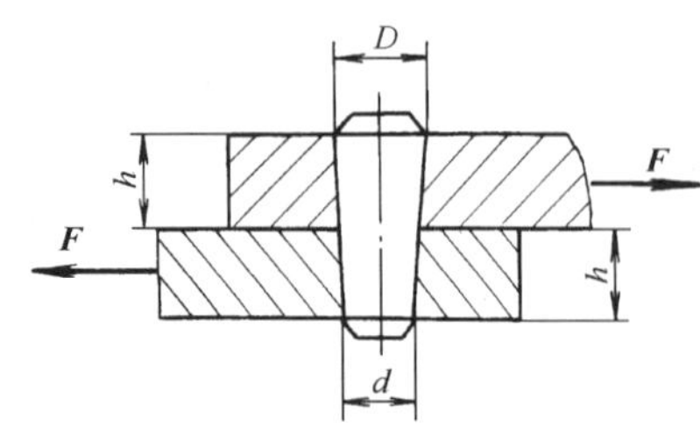

图 6-7　题 6-5 图

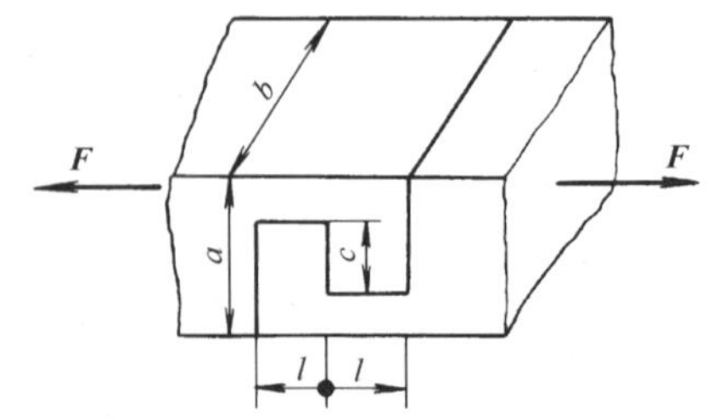

图 6-8　题 6-6 图

6-7　冲床最大冲击力为 F，冲头直径为 d，冲头材料许用应力为 $[\sigma]$，材料抗剪强度为 τ_b，则该冲床能冲剪该种材料的最大厚度 t 为________。

6 CHAPTER

a) $\frac{F}{d\tau_b}$ b) $\frac{F}{d\ [\sigma]}$ c) $\frac{F}{\pi d\tau_b}$ d) $\frac{F}{\pi d\ [\sigma]}$

6-8 将构件的许用挤压应力和许用压应力的大小对比，可知一般________，因为挤压变形发生在局部范围，而压缩变形发生在整个构件上。

a）前者要小些 b）前者要大些 c）二者大小相当 d）二者可大可小

二、判断题

6-9 联接件切应力的实用计算是以假设切应力在剪切面上均匀分布为基础的。(　　)

6-10 进行挤压实用计算时，所取的挤压面面积是挤压接触面的正投影面积。(　　)

6-11 切应力在剪切面内是均匀分布的，方向垂直于剪切面。(　　)

6-12 剪切面上的剪切力是一个集中力。(　　)

6-13 在构件上有多个面积相同的剪切面，当材料一定时，若校核该构件的抗剪强度，则只对剪力较大的剪切面进行校核即可。(　　)

6-14 一般情况下，挤压常伴随着剪切同时产生，但挤压应力与切应力是有区别的。(　　)

三、计算题

6-15 如图 6-9 所示，带轮直径 $D=1\text{m}$，传动轴直径 $d=70\text{mm}$，键的尺寸为 $b\times h\times l=20\text{mm}\times 12\text{mm}\times 100\text{mm}$，皮带拉力 $F_1=8\text{kN}$，$F_2=4\text{kN}$，平键的许用应力 $[\tau]=80\text{MPa}$，$[\sigma_{jy}]=120\text{MPa}$。试校核键联接的强度。

6-16 如图 6-10 所示的销钉联接，$F=18\text{kN}$，$t_1=8\text{mm}$，$t_2=5\text{mm}$，销钉与板材料相同，$[\tau]=60\text{MPa}$，$[\sigma_{jy}]=200\text{MPa}$，销钉直径 $d=16\text{mm}$。试校核销钉的强度。

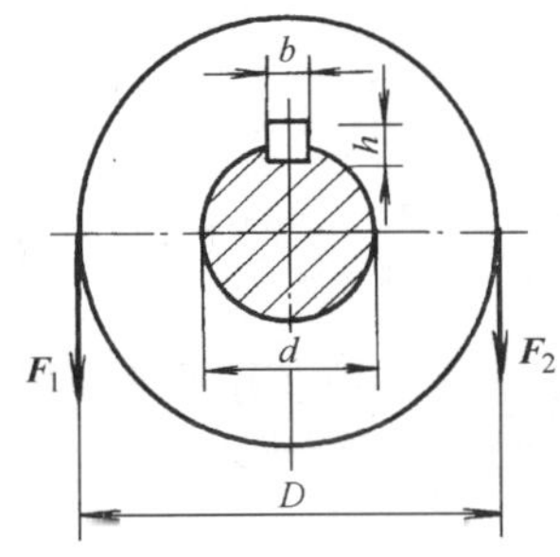

图 6-9　题 6-15 图

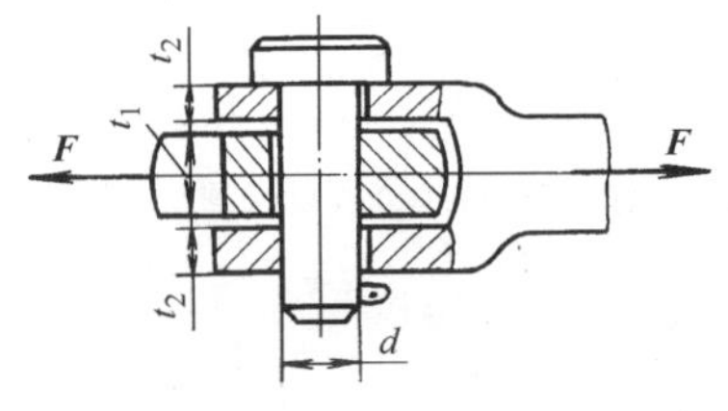

图 6-10　题 6-16 图

6-17 如图 6-11 所示的传动轴，直径 $d=50\text{mm}$，用平键传递的力偶矩 $M=1600\text{N}\cdot\text{m}$。已知键的材料 $[\tau]=80\text{MPa}$，$[\sigma_{jy}]=240\text{MPa}$，键的尺寸为 $b=10\text{mm}$，$h=10\text{mm}$。试设计键的长度 l。

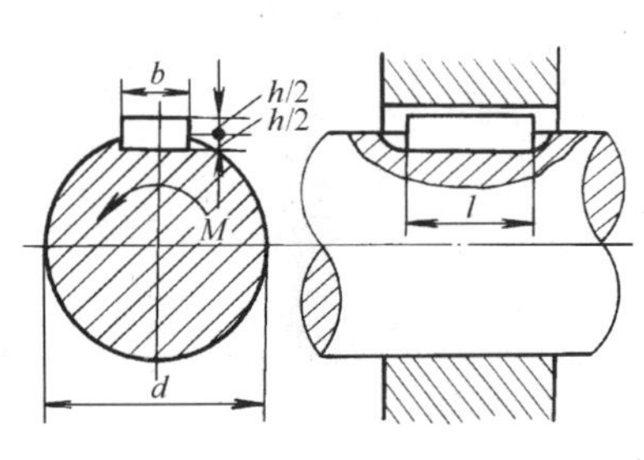

图 6-11　题 6-17 图

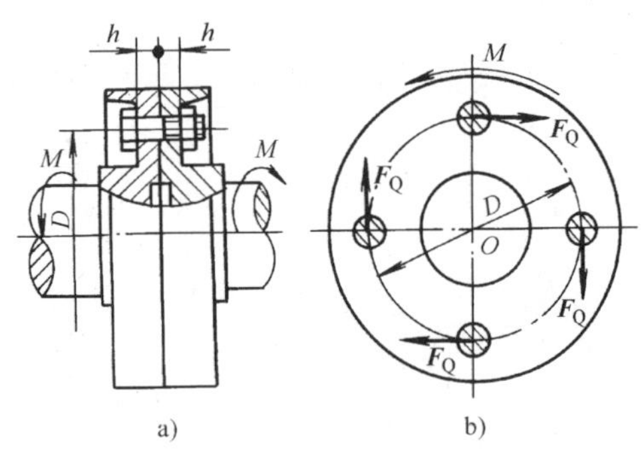

图 6-12　题 6-18 图

第六章　剪切与挤压

6-18　两轴以凸缘相连接，如图 6-12 所示，沿直径 $D=150\text{mm}$ 的圆周上对称地分布着四个联接螺栓来传递力偶矩，$M=2500\text{N}\cdot\text{m}$，凸缘厚度 $h=10\text{mm}$，螺栓材料为 Q235 钢，$[\tau]=80\text{MPa}$，$[\sigma_{jy}]=200\text{ MPa}$。试设计螺栓直径。

6-19　在厚度 $t=5\text{mm}$ 的钢板上，冲制形状如图 6-13 所示的一个零件，钢板的抗剪强度 $\tau_b=300\text{MPa}$。求冲床所需的冲力。

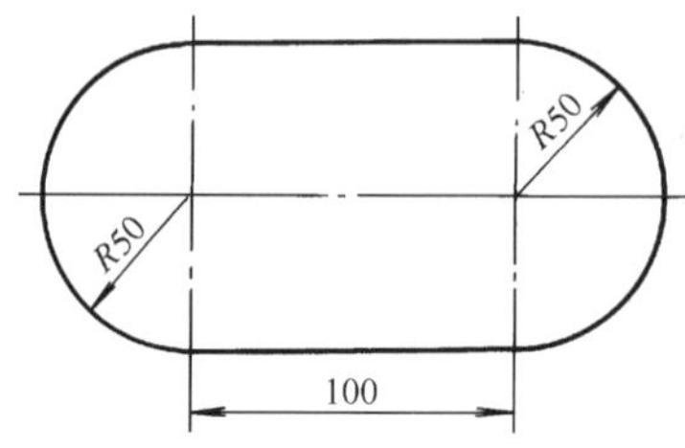

图 6-13　题 6-19 图

第七章　扭　　转

第一节　扭转的概念、转矩与转矩图

一、扭转的概念

工程中许多杆件承受扭转变形。图 7-1 所示为钳工攻内螺纹时，两手所加的外力偶 $M(\boldsymbol{F},\boldsymbol{F}')$ 作用在丝锥杆的上端，工件的反力偶 M_c 作用在丝锥杆的下端，使得丝锥杆发生扭转变形。

如图 7-2 所示的转向盘的操纵杆，以及一些传动轴等均是扭转变形的实例，均可简化为如图 7-3 所示的计算简图。

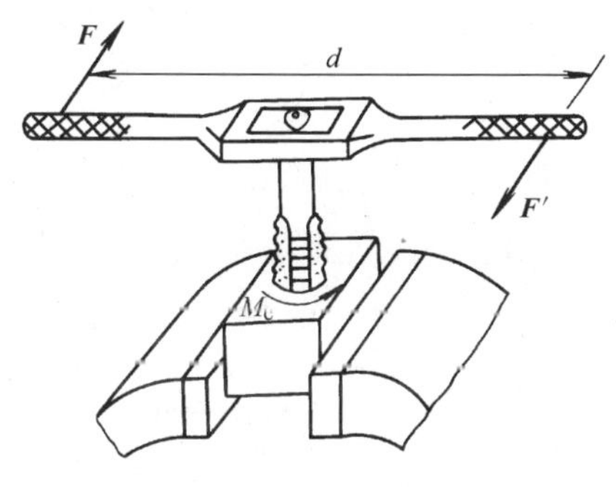

图 7-1　丝锥杆的扭转变形

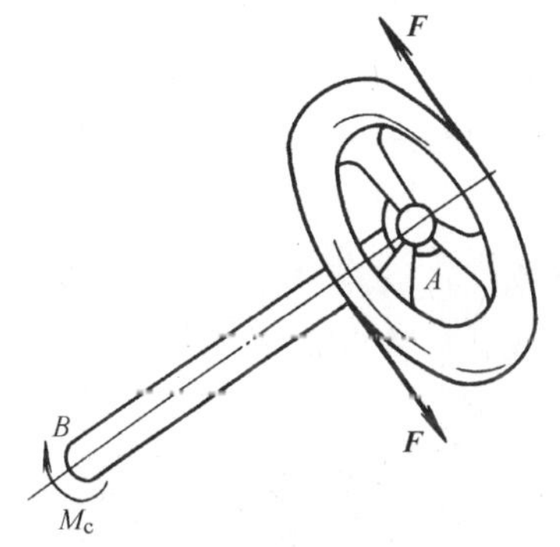

图 7-2　扭转变形的实例

从计算简图中可以看出，杆件扭转变形的受力特点是：杆件受到作用面与轴线垂直的外力偶作用；其变形特点是杆件的各横截面绕轴线发生相对转动。以扭转变形为主要变形的杆件称为轴。截面形状为圆形的圆轴是工程上常见的一种受扭转的杆件，本章重点介绍圆轴扭转时的强度和刚度计算问题。

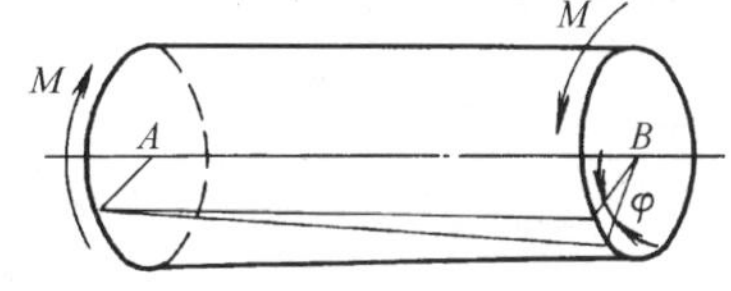

图 7-3　扭转变形的计算简图

二、转矩与转矩图

1. 外力偶矩的计算

圆轴扭转时的外载荷，通常用外力偶矩 M 表示，但工程中许多受扭转的构件，如传动轴，通常只给出其转速及其所传递的功率，而不直接给出外力偶矩值。外力偶矩的计算公

式为

$$M = 9549\frac{P}{n} \tag{7-1}$$

式中　M——外力偶矩（N·m）；

P——轴传递的功率（kW）；

n——轴的转速（r/min）。

2. 转矩与转矩图

图 7-4 所示为等截面圆轴 AB，两端面上作用有一对外力偶矩 M，现用截面法求圆轴横截面上的内力。将轴从 m-m 截面处截开，以左段为研究对象，根据平衡条件$\sum M_x=0$，得 $T=M_x$，即截面上必有一个内力偶矩 T 与外力偶矩 M 平衡，该内力偶矩 T 称为转矩。若取右段为研究对象，求得的转矩与以左段为研究对象求得的转矩大小相等、转向相反，它们是作用与反作用关系。

为了使不论取左段或右段求得的转矩正负符号一致，对转矩的正负符号规定如下：按右手螺旋法则，四指顺着转矩的实际转向握住轴线，大拇指的指向与横截面的外法线方向一致时的转矩为正；反之为负（图 7-5）。当横截面上的转矩的实际转向未知时，一般先假定转矩为正，这样可使得用平衡方程求得的转矩正负符号与人为规定的正负符号相一致。

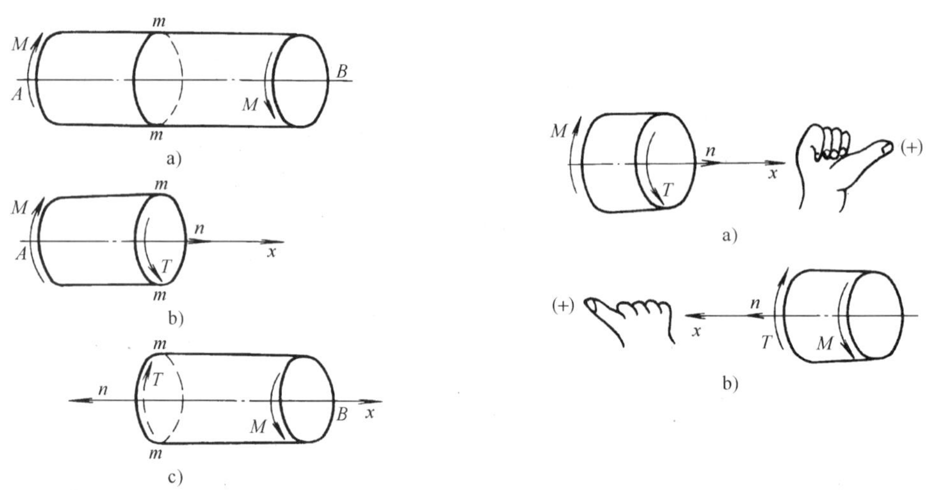

图 7-4　横截面上的转矩　　　　图 7-5　转矩的正负号

在多个外力偶作用下，圆轴各截面上的转矩一般不同，为了形象地表示转矩沿轴线的变化情况，需绘制转矩图：以与轴线平行的 Ox 轴表示横截面的位置，以垂直于 Ox 轴的 OT 轴表示横截面上的转矩大小，建立直角坐标系，在坐标系中绘制转矩的图像，称为转矩图。

例 7-1　图7-6a 所示的传动轴，转速 $n=960$r/min，输入功率 $P_A=30$kW，输出功率 $P_B=20$kW，$P_C=10$kW，试绘出传动轴的转矩图。

解　（1）计算外力偶矩

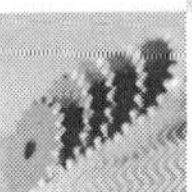

$$M_A = 9549\frac{P_A}{n} = 9549 \times \frac{30}{960}\text{N} \cdot \text{m} = 298\text{N} \cdot \text{m}$$

$$M_B = 9549\frac{P_B}{n} = 9549 \times \frac{20}{960}\text{N} \cdot \text{m} = 199\text{N} \cdot \text{m}$$

$$M_C = 9549\frac{P_C}{n} = 9549 \times \frac{10}{960}\text{N} \cdot \text{m} = 99\text{N} \cdot \text{m}$$

（2）内力分析　将轴分为 AB、BC 两段：在 AB 段，用截面法求出 1-1 截面的转矩（图 7-6b），则由平衡条件

$$\sum M_x = 0 \quad T_1 + M_A = 0$$

得
$$T_1 = -M_A = -298\text{N} \cdot \text{m}$$

负号表示方向与假定相反。

在 BC 段，用截面法求出 2-2 截面的转矩（图 7-6c），由平衡条件

$$\sum M_x = 0 \quad T_2 + M_A - M_B = 0$$

得　$T_2 = -M_A + M_B = (-298 + 199)\text{N} \cdot \text{m} = -99\text{N} \cdot \text{m}$

（3）画转矩图　如图 7-6d 所示。

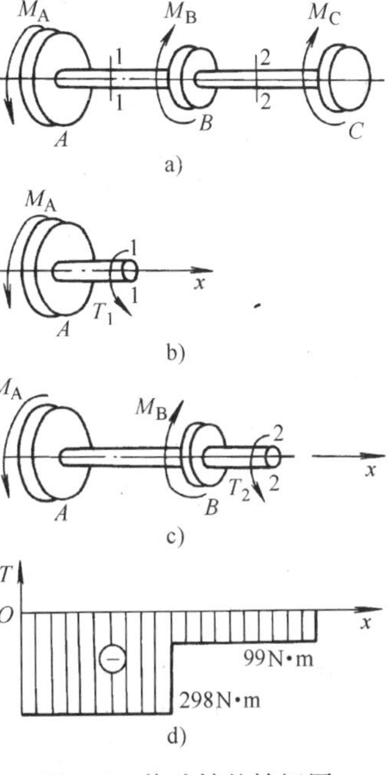

图 7-6　传动轴的转矩图

第二节　圆轴扭转时的应力与强度计算

一、圆轴扭转时横截面上的应力

圆轴扭转时横截面上任一点处切应力的计算公式为

$$\tau_\rho = \frac{T\rho}{I_p} \tag{7-2}$$

式中　τ_ρ——横截面上任一点的切应力（MPa）；

T——该横截面上的转矩（N · mm）；

I_p——横截面对圆心的极惯性矩（mm^4）；

ρ——欲求应力的点到圆心的距离（mm）。

圆轴扭转时横截面上任一点处切应力的分布规律如图 7-7 所示。

显然，当 $\rho = D/2$ 时，切应力有最大值

$$\tau_{max} = \frac{T\frac{D}{2}}{I_p}$$

令
$$W_p = \frac{I_p}{\frac{D}{2}}$$

则上式可改写为

$$\tau_{max} = \frac{T}{W_p} \tag{7-3}$$

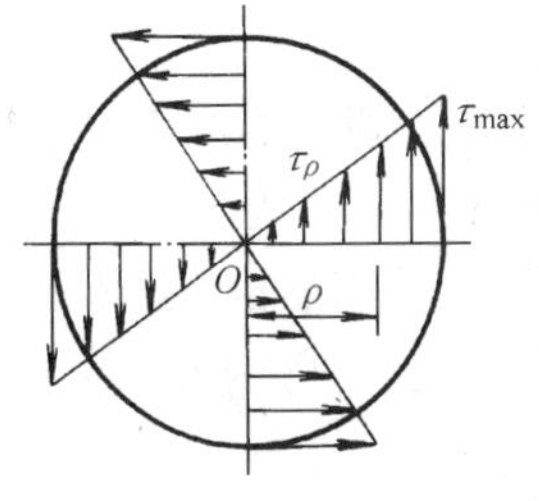

图 7-7　切应力分布规律

第七章　扭　转

式中　W_p——抗扭截面系数（mm^3），是表征圆轴抵抗破坏能力的几何参数。

式（7-2）及式（7-3）只适用于圆轴（空心或实心），且只有当其 τ_{max} 不超过材料的比例极限时方可应用。

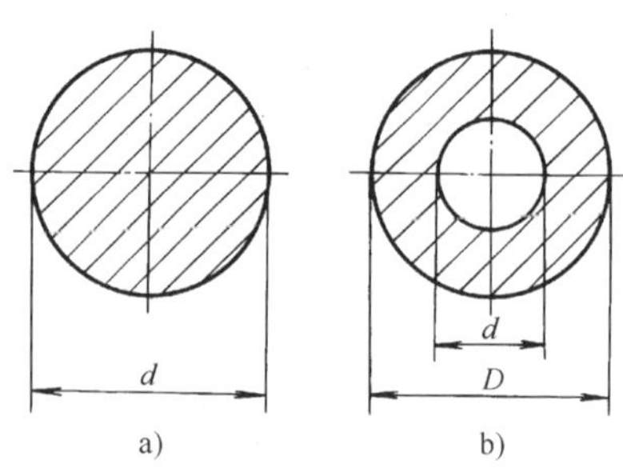

图 7-8　常用轴的截面

二、极惯性矩及抗扭截面系数

工程上经常采用的轴有实心圆轴和空心圆轴两种（图 7-8），它们的极惯性矩 I_p 与抗扭截面系数按下式计算：

（1）实心圆截面　设直径为 D

极惯性矩　$I_p = \dfrac{\pi D^4}{32} \approx 0.1D^4$　（7-4）

抗扭截面系数

$$W_p = \frac{I_p}{\frac{D}{2}} = \frac{\pi D^3}{16} \approx 0.2D^3 \tag{7-5}$$

（2）空心圆截面　设外径为 D，内径为 d，$\alpha = d/D$

极惯性矩
$$I_p = \frac{\pi}{32}(D^4 - d^4) \approx 0.1D^4(1-\alpha^4) \tag{7-6}$$

抗扭截面系数
$$W_p = \frac{I_p}{\frac{D}{2}} = \frac{\pi D^3}{16}(1-\alpha^4) \approx 0.2D^3(1-\alpha^4) \tag{7-7}$$

三、圆轴扭转的强度计算

圆轴扭转时，最大切应力所在的横截面称为危险截面。为了保证轴安全地工作，要求轴内的最大切应力不大于材料的许用切应力。因此，圆轴扭转时的强度条件为

$$\tau_{max} = \frac{T_{max}}{W_p} \leqslant [\tau] \tag{7-8}$$

式中　T_{max}、W_p——危险截面的转矩绝对值的最大值和扭转截面系数；

$[\tau]$——材料的扭转许用切应力。

对于阶梯轴，因扭转截面系数 W_p 不是常量，最大工作应力 τ_{max} 不一定发生在最大转矩 T_{max} 所在的截面处，必须考虑转矩 T 和扭转截面系数 W_p 的比值来确定危险截面和 τ_{max}。

圆轴扭转时许用切应力［τ］由扭转试验测定，亦可查有关手册。在静载荷作用下，它与拉伸许用应力有如下关系：

塑性材料 $[\tau] = (0.5 \sim 0.6)[\sigma]$

脆性材料 $[\tau] = (0.8 \sim 1.0)[\sigma]^+$

应用式（7-8），可解决强度校核、截面设计、确定许可载荷三类问题。

例 7-2　一钢制阶梯轴如图 7-9a 所示，已知 $M_1 = 10kN \cdot m$，$M_2 = 7kN \cdot m$，$M_3 = 3kN \cdot m$，材

料的许用切应力［τ］=75MPa，试校核轴的强度。

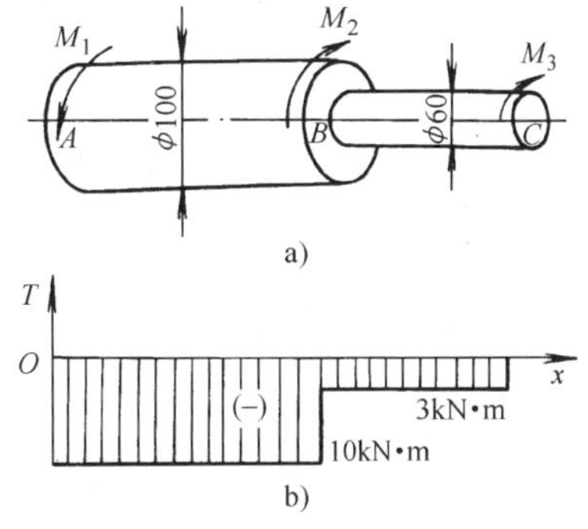

图 7-9　轴的强度校核

解　（1）作转矩图　用截面法求出 AB 段横截面上的转矩为

$$T_1 = -10\text{kN}\cdot\text{m}$$

BC 段横截面上的转矩为

$$T_2 = -3\text{kN}\cdot\text{m}$$

画出转矩图如图 7-9b 所示。

（2）校核强度　由图 7-9b 可见，最大转矩发生在 AB 段，但 AB 段横截面直径大，因此，需分别计算 AB 段及 BC 段横截面上的最大切应力，再与许用切应力比较，即

$$\tau_{\max(AB)} = \frac{|T_1|}{W_{\text{p}(AB)}} = \frac{10\times10^6}{\frac{\pi\times100^3}{16}}\text{MPa} = 50.9\text{MPa} < [\tau]$$

$$\tau_{\max(BC)} = \frac{|T_2|}{W_{\text{p}(BC)}} = \frac{3\times10^6}{\frac{\pi\times60^3}{16}}\text{MPa} = 70.7\text{MPa} < [\tau]$$

故该轴满足强度条件。

例 7-3　汽车传动轴如图 7-10 所示，其外径 $D=89\text{mm}$，壁厚 $\delta=2.5\text{mm}$，材料的许用切应力［τ］=70MPa，传递的最大转矩为 $M=1930\text{N}\cdot\text{m}$，要求 1）校核轴的强度；2）若改为实心轴，在相同条件下设计实心轴的直径；3）比较空心轴和实心轴的质量。

解　（1）校核轴的强度　由已知条件可得

$$d = D-2\delta = (89-2\times2.5)\text{mm} = 84\text{mm}$$

$$\alpha = \frac{d}{D} = \frac{84}{89} \approx 0.944$$

$$W_\text{p} = \frac{\pi}{16}D^3(1-\alpha^4) = \frac{\pi}{16}\times89^3\times(1-0.944^4)\text{mm}^3 \approx 2.9\times10^4\text{mm}^3$$

$$T = M = 1930\text{N}\cdot\text{m}$$

代入式（7-8），得

$$\tau_{\max} = \frac{T}{W_\text{p}} = \frac{1930\times10^3}{2.9\times10^4}\text{MPa} \approx 66.7\text{MPa} < [\tau] = 70\text{MPa}$$

所以该轴的强度是足够的。

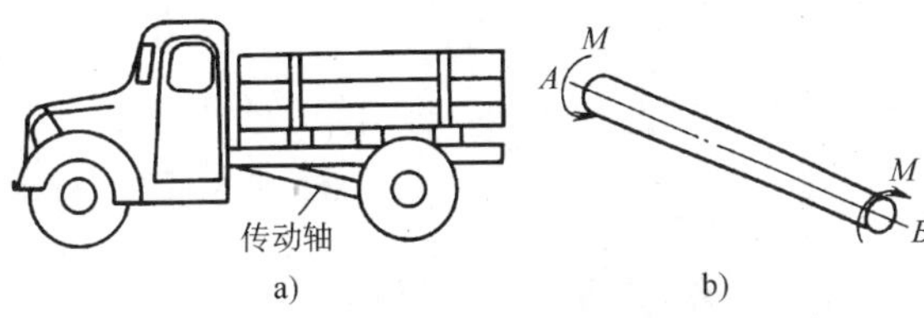

图 7-10　汽车传动轴

（2）确定实心轴的直径　若实心轴与空心轴的强度相同，则两轴的抗扭截面系数应相等。设实心轴直径为 D_1，则由

$$\tau_{\max}\frac{T}{W_\text{p}} = \frac{16T}{\pi D_1^3}$$

可得

$$D_1 = \sqrt[3]{\frac{16T}{\pi\tau_{\max}}} = \sqrt[3]{\frac{16\times1930\times10^3}{\pi\times66.7}}\text{mm} = 52.82\text{mm}$$

第七章　扭　转

取 $D_1=53\text{mm}$。

（3）比较空心轴与实心轴的质量 两轴的材料和长度相同，它们的质量之比就等于横截面面积之比，则有

$$\frac{A_1}{A_2}=\frac{\frac{\pi}{4}(D^2-d^2)}{\frac{\pi}{4}D_1^2}=\frac{89^2-84^2}{53^2}=0.31$$

第三节 圆轴扭转时的变形与刚度计算

一、圆轴扭转时的变形

圆轴扭转时，其变形的大小用两横截面绕轴线相对转过的角度 φ 来度量，角 φ 称为相对扭转角（图7-3）。

由理论分析可知：相对扭转角 φ 与转矩、截面尺寸及材料性能有如下关系

$$\varphi=\frac{Tl}{GI_p} \tag{7-9}$$

式中 T——截面上的转矩；

l——两横截面的距离；

G——材料的切变模量；

I_p——截面极惯性矩。

由式（7-9）可以看出，φ 与 T 和 l 成正比，与 G 和 I_p 成反比。当 T 和 l 一定时，GI_p 越大，扭转角 φ 越小，说明圆轴抵抗扭转变形的能力越强，即 GI_p 反映了圆轴抵抗扭转变形的能力，称为截面的抗扭刚度。

应用式（7-9）时要注意，当轴的两截面之间材料不同，转矩、直径变化时，应分段计算各段的扭转角，然后代数相加，即可求得全轴长度上的扭转角。

相对扭转角 φ 与截面间的距离大小有关，即在相同的外力偶矩作用下，l 越大，产生的扭转角就越大，因而不能用扭转角来衡量扭转变形的程度，为此工程中采用单位长度相对扭转角 θ 来度量扭转变形程度，即

$$\theta=\frac{\varphi}{l}=\frac{T}{GI_p} \tag{7-10}$$

式中，θ 的单位为弧度/米（rad/m）。

注意，式（7-9）和式（7-10）只适用于材料在线弹性范围内的情况。

二、圆轴扭转时的刚度计算

对于轴类零件，有时要求不能产生过大的扭转变形。例如，机床主轴若发生过大的扭转变形，会引起剧烈的扭转振动，影响工件的加工精度和表面质量；车床丝杠发生过大的扭转变形，会影响工件的加工精度。为保证轴的刚度，通常规定单位长度扭转角的最大值 θ_{max} 不得超过许用单位长度扭转角［θ］，即刚度条件为

7 CHAPTER

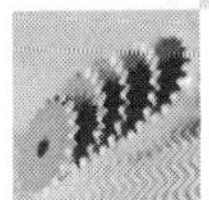

$$\theta_{\max} = \frac{T}{GI_p} \leqslant [\theta] \tag{7-11}$$

在工程中，[θ] 的单位习惯上常用度/米（°/m），由于 1 弧度 = 180°/π，所以式(7-11)又可写为

$$\theta_{\max} = \frac{T}{GI_p} \times \frac{180°}{\pi} \leqslant [\theta] \tag{7-12}$$

单位长度的许用扭转角 [θ] 的大小，应根据载荷性质和工作条件等因素确定的，具体数值可从机械设计手册中查出。一般规定为

精密机械的轴　[θ] = 0.15° ~ 0.50°/m；

一般传动轴　[θ] = 0.5° ~ 1.0°/m；

精密度较低的轴　[θ] = 1.0° ~ 2.5°/m。

应用圆轴扭转刚度条件式（7-11）、式（7-12），可以解决圆轴扭转时校核刚度、设计截面和确定许可载荷三类问题。对精度要求较高的轴，须同时满足强度和刚度要求。

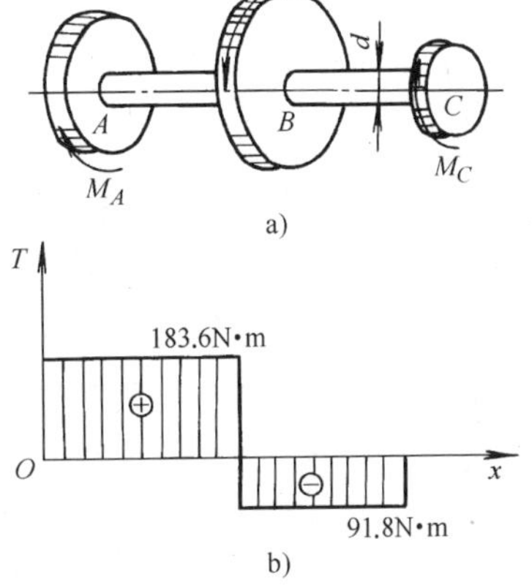

图 7-11　轴的截面设计

例 7-4　一传动轴如图 7-11a 所示，转速 $n = 208\text{r/min}$，主动轮 B 的输入功率 $P_B = 6\text{kW}$，两个从动轮 A、C 的输出功率分别为 $P_A = 4\text{kW}$，$P_C = 2\text{kW}$。已知：轴的许用切应力 $[\tau] = 30\text{MPa}$，许用扭转角 $[\theta] = 1°/\text{m}$，切变模量 $G = 80\text{GPa}$，试按强度条件和刚度条件设计轴的直径 d。

解　（1）计算外力偶矩

$$M_B = 9549\frac{P_B}{n} = 9549 \times \frac{6}{208}\text{N} \cdot \text{m} = 275.5\text{N} \cdot \text{m}$$

$$M_A = 9549\frac{P_A}{n} = 9549 \times \frac{4}{208}\text{N} \cdot \text{m} = 183.6\text{N} \cdot \text{m}$$

$$M_C = 9549\frac{P_C}{n} = 9549 \times \frac{2}{208}\text{N} \cdot \text{m} = 91.8\text{N} \cdot \text{m}$$

（2）画转矩图　由截面法可得 AB、BC 段的转矩分别为

$$T_{AB} = 183\text{N} \cdot \text{m}$$

$$T_{BC} = -92\text{N} \cdot \text{m}$$

根据以上计算结果，作转矩图如图 7-11b 所示。

（3）按强度条件设计轴的直径　由转矩图可见，最大转矩为 $T_{AB} = 183\text{N} \cdot \text{m}$。据强度条件

$$\tau_{\max} = \frac{T}{W_p} = \frac{T}{\frac{\pi d^3}{16}} \leqslant [\tau]$$

得

$$d \geqslant \sqrt[3]{\frac{16T_{AB}}{\pi[\tau]}} = \sqrt[3]{\frac{16 \times 183 \times 10^3}{\pi \times 30}}\text{mm} = 31.5\text{mm}$$

（4）按刚度条件设计轴的直径　由刚度条件

$$\theta_{\max} = \frac{T}{GI_p} \times \frac{180°}{\pi} = \frac{T}{G\frac{\pi d^4}{32}} \times \frac{180°}{\pi} \leqslant [\theta]$$

得

$$d \geqslant \sqrt[4]{\frac{32T_{AB} \times 180°}{G\pi^2[\theta]}} = \sqrt[4]{\frac{32 \times 183 \times 10^3 \times 180}{80 \times \pi^2 \times 1}}\text{mm} = 34\text{mm}$$

为了同时满足强度及刚度要求，应在以上两计算结果中取较大值作为轴的直径，即轴的直径应大于或等于 34mm，可取 $d = 34\text{mm}$。

思考题与习题

一、选择填空题：请将最恰当的一个答案号填到空格里。

7-1 电动机传动转矩与传动轴的________成正比。

a）转速 n　　b）直径 D　　c）传递功率 P　　d）长度 l

7-2 圆轴如图 7-12 所示，其截面 m-m 上的转矩等于________。

a）M_0　　b）$2M_0$　　c）$-M_0$　　d）0

7-3 空心圆轴受扭转力偶作用，横截面上的扭矩为 T，那么在横截面上沿径向的应力分布图应为图 7-13 中的________。

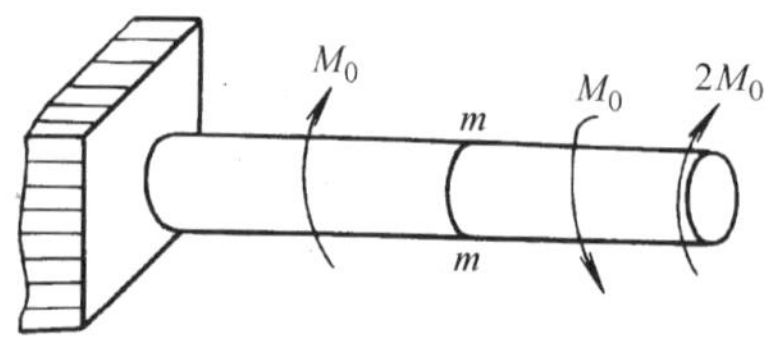

图 7-12 题 7-2 图

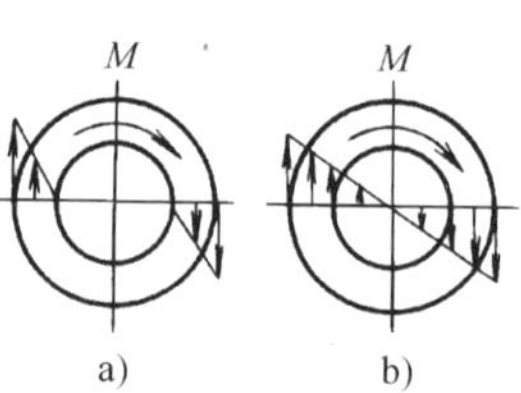

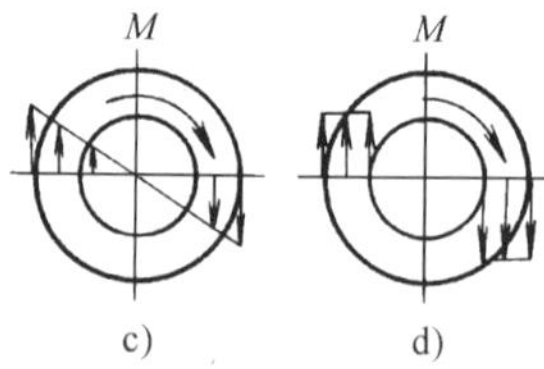

图 7-13 题 7-3 图

7-4 实心圆轴两端受扭转力矩作用，其最大许可转矩为 M。若将轴的横截面积增加为原来的两倍，则其最大许可载荷为________。

a）$\sqrt{2}M$　　b）$2M$　　c）$2\sqrt{2}M$　　d）4

7-5 一圆轴用低碳钢材料制作，若抗扭强度不够，则________对于提高其强度较为有效。

a）改用合金钢材料　　b）改用铸铁材料

c）增加圆轴直径，且改成空心圆截面　　d）减小轴的长度

7-6 对于材料相同，横截面面积相同的空心圆轴和实心圆轴，前者的抗扭刚度一定________于后者的抗扭刚度。

a）大　　b）等　　c）小　　d）无法对比

7-7 等值圆轴扭转，横截面上的切应力的合成结果是________。

a）一集中力　　b）一内力偶　　c）一外力偶　　d）以上都不正确

7-8 单位长度扭转角与 θ ________无关。

a）轴长 l　　b）转矩 M_0　　c）材料　　d）截面形状

二、判断题

7-9 转矩就是受扭杆件某一横截面左、右两部分在该横截面上相互作用的分布内力系的合力偶矩。（　　）

7-10 受扭杆件横截面上转矩的大小，不仅与杆件所受外力偶矩大小有关，而且与杆件横截面的形状、尺寸有关。（　　）

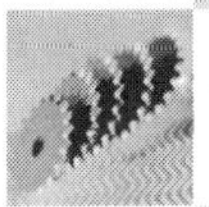

7-11　如图 7-14 所示圆轴，由于截面Ⅰ—Ⅰ的左侧没有外力偶作用，故该截面的转矩为零。（　　）

7-12　等直径圆轴扭转时，横截面上的切应力是线性分布的。（　　）

7-13　圆轴扭转变形时，各横截面仍为垂直于轴线的平面，只是绕轴线作了相对转动。（　　）

7-14　一空心圆轴在产生扭转变形时，其危险截面外缘处具有全轴的最大切应力，而危险截面内缘处的切应力为零。（　　）

7-15　在圆轴扭转变形问题中，相对扭转角和单位长度扭转角都能准确反映扭转变形的程度。（　　）

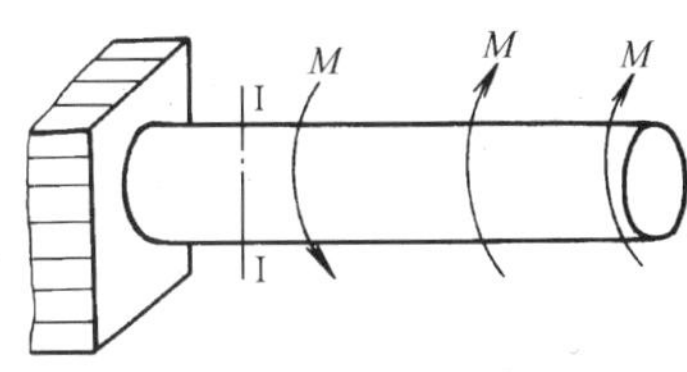

图 7-14　题 7-11 图

三、计算题

7-16　如图 7-15 所示，画出轴的转矩图。

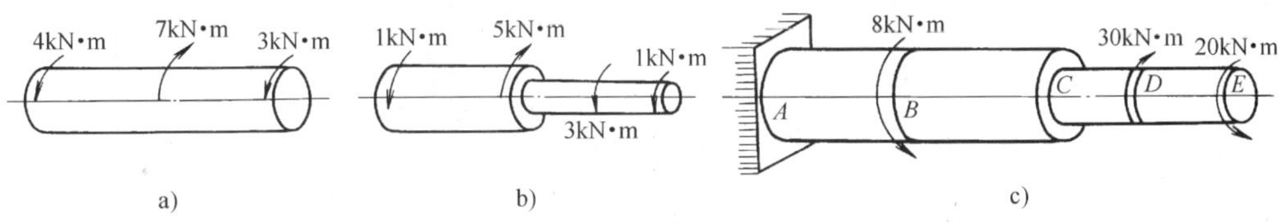

图 7-15　题 7-16 图

7-17　如图 7-16 所示，传动轴的转速 $n=250\text{r/min}$，主动轮 B 输入功率 $P_B=7\text{kW}$，从动轮 A、C、D 输出功率分别为 $P_A=3\text{kW}$，$P_C=2.5\text{kW}$，$P_D=1.5\text{kW}$。试求：1）轴的最大切应力；2）截面Ⅰ—Ⅰ上的最大切应力及半径为 8mm 处的切应力。

7-18　有一减速器如图 7-17 所示。已知电动机转速 $n=960\text{r/min}$，功率 $P=6\text{kW}$，轴材料的许用切应力 $[\tau]=40\text{MPa}$。试按扭转强度计算减速器第Ⅰ轴的直径。

7-19　如图 7-18 所示，手摇绞车驱动轴 AB 的直径 $d=28\text{mm}$，由两人摇动，每人加在手柄上的力 $F=240\text{N}$，若轴的许用切应力 $[\tau]=40\text{MPa}$，试校核 AB 轴的扭转强度。

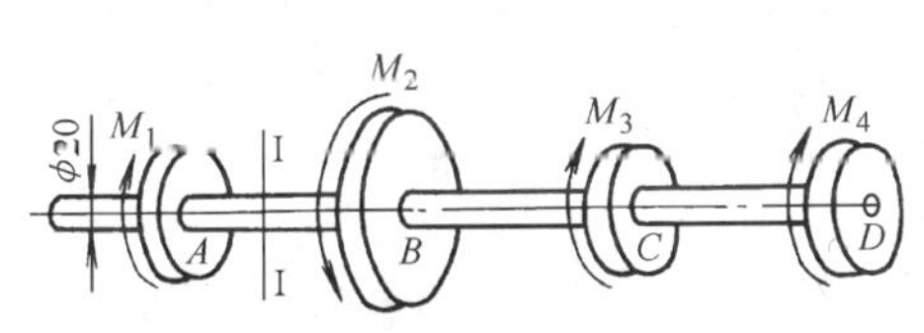

图 7-16　题 7-17 图

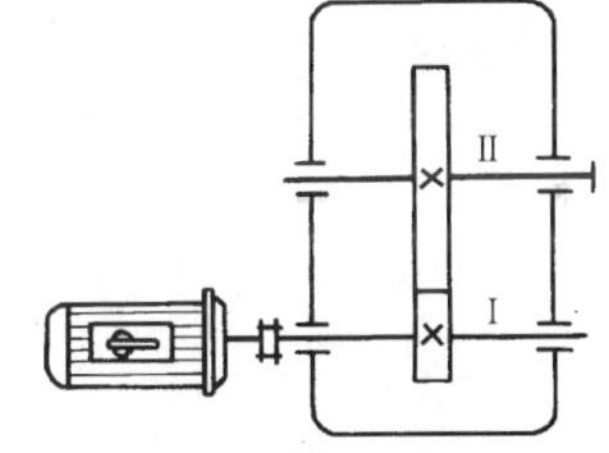

图 7-17　题 7-18 图

7-20　汽车的转向轴如图 7-19 所示，转向盘的直径 $D_1=52\text{cm}$，驾驶员每只手作用于转向盘上的最大切向力 $F=200\text{N}$，转向轴材料的许用切应力 $[\tau]=50\text{MPa}$，试设计实心转向轴的直径。若改为 $\alpha=d/D=0.8$ 的空心轴，则空心轴的内径和外径各多大？并比较两者的质量。

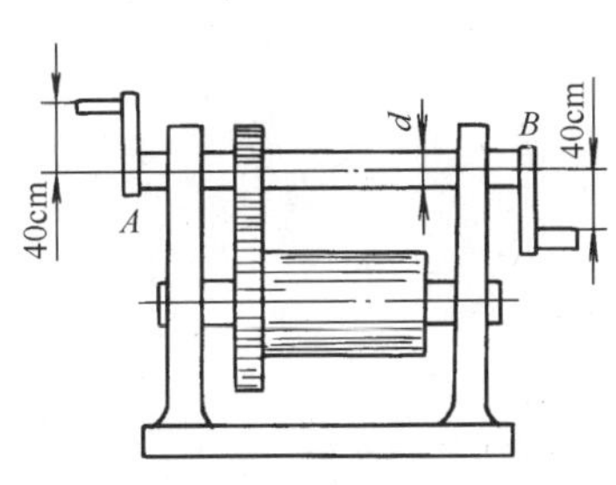

图 7-18　题 7-19 图

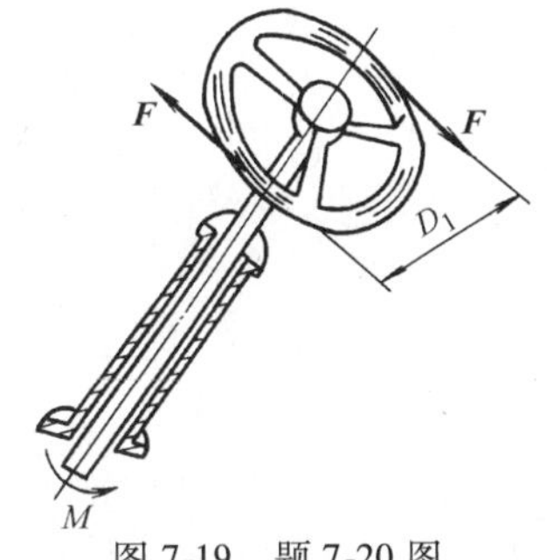

图 7-19　题 7-20 图

7-21　图7-20所示为某一机器上的输入轴，由电动机带动带轮，输入功率 $P=4\text{kW}$，该轴转速 $n=900\text{r/min}$，轴的直径 $d=30\text{mm}$，已知材料的许用切应力 $[\tau]=30\text{MPa}$，切变模量 $G=80\text{GPa}$，许用的单位长度扭转角 $[\theta]=0.5°/\text{m}$。试校核轴的强度和刚度。

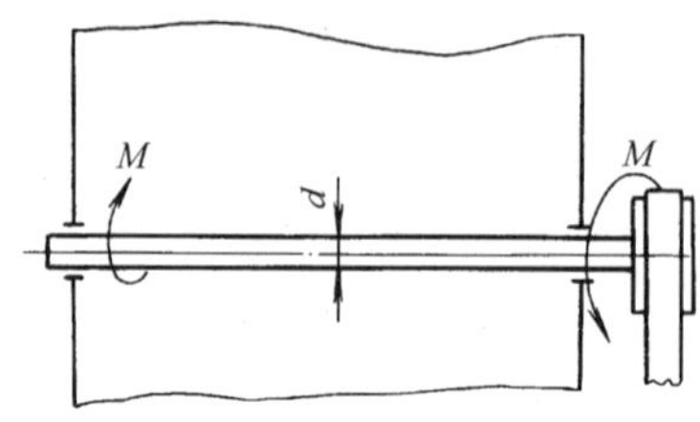

图7-20　题7-21图

第八章 弯 曲

第一节 弯曲概述

杆件在通过轴线的平面内受到垂直于轴线的横向力或力偶的作用时，轴线由直变弯，即发生弯曲变形。以弯曲变形为主的杆件称为梁。工程中存在大量的弯曲问题，如金属切削车床上的车刀（图 8-1a）、单梁吊车（图 8-2a）、火车轮轴（图 8-3a）等。实际的梁结构比较复杂，为了便于分析和计算，必须对梁的几何形状、支座、载荷等进行简化。梁的截面形状有矩形、圆形、T 型、工字型、槽型等，都可视为直杆并以轴线表示；梁的支座有固定铰、活动铰、固定端等；载荷有集中力、集中力偶、分布力等。梁的力学模型分为三种：悬臂梁（图 8-1b）、简支梁（图 8-2b）和外伸梁（图 8-3b）。上述梁均为静定梁，若增加支座数，则成为超静定梁。若将几个单个梁连在一起，则成为组合梁。

大多数情况下，梁都有一个纵向对称面，如图 8-4 所示。当所有外力都作用在该平面内时，梁的轴线也在该平面内弯曲成一条平面曲线，这就是平面弯曲。本章主要讨论平面弯曲问题。

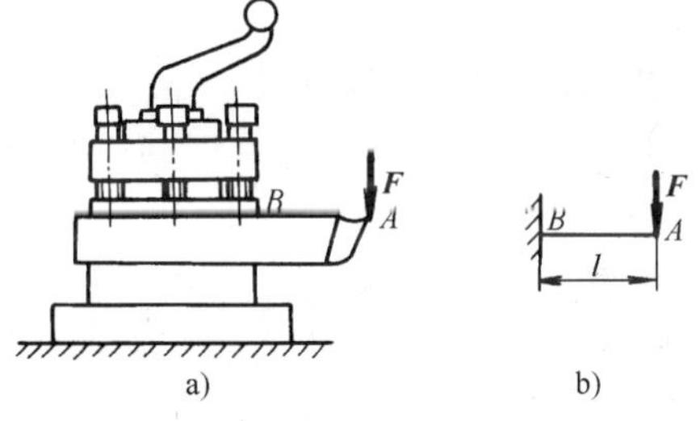

图 8-1 车床上车刀

a）刀架和车刀示意图 b）简化后的计算简图

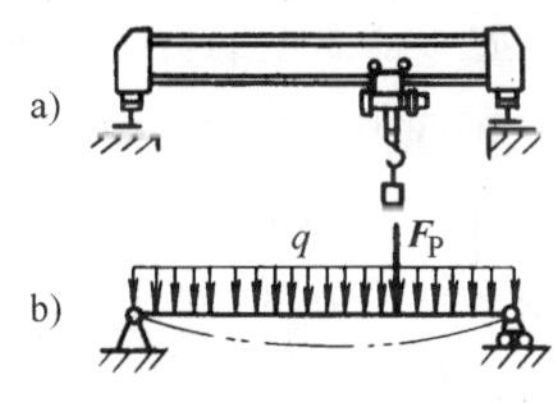

图 8-2 单梁吊车

a）单梁吊车示意图 b）简化后的计算简图

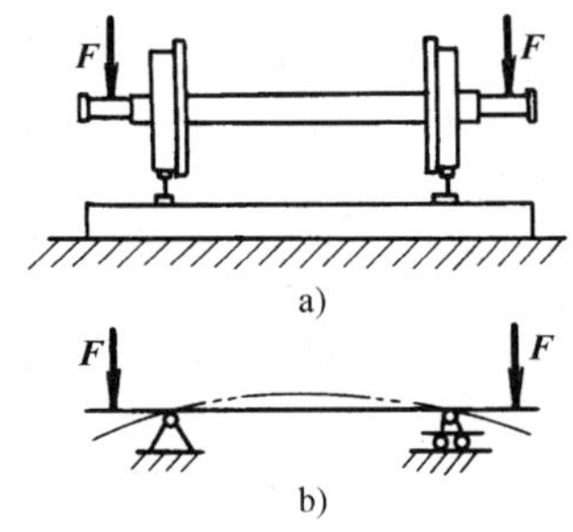

图 8-3 火车轮轴

a）火车轮轴示意图 b）简化后的计算简图

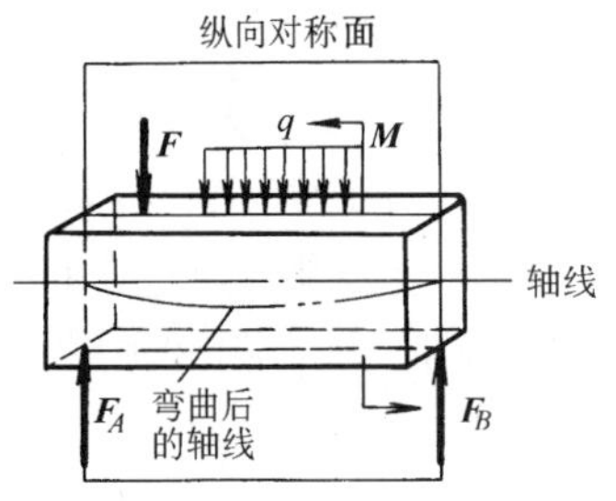

图 8-4 平面弯曲示意图

第二节　梁的剪力和弯矩计算

确定了梁上的所有载荷与支座反力后，进一步就可研究其横截面上的内力。其方法仍如前面一样，采用截面法。

现以图8-5a所示的简支梁为例，其上作用有载荷$\boldsymbol{F}$，欲求距A端x处m-m横截面上的内力。为此，先求出梁的支座反力$\boldsymbol{F}_A$、$\boldsymbol{F}_B$，然后假想地沿横截面m-m将梁截成两段，取左段为研究对象（图8-5b），由于整个梁处于平衡状态，左段也应保持平衡。左段上的外力有铅垂方向的$\boldsymbol{F}_A$，故在横截面m-m上必有一个切向内力$\boldsymbol{F}_Q$存在与之平衡；同时，$\boldsymbol{F}_A$与$\boldsymbol{F}_Q$形成一力偶，其力偶矩为$\boldsymbol{F}_A x$，使左段有顺时针转动的趋势，而实际上左段仍处于平衡状态，因此在该横截面上还应有一个逆时针转向的内力偶矩M存在。也就是说，在抛弃右段梁之后，它对左段梁的作用，可以用截面上的切向内力$\boldsymbol{F}_Q$和内力偶矩M来代替，其大小由平衡方程确定，即

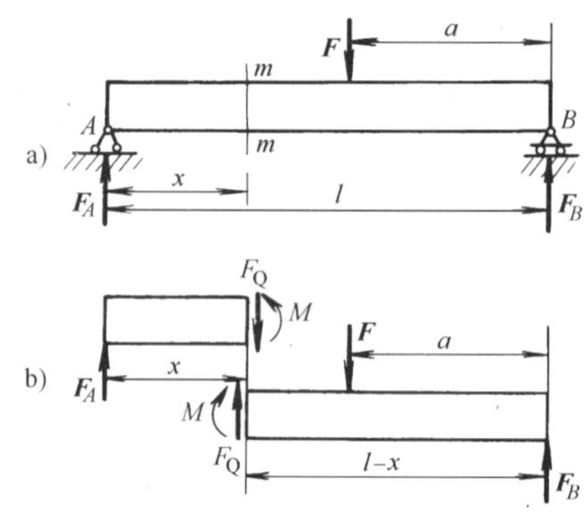

图8-5　梁横截面上的内力

$$\sum F_y = 0 \quad F_A - F_Q = 0$$

得

$$F_Q = F_A$$

$$\sum M_C(F) = 0 \quad M - F_A x = 0$$

得

$$M = F_A x$$

$\boldsymbol{F}_Q$称为m-m截面上的剪力，它是该截面上切向分布内力的合力；M称为m-m截面上的弯矩，它是该截面上法向分布内力的合力偶矩。这里的矩心C是横截面的形心。剪力和弯矩即为一般情况下梁弯曲时横截面上的两个内力。

若取右段为研究对象（图8-5b），用相同的方法也可求得m-m截面上的$\boldsymbol{F}_Q$和M，因为剪力和弯矩是左段与右段在截面m-m上相互作用的内力，它们满足作用力与反作用力定律，其数值必然相等而方向相反。

为使取不同段为研究对象求得的同一截面上的剪力和弯矩不仅数值相同，而且符号一致，可按梁的变形关系，对剪力及弯矩的正负号作如下规定：

1）凡剪力对所取梁内任一点的力矩是顺时针转向的为正（图8-6a），反之为负（图8-6b），即以截面左侧为研究对象时，向下的剪力为正，反之为负；以截面右侧为研究对象时，向上的剪力为正，反之为负。

2）凡弯矩使所取梁段产生上凹下凸变形的为正（见图8-6c），反之为负（见图8-6d），即以截面左侧为研究对象时，逆时针的弯矩为正，反之为负；以截面右侧为研究对象时，顺时针的弯矩为正，反之为负。

一般情况下，可以先把未知的剪力和弯矩假设为正，然后由平衡条件计算剪力和弯矩的大小，若计算结果为正，说明内力的实际方向与假设的方向一致；若计算结果为负，说明内力的实际方向与假设方向相反。

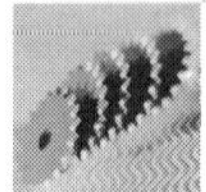

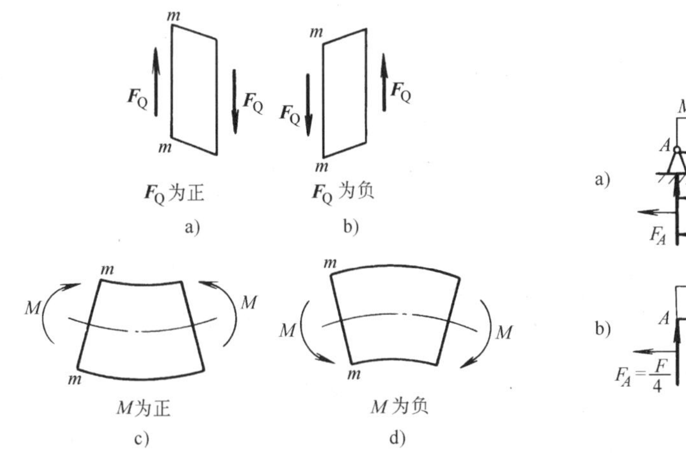

图 8-6 剪力和弯矩的符号

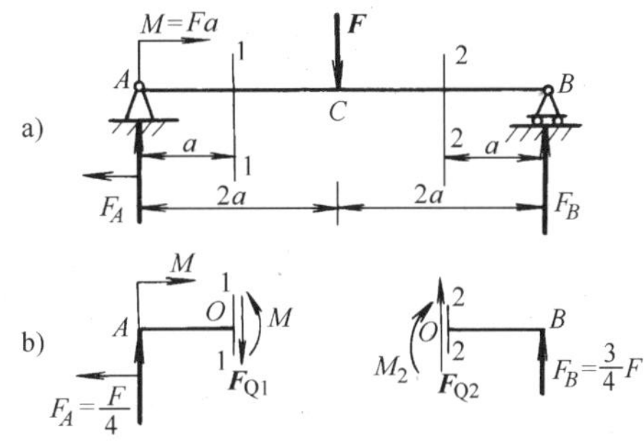

图 8-7 梁截面上的内力计算

例 8-1 简支梁受力如图 8-7a 所示，试求 1-1、2-2 截面上的剪力和弯矩。

解 (1) 计算支座反力 取整体为研究对象，由平衡方程可得

$$F_A = \frac{1}{4}F \quad F_B = \frac{3}{4}F$$

方向如图 8-7a 所示。

(2) 用截面法计算梁各截面上的内力

1-1 截面：假想将梁沿 1-1 截面截开，保留左段，设截面上的剪力 F_{Q1} 与弯矩 M_1 均为正，方向如图 8-7b 所示，由平衡方程

$$\sum F_y = 0 \quad F_A - F_{Q1} = 0$$

得
$$F_{Q1} = F_A = \frac{1}{4}F$$

$$\sum M_O(F) = 0 \quad -F_A a - M + M_1 = 0$$

得
$$M_1 = F_A a + M = \frac{5}{4}Fa$$

F_{Q1} 与弯矩 M_1 均为正值，表示实际方向与假设相同。

2-2 截面：假想将梁沿 2-2 截面截开，保留右段，设截面上剪力 F_{Q2} 与弯矩 M_2 均为正，方向如图 8-7c 所示，由平衡方程

$$\sum F_y = 0 \quad F_B + F_{Q2} = 0$$

得
$$F_{Q2} = -F_B = -\frac{3}{4}F$$

$$\sum M_O(F) = 0 \quad F_B a - M_2 = 0$$

得
$$M_2 = F_B a = \frac{3}{4}Fa$$

F_{Q2} 为负值，表示实际方向与假设相反，即该截面上剪力为负剪力；M_2 为正值，表示该截面上的弯矩方向与假设相同。

第三节　剪力图和弯矩图的绘制

一、剪力方程和弯矩方程

一般情况下，梁横截面上的剪力和弯矩随截面位置的变化而变化，若以横坐标 x 表示横截面在梁轴线上的位置，则各横截面上剪力和弯矩都可表示为 x 的函数，即

$$F_Q = F_Q(x)$$
$$M = M(x)$$

以上两式分别称为梁的剪力方程和弯矩方程。

二、剪力图和弯矩图

与绘制轴力图和转矩图一样，也可用图线表示梁的各横截面上的剪力 $\boldsymbol{F}_Q$ 和弯矩 M 沿梁轴线变化的情况。以平行于梁轴的横坐标 x 表示横截面的位置，以纵坐标表示相应横截面上的剪力和弯矩，绘出剪力方程和弯矩方程的图线，这样的图线分别称为剪力图和弯矩图。

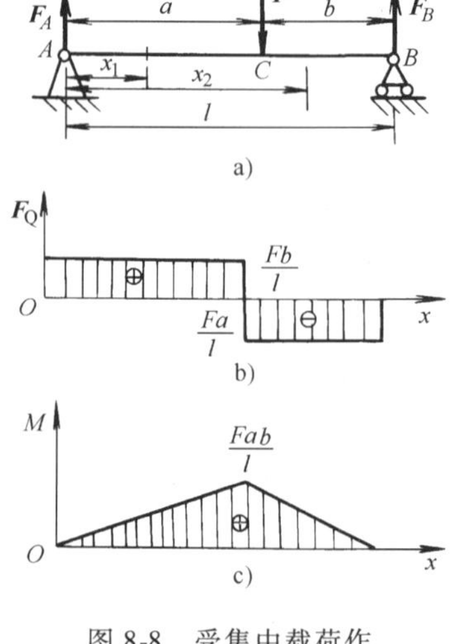

图 8-8　受集中载荷作用梁的 F_Q、M 图

例 8-2　简支梁如图 8-8a 所示，在 C 处受集中载荷 $\boldsymbol{F}$ 作用，试列出此梁的剪力方程和弯矩方程，并绘制剪力图和弯矩图。

解　（1）求支座反力　由平衡方程求得

$$F_A = \frac{Fb}{l},\quad F_B = \frac{Fa}{l}$$

（2）列出剪力方程和弯矩方程　以梁的左端为坐标原点，选取坐标系如图 8-8a 所示。集中力 $\boldsymbol{F}$ 作用在 C 点，梁在 AC 和 BC 两段内的剪力和弯矩都不能用同一方程来表示，应分段考虑。在 AC 段内，取距左端为 x_1 的任意横截面，根据平衡方程可得此横截面上的剪力方程和弯矩方程分别为

$$F_{Q1} = \frac{Fb}{l} \quad (0 < x_1 < a)$$

$$M_1 = \frac{Fb}{l}x_1 \quad (0 \leqslant x_1 \leqslant a)$$

同样可求得 CB 段内的剪力方程和弯矩方程分别为

$$F_{Q2} = \frac{Fb}{l} - F = -\frac{Fa}{l} \quad (a < x_2 < l)$$

$$M_2 = \frac{Fb}{l}x_2 - F(x_2 - a) = \frac{Fa}{l}(l - x_2) \quad (a \leqslant x_2 \leqslant l)$$

（3）作剪力图　由方程知剪力图为分段的水平线，如图 8-8b 所示。

（4）作弯矩图　由方程知，弯矩图为分段的斜直线。

AC 段：当 $x_1 = 0$ 时，$M_1 = 0$；当 $x_1 = a$ 时，$M_1 = \frac{Fab}{l}$；

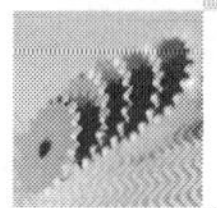

CB 段：当 $x_2 = a$ 时，$M_2 = \dfrac{Fab}{l}$；当 $x_2 = l$ 时，$M_2 = 0$。

据此数据画出弯矩图（图 8-8c）。由图可见，在集中力作用处（C 截面），其左、右两侧横截面上弯矩相同，$M_{max} = \dfrac{Fab}{l}$，而剪力则发生突变，突变值等于该集中力的大小。

例 8-3 简支梁如图 8-9 所示，在 C 点处受一集中力偶 M_0 作用，作此梁的剪力图和弯矩图。

解 （1）求支座反力 以整体为研究对象，由平衡方程求得

$$F_A = F_B = \frac{M_0}{l}$$

方向如图 8-9a 所示。

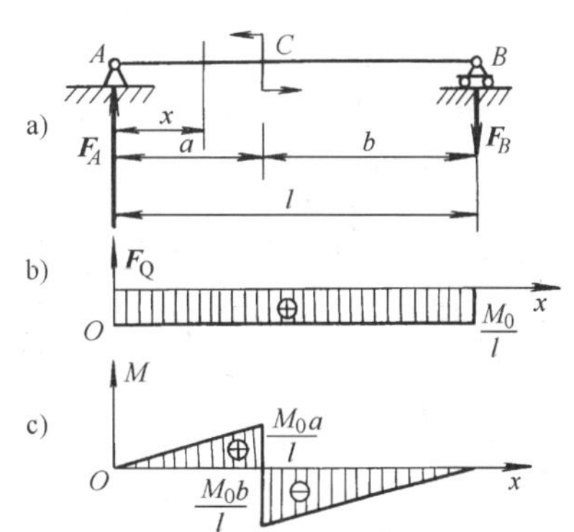

图 8-9 受集中力偶作用梁的 F_Q、M 图

（2）列剪力方程和弯矩方程 由于 C 处有集中力偶 M_0 作用，应将梁分为 AC 和 CB 两段，分别在两段内取截面，根据截面左侧梁上的外力列出剪力方程和弯矩方程。

AC 段

$$F_{Q1} = F_A = \frac{M_0}{l} \quad (0 \leqslant x < a)$$

$$M_1 = F_A x \quad (0 \leqslant x < a)$$

CB 段

$$F_{Q1} = F_A = \frac{M_0}{l} \quad (a \leqslant x < l)$$

$$M_2 = F_A x - M_0 = \frac{M_0}{l}x - M_0 \quad (a < x \leqslant l)$$

（3）作剪力图 全梁上各截面剪力均为$\dfrac{M_0}{l}$，故为一水平线，如图 8-9b 所示。

（4）作弯矩图

AC 段：当 $x = 0$ 时，$M_1 = 0$；当 $x \to a$ 时，即在 C 点稍左截面处，$M_1 = \dfrac{M_0 a}{l}$。

BC 段：当 $(x - a) \to 0$ 时，即在 C 点稍右的截面上，$M_2 = -\dfrac{M_0 b}{l}$；当 $x = l$ 时，$M_2 = 0$。

据此数据画出弯矩图（图 8-9c）。由图可见，在 C 点处弯矩图发生突变，突变值为 M_0。

例 8-4 图 8-10 所示一简支梁，在梁上受集度为 q 的均布载荷作用，作此梁的剪力图和弯矩图。

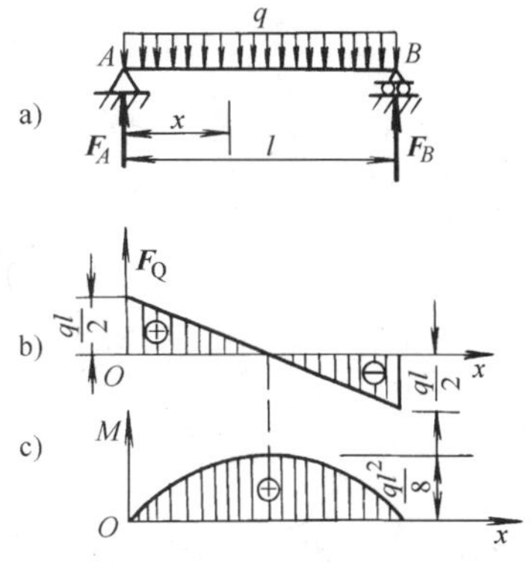

图 8-10 均布载荷梁的 F_Q、M 图

解 （1）求支座反力 由对称性可知梁的两个支座反力相等，即

$$F_A = F_B = \frac{1}{2}ql$$

（2）列剪力方程和弯矩方程

$$F_Q = F_A - qx = \frac{ql}{2} - qx \quad (0 < x < l)$$

$$M = F_A x - qx\frac{x}{2} = \frac{ql}{2}x - \frac{1}{2}qx^2 \quad (0 \leqslant x \leqslant l)$$

（3）作剪力图（见图8-10b）和弯矩图（见图8-10c）　由上式知剪力图为一直线，取得两点即可绘出，而弯矩图为二次抛物线，要绘出此曲线至少需确定三点：在 $x=0$ 和 $x=l$ 处，$M=0$；在 $x=l/2$ 处，$M=ql^2/8$，由此可绘出弯矩图。由图可见，在两支座内侧横截面上剪力的绝对值最大，其值为 $|F_Q|_{max}=ql/2$；在梁的中点横截面上，剪力 $F_Q=0$，弯矩值最大，其值为 $|M|_{max}=ql^2/8$。

事实上，剪力、弯矩和载荷集度间存在着普遍的规律，现将有关弯矩、剪力与载荷间的关系，以及剪力图和弯矩图的一些特征汇总整理为表8-1，以供参考。

表8-1　在几种载荷下剪力图与弯矩图的特征

一段梁上的外力情况	向下的均布荷载 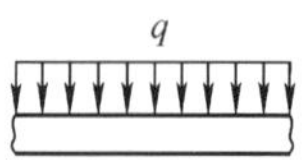	无荷载 	集中力 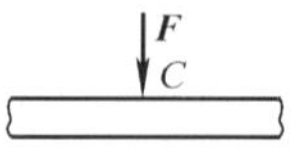	集中力偶 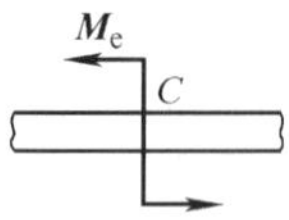
	q		F C	M_e C
剪力图上的特征	向下方倾斜的直线 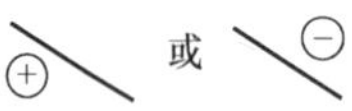 ⊕ 或 ⊖	水平直线，一般为 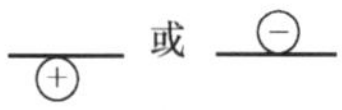 ⊕ 或 ⊖	在 C 处有突变 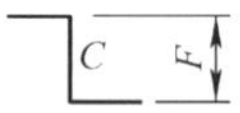 C F	在 C 处无变化  C
弯矩图上的特征	下凸的二次抛物线 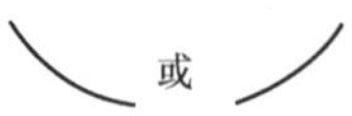 或	一般为斜直线  或	在 C 处有尖角  或 或	在 C 处有突变 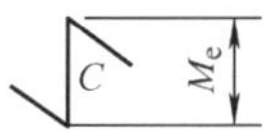 C M_e
最大弯矩所在截面的可能位置	在 $F_s=0$ 的截面		在剪力突变的截面	在紧靠 C 点的某一侧的截面
举例	例8-4	例8-2或例8-3	例8-2	例8-3

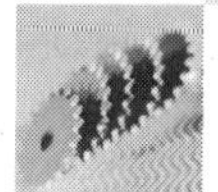

第四节　弯曲梁横截面上的正应力

一般情况下，梁的截面上有弯矩 M 和剪力 F_s。由截面上分布内力的合成关系可知，横截面上只有与正应力有关的法向内力元素 $dF_N=\sigma dA$ 才能合成弯矩；而与切应力有关的切向内力元素 $dF_N=\tau dA$ 才能合成为剪力。所以，在梁的横截面上一般既有正应力，又有切应力。

本章只研究梁在对称弯曲时，横截面上的正应力。若梁在某段内各横截面上的剪力为零，弯矩为常量，则该段梁的弯曲称为纯弯曲。例如，具有纵对称面的梁，在对称面内仅受一对外力偶作用时（图 8-11），其弯曲属于对称弯曲中的纯弯曲情况，这是弯曲理论中最基本的情况。

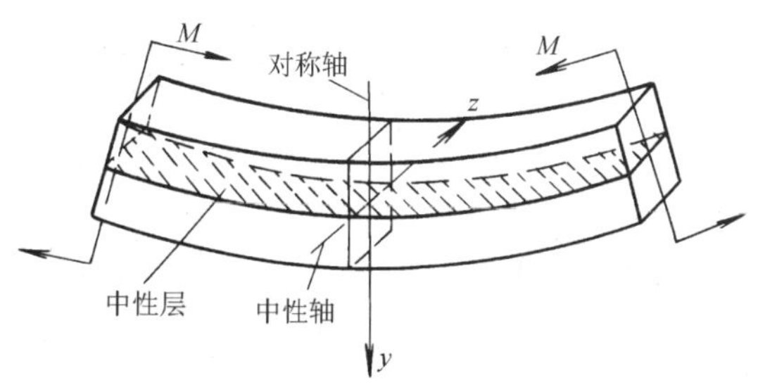

图 8-11　中性层与中性轴

一、正应力的计算

综合考虑几何、物理和静力学三方面的关系，可推导出纯弯曲梁横截面上任一点正应力的计算公式为

$$\sigma=\frac{My}{I_z}\qquad(8\text{-}1)$$

式中　M——作用在该截面上的弯矩；

y——横截面上任一点到中性轴的距离；

I_z——该截面对中性轴的惯性矩，是仅与截面形状、尺寸有关的几何量。

在应用式（8-1）时，M 和 y 均以绝对值代入求出 σ 的大小，至于所求应力是拉应力还是压应力，由梁的变形直接判断。

对某一截面来说，弯矩 M 与惯性矩 I_z 都是定值，由式（8-1）可知，最大正应力发生在离中性轴最远的上下边缘处，即

$$\sigma_{max}=\frac{My_{max}}{I_z}=\frac{M}{I_z/y_{max}}=\frac{M}{W_z}\qquad(8\text{-}2)$$

式中　W_z——横截面对中性轴的抗弯截面系数，是截面的几何性质之一，也是衡量截面抗弯能力的一个几何参数。

上述公式虽然是在纯弯曲下导出的，但对于横力弯曲的梁，只要其跨度与截面高度之比大于 5，仍可用上述公式计算弯曲正应力。

二、常用截面的几何性质

表 8-2 列出了几种常用截面的惯性矩和抗弯截面系数的计算公式，供学习中查用，而对于工字钢、槽钢、角钢等型钢的惯性矩和抗弯截面系数可在有关机械设计手册中查到。

表 8-2 常用截面的 I_z、W_z 计算公式

截面形状	惯性矩	抗弯截面系数
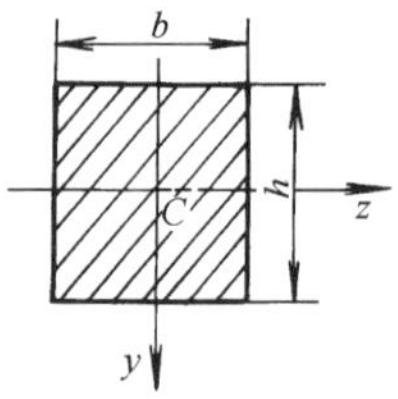 矩形（b × h）	$I_z = \frac{bh^3}{12}$ $I_y = \frac{hb^3}{12}$	$W_z = \frac{bh^2}{6}$ $W_y = \frac{hb^2}{6}$
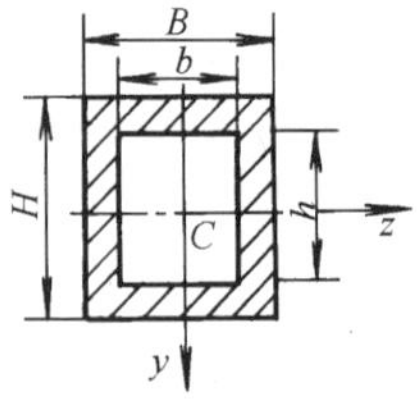 空心矩形（B × H，b × h）	$I_z = \frac{BH^3 - bh^3}{12}$ $I_y = \frac{HB^3 - hb^3}{12}$	$W_z = \frac{BH^3 - bh^3}{6H}$ $W_y = \frac{HB^3 - hb^3}{6B}$
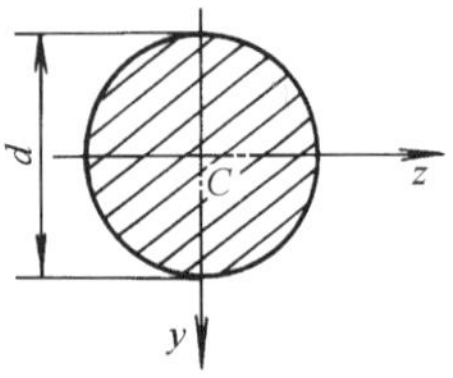 圆形（d）	$I_z = I_y = \frac{\pi d^4}{64}$	$W_z = W_y = \frac{\pi d^3}{32}$
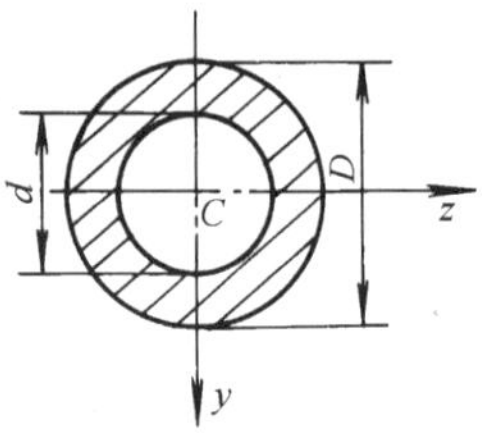 圆环（D，d）	$I_z = I_y = \frac{\pi d^4}{64}(1-\alpha^4)$ 式中 $\alpha = d/D$	$W_z = W_y = \frac{\pi D^4}{32}(1-\alpha^4)$ 式中 $\alpha = d/D$
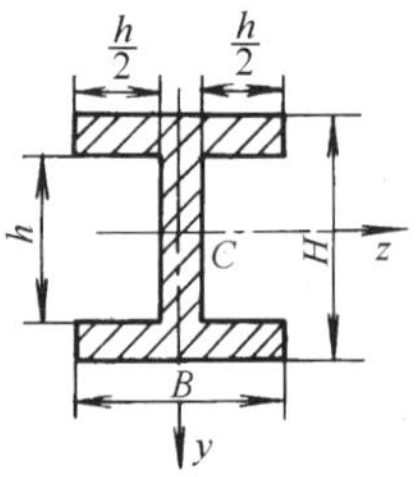 工字形（B，H，h，$\frac{h}{2}$）	$I_z = \frac{BH^3 - bh^3}{12}$	$W_z = \frac{BH^3 - bh^3}{6H}$

例 8-5 矩形截面悬臂梁如图 8-12 所示，$F = 1\text{kN}$，试计算 1-1 截面上 A、B、C 各点的正应力以及该梁的最大正应力。

解 （1）求固定端约束力

$$F_A = F = 1\text{kN} \quad M = F \times 500\text{kN} \cdot \text{mm}$$

$$= 5 \times 10^5 \text{N} \cdot \text{mm}$$

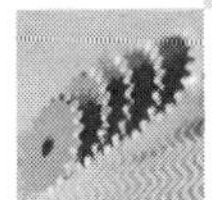

方向如图 8-12a 所示。

（2）作弯矩图　如图 8-12b 所示。

（3）计算截面惯性矩及抗弯截面系数

$$I_z=\frac{bh^3}{12}=\frac{18\times30^3}{12}\text{mm}^4$$

$$=4.05\times10^4\text{mm}^4$$

$$W_z=\frac{bh^2}{6}=\frac{18\times30^2}{6}\text{mm}^3=2700\text{mm}^3$$

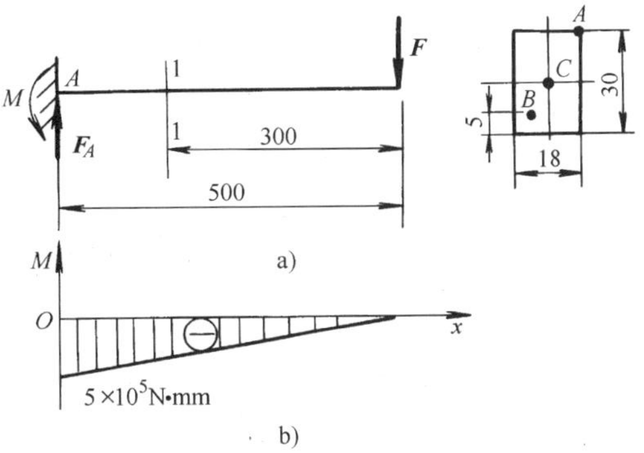

（4）求 1-1 截面上各点的应力　由截面法得 1-1 截面上的弯矩

$$M_{1\text{-}1}=-1\times10^3\times300\text{N}\cdot\text{mm}=-3\times10^5\text{N}\cdot\text{mm}$$

图 8-12　正应力计算

$M_{1\text{-}1}$为负值，表明该截面上的弯矩使梁产生上凸下凹变形，截面中性轴以上各点的应力为拉应力，以下各点应力为压应力。

A 点：$y_A=\frac{30}{2}\text{mm}=15\text{mm}$

$$\sigma_A^+=\frac{|M_{1\text{-}1}|\,y_A}{I_z}=\frac{3\times10^5\times15}{4.05\times10^4}\text{MPa}\approx111\text{MPa}\quad（拉应力）$$

B 点：$y_B=（15-5）\text{mm}=10\text{mm}$

$$\sigma_B^-=\frac{|M_{1\text{-}1}|\,y_B}{I_z}=\frac{3\times10^5\times10}{4.05\times10^4}\text{MPa}\approx74.1\text{MPa}\quad（压应力）$$

C 点：$y_C=0$

$$\sigma_C=0$$

（5）求梁的最大正应力　梁的最大正应力应在梁的最大弯矩所在截面，由弯矩图知

$$M_{max}=-1\times10^3\times500\text{N}\cdot\text{mm}=-5\times10^5\text{N}\cdot\text{mm}$$

故

$$\sigma_{max}=\frac{|M_{max}|}{W_z}=\frac{5\times10^5}{2700}\text{MPa}\approx185\text{MPa}$$

其中，截面的上边缘各点承受最大拉应力为 σ_{max}^+，截面的下边缘各点承受最大压应力为 σ_{max}^-。

第五节　弯曲梁的强度计算

一般情况下，梁各截面的弯矩是不相等的，对于等截面梁，由于 W_z 为常数，最大弯矩所在截面上将有最大正应力，该截面称为危险截面。危险截面上最大应力所在的点称作危险点，梁的破坏首先从这里开始。因此，等截面梁的弯曲正应力强度条件为

$$\sigma_{max}=\frac{M_{max}}{W_z}\leqslant[\sigma]\tag{8-3}$$

式中　$[\sigma]$——材料的许用应力。

对于变截面梁，最大弯矩所在截面不一定是危险截面，比值 M/W_z 最大的那个截面才是危险截面。因此，变截面梁弯曲正应力强度条件为

$$\sigma_{max} = \left(\frac{M}{W_z}\right)_{max} \leqslant [\sigma] \tag{8-4}$$

式（8-3）、式（8-4）适用于抗拉强度和抗压强度相同的材料，而二者不同的材料（如铸铁）则要求

$$\sigma_{max}^{+} = \frac{M_{max} y^{+}}{I_z} \leqslant [\sigma]^{+}$$

$$\sigma_{max}^{-} = \frac{M_{max} y^{-}}{I_z} \leqslant [\sigma]^{-} \tag{8-5}$$

式中 y^{+}——截面受拉一侧的边缘到中性轴的距离；

y^{-}——截面受压一侧的边缘到中性轴的距离；

$[\sigma]^{+}$、$[\sigma]^{-}$——材料的许用拉应力和许用压应力。

利用梁的正应力强度条件，可解决梁的三类强度计算问题。

（1）校核强度　已知梁的截面形状尺寸、材料及所受载荷，验证梁的强度是否满足强度条件。

（2）选择截面　已知梁的材料及所受载荷，先按下式

$$W_z \geqslant \frac{M_{max}}{[\sigma]}$$

求出抗弯截面系数 W_z，再根据 W_z 确定截面尺寸。

（3）确定许可载荷　已知梁的截面形状尺寸及所用材料，先按下式

$$M_{max} \leqslant W_z[\sigma]$$

求出最大弯矩 M_{max}，然后根据 M_{max} 与载荷的关系确定梁能承受的最大载荷。

例 8-6　若例 8-5 中悬臂梁材料的许用应力 $[\sigma]=200\text{MPa}$，试校核强度。如果梁改为水平放置，梁的强度是否满足要求？

解　由例 8-5 知

$$\sigma_{max} = \frac{|M_{max}|}{W_z} \approx 185\text{MPa} < [\sigma] = 200\text{MPa}$$

故梁满足强度条件。

若梁水平放置，则抗弯截面系数为

$$W_z' = \frac{hb^2}{6} = \frac{30\times18^2}{6}\text{mm}^3 = 1620\text{mm}^3$$

则有

$$\sigma_{max}' = \frac{|M_{max}|}{W_z'} = \frac{5\times10^5}{1620}\text{MPa} \approx 309\text{MPa} > [\sigma]$$

故梁不满足强度条件（从本例题中可得到什么启示？请读者思考）。

例 8-7　铸铁悬臂梁的尺寸及受力如图 8-13a 所示，已知材料的许用拉应力 $[\sigma]^{+}=40\text{MPa}$，许用压应力 $[\sigma]^{-}=160\text{MPa}$，截面对中性轴的惯性矩 $I_z=6013\times10^4\text{mm}^4$，试校核梁

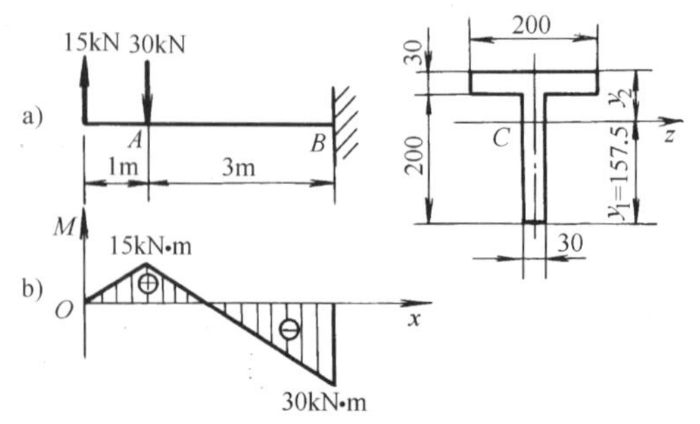

图 8-13　梁的强度校核

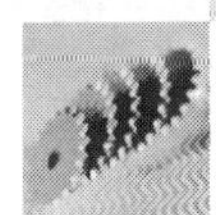

的强度。

解 本题梁所用材料的抗拉强度与抗压强度不同，截面对中性轴也不对称，应使用式(8-5)进行强度校核。

(1) 作梁的弯矩图 如图 8-13b 所示，由图中可知

$$M_A = 15\text{kN}\cdot\text{m}, M_B = -30\text{kN}\cdot\text{m}$$

(2) 校核最大拉应力 首先分析最大拉应力发生在哪里：在 A 截面上，弯矩 M_A 为正，梁发生上凹下凸变形，最大拉应力发生在该截面的下边缘各点处，其值为

$$\sigma^{+}_{\max(A)} = \frac{M_A y_1}{I_z}$$

在 B 截面上，弯矩 M_B 为负，梁发生上凸下凹变形，最大拉应力发生在该截面的上边缘各点处，其值为

$$\sigma^{+}_{\max(B)} = \frac{M_B y_2}{I_z}$$

代入数据知，$|M_A y_1| > |M_B y_2|$，即 $\sigma^{+}_{\max(A)} > \sigma^{+}_{\max(B)}$。因此，最大拉应力应发生在 A 截面下边缘各点处。于是可得全梁的最大拉应力为

$$\sigma^{+}_{\max} = \frac{M_A y_1}{I_z} = \frac{15 \times 10^6 \times 157.5}{6013 \times 10^4}\text{MPa} \approx 39.3\text{MPa} < [\sigma]^{+} = 40\text{MPa}$$

故满足强度要求。

(3) 校核最大压应力 通过分析可知，全梁最大压应力发生在 B 截面的下边缘各点处。于是有

$$\sigma^{-}_{\max} = \frac{M_B y_1}{I_z}$$

$$= \frac{30 \times 10^6 \times 157.5}{6013 \times 10^4}\text{MPa}$$

$$\approx 78.6\text{MPa} < [\sigma]^{-} = 140\text{MPa}$$

故也满足强度要求。

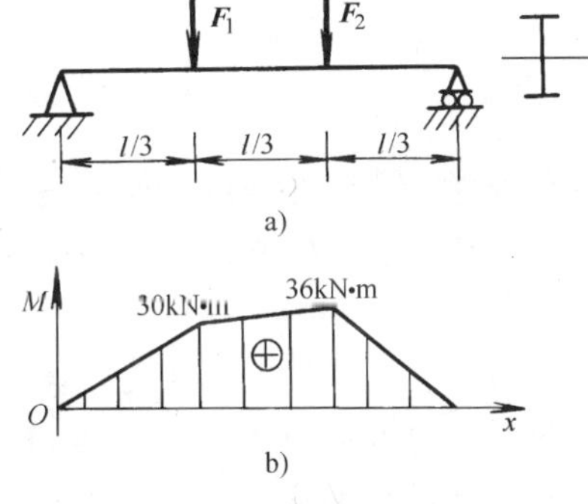

图 8-14 梁的截面设计

例 8-8 工字钢简支梁受力如图 8-14a 所示，已知 $l = 6\text{mm}$，$F_1 = 12\text{kN}$，$F_2 = 21\text{kN}$，钢的许用应力 $[\sigma] = 160\text{MPa}$，试选择工字钢的型号。

解 (1) 作弯矩图 作出的弯矩图如图 8-14b 所示。由图中可知

$$M_{\max} = 36\text{kN}\cdot\text{m}$$

(2) 选择截面 根据正应力强度条件有

$$W_z \geqslant \frac{M_{\max}}{[\sigma]} = \frac{36 \times 10^6}{160}\text{mm}^3 = 225\text{cm}^3$$

查型钢表，选 20a 号工字钢。其 $W_z = 237\text{cm}^3$，略大于按强度条件算得的 W_z 值，一定满足强度要求。如选用的工字钢的 W_z 值略小于按强度条件算得的 W_z 值时，则应再校核一下强度，若超出的 $[\sigma]$ 值在 5% 以内，工程上是允许的。

例 8-9 一单梁吊车如图 8-15a 所示，已知梁的跨度 $l = 8\text{m}$，由 45a 号工字钢制成，材料的许用应力 $[\sigma] = 140\text{MPa}$，试按梁的弯曲强度条件确定梁的许可起重力 $[F]$（不考虑梁

的重力)。

解　(1) 作弯矩图，确定危险截面　吊车梁可简化为简支梁，起吊重力通过行走小车传递给吊车梁上。小车轮子的间距与梁跨度 l 相比甚小，故作用在梁上的载荷可简化为一集中力，如图 8-15b 所示。

可以证明，当小车行至跨度中间时，梁内弯矩最大，这时的弯矩图如图 8-15c 所示。跨度中间截面为危险截面，最大弯矩值为

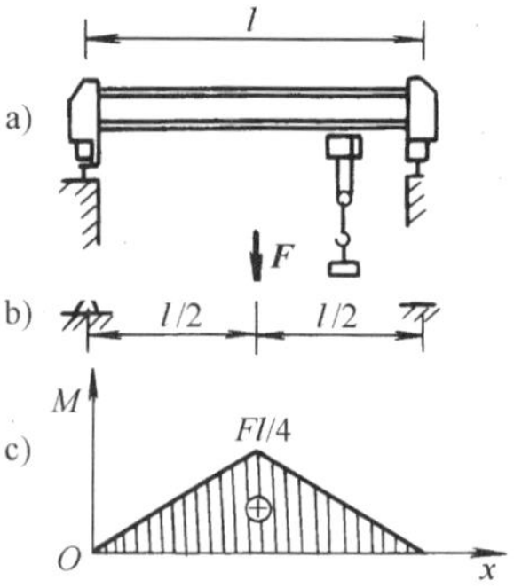

图 8-15　梁的许可载荷计算

$$M_{max} = \frac{Fl}{4}$$

(2) 确定许可其重力 $[F]$　由弯曲强度条件，有

$$\sigma_{max} = \frac{|M_{max}|}{W_z} \leqslant [\sigma]$$

由型钢表中查得 45a 号工字钢的 $W_z = 1430 \times 10^3 mm^3$，代入上式得

$$M_{max} \leqslant W_z[\sigma] = 1430 \times 10^3 \times 140N \cdot m = 20.02 \times 10^7 N \cdot mm$$

将 $M_{max} = Fl/4$ 代入后，解得

$$F \leqslant \frac{4M_{max}}{l} = \frac{4 \times 20.02 \times 10^7}{8 \times 10^3} N = 100 \times 10^3 N$$

因此，该吊车的许可起重力 $[F] = 100kN$。

第六节　梁的弯曲变形

前面讨论了梁的强度计算问题，但对弯曲构件的设计，除了应满足强度要求外，往往还要控制其变形量，以满足刚度要求，否则，梁仍不能正常工作。图 8-16a 所示为齿轮轴，若弯曲变形过大，如图 8-16b 所示，会影响齿轮的正常啮合，以及轴与轴承的正常配合，造成传动不平稳，加速轴和齿轮的磨损，并导致所在设备工作精度降低，寿命减小。

可见，有些构件根据工作要求，对其弯曲变形量必须严格限制在一定范围内，即应满足刚度设计准则。在一般情况下强度问题是主要的，但对变形有严格限制的某些构件，为保证其正常工作能力，刚度问题往往成为主要矛盾。本节研究梁发生平面弯曲时的变形计算原理和方法。

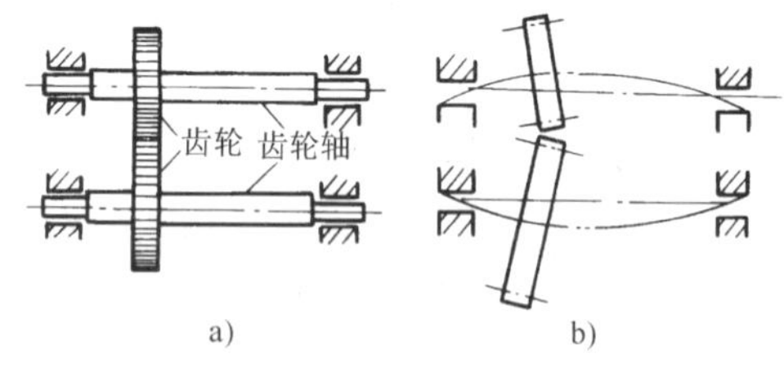

图 8-16　齿轮轴的弯曲变形

一、挠度和转角

如图 8-17 所示，悬臂梁受集中力 $\boldsymbol{F}$ 作用。在平面弯曲的情况下，梁的轴线 AB 变形后弯成一条光滑连续的平面曲线 AB_1，此曲线称为梁的挠曲线。选取图 8-17 所示的坐标系，则挠曲线可 AB_1 用方程

$$y = f(x)$$

表示，上式称为挠曲线方程。

梁的轴线 AB 弯成曲线 AB_1 后，梁的各横截面将产生两种形式的位移。

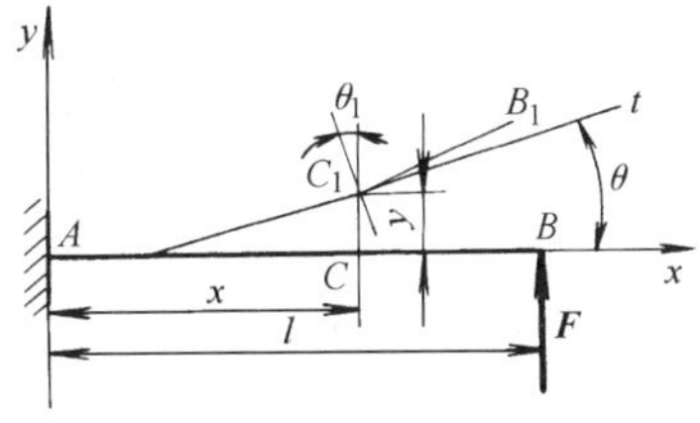

图 8-17　梁的挠度和转角

（1）挠度　梁轴线上任一点（即横截面形心）变形后在垂直方向的线位移，称为该截面的挠度，用 y 表示，如图 8-17 中 CC_1 即为 C 截面的挠度。事实上，由于中性层在变形后长度不变，C 点除沿 y 方向的位移 CC_1 外，还有沿 x 方向的线位移。但在小变形下，沿 x 方向的位移可忽略不计。

（2）转角　梁任一横截面相对其原来位置绕中性轴转动的角位移称为该截面的转角，用 θ 表示，如图 8-17 中 θ_1 即为 C 截面的转角。根据平面假设，梁变形前横截面垂直于轴线 AB，变形后横截面垂直于挠曲线 AB_1。因此，弯曲后梁各横截面均要转动一个角度。

挠度和转角是度量梁的变形的两个基本量，且在图 8-17 所示的坐标系中，规定向上的 y 和逆时针转动的 θ 为正，反之为负。

在图 8-17 中，过 C_1 点作挠曲线的切线 t，令其与 x 轴的夹角为 θ，显然有 $\theta_1=\theta$。由微分学知

$$\tan\theta = \frac{\mathrm{d}y}{\mathrm{d}x} = y'$$

由于挠曲线非常平坦，θ 角很小，故可令 $\tan\theta\approx\theta$，因而有

$$\theta = \frac{\mathrm{d}y}{\mathrm{d}x} = y'$$

这表明，梁任一横截面的转角等于挠曲线在该截面形心处的斜率。由此可见，计算梁的挠度和转角，关键在于建立梁的挠曲线方程，有了方程便可求出梁任意截面的转角和挠度。

但是，建立挠曲线方程比较困难，一般通过建立挠曲线的近似微分方程，再通过积分运算求出挠度和转角。然而积分求变形比较麻烦，为了应用方便，已将常见梁的变形计算结果编制成表，以备查用。表 8-3 中给出了简单载荷作用下梁的变形计算公式。利用这些公式，可根据叠加原理求出梁的变形。

表 8-3　梁在简单载荷作用下的变形

序号	梁的简图	挠曲线方程	端截面转角	最大挠度
1	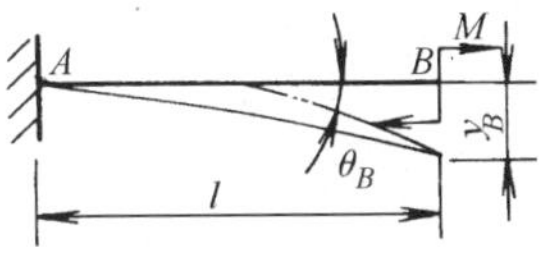	$y=-\dfrac{Mx^2}{2EI}$	$\theta_B=-\dfrac{Ml}{EI}$	$y_B=-\dfrac{Ml^2}{2EI}$
2	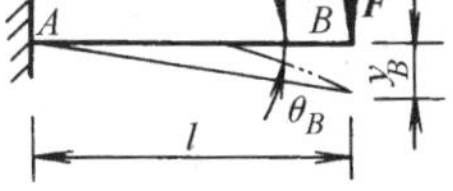	$y=-\dfrac{Fx^2}{6EI}(3l-x)$	$\theta_B=-\dfrac{Fl^2}{2EI}$	$y_B=-\dfrac{Fl^3}{3EI}$

（续）

序号	梁的简图	挠曲线方程	端截面转角	最大挠度
3	A C F B θ_B y_B a l	$y=-\frac{Fx^2}{6EI}(3a-x)$ $(0\leqslant x\leqslant a)$ $y=-\frac{Fa^2}{6EI}(3x-a)$ $(0\leqslant x\leqslant l)$	$\theta_B=-\frac{Fa^2}{2EI}$	$y_B=-\frac{Fa^2}{6EI}(3l-a)$
4	q A B θ_B y_B l	$y=-\frac{qx^2}{24EI}(x^2-4lx+6l^2)$	$\theta_B=-\frac{ql^3}{6EI}$	$y_B=-\frac{ql^4}{8EI}$
5	M A B θ_A θ_B l	$y=-\frac{Mx}{6EIl}(l-x)(2l-x)$	$\theta_A=-\frac{Ml}{3EI}$ $\theta_B=\frac{Ml}{6EI}$	$x=\left(1-\frac{1}{\sqrt{3}}\right)l$ $y_{\max}=-\frac{Ml^2}{9\sqrt{3}EI}$ $x=\frac{l}{2}$ $y_{\frac{l}{2}}=-\frac{Ml^2}{16EI}$
6	M A B θ_A θ_B l	$y=-\frac{Mx}{6EIl}(l^2-x^2)$	$\theta_A=-\frac{Ml}{6EI}$ $\theta_B=-\frac{Ml}{3EI}$	$x=\frac{l}{\sqrt{3}}$ $y_{\max}=-\frac{Ml^2}{9\sqrt{3}EI}$ $x=\frac{l}{2}$ $y_{\frac{l}{2}}=-\frac{Ml^2}{16EI}$
7	θ_A M A B θ_B a b l	$y=\frac{Mx}{6EIl}(l^2-3b^2-x^2)$ $(0\leqslant x\leqslant a)$ $y=\frac{Mx}{6EIl}[-x^2+3l(x-a)^2+(l^2-3b^2)]$ $(a\leqslant x\leqslant l)$	$\theta_A=\frac{M}{6EIl}(l^2-3b^2)$ $\theta_B=\frac{M}{6EIl}(l^2-3a^2)$	
8	F A B θ_A θ_B l/2 l/2	$y=-\frac{Fx}{48EI}(3l^2-4x^2)$ $\left(0\leqslant x\leqslant\frac{l}{2}\right)$	$\theta_A=-\theta_B=-\frac{Fl^2}{16EI}$	$y_{\max}=-\frac{Fl^3}{48EI}$

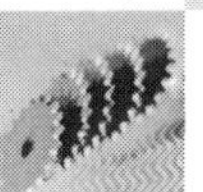

（续）

序号	梁的简图	挠曲线方程	端截面转角	最大挠度
9	A F B θ_A θ_B a b l	$y=-\frac{Fbx}{6EIl}(l^2-b^2-x^2)$ $(0\leqslant x\leqslant a)$ $y=-\frac{Fb}{6EIl}\left[\frac{l}{b}(x-a)^3+(l^2-b^2)x-x^3\right]$ $(a\leqslant x\leqslant l)$	$\theta_A=-\frac{Fab(l+b)}{6EIl}$ $\theta_B=\frac{Fab(l+a)}{6EIl}$	设 $a>b$， 在 $x=\sqrt{\frac{l^2-b^2}{3}}$处 $y_{max}=-\frac{Fb\sqrt{(l^2-b^2)^3}}{9\sqrt{3}EIl}$ 在 $x=\frac{l}{2}$处， $y_{\frac{l}{2}}=-\frac{Fb(3l^2-4b^2)}{48EI}$
10	q A B θ_A θ_B l/2 l/2	$y=-\frac{qx}{24EI}(l^3-2lx^2+x^3)$	$\theta_A=-\theta_B=-\frac{ql^3}{24EI}$	$y_{max}=-\frac{5ql^4}{384EI}$
11	l/2 l/2 F D A B C y_C θ_A θ_B θ_C l a	$y=\frac{Fax}{6EIl}(l^2-x^2)$ $(0\leqslant x\leqslant l)$ $y=-\frac{F(x-l)}{6EI}[a(3x-l)-(x-l)^2]$ $(l\leqslant x\leqslant(l+a))$	$\theta_A=-\frac{1}{2}\theta_B=\frac{Fal}{6EI}$ $\theta_B=-\frac{Fal}{3EI}$ $\theta_C=-\frac{Fa}{6EI}(2l+3a)$	$y_C=-\frac{Fa^2}{3EI}(l-a)$
12	θ_A M A B C y_C θ_B θ_C l a	$y=-\frac{Mx}{6EIl}(x^2-l^2)$ $(0\leqslant x\leqslant l)$ $y=-\frac{M}{6EI}(3x^2-4xl+l^2)$ $(l\leqslant x\leqslant(l+a))$	$\theta_A=-\frac{1}{2}\theta_B=\frac{Ml}{6EI}$ $\theta_B=-\frac{Ml}{3EI}$ $\theta_C=-\frac{M}{3EI}(l+3a)$	$y_C=-\frac{Ma}{6EI}(2l-3a)$

二、用叠加法求梁的变形

所谓叠加法，是指当梁上同时受到几个载荷作用时，在小变形及材料服从胡克定律的条件下，各个载荷引起的变形是相互独立的，因此可以分别计算各个载荷单独作用下所产生的变形，求它们代数和，即可得出几个载荷同时作用时的总变形。下面通过举例，介绍用叠加法求梁的变形。

例 8-10 等截面简支梁受力如图 8-18a 所示。试用叠加法求 B 截面转角 θ 和截面 C 的挠度 y_C。

解 将梁上载荷分解为 q 和 M 单独作用的两种情况，如图 8-18b、c 所示。

查表 8-3 得，在 q 单独作用下

$$\theta_{Bq}=\frac{ql^3}{24EI_z}\qquad y_{Cq}=-\frac{5ql^4}{384EI_z}$$

在 M 单独作用下

$$\theta_{BM}=\frac{Ml}{3EI_z}\qquad y_{CM}=-\frac{Ml^2}{16EI_z}$$

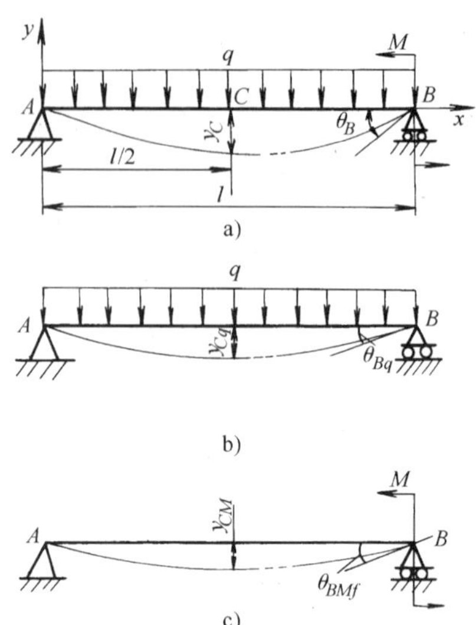

图 8-18　用叠加法求梁的挠度和转角

叠加以上结果，即得 q、M 共同作用下梁 B 截面的转角和截面 C 的挠度

$$\theta_B = \theta_{Bq} + \theta_{BM} = \frac{ql^3}{24EI_z} + \frac{Ml}{3EI_z}$$

$$y_C = y_{Cq} + y_{CM} = -\frac{5ql^4}{384EI_z} - \frac{Ml^2}{16EI_z}$$

第七节　梁的刚度计算

研究梁弯曲时的变形主要目的是要对梁作刚度校核。工程中，为避免梁弯曲变形过大而造成事故，常规定梁的最大挠度和转角不得超过许用值。即

$$|y|_{\max} \leqslant [y]$$

$$|\theta|_{\max} \leqslant [\theta] \qquad (8\text{-}6)$$

式中　$|y|_{\max}$、$|\theta|_{\max}$——梁的最大挠度和最大转角的绝对值；

$[y]$、$[\theta]$——许用挠度和许用转角。

$[y]$ 常以梁跨度 l 的若干分之一给出，$[\theta]$ 以弧度给出。例如：

桥式起重机横梁　$[y] = (1/700 \sim 1/400)\ l$

普通机床主轴　$[y] = (0.0001 \sim 0.0005)\ l$

$[\theta] = (0.001 \sim 0.005)\mathrm{rad}$

滑动轴承处　$[\theta] = 0.001\mathrm{rad}$

向心轴承处　$[\theta] = 0.005\mathrm{rad}$

对于一般机械零部件，其许可挠度和许可转角值可根据梁的载荷、工作情况及要求从有关机械设计手册中出。

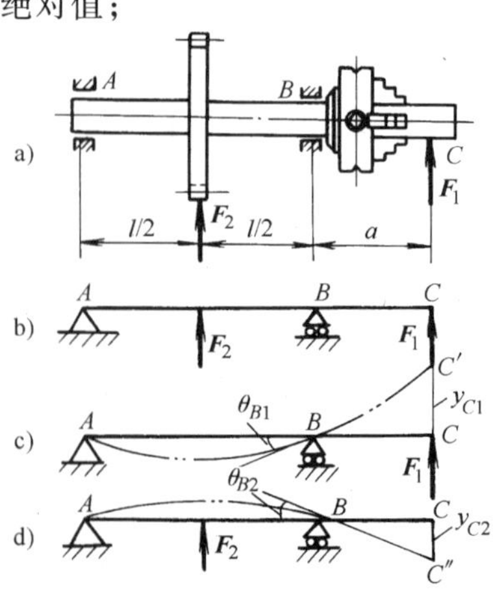

图 8-19　梁的刚度校核

例 8-11　某车床主轴结构简图如图 8-19a 所示，图

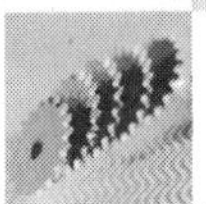

8-19b 为其计算简图。若工作时最大主切削力 $F_1=2\text{kN}$，齿轮传递的径向力 $F_2=1\text{kN}$，空心主轴的外径 $D=80\text{mm}$，内径 $d=40\text{mm}$，$a=200\text{mm}$，主轴材料的 $E=210\text{GPa}$，卡盘处的许用挠度 $[y]=0.0001l$，轴承 B 处的许用转角 $[\theta]=0.001\text{rad}$，试校核该主轴刚度。

解 (1) 计算 θ 和 y_C 应用叠加法，将图 8-19b 分解成图 8-19c 和图 8-19d 两种情况。主轴的惯性矩为

$$I_z=\frac{\pi}{64}(D^4-d^4)=\frac{\pi}{64}(80^4-40^4)\text{mm}^4=188.5\times10^4\text{mm}^4$$

F_1 单独作用时（图 8-19c），查表得

$$y_{C1}=\frac{F_1a^2}{3EI_z}(l+a)=\frac{2\times10^3\times200^2}{3\times210\times10^3\times188.5\times10^4}(400+200)\text{mm}=4.04\times40^{-2}\text{mm}$$

$$\theta_{B1}=\frac{F_1la}{3EI_z}=\frac{2\times10^3\times400\times200}{3\times210\times10^3\times188.5\times10^4}\text{rad}=1.347\times10^{-4}\text{rad}$$

F_2 单独作用时（图 8-19d），查表得

$$\theta_{B2}=-\frac{F_1l^2}{16EI_z}=-\frac{1\times10^3\times400^2}{16\times210\times10^3\times188.5\times10^4}\text{rad}=-0.253\times10^{-4}\text{rad}$$

F_2 单独作用时，外伸部分无载荷，BC 段仍为直线，故 C 点挠度为

$$y_{C2}=\theta_{B2}a=-0.253\times10^{-4}\times200\text{mm}=-0.506\times10^{-2}\text{mm}$$

F_1 和 F_2 共同作用下的总变形为

$$\theta_B=\theta_{B1}+\theta_{B2}=(1.347\times10^{-4}-0.253\times10^{-4})\text{rad}=1.09\times10^{-4}\text{rad}$$

$$y_C=y_{C1}+y_{C2}=(4.04\times10^{-2}-0.506\times10^{-2})\text{mm}=3.53\times10^{-2}\text{mm}$$

(2) 刚度校核

$$y_C=3.53\times10^{-2}\text{mm}<[y]=0.0001l=4\times10^{-2}\text{mm}$$

$$\theta_B=1.09\times10^{-4}\text{rad}<[\theta]=0.001\text{rad}$$

故满足刚度要求。

第八节　弯曲与扭转组合变形的强度计算

机械工程中的轴类零件，大多发生弯曲与扭转的组合变形。下面以操纵手柄为例说明弯曲与扭转组合变形强度准则的建立过程。

图 8-20a 所示为一钢制手柄，AB 段是直径为 d 的等直圆杆，A 端为固定端，BC 段长度为 a，且与 AB 段垂直。设在 C 端有一铅垂力 $\boldsymbol{F}_P$ 作用，试建立 AB 段的强度准则。

如图 8-20b 所示，将外力 $\boldsymbol{F}_P$ 向 B 点平移，结果为一集中力 $\boldsymbol{F}_P$ 和一作用面与轴线垂直的力偶，其力偶矩为 $M_x=F_Pa$，平移后的集中力 $\boldsymbol{F}_P$ 使 AB 段产生弯曲变形，力偶 M_x 使 AB 段产生扭转变形，因而 AB 杆发生弯曲与扭转的组合变形。

分别画出杆件 AB 在 $\boldsymbol{F}_P$ 和 M_x 作用下的弯矩图和转矩图，如图 8-20b、c 所示。显然 A 截面内力最大，为危险截面。其内力分别为

弯矩　　$M_{max}=F_Pl$

转矩　　$T=F_Pa$

如图 8-20e 所示，与弯矩 M 对应，A 截面上的最高点 1 和最低点 2 分别承受最大的弯曲

拉应力和最大的弯曲压应力，而A截面上的边缘圆周上各点具有最大的扭转切应力，综合分析可知，1、2两点均为危险点。现取1点的微元体进行分析，如图8-20g所示，图8-20h为它的平面图，其上的正应力σ和切应力τ分别按弯曲正应力公式和扭转切应力公式计算，即

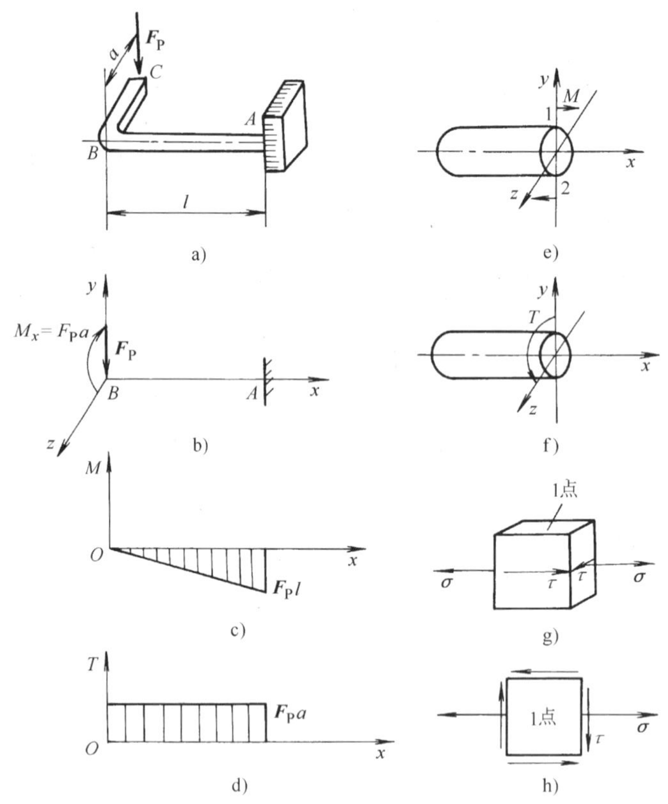

图8-20 弯曲与扭转组合变形应力分析过程

$$\sigma = \frac{M_{max}}{W},\quad \tau = \frac{T}{W_p}$$

按第三强度理论，AB段的强度准则为

$$\sigma_{xd3} = \sqrt{\sigma_x^2 + 4\tau_x^2} \leqslant [\sigma] \tag{8-7}$$

按第四强度理论，AB段的强度准则为

$$\sigma_{xd4} = \sqrt{\sigma_x^2 + 3\tau_x^2} \leqslant [\sigma] \tag{8-8}$$

分别将上述σ和τ的值代入式（8-7）和式（8-8），并注意到对圆形截面有$W_p = 2W$，上面两式可写成

$$\sigma_{xd3} = \frac{\sqrt{M_{max}^2 + T^2}}{W} \leqslant [\sigma] \tag{8-9}$$

$$\sigma_{xd4} = \frac{\sqrt{M_{max}^2 + 0.75T^2}}{W} \leqslant [\sigma] \tag{8-10}$$

此两式即为圆轴弯曲与扭转组合变形的强度准则。

例 8-12 如图 8-21a 所示，电动机带动一圆轴 AB，在轴中点处装有一重 $G=5\text{kN}$、直径 $D=1.2\text{m}$ 的带轮，传动带紧边拉力 $F_1=6\text{kN}$，松边拉力 $F_2=3\text{kN}$，若轴的许用应力 $[\sigma]=50\text{MPa}$，试按第三强度理论设计轴的直径 d。

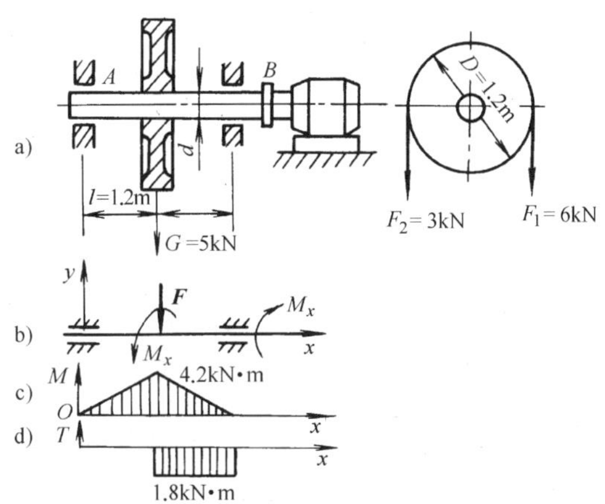

图 8-21 电动机驱动

解 (1) 外力分析 把作用在带轮上的传动带拉力 $\boldsymbol{F}_1$、$\boldsymbol{F}_2$ 向轴线简化，如图 8-21b 所示，其铅垂方向的力 F 为

$$F=G+F_1+F_2=(5+6+3)\text{kN}=14\text{kN}$$

$\boldsymbol{F}_1$、$\boldsymbol{F}_2$ 平移后的附加力偶矩的合成结果为

$$M_x=F_1\frac{D}{2}-F_2\frac{D}{2}=\left(6\times\frac{1.2}{2}-3\times\frac{1.2}{2}\right)\text{kN}\cdot\text{m}=1.8\text{kN}\cdot\text{m}$$

$\boldsymbol{F}$、M_x 及其支座反力使轴分别产生弯曲变形和扭转变形，故轴产生弯扭组合变形。

(2) 内力分析 分别画出铅垂力 $\boldsymbol{F}$ 单独作用下圆轴的弯矩图和力偶 $\boldsymbol{M}_x$ 单独作用下圆轴的转矩图，如图 8-21b、c 所示。危险截面为圆轴的中点截面。其弯矩和转矩分别为

$$M=\frac{Fl}{4}=\frac{14\times1.2}{4}\text{kN}\cdot\text{m}=4.2\text{kN}\cdot\text{m}$$

$$T=-M_x=-1.8\ \text{kN}\cdot\text{m}$$

(3) 设计轴径 d 由第三强度理论的强度准则[式(8-9)]得

$$W=\frac{\pi d^3}{32}\geqslant\frac{\sqrt{M^2+T^2}}{[\sigma]}=\frac{\sqrt{4.2^2+1.8^2}\times10^6}{50}\text{mm}^3=9.14\times10^4\text{mm}^3$$

故
$$d=\sqrt[3]{\frac{32W}{\pi}}\geqslant\sqrt[3]{\frac{32\times9.14\times10^4}{\pi}}\text{mm}=98\text{mm}$$

思考题与习题

一、选择填空题：请将最恰当的一个答案号填到空格里。

8-1 在图 8-22 所示四种情况中，截面上弯矩 M 为正，剪力 $\boldsymbol{F}_Q$ 为负的是图________。

8-2 在下列诸因素中，梁弯曲的内力图通常与________有关。

a) 载荷作用位置 b) 横截面形状 c) 横截面面积 d) 梁的材料

8-3 梁弯曲时，横截面上各点正应力的大小与该点到________的距离成正比。

a) 截面形心 b) 纵向轴线 c) 中性轴 d) 截面边缘

8-4 横截面上最大弯曲拉应力等于压应力的条件是________。

a) 梁材料的拉、压强度相等 b) 截面形状对称于中性轴

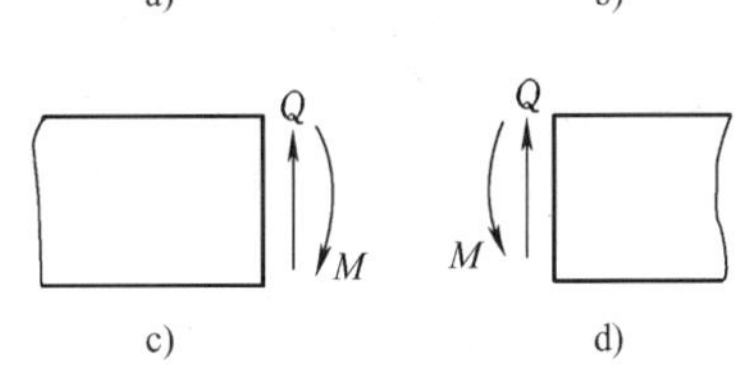

图 8-22 题 8-1 图

第八章 弯曲

c）同时满足以上两条

8-5 直梁弯曲强度条件 $\sigma_{max}=\dfrac{M_{max}}{W_z}\leqslant[\sigma]$，应是________上的最大正应力。

a）梁的任意截面 b）梁的最大截面 c）梁的最小截面 d）梁的危险截面

8-6 两梁的横截面上最大正应力值相等的条件是________。

a）M_{max}与截面积相等 b）M_{max}与$W_{z(min)}$比值相等 c）M_{max}与$W_{z(min)}$相等，且材料相同

8-7 梁的截面为T形，z轴通过截面形心。其弯矩图如图8-23所示，则________。

a）最大拉应力和压应力都位于截面c

b）最大拉应力位于截面c，最大压应力位于截面d

c）最大拉应力位于截面d，最大压应力位于截面c

d）最大拉应力和压应力都位于截面d

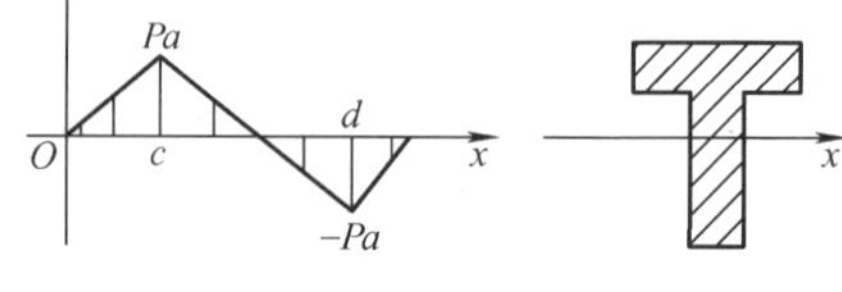

图8-23 题8-7图

8-8 若将圆形截面梁的直径增大为原来的2倍，则梁内允许的最大弯矩值将增大为原来的________倍。

a）2 b）4 c）6 d）8

8-9 梁的材料由钢换成木材时，$E_{钢}=7E_{木材}$，其他条件不变，则横截面的最大正应力________。

a）不变 b）变大 c）变小 d）无法比较

8-10 接前题，梁的挠度________。

a）不变 b）变大，且为原来挠度的7倍 c）变小，且为原来挠度的1/7倍 d）不一定

8-11 高宽比为2的矩形截面梁，若将梁的横截面由竖放改为平放，则梁的最大挠度________。

a）不变 b）减小 c）增大 d）二者不相关

二、判断题

8-12 梁弯曲时，在集中力作用处剪力图发生突变，突变值等于该集中力的大小；弯矩图发生转折。（ ）

8-13 梁弯曲时，在集中力偶作用处剪力图不发生变化；弯矩图发生突变，突变值等于该集中力偶矩的大小。（ ）

8-14 若在平面弯曲梁的某段内无载荷作用，则弯矩图在此段内是平行于轴线的直线。（ ）

8-15 若在平面弯曲梁的某段内作用均布载荷q，则此段内剪力图是斜直线。（ ）

8-16 若在平面弯曲梁的某段内作用均布载荷q，则此段内弯矩图是抛物线，开口方向与q的方向相同。（ ）

8-17 若梁的横截面上作用有负弯矩，则其中性轴上侧各点作用的是拉应力，下侧各点作用的是压应力。（ ）

8-18 等截面梁弯曲时的最大拉应力和最大压应力在数值上一定是相等的。（ ）

8-19 等截面梁的最大弯曲正应力不一定发生在最大弯矩的横截面上距中性轴最远的各点处。（ ）

8-20 由梁的弯曲正应力分布规律可知，为了充分利用材料，应尽可能将梁的材料聚集于离中性轴较远处，从而提高梁的承载能力。（ ）

8-21 由弯曲正应力强度条件可知，设法降低梁内的最大弯矩，并尽可能提高梁截面的抗弯截面系数，即可提高梁的承载能力。（ ）

8-22 弯曲正应力强度条件中的许用正应力与轴向抗拉或抗压强度条件中的许用正应力是相同的。（ ）

8-23 梁的刚度条件是 $y_{max}\leqslant[y]$ 或 $\theta_{max}\leqslant[\theta]$。（ ）

三、计算题

8-24 如图8-24所示，梁上的q、F、a和l均已知，且$\Delta\to0$，求各指定截面的剪力和弯矩。

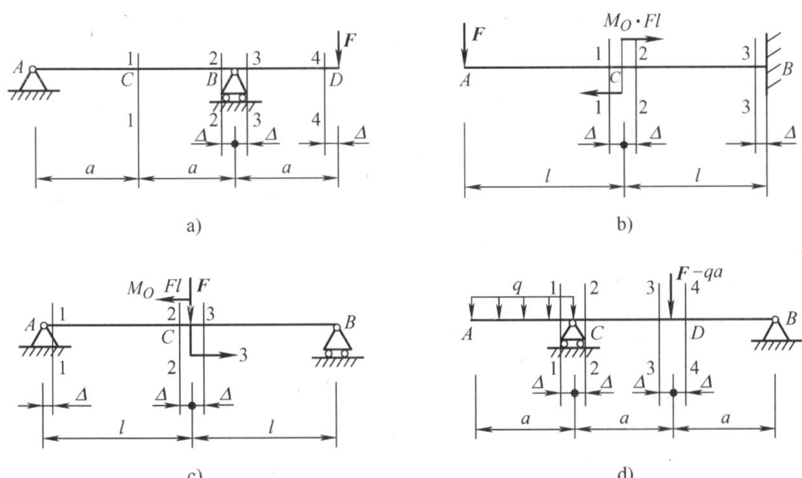

图 8-24 题 8-24 图

8-25 简支梁受集中力 M_O 作用，如图 8-25a 所示，若将 M_O 移至中间处（图 8-25b），则两者支座反力是否相同？剪力图和弯矩图是否相同？

8-26 如图 8-26 所示，梁上的 q、F、a 和 l 均已知，画出剪力图和弯矩图，并求最大剪力值和最大弯矩值。

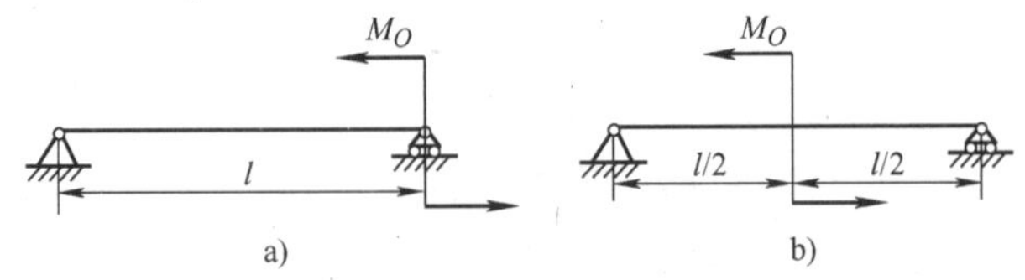

图 8-25 题 8-25 图

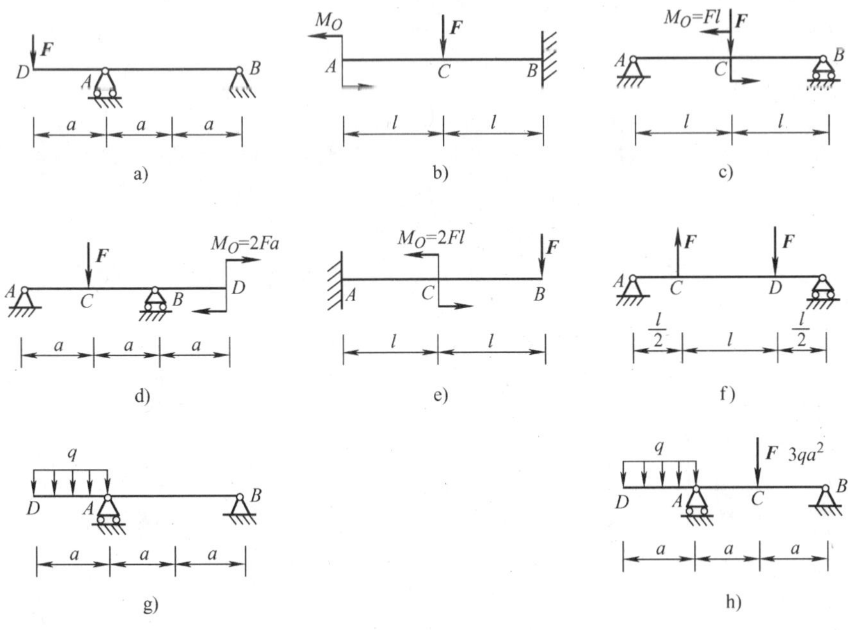

图 8-26 题 8-26 图

8-27　如图8-27所示，梁上的各个参数均已知，画出剪力图和弯矩图。

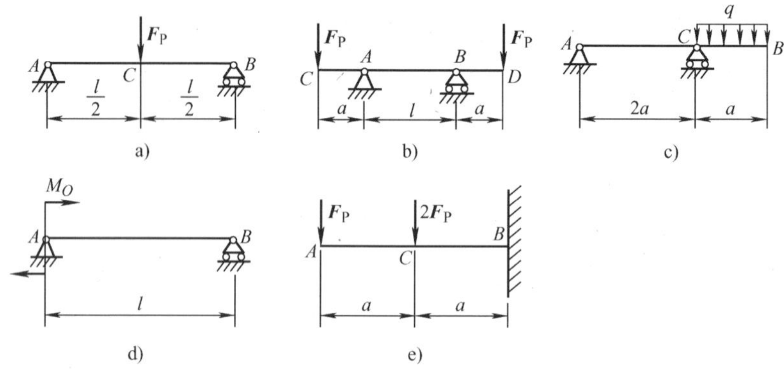

图8-27　题8-27图

8-28　如图8-28所示，简支梁的截面直径 $d=50\text{mm}$，$F=6\text{kN}$，$a=500\text{mm}$。求梁内最大弯曲正应力。

8-29　如图8-29所示，矩形截面简支梁载荷及截面参数已知。求梁1-1截面上 a、b 两点的正应力。

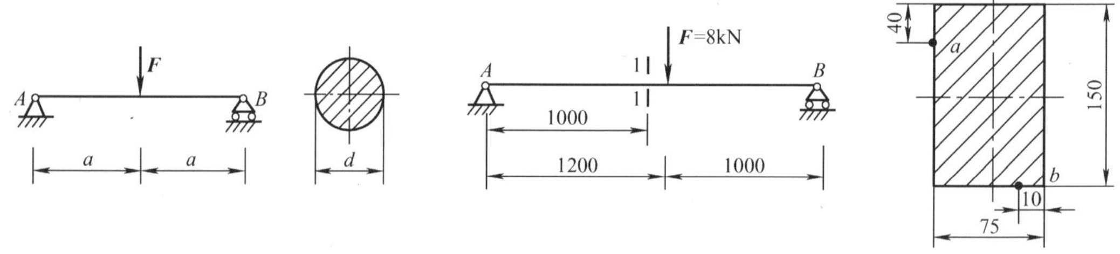

图8-28　题8-28图　　　图8-29　题8-29图

8-30　T形铸铁托架结构如图8-30所示，$F=10\text{kN}$，$l=300\text{mm}$，截面 n—n 的惯性矩 $I_z=2.0\times10^6\text{mm}^4$，$y_1=25\text{mm}$，$y_2=75\text{mm}$。试计算托架 n—n 截面的最大应力。

8-31　如图8-31所示，夹具的 A—A 截面为矩形，$F=10\text{kN}$，$a=20\text{mm}$。求压板内最大弯曲正应力。

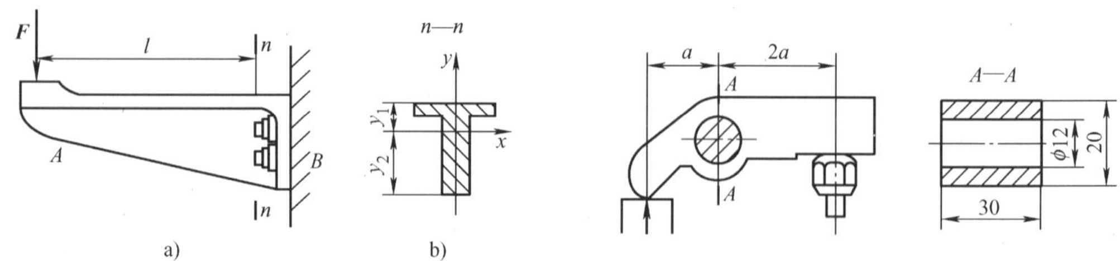

图8-30　题8-30图　　　图8-31　题8-31图

8-32　由16a号槽钢制成的外伸梁，受力和尺寸如图8-32所示。试求梁的拉应力和最大压应力，并指出其所在的位置。

8-33　如图8-33所示的矩形截面外伸梁，材料的许用应力［σ］$=160\text{MPa}$。试按下列两种情况校核此梁强度：1）使梁的120mm边竖直放置；2）使梁的120mm边水平放置。

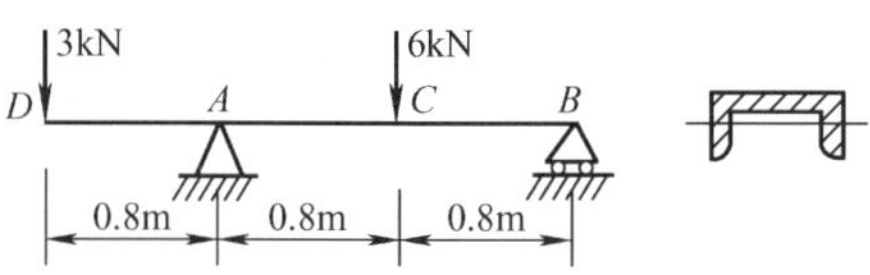

图 8-32　题 8-32 图

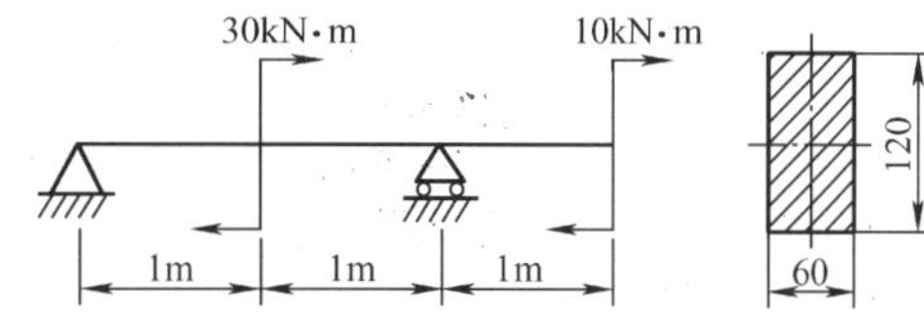

图 8-33　题 8-33 图

8-34　如图 8-34 所示，四轮拖车的载重量为 40kN，设每一车轮所受的重量相等，若轴的直径 $d=85\text{mm}$，材料的许用应力 $[\sigma]=50\text{MPa}$，试校核此梁的强度。

8-35　如图 8-35 所示，简支梁材料的许用应力 $[\sigma]=160\text{MPa}$。试按正应力强度条件设计两种形状截面尺寸：1）圆形截面直径 d；2）矩形截面的 b、h，其中 $h/b=2$。

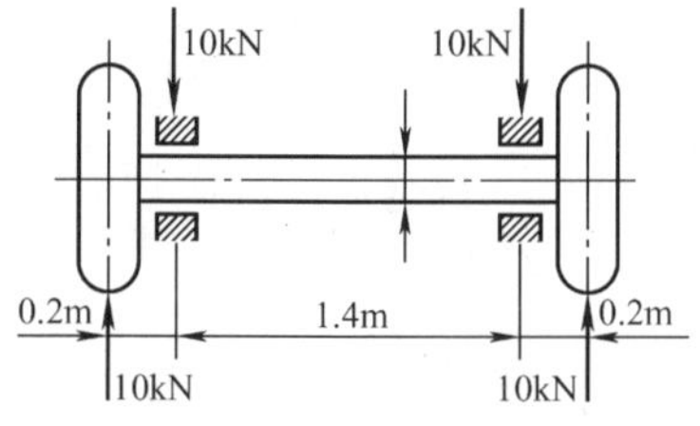

图 8-34　题 8-34 图

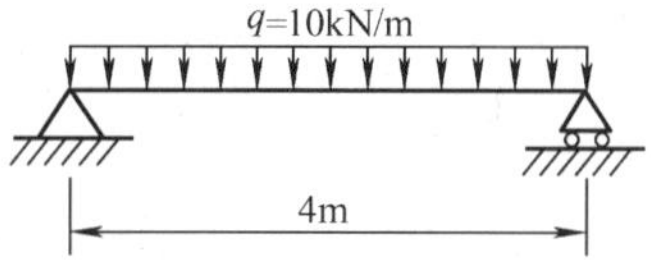

图 8-35　题 8-35 图

8-36　图 8-36 所示为正方形截面木梁，木材的许用应力 $[\sigma]=10\text{MPa}$，现需在 C 截面中性轴处钻一直径为 d 的圆孔。1）试按正应力强度条件确定 d 的大小，2）校核固定端截面是否安全。

8-37　如图 8-37 所示，轧辊的直径 $D=280\text{mm}$，跨长 $L=1000\text{mm}$，$l=300\text{mm}$，$b=400\text{mm}$，轧辊材料的许用应力 $[\sigma]=100\text{MPa}$，试求轧辊能承受的最大轧制力 q。

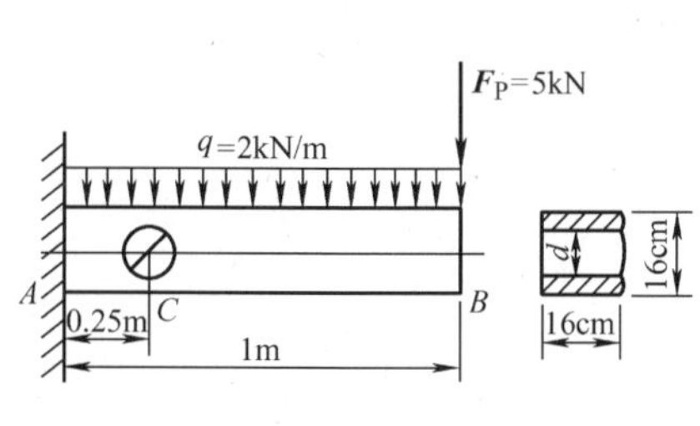

图 8-36　题 8-36 图

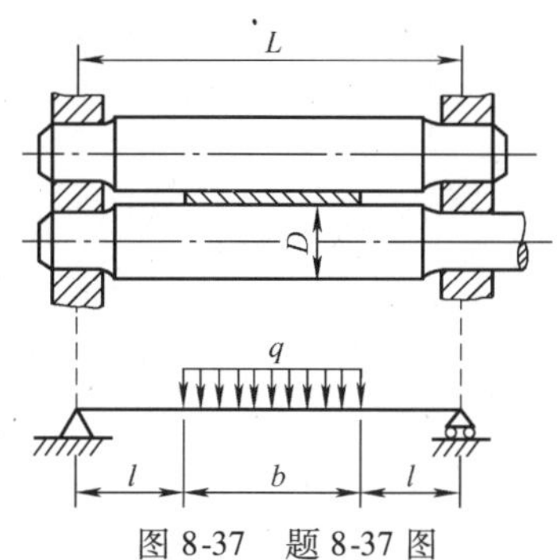

图 8-37　题 8-37 图

8-38　如图 8-38 所示的简支梁 AB，若载荷 $\boldsymbol{F}$ 直接作用于 AB 梁中点，梁的最大弯曲正应力超过许可值 30%。为避免这种过载现象，配置了副梁 CD，试求此副梁所需长度 a。

8-39　试用叠加法求图 8-39 所示各梁的截面 A 的挠度和截面 B 的转角，设 EI_z 为常量。

8-40　如图 8-40 所示的桥式起重机大梁为 32a 工字钢，材料的弹性模量 $E=200\text{GPa}$，梁跨长 $l=8\text{m}$，梁的许可挠度 $[y]=l/500$，最大起吊重量 $F=20\text{kN}$，试校核梁的刚度。

8-41　如图8-41所示的木梁AC在C点由钢杆BC支承。已知木梁截面为200mm×200mm的正方形，其弹性模量$E=10\text{GPa}$；钢杆截面面积为2500mm²，其弹性模量$E=210\text{GPa}$。试求钢杆的伸长Δl和梁中点的挠度y_D。

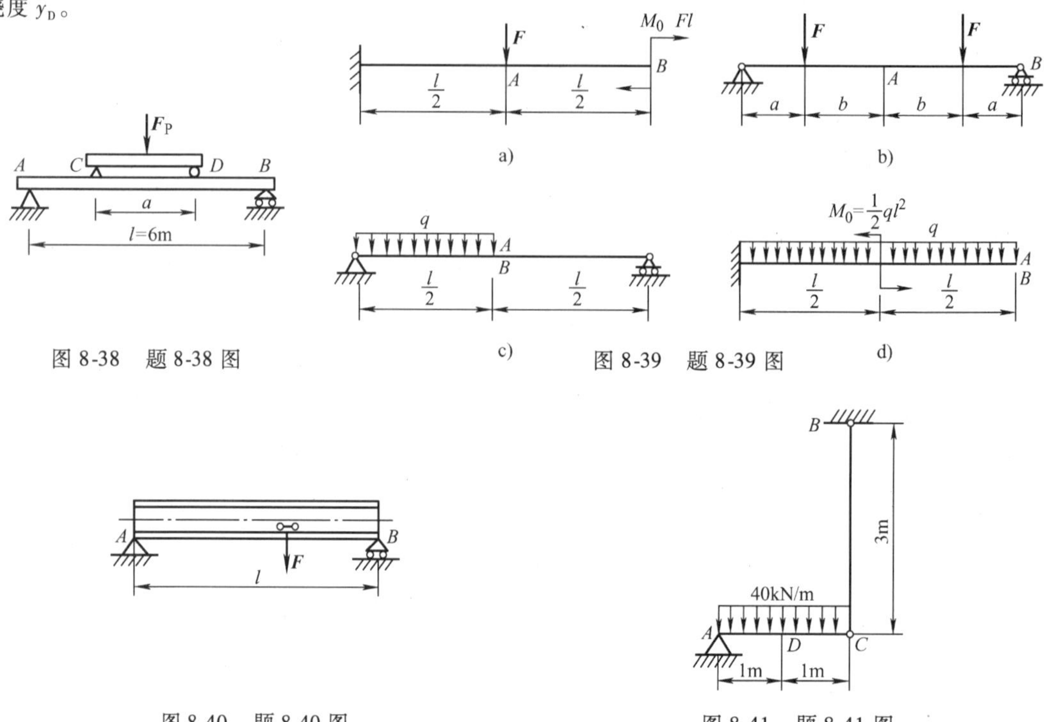

图8-38　题8-38图

图8-39　题8-39图

图8-40　题8-40图

图8-41　题8-41图

8-42　如图8-42所示，传动轴的轴径$d=50\text{mm}$，轴上的C、D轮直径分别为$d_C=150\text{mm}$，$d_D=300\text{mm}$，作用于C轮的圆周力$F_C=10\text{kN}$，轴材料的许用应力［σ］$=120\text{MPa}$，试按第四强度理论校核传动轴的强度。

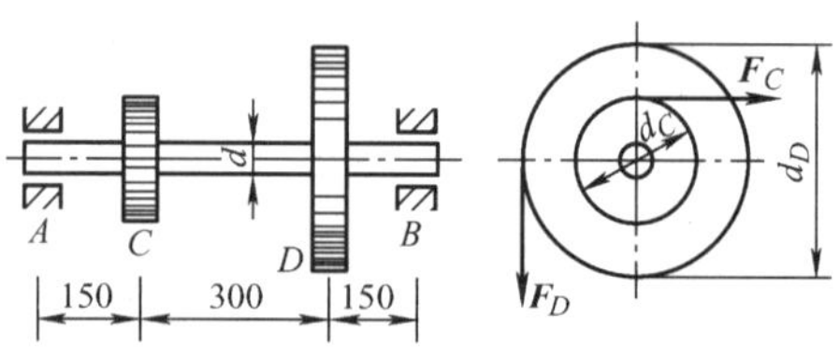

图8-42　题8-42图

第九章　平面连杆机构

第一节　平面机构的结构分析及运动简图

一、机构的组成

机构是由具有确定相对运动的构件组成的。显然，不能产生相对运动或无规则乱动的构件的组合，都不能构成机构。如果机构中所有的运动构件均在同一平面或相互平行的平面内运动，则称为平面机构；否则称为空间机构。工程上常见的机构大多是平面机构，因此，本章仅讨论平面机构的有关问题。

1. 运动副

机构中使两构件相互接触并产生确定的相对运动的可动连接，称为运动副。例如，图 0-1 所示卷扬机的卷筒 5 与支架，支架支承卷筒，卷筒又相对于支架作旋转运动；图 0-2 所示内燃机的气缸与活塞，既相互接触，又允许活塞相对于气缸作直线往复运动。这些连接都构成了运动副。相对运动两构件上直接参与接触的点、线、面，称为运动副元素。

2. 自由度和约束

由平面几何知识可知，一个在平面上的运动构件具有三个独立运动（图 9-1），即沿 x 方向的移动，沿 y 方向的移动和以某一点为中心绕 z 方向的转动。这三个独立运动可以用三个参数 x、y、α（图 9-1）来表述。构件相对于参考系所具有的独立运动参数的数目，称为自由度。对于平面运动的构件而言，其最多具有三个自由度。

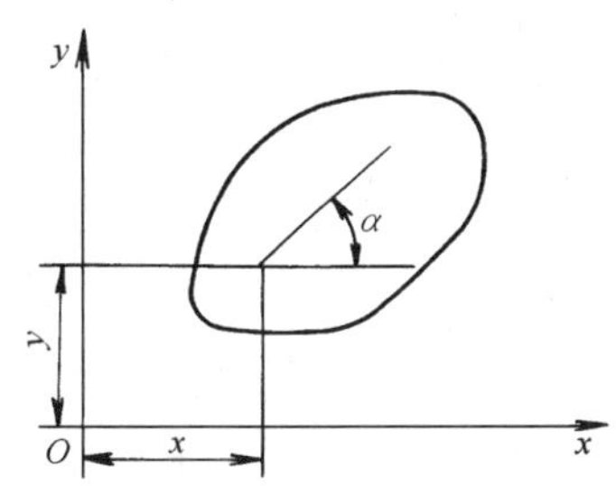

图 9-1　平面机构的自由度

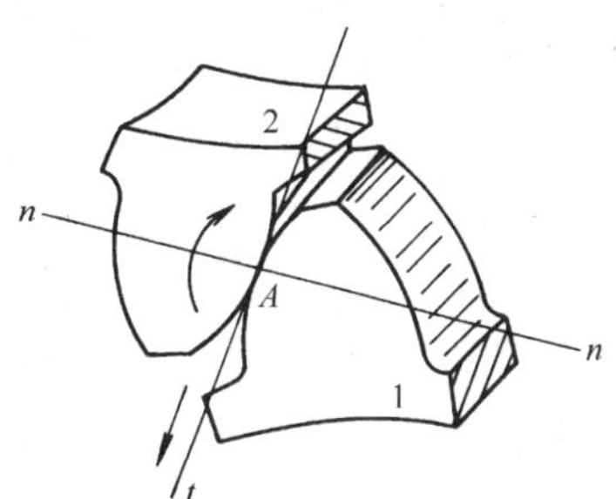

图 9-2　平面高副

两个构件通过运动副连接以后，相对运动受到了某些限制，从而失去了一定的自由度，这种限制称为约束。增加一个约束就减少一个自由度，约束的多少及约束的特点取决于运动副的形式。

根据运动副接触形式的不同，可将运动副分为两类：

（1）高副　两构件构成点或线接触的运动副，如图9-2所示的齿轮轮齿间的啮合。两构件的齿面之间属线接触，构件2相对于构件1既可沿接触点处的切线 t-t 方向移动，又可绕接触点 A 转动，故运动副保留了两个自由度。即一个高副可以提供一个约束，对构件限制一个自由度。

（2）低副　两构件构成面接触的运动副，如图9-3a、b所示。平面低副按其相对运动形式又可分为转动副和移动副两种。图9-3a所示的构件1限制了轴颈2沿 x、y 方向的移动，只允许轴颈相对构件1的转动。这种两构件间只能产生相对转动的运动副被称为转动副。图9-3b所示的滑块2与导向装置1的连接，滑块在导向装置的约束作用下，只有沿 x 方向的移动，沿 y 方向的移动和绕 z 方向的转动都被限制了。这种两构件间只能产生相对移动的运动副被称为移动副。显然，转动副只保留了一个旋转自由度。移动副只保留了一个移动自由度。综上所述，低副限制了运动副的两个自由度，只给运动副保留了一个自由度。

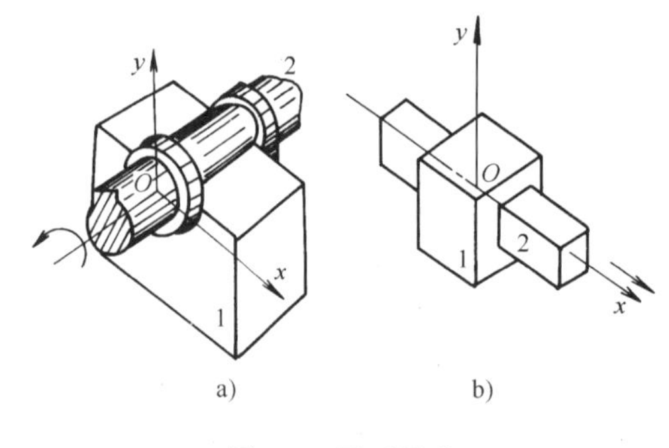

图9-3　平面低副

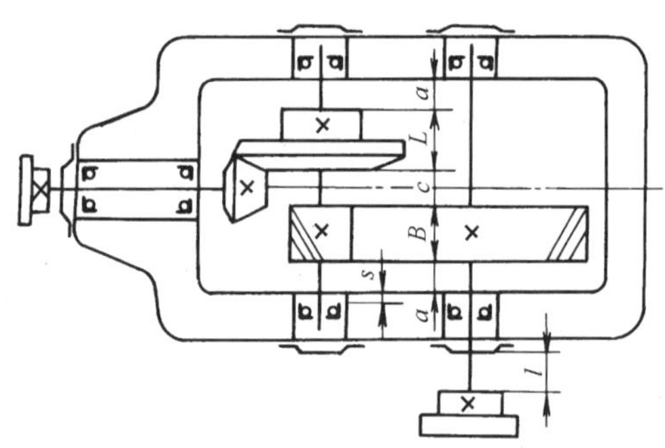

图9-4　锥齿轮-圆柱齿轮减速器简图

3. 机构的组成

由上述可知，机构是由构件和运动副组合而成的。它们之间的关系可用图9-4表示。

机构中的构件，按其运动性质不同，可以分为三类：固定件（机架）、主动件和从动件。

（1）固定件（机架）　用来支承运动构件的构件，如图9-4减速器的箱体、图0-2内燃机的机体等。一个机构必定有一个固定件。

（2）主动件　由运动规律确定的运动构件，其运动动力由本机构以外的机构提供。一个机构可以有一个或几个主动件。图0-1中，齿轮减速器3的主动齿轮的动力由电动机通过联轴器2提供。图0-2中，由缸体1、凸轮7、推杆8组成的凸轮机构的主动件是凸轮轴，其动力由齿轮机构提供。

（3）从动件　随主动件运动而运动的构件。图9-4中的两个大齿轮、图0-2中凸轮机构中的推杆8、齿轮机构中的齿轮5等，都是从动件。它们将获得的运动和动力传递给下级机构或者传递给执行机构。

二、平面机构运动简图

实际的机器或机构比较复杂，构件的形状或构造也各式各样。但是，机构的运动关系只与运动副的数量、类型、相对位置及某些尺寸有关，而与构件的截面尺寸、组成构件的零件数量、运动副的具体结构无关。因此，在研究机构的运动时，为了使问题简化，有必要撇开那些与运动无关的构件形状和运动副的具体结构，仅用能够完全表达出原机械所具有的特性和规律

的简单线条和规定的符号来表示构件和运动副，并按比例确定各运动副的相对位置。这种用规定符号准确表达机构各运动件间相对运动关系和运动特征的简明图形，称为机构运动简图。

机构运动简图所表达的主要内容为运动副的类型和数量、构件的数量、运动尺寸、机构的类型等。

对于不需按严格比例关系绘制出的机构运动简图，通常称为机构示意图。

1. 运动副及构件的表示方法

在平面机构运动简图中，运动副和构件的表示方法如下：

两构件组成转动副的表示方法如图 9-5 所示。图 9-5a 表示构成转动副的两构件均是可运动构件；图 9-5b 表示构成转动副的两构件中，构件 2 是运动构件，构件 1 是固定件。圆圈表示回转轴垂直于图面时的转动副，其圆心代表回转轴的轴线。参与形成 3 个转动副的构件采用图 9-5c 所示的方法表示。

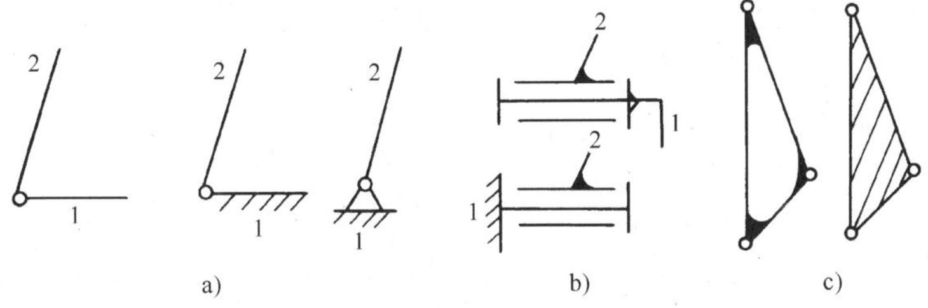

图 9-5　转动副的表示方法

两构件组成移动副的表示方法如图 9-6 所示。移动副的导路必须与相对移动方向一致。

两构件组成高副的表示方法如图 9-7 所示。绘制高副的运动简图时，必须绘制出两构件接触处的轮廓曲线形状或按标准符号绘制。图 9-7a 为滚轮副，图 9-7b 为凸轮副，图 9-7c 为齿轮副。

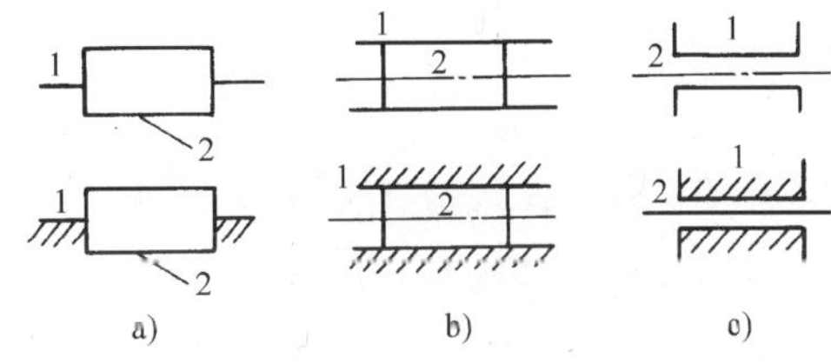

图 9-6　移动副的表示方法

构件的表示方法如图 9-8 所示。构件用直线或小方块表示，绘有阴影线的表示固定件，如图 9-5b 和图 9-6b 所示。图 9-8a 表示参与组成两个转动副的构件。图 9-8b 表示参与组成一个转动副和一个移动副的构件。图 9-8c、d 表示参与组成三个转动副的构件。

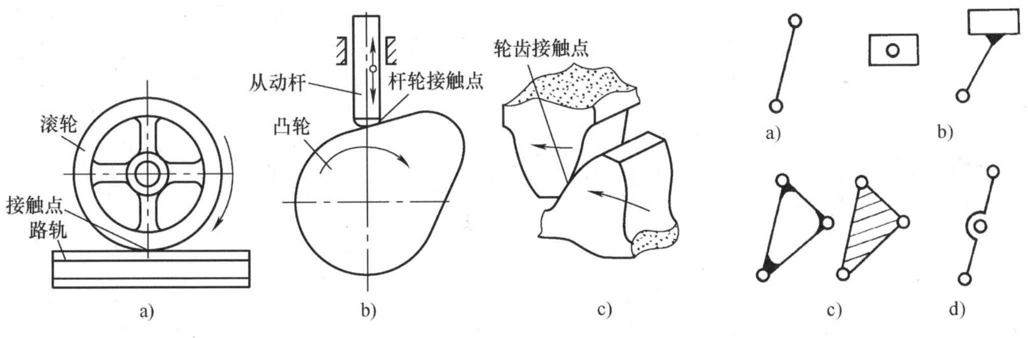

图 9-7　高副的表示方法

图 9-8　构件的表示方法

其他常用构件的表示方法参看 GB 4460—1984“机构运动简图符号”。

2. 平面机构运动简图的绘制

平面机构运动简图的绘制步骤是：

1）分析机构的运动，确定机架、主动件和从动件。

2）从主动件开始，沿着运动传递路线，分析各构件间相对的运动性质，确定运动构件的数目，运动副的类型和数目。

3）选择合适的视图平面和机构运动瞬时位置，以便于清楚表达机构的运动关系。

4）以适当的比例，从主动件开始，按机构运动传递顺序，使用构件和运动副的规定符号绘制出机构运动简图，并在主动件上标注出构件的运动方向。

下面以实例来说明机构运动简图的绘制方法。

例 9-1　绘制图 9-9a 所示单缸内燃机的机构运动简图。

解　1）内燃机由三个典型机构组成：曲柄滑块机构、齿轮机构和凸轮机构。活塞 1 是曲柄滑块机构的主动件，曲轴 3 既是曲柄滑块机构的从动件又是齿轮机构的主动件，凸轮 7 既是齿轮机构的从动件又是凸轮机构的主动件，推杆 8 是凸轮机构的从动件。缸体 4 是机架。

2）在曲柄滑块机构中，活塞作垂直方向的直线往复运动，通过连杆驱动曲轴作连续转动。活塞 1 与缸体 4 组成移动副，活塞 1 与连杆 2、连杆 2 与曲轴 3、曲轴 3 与缸体 4 分别组成转动副。

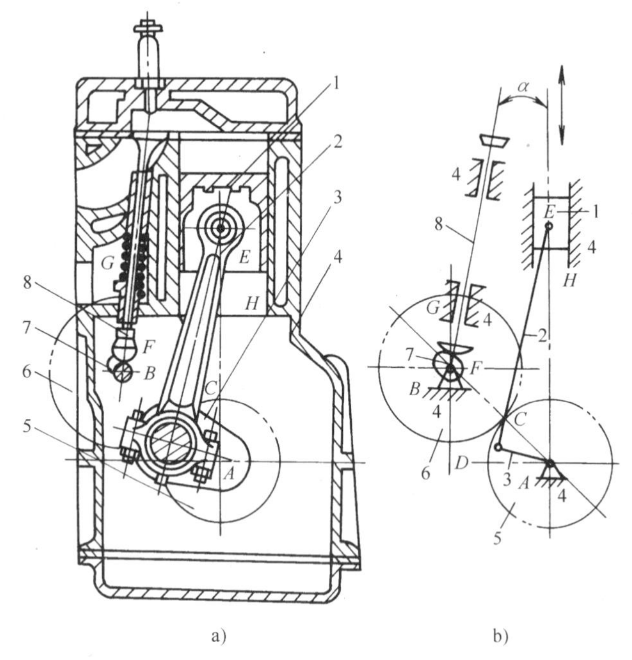

图 9-9　内燃机及其机构运动简图

在齿轮机构中，齿轮 5 驱动齿轮 6 作反向旋转运动。齿轮 5 与缸体 4、齿轮 6 与缸体 4 分别组成转动副，齿轮 5 与齿轮 6 组成齿轮副（高副）。

在凸轮机构中，凸轮 7 与缸体 4 组成转动副，推杆 8 与缸体 4 组成移动副，凸轮 7 与推杆 8 组成凸轮副（高副）。

3）图 9-9a 的视图平面可以清楚地表达各机构间的运动关系，故选择该平面作为视图平面，绘制机构运动简图。

4）根据图 9-9a 所示的内燃机结构图，选择适当的比例，使用规定的绘图符号绘制内燃机运动简图如图 9-9b 所示。

第二节　平面连杆机构的类型和应用

连杆机构是由一些构件通过低副连接而成的机构，又称为低副机构。各构件都在同一平

面或相互平行的平面内运动的连杆机构，称为平面连杆机构。

平面连杆机构的主要优点是：低副是面接触，故传力时压强小、磨损少，且易于加工和保证精度，能方便地实现转动、摆动和移动等基本运动及前述几种运动形式的转换等。因此，平面连杆机构在各种机械设备和仪器仪表中得到了广泛的应用。

平面连杆机构的主要缺点是：由于低副中存在着间隙，机构将不可避免地产生运动误差。此外，它不易精确地实现复杂的运动。

平面连杆机构的种类很多，其中以四个构件组成的平面四杆机构应用最广，且它是组成多杆机构的基础。本章重点介绍平面四杆机构的类型、特性及设计等内容。

根据是否有移动副存在，四杆机构可分为铰链四杆机构和滑块四杆机构两大类（图9-10）。

一、铰链四杆机构

四个构件都用转动副（铰链）连接的四杆机构，称为铰链四杆机构（图9-10a）。其中，固定不动的构件4称为机架；与机架直接相连的构件1和3称为连架杆，在两连架杆中，能作整周转动的连架杆1称为曲柄，不能作整周转动的连架杆3称为摇杆；与机架不相连的构件2称为连杆。

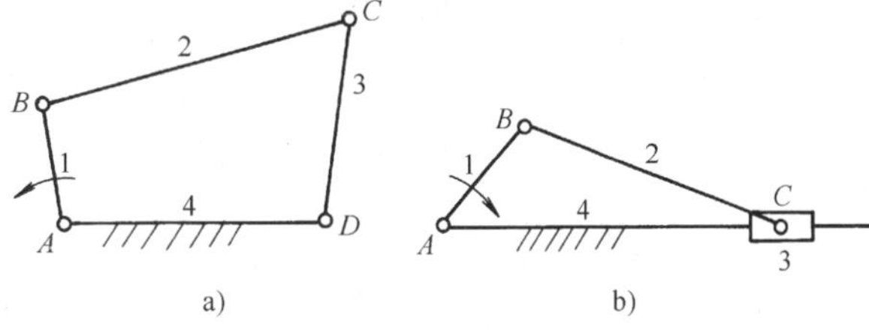

图9-10　四杆机构

a）铰链四杆机构　b）滑块四杆机构

1. 铰链四杆机构的基本形式

按两连架杆是否为曲柄，铰链四杆机构可分为三种基本形式：曲柄摇杆机构、双曲柄机构和双摇杆机构。

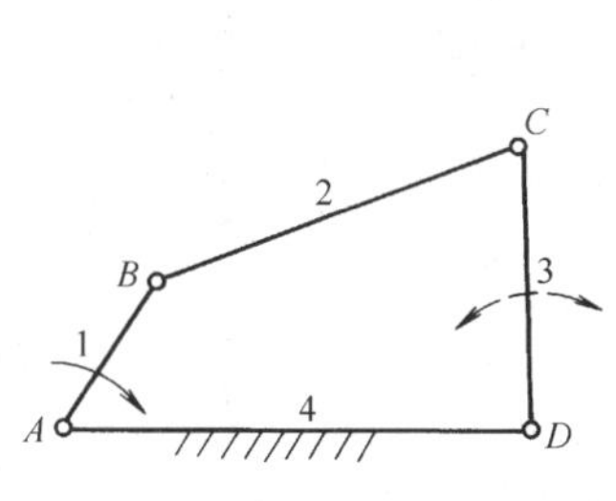

图9-11　曲柄摇杆机构

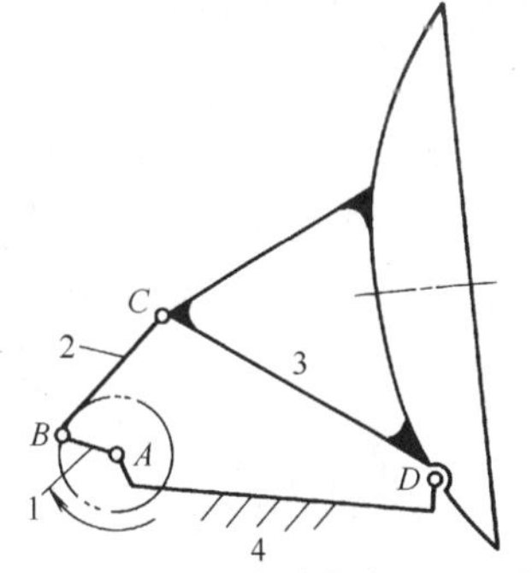

图9-12　雷达天线俯仰角调整机构

（1）曲柄摇杆机构　铰链四杆机构中的两连架杆，如果一个为曲柄，另一个为摇杆，则称为曲柄摇杆机构（图9-11）。通常曲柄 AB 为原动件作等速转动，摇杆 CD 为从动件作变速往复摆动。如图9-12所示的是用来调整雷达天线俯仰角的曲柄摇杆机构，天线固定在摇杆3上，由原动件曲柄1通过连杆2使天线缓慢摆动，以保证天线具有指定的俯仰角。

曲柄摇杆机构也可以摇杆为原动件，曲柄为从动件，如图9-13所示的脚踏砂轮机机构。

（2）双曲柄机构　当铰链四杆机构的两连架杆均为曲柄时，则称为双曲柄机构。双曲柄机构可分为普通双曲柄机构和平行双曲柄机构两种类型。

图 9-14 所示为普通双曲柄机构，该机构的运动特点是：当原动曲柄作匀速转动时，从动曲柄作变速转动。如图 9-15 所示的惯性筛机构，当原动曲柄 1 匀速转动一周时，曲柄 3 变速转动一周，使筛子 6 获得加速度，从而将被筛选的材料分离。

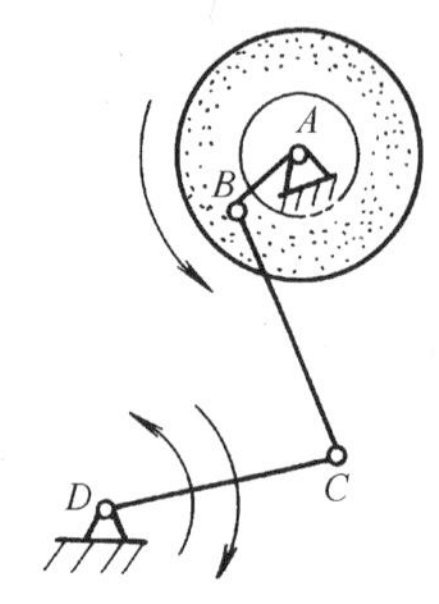

图 9-13　脚踏砂轮机机构

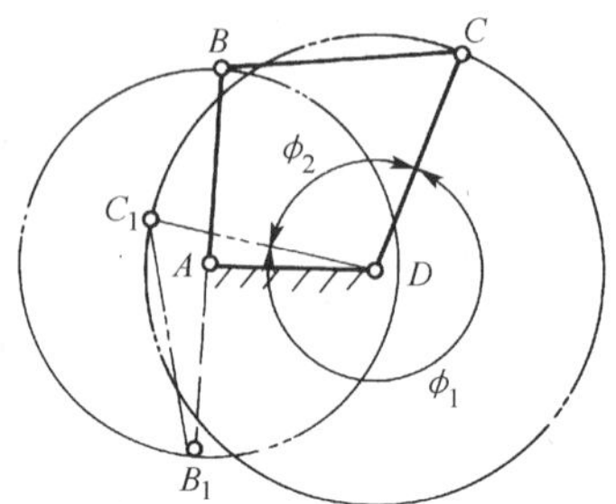

图 9-14　普通双曲柄机构

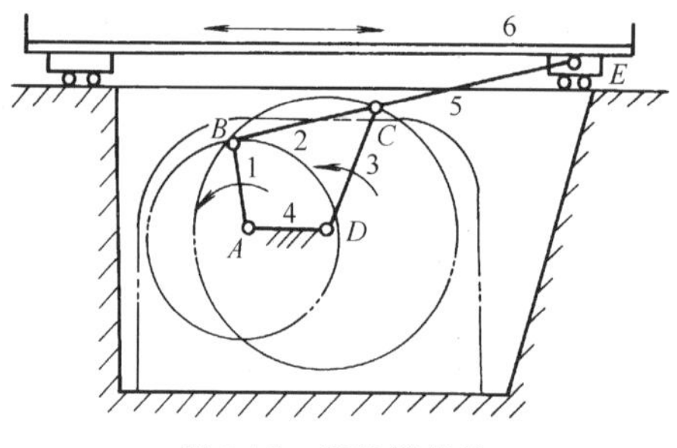

图 9-15　惯性筛机构

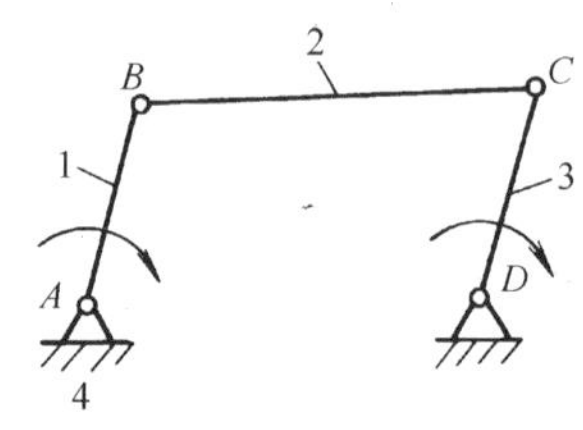

图 9-16　平行双曲柄机构

图 9-16 所示为平行双曲柄机构（两曲柄平行且等长），这种机构的运动特点是：两曲柄的转向相同且角速度相等，连杆作平动。机车驱动轮联动机构即为该机构的应用实例（图 9-17）。

（3）双摇杆机构　在铰链四杆机构中，若两连架杆均为摇杆时，则称为双摇杆机构。

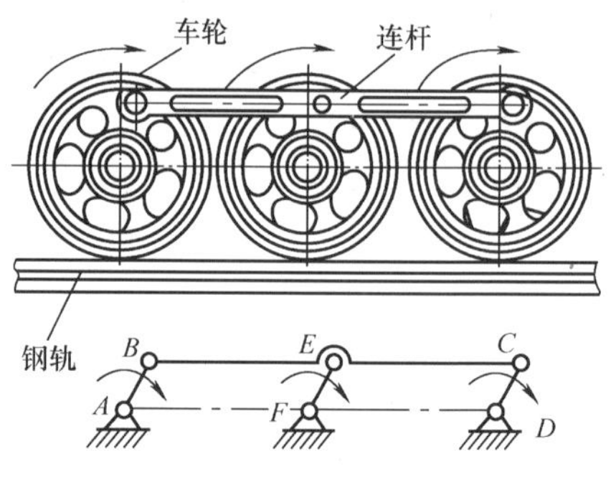

图 9-17　机车驱动轮联动机构

图 9-18a 所示为港口起重机的变幅机构，其运动简图如图 9-18b 所示。当摇杆 *AB* 摆动时，可使悬挂在连杆 *BC* 延长部分 *E* 处的吊钩，在近似水平线上移动，这样所吊重物在水平移动时，可以避免因不必要的升降而引起能量消耗。

2. 铰链四杆机构类型的判别

由上可见，铰链四杆机构三种基本形式的主要区别，在于连架杆是否为曲柄。而机构是否有曲柄存在，则取决于机构中各构件的相对长度及最短构件所处的位置。对于铰链四杆机构，可按下述方法判断其类型。

1）当铰链四杆机构中最短构件的长度 l_{min} 与最长构件的长度 l_{max} 之和，小

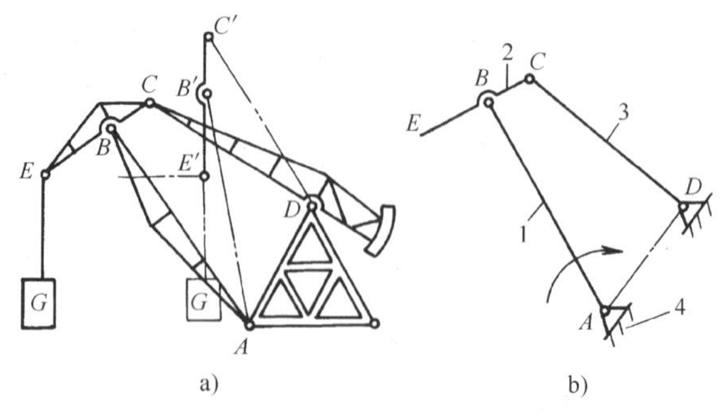

图 9-18　港口起重机变幅机构

于或等于其他两构件长度 l'、l''之和（即 $l_{min}+l_{max}\leqslant l'+l''$）时：

① 若最短构件为连架杆，则该机构一定是曲柄摇杆机构（图 9-19a）。

② 若最短构件为机架，则该机构一定是双曲柄机构，（图 9-19b）。

③ 若最短构件为连杆，则该机构一定是双摇杆机构，（图 9-19c）。

2）当铰链四杆机构中最短构件的长度 l_{min}与最长构件的长度 l_{max}之和，大于其他两构件长度 l'、l''之和（即 $l_{min}+l_{max}>l'+l''$）时，则无论取哪个构件为机架，都无曲柄存在，机构均为双摇杆机构。

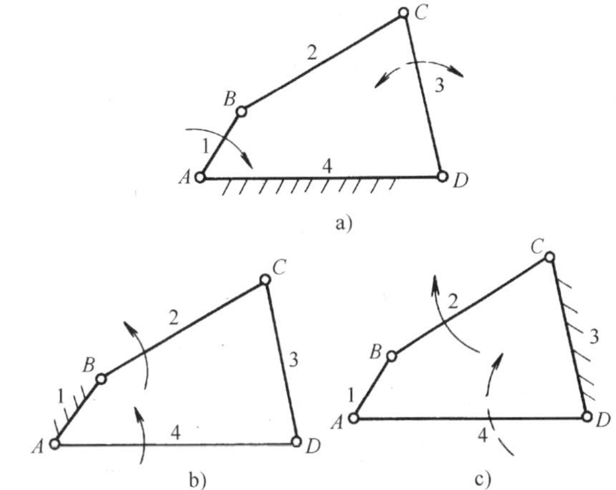

图 9-19 铰链四杆机构类型的判别

a）最短杆为连架杆 b）最短杆为机架 c）最短杆为连杆

二、滑块四杆机构

凡含有移动副的四杆机构，称为滑块四杆机构，简称滑块机构（图 9-10b）。

1. 曲柄滑块机构

如图 9-20 所示，构件 1 为曲柄，2 为连杆，3 为滑块。若滑块移动导路 *m-m* 通过曲柄转动中心点 *A*，则称为对心曲柄滑块机构（图 9-20a）；若滑块导路 *m-m* 不通过曲柄转动中心点 *A*，而是偏离一段距离 *e*，则称为偏置曲柄滑块机构（图 9-20b）。

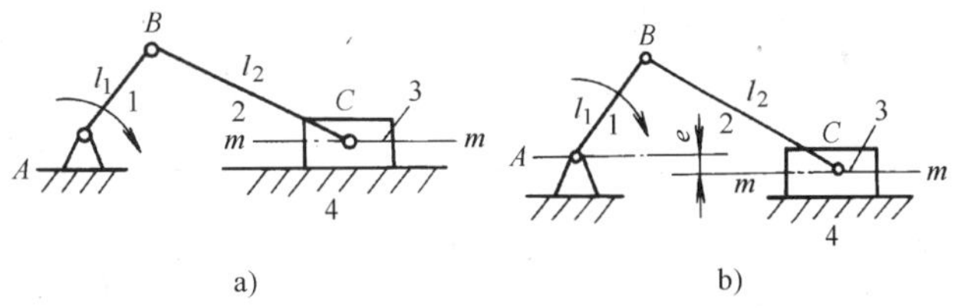

图 9-20 曲柄滑块机构

a）对心曲柄滑块机构 b）偏置曲柄滑块机构

曲柄滑块机构用途很广，如图 9-21，是曲柄滑块机构应用实例。

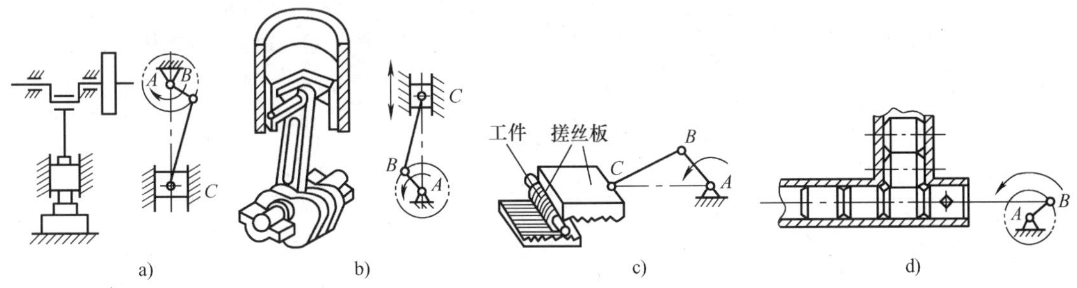

图 9-21 曲柄滑块机构应用实例

a）冲床机构 b）内燃机活塞连杆机构 c）搓丝机构 d）自动送料机构

2. 导杆机构

在曲柄滑块机构中，取构件 1 为机架的机构有两种类型。

1）当 $l_1<l_2$ 时，构件 1 为最短杆，构件 2 为原动件作圆周转动时，导杆 4 也作整周转动，称为转动导杆机构（图 9-22a）。如图 9-22b 所示的简易刨床的主运动就采用了这种机构，当曲柄 *BC* 转动时，通过滑块 *C*、导杆 *AC* 和连杆 *DE* 等，使刨刀作有急回作用的往复运动。

2）当 $l_1 > l_2$ 时，仍以构件 2 为原动件，并作连续转动时，导杆 4 只能往复摆动，故称为摆动导杆机构（图 9-23a）。如图 9-23b 所示的牛头刨床中的主运动机构，当曲柄 *CB* 绕 *B* 点转动时，则导杆 4 摆动，并通过构件 5 带动滑枕 6 与刨刀一起往复运动，进行刨削加工。

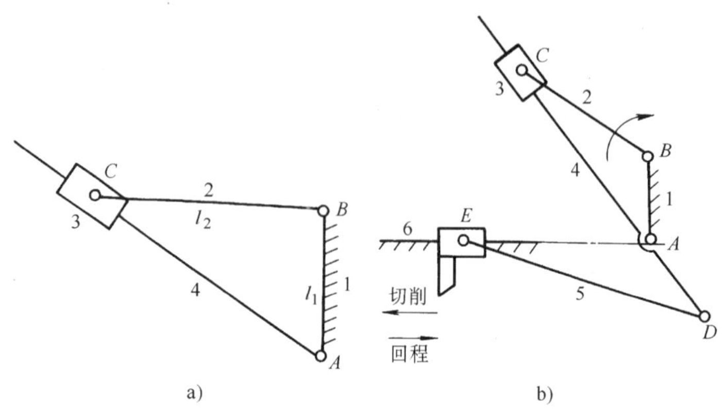

图 9-22　转动导杆机构

a）运动简图　b）简易刨床的主运动机构

3. 摇块机构

在曲柄滑块机构中，如取构件 2 为机架，构件 1 作整周转动，则滑块 3 成了绕机架上 *C* 点作往复摆动的摇块，故称为摇块机构（图 9-24a）。图 9-24b 所示为货车自卸机构，摆动液压缸 3 内的压力油推动活塞杆 4 从液压缸 3 中伸出，从而使车厢 1 绕车身 2 的 *B* 点翻转，将货物自动卸下。

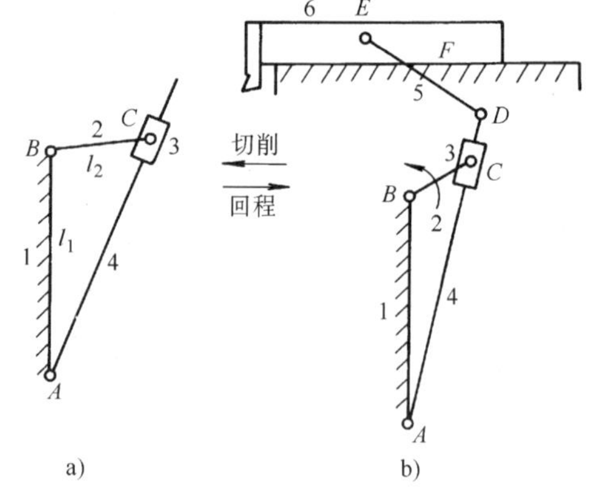

图 9-23　摆动导杆机构

a）运动简图　b）牛头刨床的主运动机构

4. 定块机构

在曲柄滑块机构中，如取构件 3 为机架，因为构件 3 为滑块，且固定不动，故称为定块机构（图 9-25a）。如图 9-25b 所示的手动压水机，搬动手柄 1，使导杆 4 连同活塞上下移动，便可抽水。

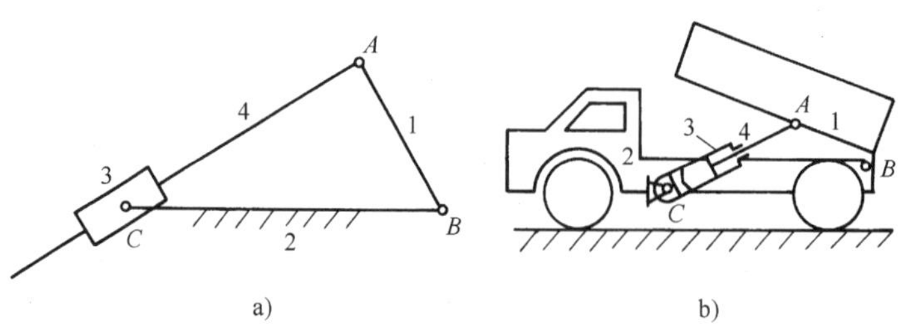

图 9-24　摇块机构

a）运动简图　b）货车自卸机构

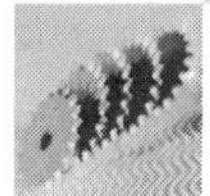

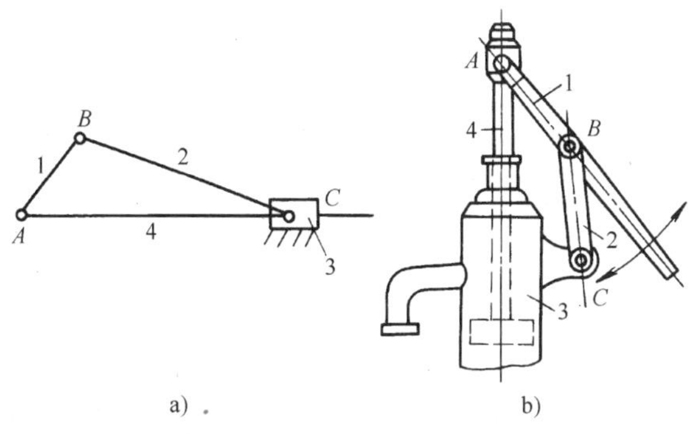

图 9-25　定块机构

a）运动简图　b）手动压水机

第三节　平面连杆机构的基本特性

一、急回特性

图 9-26 所示为曲柄摇杆机构，原动件曲柄 1 转动一周的过程中，曲柄 1 和连杆 2 有两次共线位置 AC_1 和 AC_2，此时从动件摇杆 3，分别位于左右两个极限位置 C_1D 和 C_2D，其夹角 ψ 称为摇杆摆角。曲柄的两个对应位置 AB_1 和 AB_2 所夹的锐角 θ，称为极位夹角。

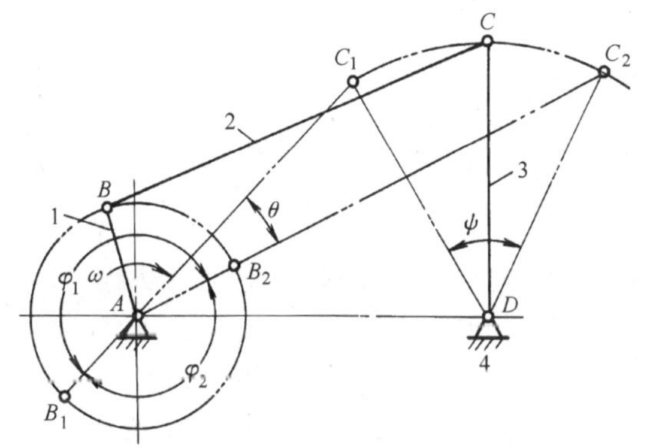

图 9-26　曲柄摇杆机构的急回特性分析

设曲柄 1 以匀角速 ω 顺时针转动，由 AB_1 转到 AB_2 时，转角 $\varphi_1 = 180° + \theta$，从动件摇杆 3 由 C_1D 摆动到 C_2D，其摆角为 ψ，此行程若作功，则称为工作行程，所用时间为 t_1，摇杆上点 C 的平均速度为 v_1。当曲柄继续由 AB_2 转到 AB_1 时，转角 $\varphi_2 = 180° - \theta$，从动件摇杆由 C_2D 摆回到 C_1D，其摆角为 ψ，此行程若不作功，则称为空回行程，所用时间为 t_2，摇杆上点 C 的平均速度为 v_2。

由于原动件曲柄以匀角速 ω 转动，$\varphi_1 > \varphi_2$，对应的时间 $t_1 > t_2$，则有 $\varphi_1/\varphi_2 = t_1/t_2$。而摇杆 3 上点 C 的平均速度为：$v_1 = C_1C_2/t_1$，$v_2 = C_2C_1/t_2$，显然 $v_2 > v_1$。

由此可见，当原动件匀速转动时，从动件空回行程速度大于工作行程速度的现象，称为急回特性。它能满足某些机械的工作要求，如插床、牛头刨床等，工作行程时要求速度慢且均匀，以提高加工质量，回程时要求速度快，以缩短非工作时间，提高生产效率。

为了表达机构急回特性的相对快慢程度，常用空回行程速度 v_2 与工作行程速度 v_1 之比来说明，即

$$K = \frac{v_2}{v_1} = \frac{C_2C_1/t_2}{C_1C_2/t_1} = \frac{t_1}{t_2} = \frac{\varphi_1}{\varphi_2} = \frac{180° + \theta}{180° - \theta} \tag{9-1}$$

式中，K 称为行程速比系数。

由式（9-1）可得极位夹角的计算式为

$$\theta = 180° \frac{K-1}{K+1} \tag{9-2}$$

由式（9-1）可知，机构的急回程度取决于极位夹角 θ 的大小。只要 $\theta \neq 0°$，则 $K>1$，机构具有急回特性；θ 越大，则 K 越大，机构急回作用越显著。

除曲柄摇杆机构外，偏置曲柄滑块机构和摆动导杆机构也具有急回特性，读者可自行分析。

在设计具有急回特性的连杆机构时，一般是先根据工作要求选定 K 值，然后由式（9-2）求出极位夹角 θ，再设计各构件的尺寸。

二、压力角和传动角

1. 压力角

如图 9-27 所示的曲柄摇杆机构中，若忽略各构件的质量和运动副中的摩擦，则连杆 2 为二力构件。原动件 1 通过连杆 2 传给从动件 3 的力 $\boldsymbol{F}$，总是沿着 BC 杆方向。从动件上点 C 所受力 $\boldsymbol{F}$ 的方向与点 C 的绝对速度 v_C 方向间所夹的锐角 α，称为压力角。

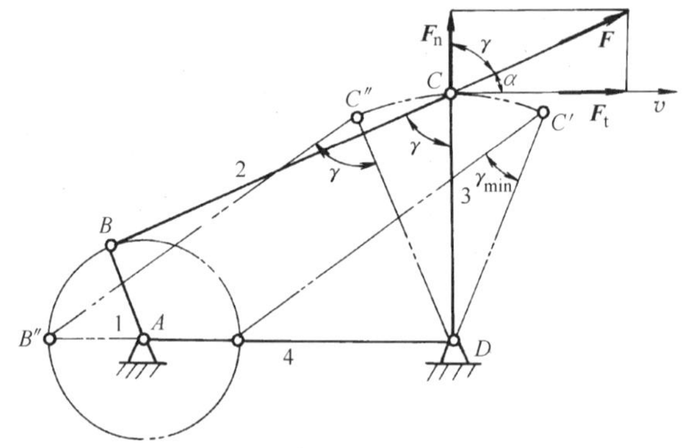

图 9-27　压力角与传动角

将传动力 $\boldsymbol{F}$ 分解为

$$F_t = F\cos\alpha$$

$$F_n = F\sin\alpha$$

力 $\boldsymbol{F}$ 沿 v_C 方向的分力 $\boldsymbol{F}_t$，推动从动件作有用功，是有效力；沿 v_C 垂直方向的分力 $\boldsymbol{F}_n$，它引起摩擦阻力，作有害的摩擦功，是有害力。显然 α 越小，有效力越大，有害力越小，机构越省力，效率越高，所以压力角 α 是判别机构传力性能的重要参数。

2. 传动角

传动角 γ 是压力角 α 的余角，也是判别机构传力性能的参数。机构的传动角越大，传力性能越好。因传动角 γ 与压力角 α 两者互为余角，故只需采用一个来判别机构的传力性能即可。

当机构运动时，α 和 γ 随从动件位置而变化，为保证机构有良好的传力性能，要限制工作行程的最大压力角 α_{max} 或最小传动角 γ_{min}。对于一般机械，$\alpha_{max} \leqslant 50°$ 或 $\gamma_{min} \geqslant 40°$；对于大功率机械，$\alpha_{max} \leqslant 40°$ 或 $\gamma_{min} \geqslant 50°$。

3. 常用机构出现最小传动角 γ_{min} 的位置

（1）曲柄摇杆机构的 γ_{min}　当曲柄 1 为原动件，摇杆 3 为从动件时，机构的 γ_{min} 出现在曲柄 AB 与机架 AD 两次共线位置之一（图 9-27）。

（2）曲柄滑块机构的 γ_{min}　当曲柄 1 为原动件，滑块 3 为从动件时，机构的传动角 γ 为连杆 2 与滑块 3 导路垂线的夹角，γ_{min} 出现在曲柄垂直于滑块导路时的位置。对偏置曲柄滑

块机构，γ_{min}出现在曲柄位于与偏距方向相反一侧的位置（图 9-28）。

（3）摆动导杆机构的 γ_{min}　以曲柄 1 为原动件的摆动导杆机构，因滑块 2 对导杆 3 的作用力始终垂直于导杆，故其传动角 γ 恒等于 90°，说明该机构传力性能最好（图 9-29）。

三、死点位置

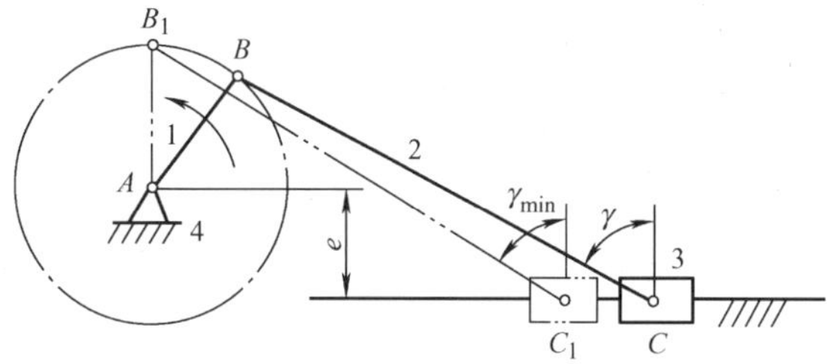

图 9-28　曲柄滑块机构的 γ_{min}

如图 9-30 所示的曲柄摇杆机构，若摇杆 CD 为原动件，曲柄 AB 为从动件，当摇杆处于两极限位置，从动曲柄与连杆共线时，原动件摇杆通过连杆传给从动曲柄的力 $\boldsymbol{F}$ 的方向，恰好通过曲柄转动中心点 A，转动力矩为零，从动曲柄不转动，机构停顿，该位置称为死点位置。机构在死点位置 $\gamma = 0°$（$\alpha = 90°$），并出现从动件转向不定或卡死不动的现象。

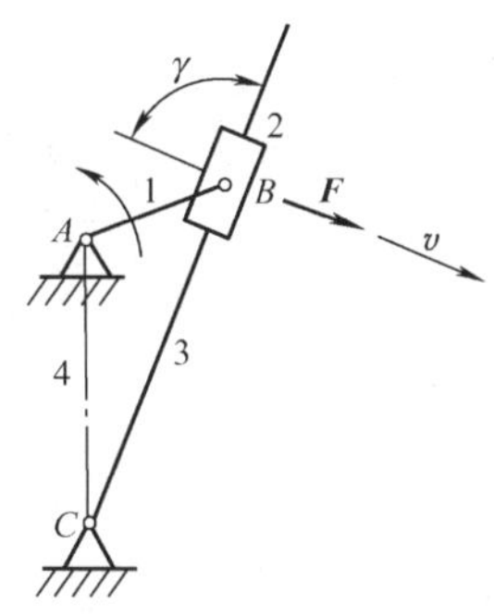

图 9-29　摆动导杆机构的最小传动角

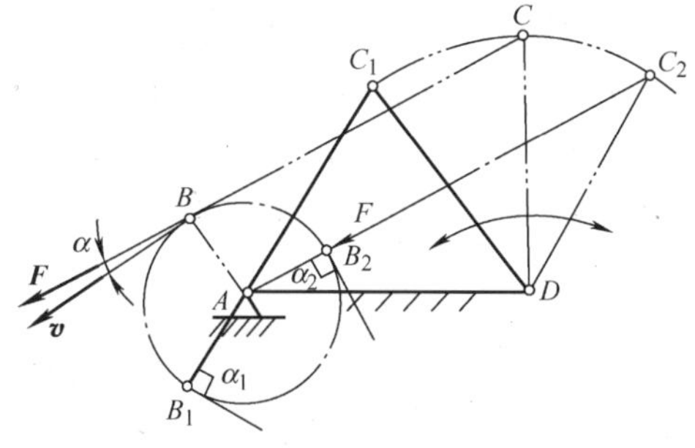

图 9-30　曲柄摇杆机构的死点位置

显然，只要从动件与连杆存在共线位置，机构就存在死点位置。因此，以滑块为原动件的曲柄滑块机构，以导杆为原动件的摆动导杆机构等，都存在死点位置。

一般用作传动的机构，应避免或设法通过死点位置。采用的方法是对从动件曲柄施加转动力矩，使其通过死点位置；或在从动件曲柄上安装飞轮，利用其惯性通过死点位置。如缝纫机踏板机构中，曲柄上的大带轮就相当于飞轮，利用它的惯性，使机构顺利通过死点位置。

死点位置有时也可以被用来实现某些工作要求。图 9-31 所示为飞机起落架收放机构，起落架 AB 放下时，起落架 AB 为原动件，由于连杆 BC 与从动件 CD 共线，机构处于死点位置，无论作用在起落架 AB 上的力多么大，都不能使起落架收起，从而保证飞机可靠地停放或滑行。

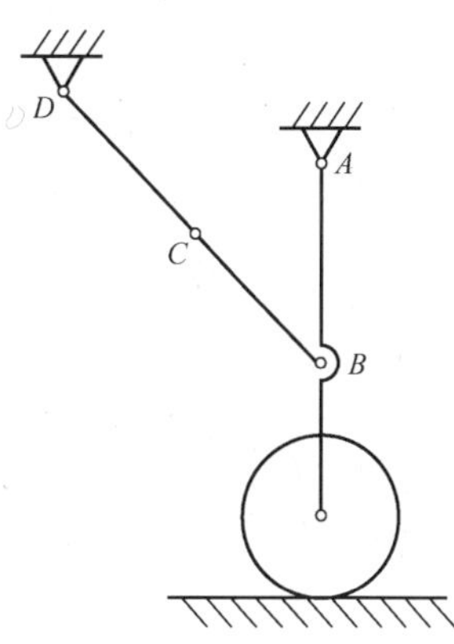

图 9-31　飞机起落架

具有死点位置的机构，多数在改变原动件后，机构的死点位置随之消失，所以机构是否具有死点位置一般取决于原动件的选择。

第四节　平面连杆机构的运动设计

连杆机构设计的主要任务，是根据给定的运动要求选定机构类型，并确定各构件的长度。

连杆机构的设计方法有图解法、解析法和实验法三种。图解法和实验法直观、简明，但精确度较低，可满足一般设计要求；解析法精确度高，适于用计算机计算。随着计算机应用的普及，计算机辅助设计四杆机构已成为必然趋势。本节主要介绍图解法，对解析法只作简单介绍。

一、用图解法设计四杆机构

1. 按给定的行程速比系数 K 设计四杆机构

已知曲柄摇杆机构中摇杆的长度 l_{CD}，摇杆的摆角 ψ，行程速比系数 K，试设计该四杆机构。

设计分析：如图 9-32a 所示，显然在已知 l_{CD} 和 ψ 时，设计该问题的关键是确定固定铰链点 A 的位置。若能确定点 A，从图上直接量得 AC_1 和 AC_2 后，即可求得曲柄的长度 AB 和连杆的长度 BC，即

$$AB = \frac{AC_2 - AC_1}{2}$$

$$BC = \frac{AC_2 + AC_1}{2}$$

所以设计的实质，是确定点 A 的位置。点 A 的位置必须满足极位夹角 $\angle C_1AC_2 = \theta$ 的要求。若能过点 C_1 和点 C_2 作一辅助圆，使弦 C_1C_2 所对的圆周角等于 θ，只要点 A 在这个圆上，就一定能满足 K 的要求。

设计步骤如下：

（1）计算极位夹角 θ

$$\theta = 180° \frac{K-1}{K+1}$$

（2）选择比例尺 μ_L，作出摇杆的两极限位置　如图 9-32b 所示，任取一点 D，按比例尺 μ_L 绘出摇杆的两个极限位置 DC_1 和 DC_2，使其夹角等于 ψ。

（3）作辅助圆　作角 $\angle C_1C_2O = \angle C_2C_1O = 90° - \theta$，直线 C_1O 和 C_2O 相交于点 O，以点 O 为圆心，以 OC_1（或 OC_2）为半径作辅助圆。显然圆心角 $\angle C_1OC_2 = 2\theta$。

（4）确定曲柄的转动中心点 A　在辅助圆上任取一点 A，即为曲柄的转动中心，并作直线 AC_1 和 AC_2，便得到曲柄与连杆的两个共线位置，角 $\angle C_1AC_2 = 1/2 \angle C_1OC_2 = \theta$，故能满足行程速比系数 K 的要求。

（5）确定曲柄、连杆和机架的长度　因 $AC_1 = BC - AB$，$AC_2 = BC + AB$，考虑比例尺 μ_L 后得

曲柄长　$$l_{AB} = \mu_L \frac{AC_2 - AC_1}{2}$$

连杆长 $$l_{BC}=\mu_L\frac{AC_2+AC_1}{2}$$

机架长 $$l_{AD}=\mu_L AD$$

AC_1、AC_2 和 AD 可以由图中直接量取。

由于曲柄的转动中心点 A 可在辅助圆上任取，所以可得到无穷多解。当再给定其他附加条件时（如给定机架长度或最小传动角等），则可得到唯一的答案。

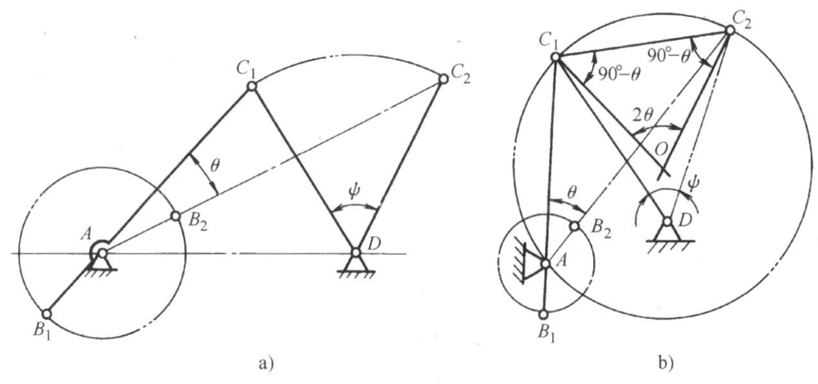

图 9-32 按行程速比系数 K 设计曲柄摇杆机构

同理，可设计出满足给定行程速比系数 K 的偏置曲柄滑块机构、摆动导杆机构等。

例 9-2 如图 9-33a 所示，已知滑块的行程 $s=30\text{mm}$，其行程速比系数 $K=1.5$，导路的偏距 $e=12\text{mm}$，试设计一偏置曲柄滑块机构。

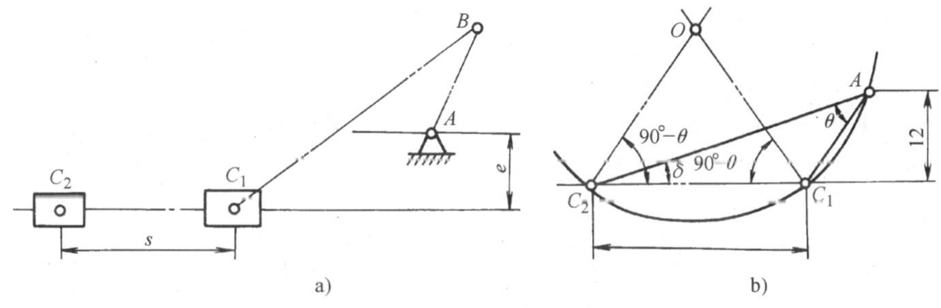

图 9-33 按行程速比系数设计偏置曲柄滑块机构

解 （1）计算极位夹角 θ

$$\theta=180°\frac{K-1}{K+1}=180°\frac{1.5-1}{1.5+1}=36°$$

（2）选取比例尺、作辅助圆 选取 $\mu_L=1\text{mm/mm}$，作出滑块的行程线段 $C_1C_2=30\text{mm}$，作 $\angle C_1C_2O=\angle C_2C_1O=90°-\theta=90°-36°=54°$，直线 C_1O 和 C_2O 相交于点 O，以点 O 为圆心，以 OC_1（或 OC_2）为半径作辅助圆（图 9-33b）。

（3）确定曲柄的转动中心点 A 作与线段 C_1C_2 平行且相距为 $e=12\text{mm}$ 的直线，交辅助圆于点 A（应该有两个交点，现只取一个），点 A 即为曲柄的转动中心。连接 AC_1 和 AC_2，并由图上量得

$$AC_1=15\text{mm}$$

$$AC_2 = 40\text{mm}$$

（4）计算曲柄和连杆的长度

曲柄长 $$l_{AB} = \mu_L \frac{AC_2 - AC_1}{2} = 1 \times \frac{40 - 15}{2}\text{mm} = 12.5\text{mm}$$

连杆长 $$l_{BC} = \mu_L \frac{AC_2 + AC_1}{2} = 1 \times \frac{40 + 15}{2}\text{mm} = 27.5\text{mm}$$

2. 按给定连杆的位置设计四杆机构

设已知连杆的长度 l_{BC} 和两个预定位置 B_1C_1 和 B_2C_2（图 9-34），试设计此铰链四杆机构。

设计分析：由图 9-34 可知，该问题设计的关键是要确定两固定铰链 A 和 D 的位置。由于连杆上点 B 和点 C 的运动轨迹，分别是以点 A 和点 D 为圆心，以 l_{AB} 和 l_{CD} 为半径的圆弧，所以该问题设计的实质，是已知圆弧上的两点确定圆心的问题。点 A 和点 D 分别位于线段 B_1B_2 和 C_1C_2 的垂直平分线 b_{12} 和 c_{12} 上。

设计步骤如下：

1）选取比例尺 μ_L，根据已知条件画出连杆的两个位置 B_1C_1、B_2C_2。

2）分别连接 B_1B_2 和 C_1C_2，然后分别作 B_1B_2 和 C_1C_2 的垂直平分线 b_{12} 和 c_{12}。

3）在 b_{12} 上任取一点 A，在 c_{12} 上任取一点 D，连接 AB_1C_1D，则 AB_1C_1D 即为所设计的四杆机构。各杆的长度分别为 $l_{AB} = \mu_L AB_1$，$l_{CD} = \mu_L C_1D$，$l_{AD} = \mu_L AD$。

注意，由于点 A 和点 D 在 b_{12} 和 c_{12} 上是任取的，可以有无穷多解。如要得到唯一解，则还需要给定其他的附加条件（如给定机架的位置或运动中的最小传动角等）。此外，如给定连杆长度及其三个位置，则解唯一确定，读者可自行推证。

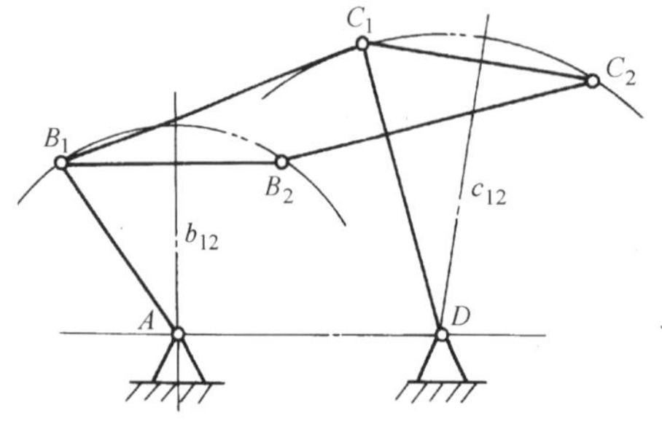

图 9-34 按给定连杆的两个位置设计四杆机构

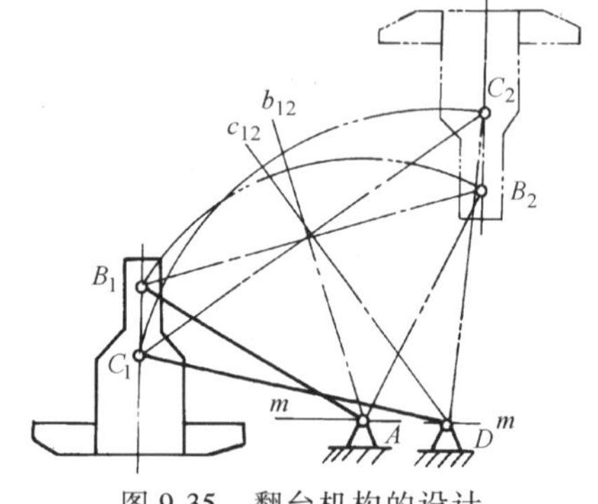

图 9-35 翻台机构的设计

例 9-3 图 9-35 所示为造型机的翻台机构。已知翻台的两个位置 B_1C_1、B_2C_2（实线和双点画线位置），要求机架的两铰链中心在 mm 线上，试设计该四杆机构。

解 将翻台看成连杆，选取适当的比例尺，作出翻台的两个位置 B_1C_1、B_2C_2 及 mm 线（图 9-35）。连接 B_1B_2 和 C_1C_2，然后分别作 B_1B_2 和 C_1C_2 的垂直平分线 b_{12} 和 c_{12}，它们分别与 mm 线相交于点 A 和点 D，点 A 和点 D 即为所求机架上的两铰链中心，连接 AB_1C_1D，则 AB_1C_1D 即为所设计的四杆机构。各杆的长度分别为 $l_{AB} = \mu_L AB_1$，$l_{CD} = \mu_L C_1D$，$l_{AD} = \mu_L AD$。

二、用解析法设计四杆机构

解析法是按照给定的参数和机构类型，建立方程，求出各构件尺寸等。

例 9-4　已知连架杆 AB 和 CD 的三组对应位置 φ_1、φ_2、φ_3、ψ_1、ψ_2、ψ_3，用解析法设计四杆机构（图 9-36）。

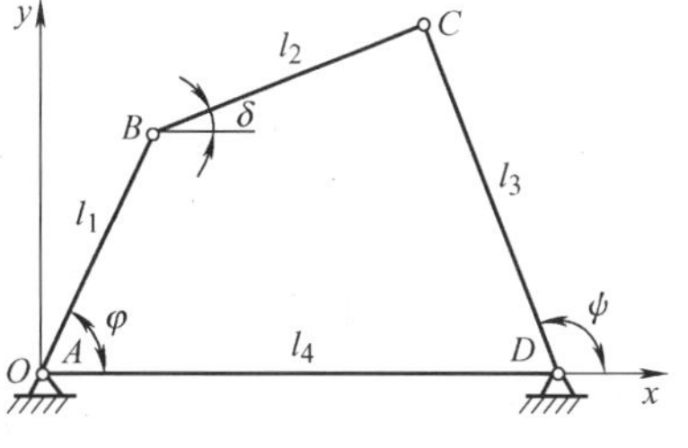

图 9-36　解析法设计四杆机构

解　（1）建立直角坐标系

（2）列投影方程

$$l_1\sin\varphi + l_2\sin\delta = l_3\sin\psi \qquad \text{(a)}$$

$$l_1\cos\varphi + l_2\cos\delta = l_4 - l_3\cos\psi \qquad \text{(b)}$$

将方程组中的 δ 消去，得

$$R_1 + R_2\cos\varphi + R_3\cos\psi = \cos(\varphi - \psi) \qquad \text{(c)}$$

式中

$$R_1 = (l_4^2 + l_1^2 + l_3^2 - l_2^2)(2l_1l_3) \qquad \text{(d)}$$

$$R_2 = -\frac{l_4}{l_3} \qquad \text{(e)}$$

$$R_3 = \frac{l_4}{l_1} \qquad \text{(f)}$$

（3）解线性方程组　将已知的三组对应位置 φ_1、φ_2、φ_3、ψ_1、ψ_2、ψ_3 分别代入，可得线性方程组

$$R_1 + R_2\cos\varphi_1 + R_3\cos\psi_1 = \cos(\varphi_1 - \psi_1) \qquad \text{(9-3a)}$$

$$R_1 + R_2\cos\varphi_2 + R_3\cos\psi_2 = \cos(\varphi_2 - \psi_2) \qquad \text{(9-3b)}$$

$$R_1 + R_2\cos\varphi_3 + R_3\cos\psi_3 = \cos(\varphi_3 - \psi_3) \qquad \text{(9-3c)}$$

由方程组可解出 R_1、R_2、R_3，然后根据具体情况选定机架长度，则各杆长度由下列各式求出

$$l_1 = \frac{l_4}{R_3}, l_2 = \sqrt{l_1^2 + l_3^2 + l_4^2 - 2l_1l_3R_1^2}, l_3 = -\frac{l_4}{R_2}$$

思考题与习题

一、多选填空题：本题的可选答案中，有 2 ~ 4 个是正确的，请将正确答案号填到空格里。

9-1　机构是由____组成的。

a）高副　b）主动件　c）固定件（机架）　d）从动件

9-2　平面连杆机构具有的优点是____________。

a）运动副是面接触，所以压强低，磨损小　b）运动副制造方便，易获得较高的制造精度　c）容易实现转动、移动等基本运动形式及其转换　d）容易实现复杂的运动规律

9-3　四杆机构可分为____________。

a）曲柄摇杆机构　b）导杆机构　c）铰链四杆机构　d）滑块四杆机构

9-4　曲柄摇杆机构以曲柄为原动件时，机构具有____________。

a）急回特性　b）最小传动角　c）死点位置　d）急回特性和死点位置

9-5　偏置曲柄滑块机构以滑块为原动件时，机构具有____________。

a）急回特性　b）死点位置　c）最小传动角　d）急回特性和死点位置

9-6　当曲柄为原动件时，具有急回特性的机构有____________。

a）曲柄摇杆机构　b）偏置曲柄滑块机构　c）摆动导杆机构　d）双曲柄机构

9-7　四杆机构____________时，传力性能好。

a）压力角越小　b）压力角越大　c）传动角越小　d）传动角越大

二、选择填空题：请将最恰当的一个答案号填到空格里。

9-8　平面运动的构件最多具有________。

a）一个自由度　b）二个自由度　c）三个自由度　d）四个自由度

9-9　一个高副可以对构件限制________。

a）一个自由度　b）二个自由度　c）三个自由度　d）四个自由度

9-10　转动副可以对构件限制________。

a）一个自由度　b）二个自由度　c）三个自由度　d）四个自由度

9-11　杆长不等的铰链四杆机构，若以最短杆为机架，则是________。

a）曲柄摇杆机构　b）双曲柄机构　c）双摇杆机构　d）双曲柄机构或双摇杆机构

9-12　铰链四杆机构各杆的长度分别为 $l_{AB}=30\text{mm}$，$l_{BC}=60\text{mm}$，$l_{CD}=70\text{mm}$，$l_{AD}=80\text{mm}$。若取杆 l_{AD} 为机架时，它属于________。

a）曲柄摇杆机构　b）双曲柄机构　c）双摇杆机构

9-13　在如图 9-10b 所示的滑块机构中，若取构件 1 为机架时，属于________。

a）摆动导杆机构　b）摇块机构　c）定块机构　d）转动导杆机构

9-14　已知对心曲柄滑块机构的曲柄长 $l_{AB}=30\text{mm}$，则该机构的行程 s 为________。

a）$s=30\text{mm}$　b）$s=60\text{mm}$　c）$30\text{mm}<s<60\text{mm}$　d）$s>60\text{mm}$

9-15　在曲柄摇杆机构中，当曲柄为原动件，摇杆为从动件时，可将________。

a）转动变为往复移动　b）往复移动变为转动　c）连续转动变为往复摆动　d）往复摆动变为连续转动

9-16　如图 9-24b 所示，货车自卸机构属于________。

a）曲柄摇杆机构　b）导杆机构　c）曲柄滑块机构　d）摇块机构

9-17　如图 9-37 所示的摆动导杆机构，$l_{AB}=100\text{mm}$，$l_{AC}=200\text{mm}$，则导杆的摆角 $\psi=$________。

a）30°　b）60°　c）26.57°　d）53.14°

9-18　有急回特性的平面连杆机构的行程速比系数________。

a）$K=1$　b）$K>1$　c）$K\geq1$　d）$K<1$

9-19　曲柄为原动件的曲柄摇杆机构在图 9-38 所示位置时，机构的压力角是指________。

a）α_1　b）α_2　c）α_3　d）α_4

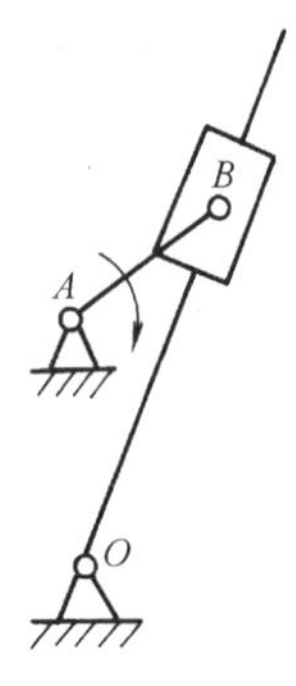

图 9-37　题 9-17 图

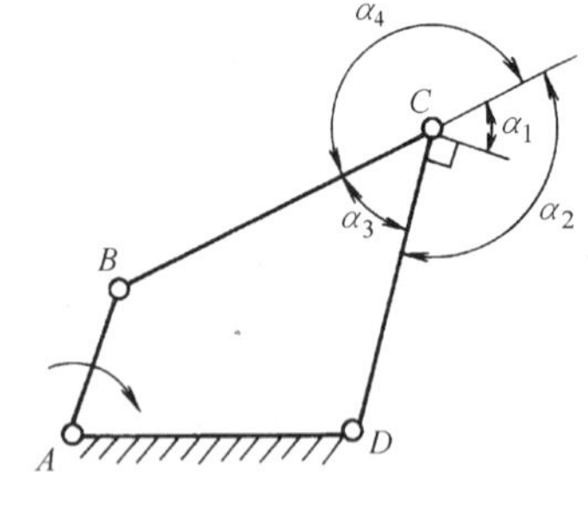

图 9-38　题 9-19 图

9-20　在曲柄摇杆机构中，当曲柄为原动件时，其最小传动角的位置在________。

a）曲柄与连杆共线的两个位置之一　b）曲柄与机架共线的两个位置之一　c）曲柄与机架相垂直的位置　d）摇杆与机架相垂直时，对应的曲柄位置

9-21　四杆机构处于死点时，其传动角 γ 为________。

9 CHAPTER

a）0°　b）90°　c）$\gamma>90°$　d）$0°<\gamma<90°$

9-22　两构件在同一平面的接触形式是面接触，其运动副类型是__________。

a）凸轮副　b）齿轮副　c）高副 d）低副

9-23　在自行车前轮的下列连接中，属于运动副的是__________。

a）前叉和轴　b）轴和车轮　c）辐条和钢圈　d）后叉和轴

9-24　两个构件组成转动副以后，__________。

a）约束两个移动，剩余一个转动　b）约束一个移动，一个转动，剩余一个移动

c）约束三个运动　d）无约束

9-25　两个构件组成移动副以后，__________。

a）约束两个移动，剩余一个转动　b）约束一个移动，一个转动，剩余一个移动

c）约束三个运动　d）无约束

9-26　在曲柄摇杆机构中，能够做整周转动的连架杆称为__________。

a）曲柄　b）连杆　c）机架　d）摇杆

9-27　能够把整周转动转化为往复运动的铰链四杆机构是__________。

a）双曲柄机构　b）双摇杆　c）曲柄摇杆　d）导杆

9-28　在满足杆长条件的双摇杆机构中，最短杆应是__________。

a）连架杆　b）连杆　c）机架　d）固定件

9-29　曲柄滑块机构有死点存在时，其主动件是__________。

a）曲柄　b）滑块　c）连杆　d）曲柄或滑块

9-30　在曲柄滑块机构中，如果取曲柄为机架，则是__________。

a）导杆机构　b）摇块机构　c）定块机构　d）导块机构

9-31　在曲柄滑块机构中，如果取滑块为机架，则是__________。

a）导杆机构　b）摇块机构　c）定块机构　d）导块机构

9-32　在曲柄滑块机构中，如果取连杆为机架，则是__________。

a）导杆机构　b）摇块机构　c）定块机构　d）导块机构

9-33　在摆动导杆机构中，若曲柄为原动件且作等速转动，则从动导杆作__________。

a）往复变速摆动　b）往复等速摆动　c）往复变速转动　d）往复等速转动

9-34　为了使机构能够顺利通过死点，常采用高速轴上安装__________来增大惯性。

a）齿轮　b）飞轮　c）凸轮　d）棘轮

9-35　杆长不等的铰链四杆机构，若以最短杆为机架，则是__________。

a）双曲柄机构　b）双摇杆机构　c）曲柄摇杆机构　d）双曲柄机构或双摇杆机构

三、判断题

9-36　机构是由具有确定相对运动的构件组成的。　（　）

9-37　由于移动副是构成面接触的运动副，故移动副是平面高副。　（　）

9-38　铰链四杆机构根据各杆的长度，即可判断其类型。　（　）

9-39　铰链四杆机构中，传动角越小，机构的传力性能越好。　（　）

9-40　曲柄为原动件的偏置曲柄滑块机构，一定具有急回特性。　（　）

9-41　铰链四杆机构，通过变换机架一定可以得到曲柄摇杆机构、双曲柄机构和双摇杆机构。（　）

9-42　四杆机构的死点位置即为该机构最小传动角的位置。　（　）

9-43　极位夹角 θ 越大，机构的急回特性越显著。　（　）

9-44　摆动导杆机构的传动角始终为 90°。　（　）

9-45　四杆机构有无死点位置，与何构件为原动件有关。　（　）

9-46　极位夹角就是从动件在两个极限位置时的夹角。　（　）

9-47 曲柄为原动件的曲柄摇杆机构，其最小传动角出现在曲柄与连杆两次共线的位置之一。 ( )

9-48 构件与构件之间直接接触而又能保持确定运动的可动连接称为运动副。 ( )

9-49 两构件通过面接触所形成的运动副称为低副。 ( )

9-50 高副由于是点或线的接触，在承受载荷时单位面积压力较小。 ( )

9-51 铰链四杆机构中，能做整周转动的构件称为曲柄。 ( )

9-52 曲柄摇杆机构中，曲柄一定是主动构件。 ( )

9-53 在曲柄长度不等的双曲柄机构中，主动曲柄作等速转动，从动曲柄作变速转动。 ( )

9-54 在铰链四杆机构中，曲柄一定是最短杆。 ( )

9-55 曲柄为原动件的摆动导杆机构一定具有急回特性。 ( )

9-56 对心曲柄滑块机构没有急回特性。 ( )

9-57 一个铰链四杆机构，通过机架变换，一定可以得到曲柄摇杆机构、双曲柄机构，以及双摇杆机构。 ( )

9-58 在铰链四杆机构中，若最短杆和最长杆长度之和小于或等于其他两杆之和，且最短杆为连架杆，则机构中只有一个曲柄。 ( )

9-59 曲柄摇杆机构中，当曲柄为主动件时，曲柄和连杆共线两次时所夹得锐角称为极位夹角。 ( )

9-60 曲柄摇杆机构中，当摇杆为主动件时，曲柄和连杆共线两次时，机构出现死点位置。 ( )

9-61 曲柄摇杆机构中，当曲柄为主动件时，只要机构的极位夹角 $\theta > 0°$，则机构必然有急回特性。 ( )

9-62 压力角是从动件上受到的主动力方向与受力点速度方向所夹的锐角。 ( )

9-63 压力角越大，有效动力就越大，机构动力传递性能越好，效率越高。 ( )

9-64 曲柄摇杆机构中，无论何构件为主动件，一定有急回特性。 ( )

四、设计计算题

9-65 根据图9-39所示尺寸，判断各铰链四杆机构的类型。

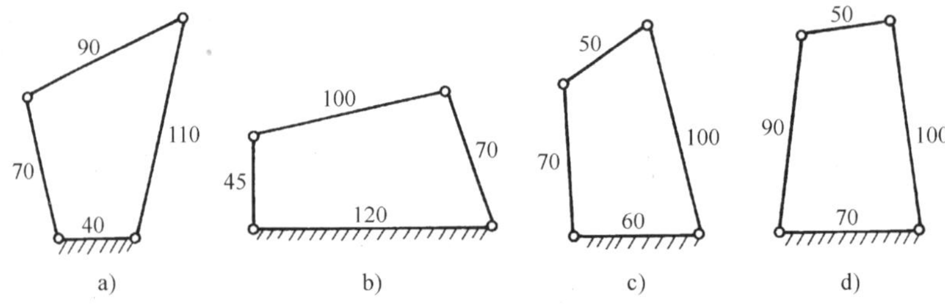

图9-39 题9-65图

9-66 一铰链四杆机构，其中三个杆的尺寸如图9-40所示，AD杆为机架。

1）若此机构为曲柄摇杆机构时，求 l_{AB} 的取值范围。

2）若此机构为双曲柄机构时，求 l_{AB} 的取值范围。

3）若此机构为双摇杆机构时，求 l_{AB} 的取值范围。

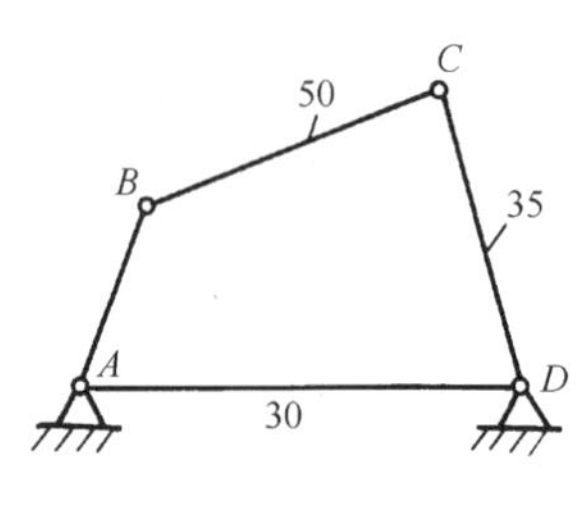

图9-40 题9-66图

9-67 图9-41所示各四杆机构中，原动件1作匀速顺时针转动，从动件3由左向右运动时，要求：

1）作各机构的极限位置图。

2）计算各机构行程速度变化系数 K。

3）作出各机构出现最小传动角 γ_{min} 时的位置图，并量出其大小。

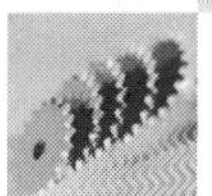

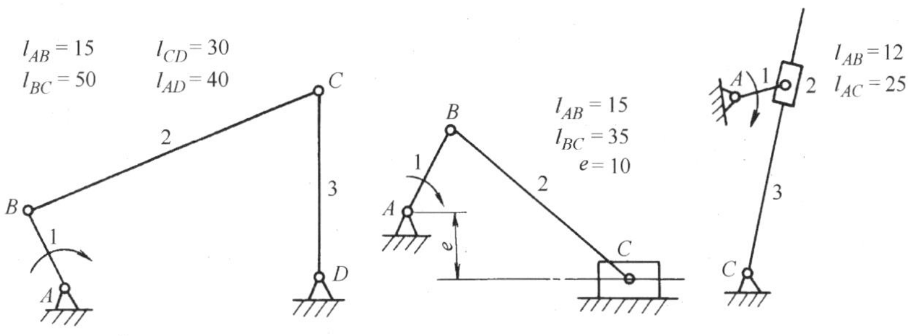

图 9-41　题 9-67 图

9-68　图 9-41 所示的各四杆机构中，当构件 3 为原动件，构件 1 为从动件时，试作各机构的死点位置。

9-69　图 9-42 所示为用四杆机构控制的加热炉炉门的启闭机构。工作要求：加热时炉门能关闭紧密，放取工件时炉门能处于水平位置当一个小平台用。炉门上两铰链的中心距 $l_{BC}=200\text{mm}$，与机架连接的铰链 A 和 D 安置在 yy 直线上，其相互位置尺寸如图 9-42 所示，试设计此机构。

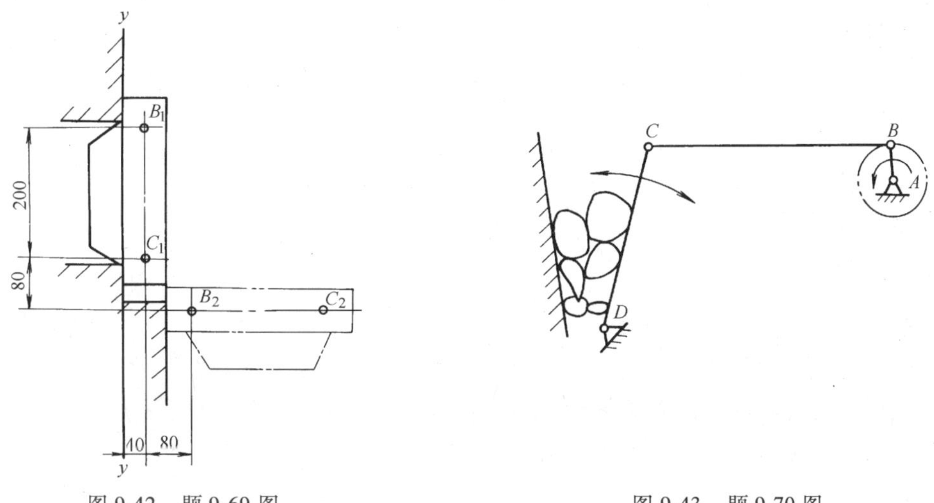

图 9-42　题 9-69 图　　　　图 9-43　题 9-70 图

9-70　图 9-43 所示为矿石破碎机，已知其行程速比系数 $K=1.4$，颚板长度 $l_{CD}=300\text{mm}$，颚板摆角 $\psi=35°$，机架长度 $l_{AD}=150\text{mm}$，试设计该四杆机构。

9-71　如图 9-44 所示，已知滑块的行程 $s=120\text{mm}$，偏距 $e=10\text{mm}$，行程速比系数 $K=1.4$。试设计该偏置曲柄滑块机构。

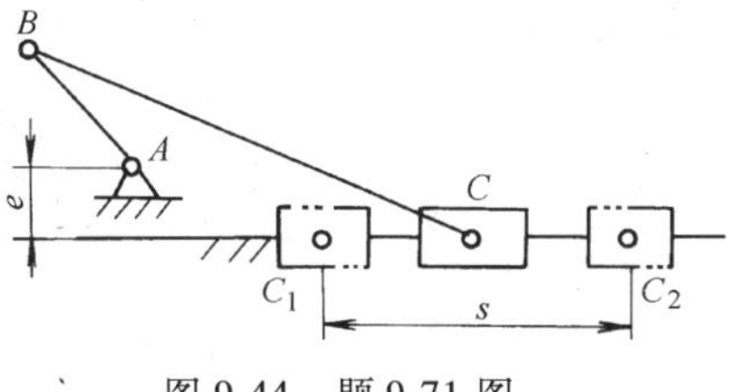

图 9-44　题 9-71 图

第十章　其他常用机构

在机械中，特别在各种自动和半自动机械中，除了前面讨论过的平面连杆机构外，还经常会用到如凸轮机构、螺旋机构、棘轮机构和槽轮机构等类型繁多、功能各异的机构。本章将着重介绍这些常用机构的工作原理、类型特点及应用场合。

第一节　凸 轮 机 构

凸轮机构是由凸轮 1、从动件 2 和机架 3 组成的高副机构，如图 10-1 所示。本章主要介绍凸轮机构特点、类型、应用、从动件的运动规律、凸轮机构基本尺寸的确定及盘形凸轮轮廓曲线的设计等。

一、凸轮机构的应用和特点

凸轮机构应用广泛，尤其在机器的控制机构中应用更广。

图 10-2 所示为内燃机配气机构。当凸轮 1 匀速转动时，其轮廓将迫使从动件 2（气门推杆）上、下往复移动，以控制气门有规律地开启和关闭（关闭是借助于弹簧的作用），从而使可燃烧物质进入气缸或使废气排出。气门开启或关闭时间的长短，及其运动速度和加速度的变化规律，完全由凸轮的轮廓形状决定。

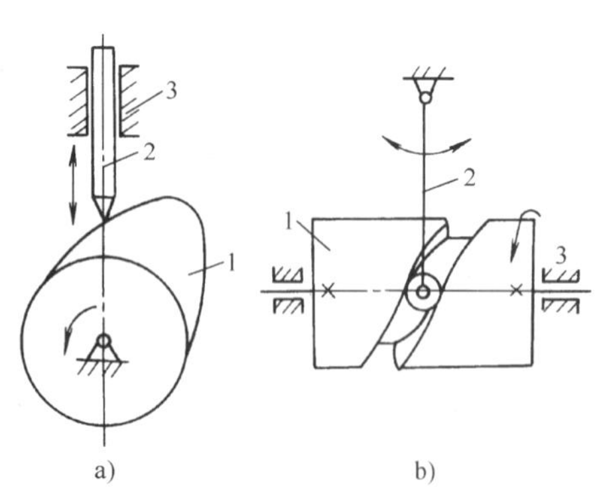

图 10-1　凸轮机构运动简图

a）平面凸轮机构　b）空间凸轮机构

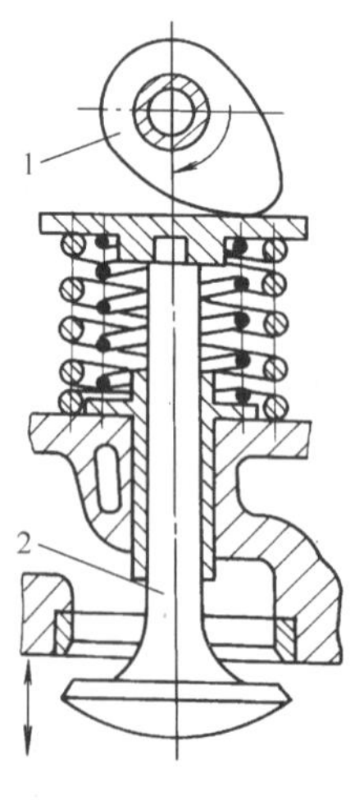

图 10-2　内燃机配气机构

图 10-3 所示为平网印花机的筛网升降机构。当气缸 1 中的活塞杆带动连杆 2 作水平移动时，通过固装在连杆 2 上的移动凸轮 3，迫使滚子从动件 4 作上、下往复移动，带动筛网

托架 5 升降。弹簧 6 的作用是保证滚子与凸轮接触。

图 10-4 所示为自动上料机构。当带有凹槽的凸轮 1 匀速转动时，通过槽中的滚子，使从动件 2 作往复移动。凸轮每转动一周，从动件即从储料器中推出一个毛坯并将它送到加工位置。

由以上例子可见，通常凸轮 1 为原动件，作等角速度转动或往复直线运动；从动件 2 作往复直线运动或摆动。

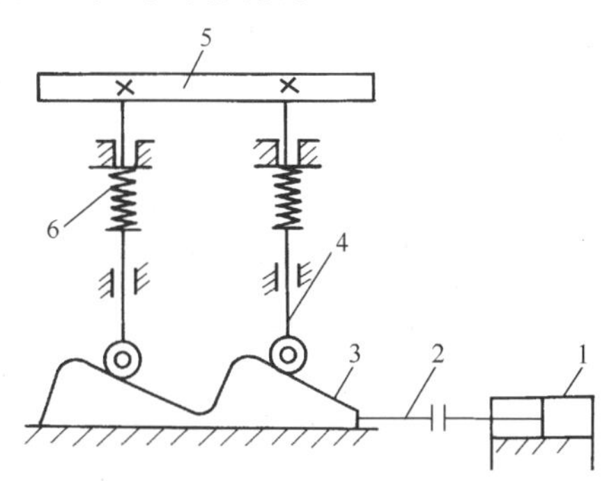

图 10-3　平网印花机筛网升降机构

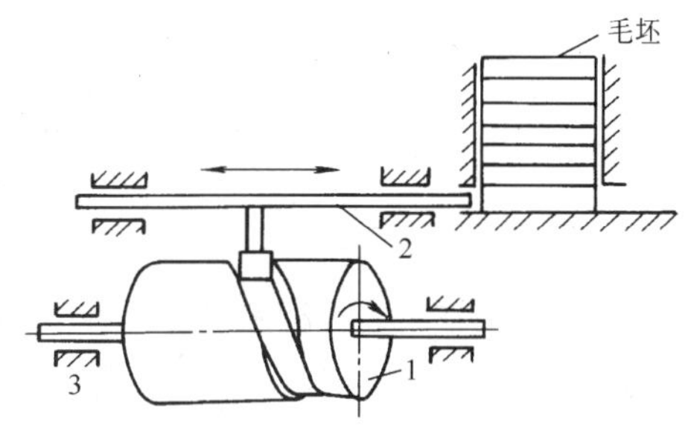

图 10-4　自动上料机构

凸轮机构的主要优点是：只要适当地设计凸轮轮廓，就可以使从动件实现各种预期的运动规律。结构简单、紧凑，工作可靠，设计方便，故在各种自动化机械中广泛应用。它的主要缺点是：凸轮与从动件为高副接触，易磨损，故通常用于传力不大的自动机械、仪表及各种控制、调节机构中。

二、凸轮机构的分类

凸轮机构的类型很多，通常可按如下方法分类：

1. 按凸轮形状分

（1）盘形凸轮（图 10-1a）　是绕固定轴线转动且具有变化向径的盘形构件，是凸轮的基本形式。

（2）移动凸轮（图 10-3）　当盘形凸轮的转动中心趋于无穷远时，凸轮相对机架作直线运动，这种凸轮称为移动凸轮。

（3）圆柱凸轮（图 10-1b）　将移动凸轮卷成圆柱体，即成为圆柱凸轮。

盘形凸轮和移动凸轮与从动件之间的相对运动是平面运动，属于平面凸轮机构。圆柱凸轮与从动件之间的相对运动是空间运动，属于空间凸轮机构。本章主要介绍平面凸轮机构。

2. 按从动件的型式分

（1）尖顶从动件（图 10-1a）　尖顶能与任何形状的凸轮轮廓接触，故能实现复杂的运动规律，且结构最简单。但因尖顶易磨损，故只宜用于受力不大的低速凸轮机构，如仪表中的凸轮机构。

（2）滚子从动件（图 10-1b）　滚子与凸轮之间为滚动摩擦，磨损较小，可以承受较大载荷，应用最广泛。

（3）平底从动件（图 10-2）　从动件与凸轮轮廓表面之间是一平面接触。忽略摩擦时，凸轮与从动件间的作用力始终垂直于平底，受力较平稳，接触处易于形成油膜，有利于润滑，能减少磨损，所以常用于高速凸轮中。但它不适宜于凹槽轮廓的凸轮机构。

3. 按从动件的运动方式分

（1）直动从动件　从动件作往复直线运动，若从动件的导路中心线，通过凸轮的转动中心时，称为对心直动从动件（图 10-1a）；否则称为偏置从动件（图 10-11）。

（2）摆动从动件　从动件作往复摆动（图 10-1b）。

4. 按凸轮与从动件的锁合方式分

凸轮机构工作时，必须保证凸轮轮廓与从动件始终接触，这种作用称为锁合。

（1）力锁合　凸轮与从动件依靠重力或弹簧力始终接触（图 10-2）。

（2）形锁合　凸轮与从动件依靠凸轮几何形状始终接触（图 10-4）。

实际应用中的凸轮机构通常是上述类型的不同综合。

三、凸轮机构的运动过程及有关名称

1. 基圆

以凸轮轮廓的最小向径 r_b 为半径所作的圆，称为基圆。r_b 称为基圆半径。

2. 推程、行程、休止和回程

如图 10-5 所示，凸轮以等角速 ω 逆时针方向转动，当凸轮转过角 δ_0 时，凸轮轮廓按一定的运动规律，将从动件的尖顶从初始位置点 A 推到了最高位置点 B'，这个过程称为推程。从动件所走过的距离 h，称为从动件的行程。当凸轮继续转动角 δ_1 时，从动件的尖顶与凸轮上的圆弧 BC 接触，此时从动件则处于最远位置停留不动，这个过程称为远休止。当凸轮继续转动角 δ_2 时，从动件在弹簧和重力的作用下，以一定的运动规律回到初始位置，这个过程称为回程。当凸轮继续转过角 δ_3 时，从动件静止不动，此过程称为近休止。一般推程是凸轮机构的工作行程。

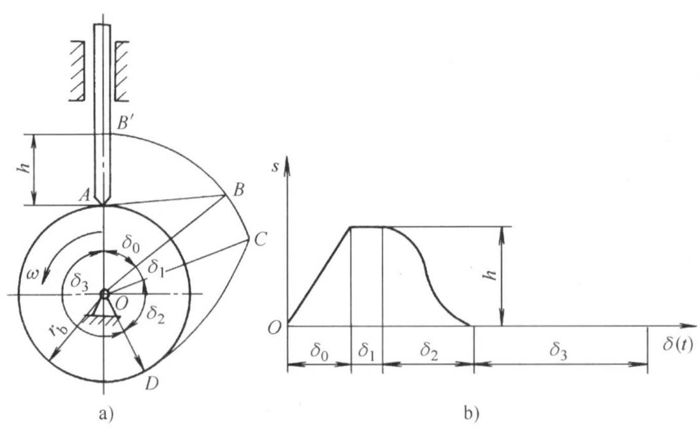

图 10-5　尖顶直动从动件盘形凸轮机构

3. 推程角、休止角和回程角

在凸轮的轮廓曲线上，推程段、休止段和回程段所对应的中心角分别称为推程角（δ_0）、休止角（δ_1 为远休止角，δ_3 为近休止角）和回程角（δ_2）。

4. 从动件的运动规律

从动件的位移、速度和加速度随凸轮转角的变化关系，称为从动件的运动规律。如果以

凸轮转角 δ 或时间 t 为横坐标，分别以从动件的位移 s、速度 v 和加速度 a 为纵坐标，即可作出凸轮转角与从动件的位移、速度和加速度变化关系曲线，称为从动件的运动线图。在绘制运动线图时，需选择长度比例尺 μ_L 和角度比例尺 μ_δ。

$$\mu_\delta = \frac{\text{凸轮的实际转角 }\delta}{\text{图样上代表 }\delta\text{ 线段长}} \quad (°)/\text{mm}$$

（1）等速运动规律　从动件在推程或回程的运动速度为定值的运动规律，称为等速运动规律。

以推程为例，设凸轮以等角速 ω 转动，当凸轮转过推程角 δ_0 时，从动件的行程为 h，则从动件的运动方程为

$$\begin{cases} s = \dfrac{h}{\delta_0}\delta \\ v = \dfrac{h}{\delta_0}\omega \\ a = 0 \end{cases} \tag{10-1}$$

现分别以从动件的位移 s、速度 v 和加速度 a 为纵坐标，以凸轮转角 δ（或时间 t）为横坐标，作 s-δ、v-δ 及 a-δ 线图（图 10-6a）。同理，可作出回程时从动件作等速运动的运动线图（图 10-6b）。

这种运动规律的特点是：当速度为定值时，加速度为零，惯性力也为零；但在运动开始和终止的瞬间，由于速度有突变，此时理论上的加速度值为无穷大，其惯性力将引起“刚性冲击”。因此，这种运动规律只适用于低速轻载的场合。

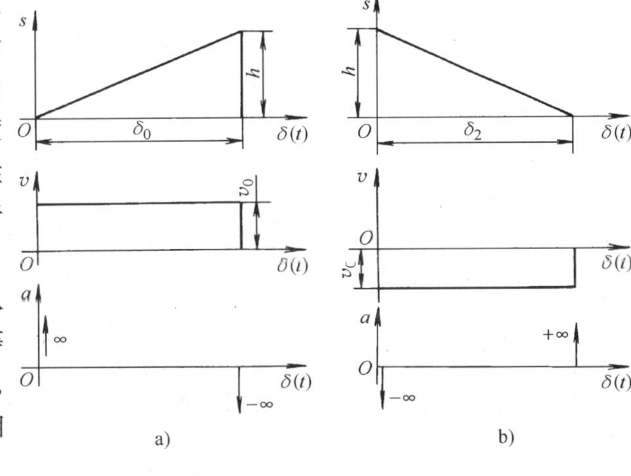

图 10-6　等速运动规律线图

（2）等加速等减速运动规律　从动件在一个行程 h 中，前半行程作等加速运动，后半行程作等减速运动，等加速等减速运动加速度的绝对值相等，称为等加速等减速运动规律。

由匀变速运动的加速度、速度、位移方程，可得到推程段从动件的运动方程为

等加速段（$0 \leqslant \delta \leqslant \delta_0/2$）

$$\begin{cases} s = \dfrac{2h}{\delta_0^2}\delta^2 \\ v = \dfrac{4h\omega}{\delta_0^2}\delta \\ a = \dfrac{4h\omega^2}{\delta_0^2} \end{cases} \tag{10-2a}$$

等减速段（$\delta_0/2 \leqslant \delta \leqslant \delta_0$）

$$
\begin{cases}
s = h - \dfrac{2h}{\delta_0^2}(\delta_0 - \delta)^2 \\
v = \dfrac{4h\omega}{\delta_0^2}(\delta_0 - \delta) \\
a = -\dfrac{4h\omega^2}{\delta_0^2}
\end{cases}
\tag{10-2b}
$$

由上述方程，可作出在推程时，作等加速等减速运动从动件的运动线图（图 10-7a）。同理可作出在回程时，从动件作等加速等减速运动的运动线图（图 10-7b）。由位移方程可知，位移 s 是 δ 二次函数，所以从动件的位移曲线为抛物线，又称其为抛物线运动规律。

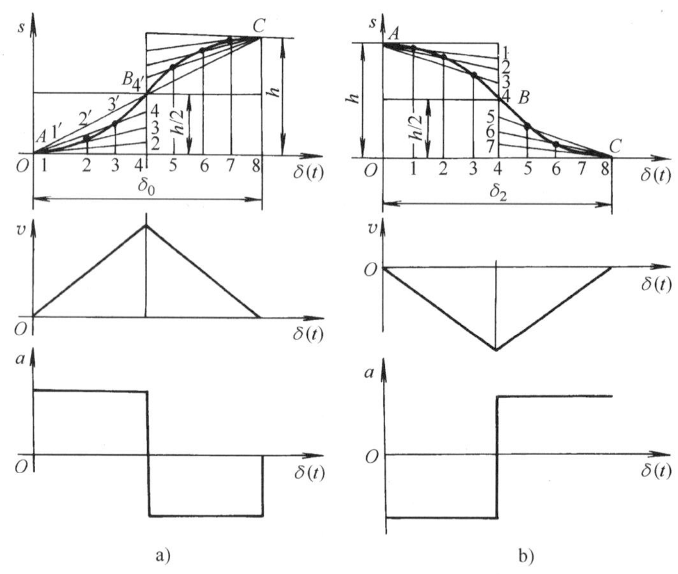

图 10-7　等加速、等减速运动线图

这种运动规律的特点是：当加速度 a = 常数时，从动件的加速度曲线为平行于 δ 轴的直线，在曲线的端点和中点处，加速度发生有限突变，此时惯性力产生有限值的突变，结果使凸轮机构产生“柔性冲击”。因此，等加速等减速运动规律适用于中速、中载的场合。

（3）运动规律的选择　凸轮轮廓曲线完全取决于从动件的运动规律，因此正确选择从动件的运动规律是凸轮设计的重要环节。选择从动件的运动规律时，要综合考虑机械的工作要求、动力特性和加工制造等。

1）满足工作要求。根据工作要求选择从动件的运动规律。例如，对于内燃机中控制气门启闭的凸轮机构，要求气门的启闭越快越好，全开的时间越长越好，并希望降低气阀机构的冲击和噪声，故要求从动件作等加速等减速运动。

2）加工制造方便。当机器的工作过程对从动件的运动规律没有特殊要求时，对于低速凸轮机构主要考虑便于凸轮的加工，如夹紧送料等凸轮机构，可只考虑方便加工，采用圆弧、直线等组成的凸轮轮廓。

3）动力特性要好。对于高速凸轮机构，主要考虑减小冲击选择从动件的运动规律。

四、凸轮机构的压力角及许用值确定

设计凸轮机构，不仅要保证从动件能实现预期的运动规律，而且还要求动力性能好，结

构紧凑。这些要求与压力角、基圆半径、滚子半径等有关。本节主要讨论这些问题。

尖顶对心直动从动件盘形凸轮机构（图 10-8），当忽略摩擦时，凸轮作用于从动件的力 $\boldsymbol{F}$ 是沿着法线 nn 方向，它与从动件在该点的运动速度 v 方向之间所夹锐角，称为凸轮机构的压力角，用 α 表示。显然，凸轮轮廓上各点的压力角是不同的。

将力 $\boldsymbol{F}$ 分解为

$$\begin{cases} F_1 = F\cos\alpha \\ F_2 = F\sin\alpha \end{cases} \tag{10-3}$$

式中　F_1——推动从动件运动的有效力；

F_2——侧推力，是有害力。

显然，α 角越小，有效力越大，有害力越小，凸轮运转越轻快，传力性能越好。当 α 角增大时，有效力减小，有害力增大，从而使从动件在导路中的侧压力增加，致使导路中的摩擦力也增大，使机构的效率降低，凸轮运转沉重。当 α 角增大到一定程度时，致使有害力所引起的摩擦阻力大于有效力时，那么，无论凸轮作用于从动件的力多大，从动件都不能运动，这种现象称为自锁。

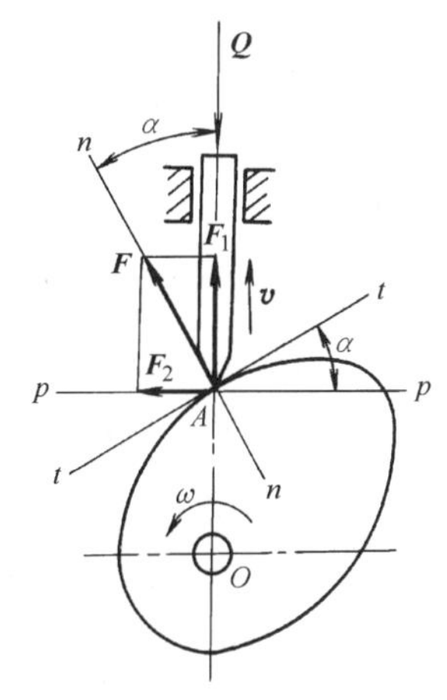

图 10-8　凸轮机构的压力角

由以上分析可知，为了防止凸轮机构产生自锁，保证机构有良好的传力性能，必须限制凸轮在推程的 α_{max}，应使

$$\alpha_{max} \leqslant [\alpha] \tag{10-4}$$

式中　$[\alpha]$——许用压力角。

一般推程段，凸轮机构的 $[\alpha]$ 可以如下取值：

移动从动件 $[\alpha] = 30°$

摆动从动件 $[\alpha] = 45°$

凸轮机构的最大压力角 α_{max}，一般出现在推程的起始位置、理论廓线上比较陡和从动件最大速度的轮廓附近。设计时，可用量角器检验（图 10-9）。

如果 $\alpha_{max} > [\alpha]$ 时，可采用偏置从动件凸轮机构（图10-10）或增大凸轮基圆半径

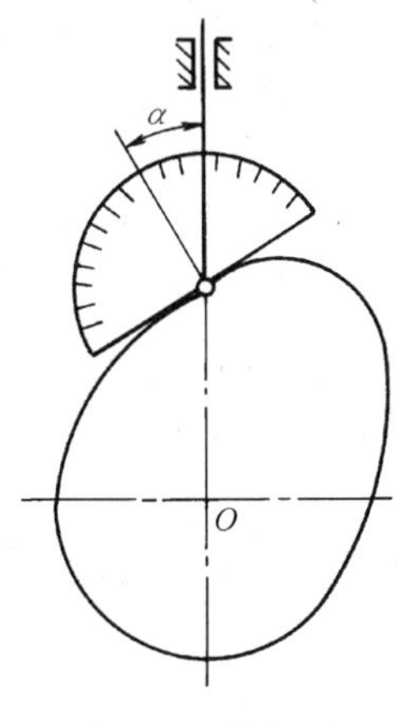

图 10-9　检查压力角的方法

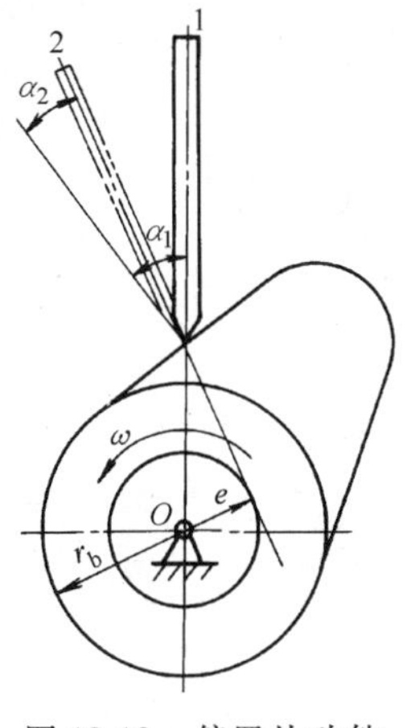

图 10-10　偏置从动件可减小压力角

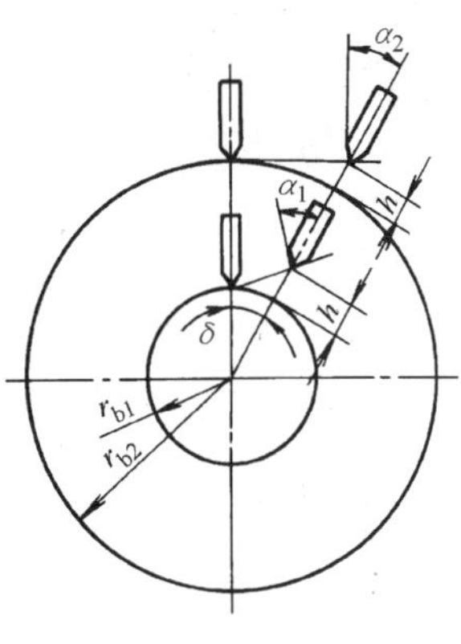

图 10-11　增大基圆半径可减小压力角

r_b（图 10-11），以减小 α_{max} 的值，满足使用要求。

五、凸轮机构的结构和材料

1. 凸轮机构的结构

（1）凸轮的结构　凸轮尺寸小，且与轴的尺寸相近时，常与轴做成一体，称为凸轮轴（图 10-12a）。凸轮尺寸大，且与轴的尺寸相差大时，常与轴分开制造（图 10-12b、c、d）。

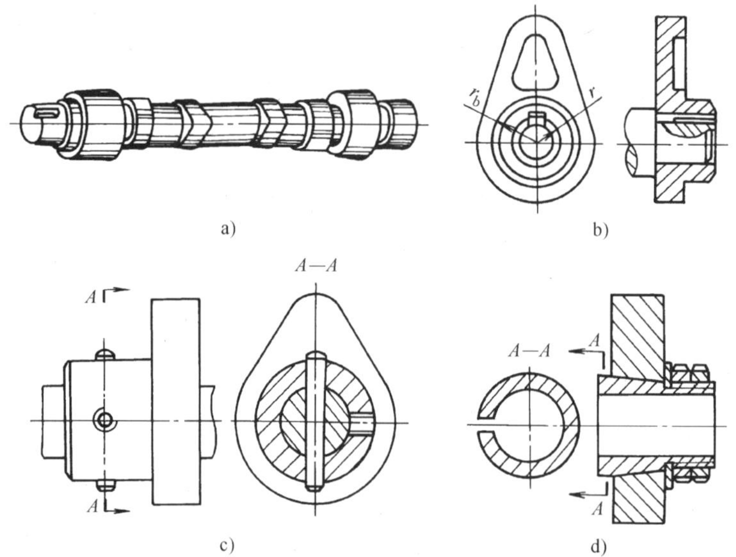

图 10-12　凸轮的结构

a）凸轮轴　b）平键联接　c）圆锥销联接　d）弹性开口锥套螺母联接

（2）从动件的结构　从动件末端结构形式很多，常用的滚子结构如图 10-13 所示。

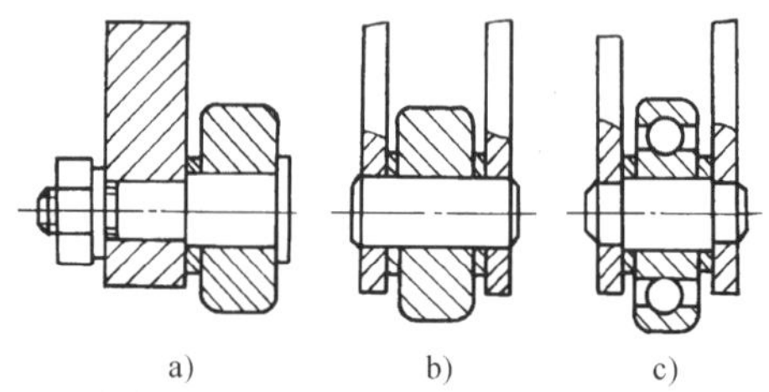

图 10-13　滚子的结构

2. 凸轮机构的材料

凸轮工作时，载荷往往有冲击，工作表面易于磨损，所以一般要求凸轮表面硬度高，而心部有良好的韧性。表 10-1 列出凸轮和从动件接触端常用材料及热处理方法，供选用时参考。

表 10-1　凸轮和从动件接触端常用材料及热处理

工作条件	凸轮		从动件接触端	
	材料	热处理	材料	热处理
低速轻载	40、45、50	调质 220～260HBW	45	表面淬火 40～45HRC
	HT200、HT250 HT300	调质 170～250HBW		
	QT500—1.5 QT600—2	调质 190～270HBW	尼龙	

（续）

工作条件	凸轮		从动件接触端	
	材料	热处理	材料	热处理
中速中载	45 钢	表面淬火 40 ~ 45HRC	尼龙	
	45 钢、40Cr	表面高频感应加热淬火 52 ~ 58HRC	20Cr	渗碳淬火，渗碳层深 0.8 ~ 1.5mm，56 ~ 62HRC
	15 钢、20 钢、20Cr 20CrMn	渗碳淬火，渗碳层深 0.8 ~ 1.5mm，56 ~ 62HRC		
高速重载	40Cr	高频感应加热淬火，表面 56 ~ 60HRC，心部 45 ~ 50HRC	T8 T10 T12	淬火 58 ~ 62HRC
	38CrMoAl 35CrAl	氮化，表面硬度 700 ~ 900HV（约 60 ~ 67HRC）		

注：一般中等尺寸的凸轮机构，$n \leqslant 100$r/min 为低速；100r/min $< n <$ 200r/min 为中速；$n >$ 200r/min 为高速。

第二节　螺旋机构

螺旋机构由螺杆、螺母和机架组成，其主要功用是将转动变换为直线运动，并同时传递运动和动力。按螺旋副中的摩擦性质，螺旋机构可分为滑动螺旋机构和滚动螺旋机构两种类型。按用途，螺旋机构可分为传力螺旋、传导螺旋和调整螺旋三种类型。

螺旋机构具有结构简单、制造方便、传动平稳、无噪声、易于自锁等优点。缺点是摩擦阻力大、定位精度差、传动效率低。随着滚动螺旋机构的出现，这些缺点已得到很大的改善。

一、螺纹及其分类

1. 螺纹及其主要参数

将底边长等于 πd_2 的直角三角形，绕在一直径为 d_2 的圆柱体上，并使其底边与圆柱体重合，则其斜边 ac 在圆柱体表面形成的空间曲线，称为螺旋线（图 10-14）。在圆柱表面上，沿螺旋线切制出特定形状的沟槽，即形成螺纹。在圆柱体外表面加工出的螺纹称为外螺纹；在圆柱体内表面加工出的螺纹称为内螺纹；由内外螺纹旋合成螺旋副（图 10-16）。

根据螺旋线的旋行方向，螺纹可分为右旋和左旋两种，常用的是右旋。螺纹旋向的判别方法：将螺杆竖直，若螺旋线左低右高（向右上升），为右旋（图 10-15a、c）；反之则为左旋（图 10-15b）。根据螺旋线的线数，螺纹可分为单线、双线和多线（图 10-15）。单线螺纹多用于联接，双线和多线螺纹多用于传动。

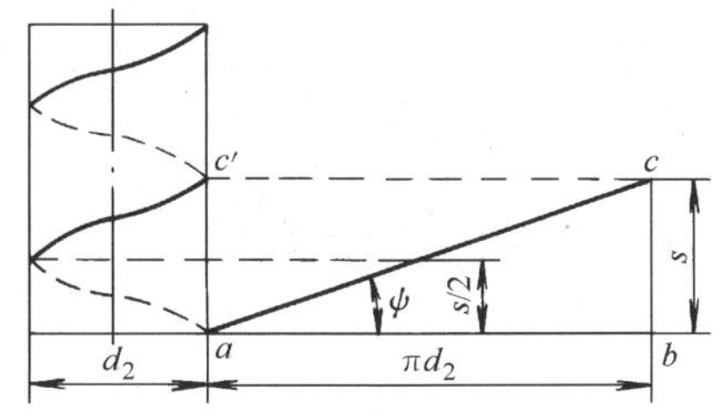

图 10-14　螺纹的形成

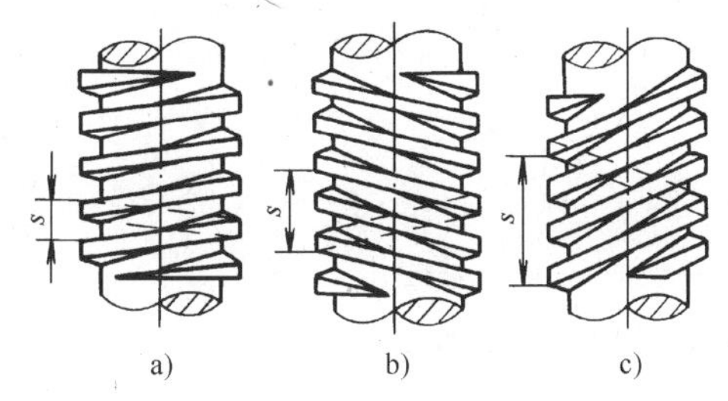

图 10-15　螺纹的旋向和线数

a）右旋单线　b）左旋双线　c）右旋多线

螺纹的主要参数如图10-16所示。

（1）大径（d、D） 在标准中规定为公称直径。外螺纹记为 d，内螺纹记为 D。

（2）小径（d_1、D_1） 螺纹小径为外螺纹，强度计算时的危险截面直径。外螺纹记为 d_1，内螺纹记 D_1 为。

（3）中径（d_2、D_2） 螺纹的轴向剖面内，螺纹的牙厚和牙间宽度相等的假想圆柱的直径。外螺纹记为 d_2，内螺纹记为 D_2。

（4）工作高度 h 内、外螺纹牙的径向接触高度。

（5）线数 n 螺纹的螺旋线数目。

（6）螺距 P 相邻两牙在中径线上对应点之间的轴向距离。

（7）导程 P_h 同一条螺旋线上相邻两牙在中径线上对应点之间的轴向距离。导程与螺距的关系为：$P_h=nP$。

（8）螺纹升角 ψ 在中径圆柱面上，螺旋线切线方向与垂直于螺纹轴线平面所夹的锐角，其值为

$$\psi = \arctan\left(\frac{P_h}{\pi d_2}\right) = \arctan\left(\frac{nP}{\pi d_2}\right) \tag{10-5}$$

（9）牙型角 α 在轴向剖面内螺纹牙形两侧边所夹的锐角。螺纹牙形的侧边与螺纹轴线的垂直平面的夹角，称为牙侧角 β（图10-16）。

2. 螺纹的类型、特点和应用

按照牙型的不同，螺纹可分为普通螺纹、管螺纹、矩形螺纹、梯形螺纹和锯齿形螺纹等（见图10-17）。除矩形螺纹外，其余均已标准化。除管螺纹采用英制（螺距以每英寸牙数表示）外，均采用米制。普通螺纹和管螺纹主要用于联接；矩形、梯形和锯齿形螺纹主要用于传动。

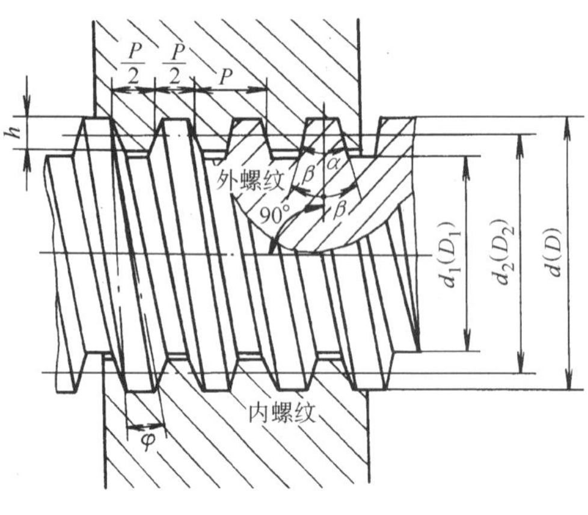

图10-16 螺纹的主要参数

普通螺纹的牙型为等边三角形，$\alpha=60°$，故又称为三角形螺纹。同一公称直径可以有多种螺距的螺纹，螺距最大的称为粗牙螺纹，其余都称为细牙螺纹。粗牙螺纹应用最广。细牙螺纹的升角小，小径大，因而自锁性好，强度高，但不耐磨，易滑扣。它适用于薄壁管件，受变载荷的联接和微调机构。

管螺纹的牙型为等腰三角形，$\alpha=55°$，内、外螺纹旋合后没有径向间隙，用于有紧密性

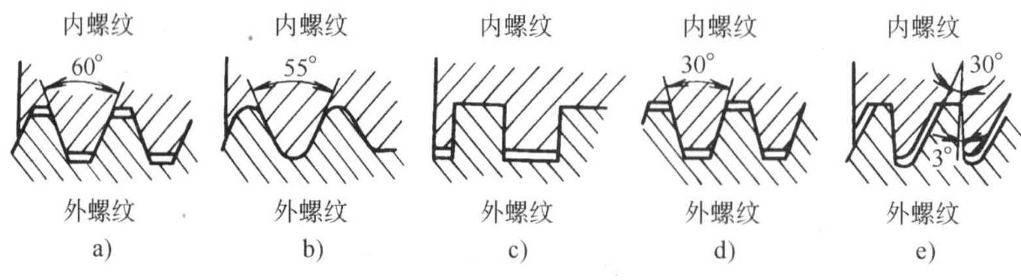

图10-17 螺纹的牙型及牙形角

a）普通螺纹 b）管螺纹 c）矩形螺纹 c）梯形螺纹 e）锯齿形螺纹

要求的管路联接。

矩形螺纹的牙型为正方形，$\alpha = 0°$，其传动效率比其他牙型都高，但牙根强度弱，螺旋副磨损后间隙难以修复和补偿，使传动精度降低，逐渐被梯形螺纹代替。

梯形螺纹的牙型为等腰梯形，$\alpha = 30°$，其传动效率略低于矩形螺纹，但牙根强度高，工艺性和对中性好，可补偿磨损后的间隙，是最常用的传动螺纹。

锯齿形螺纹的牙型为不等腰梯形，工作面的牙侧角 $\beta_1 = 3°$，非工作面 $\beta_2 = 30°$，具有矩形螺纹传动效率高和梯形螺纹牙根强度高的特点，用于单向受力的传动或联接中。

二、滑动螺旋机构

螺旋副内为滑动摩擦的螺旋机构，称为滑动螺旋机构。滑动螺旋机构所用的螺纹为传动性能好且效率高的矩形、梯形和锯齿形螺纹。

滑动螺旋机构由螺母和螺杆组成。根据机构的组成及运动方式，滑动螺旋机构又分为以下三种形式：

1）由螺母 1 和螺杆 2 组成的滑动螺旋机构，螺母与机架固联，螺杆转动并移动，这种螺旋机构以传递动力为主，故又称为传力螺旋机构。一般要求用较小的转矩产生较大的轴向力，多用在工作时间短，速度较低，要求自锁的场合，如图 10-18 所示螺旋千斤顶。

2）由螺母 1、螺杆 2 和机架 3 组成的滑动螺旋机构，螺杆 2 转动，螺母 1 移动，这种螺旋机构以传递运动为主，故又称为传导螺旋机构。用于转速高，连续工作，要求高效率、高精度的场合，如图 10-19 所示车床丝杠进给机构。螺母移动距离可按下式计算

$$l = \frac{P_h}{2\pi}\varphi \tag{10-6}$$

式中　l——螺母移动距离（mm）；

φ——螺杆的转角（rad）；

P_h——导程（mm）。

图 10-18　螺旋千斤顶

1—螺母　2—螺杆

无论是哪种形式的螺旋机构，其螺杆或螺母的移动方向均用左（右）手定则判定，左（右）旋螺纹用左（右）手，四指握向代表转动方向，拇指指向代表移动方向。

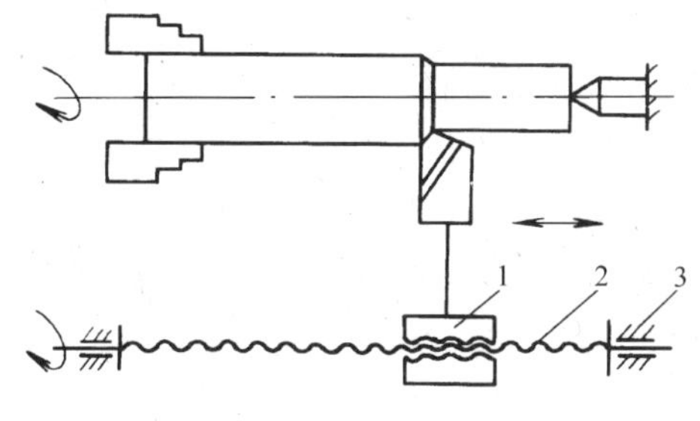

图 10-19　车床丝杠传动

1—螺母　2—螺杆　3—机架

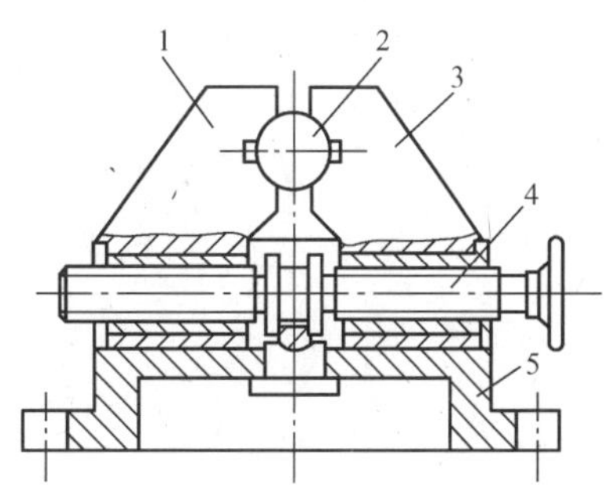

图 10-20　调整螺旋机构

3）如图 10-20a 所示，螺杆 1 上具有不同导程 P_{hA}、P_{hB} 的螺纹，分别与螺母 2、3 组成两个螺旋副。螺杆 1 转动并移动，螺母 2 移动，螺母 3 兼作机架，用于调整、固定零件的位置。

图 10-20b 所示是铣床棒料快动夹具，5 作为机架，螺杆 4 转动，螺母 1、3 旋向不同，相对移动时，夹紧棒料 2。

三、滚动螺旋机构

螺旋副内为滚动摩擦的螺旋机构，称为滚动螺旋机构或滚珠丝杠。其结构特点是在螺杆和螺母之间设有封闭循环滚道，并在其间放入钢球，当螺杆转动时，钢球沿螺旋滚道滚动并带动螺母作直线运动。按钢球循环方式的不同，分为外循环和内循环两种形式（图 10-21）。

（1）外循环式　钢球在回路过程中离开螺杆的螺旋滚道，而在螺杆滚道外循环（图 10-21a）。外循环螺母只需设置一个反向器。当钢球滚入反向器时，就被阻止而转弯，从返回通道回到滚道的另一端，形成一个循环回路。

（2）内循环式　钢球在整个循环过程中始终不脱离螺杆（图 10-21b）。内循环螺母上开有侧孔，孔内镶有反向器将相邻两螺纹滚道连通，钢球越过螺纹顶部进入相邻滚道，形成一个循环回路。一个循环回路里只有一圈钢球和一个反向器。一个螺母常设置 2～4 个循环回路。

滚动螺旋机构摩擦阻力小，动作灵敏度高，传动效率高，可达 90% 以上；用调整的方法可消除间隙，传动精度高；可变直线运动为螺旋运动，其效率也可达 80% 以上。但是结构复杂，制造困难，且不能自锁，抗冲击能力也差，成本较高。这种机构主要用于对传动精度要求较高的场合，如数控机床的进给机构、汽车的转向机构、飞机机翼及机轮起落架的控制机构中。

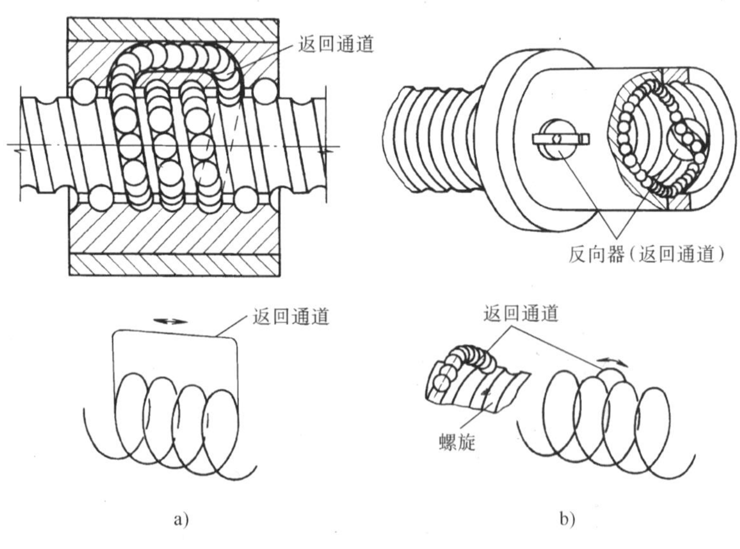

图 10-21　滚动螺旋机构

a）外循环　b）内循环

滚动螺旋机构虽然制造困难，但我国已有厂家专门生产，并形成了系列产品。

第三节 棘轮机构

一、棘轮机构的工作原理

棘轮机构主要由棘轮、棘爪、摇杆和机架等组成（图 10-22）。棘轮 1 具有单向棘齿，用键与输出轴相联，棘爪 2 铰接在摇杆 4 上，摇杆 4 空套在棘轮轴上，可自由转动。当摇杆 4 顺时针摆动时，棘爪 2 插入棘轮 1 齿槽内，推动棘轮转过一定的角度；当摇杆 4 逆时针摆动时，棘爪在棘轮齿背上滑过，棘轮停止不动。因此，在摇杆作往复摆动时，棘轮作单向间歇运动。止退爪 5 用以定位和防止棘轮倒转，扭簧 3 使棘爪贴紧在棘轮上。

二、棘轮机构的类型

棘轮机构分为齿啮式和摩擦式两大类。

1）齿啮式棘轮机构是利用棘爪和棘轮齿啮合传动，结构简单，制造方便，运动可靠。但棘轮转角只能有级调节，棘爪在棘轮齿背上滑行时易引起冲击、噪声和磨损，所以只适用于低速和转角不太大的场合。齿啮式棘轮机构分为外啮合（图 10-22）和内啮合（图 10-23）两种形式，它们的齿分别做在轮的外缘和内圈。

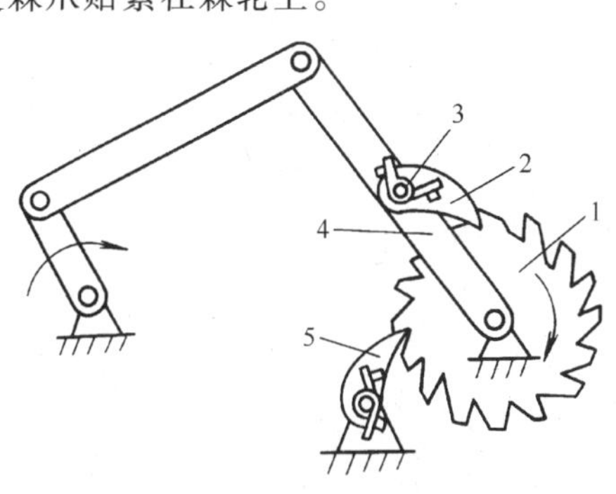

图 10-22 外啮合棘轮机构

1—棘轮 2、5—棘爪 3—扭簧 4—摇杆

棘轮机构又可分为单向驱动和双向驱动两种形式。单向驱动的棘轮机构，采用锯齿形齿（图 10-23）。双向驱动的棘轮机构(图 10-24)，其棘轮 2 齿形为矩形，棘爪在图示位置，推动棘轮逆时针转动；将棘爪 1 提起并转动 180°后放下，推动棘轮顺时针转动以实现工作台的往复移动。

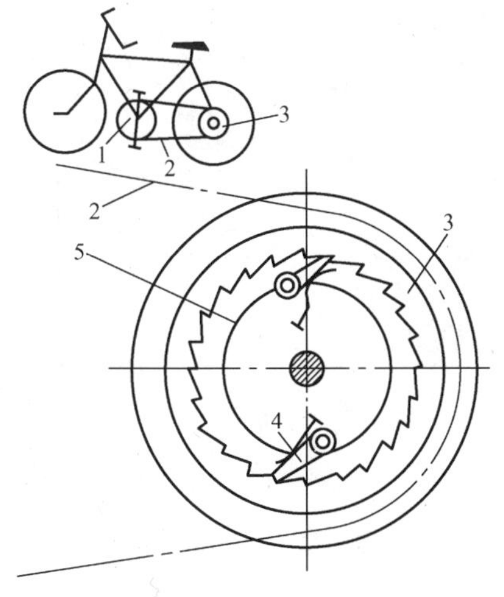

图 10-23 内啮合棘轮机构

1—链轮 2—链条 3—棘轮

4—棘爪 5—轮毂

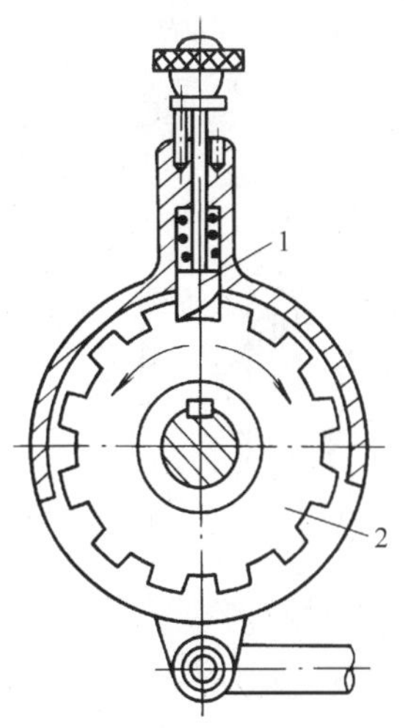

图 10-24 双向驱动的棘轮机构

1—棘爪 2—棘轮

棘轮机构中棘轮转角的大小可以进行有级调节，常用的调节方法有两种：改变摇杆的摆角和改变遮板的位置。如图 10-25 所示机构是通过改变曲柄的长度 r 来改变摇杆的摆角，从而调节棘轮转角的大小。如图 10-26 所示机构是在棘轮上罩一遮板（遮板不随棘轮一起转动），摇杆的摆角不变，通过改变遮板的位置，使棘爪在一部分行程中从遮板上滑过，不与棘轮的齿接触，从而调节棘轮转角大小。

2）摩擦式棘轮机构（图 10-27）是靠棘爪 1 与棘轮 2 之间的摩擦力来传递运动，棘轮转角可作无级调节，且传动平稳、无噪声。因靠摩擦力传动，其接触表面容易发生滑动。

三、棘轮机构的特点及应用

齿啮式棘轮机构因具有结构简单，制造方便，运动可靠及棘轮转角可调等优点，故各类机械中应用比较广泛。其缺点是工作时冲击大，运动平稳性差，此外，棘爪在棘轮齿背上滑行时会产生噪声。因此，只适用于低速、轻载和棘轮转角不大的场合。棘轮机构在机械中，常用来实现送进、输送、转位、分度、超越等工作要求。

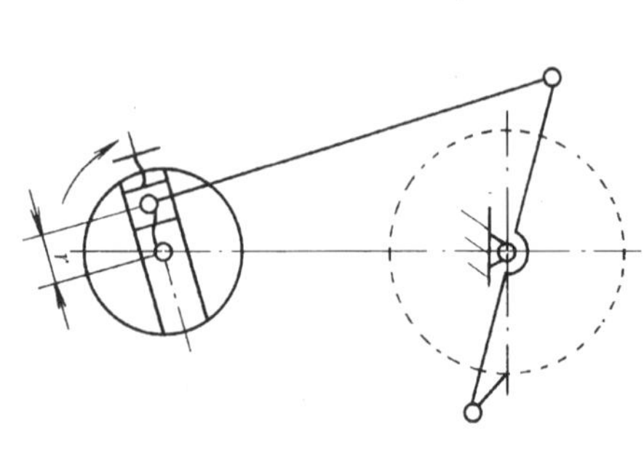

图 10-25 改变曲柄长度调节棘轮转角

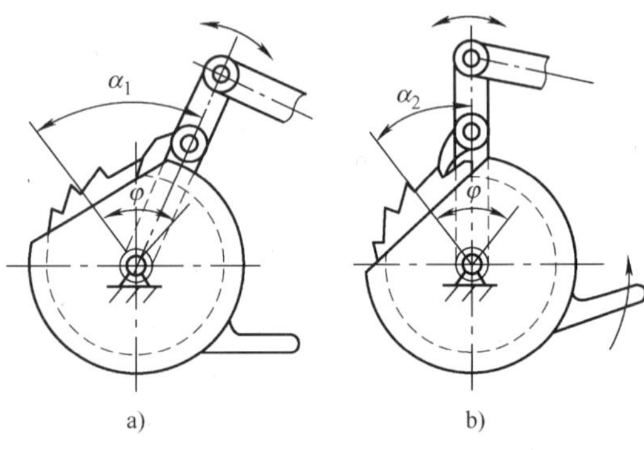

图 10-26 用遮板调节棘轮转角

（1）送进和输送 图 10-28 所示为牛头刨床工作台的横向进给机构，当摇杆 4 摆动时，棘爪 3 推动棘轮 5 作间歇运动。此时，与棘轮 5 固连的丝杠 6 便带动工作台 7 作横向送进式的进给运动。

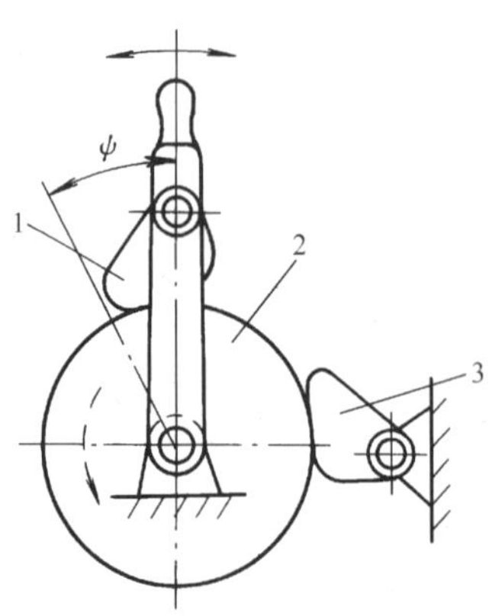

图 10-27 摩擦式棘轮机构

1—棘爪 2—棘轮

3—止回棘爪

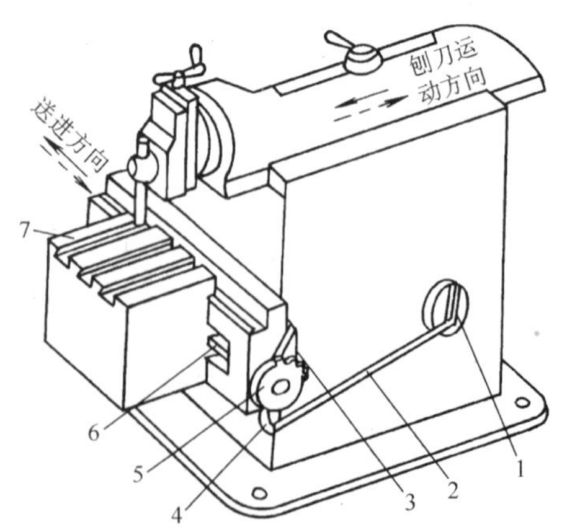

图 10-28 牛头刨床进给棘轮机构

1—曲柄 2—连杆 3—棘爪 4—摇杆

5—棘轮 6—丝杠 7—工作台（螺母）

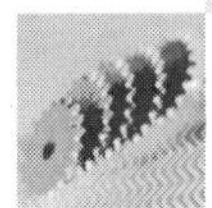

图 10-29 所示为铸造车间浇铸自动线上的砂型输送装置。它也是利用棘轮机构的间歇运动特性，实现浇铸（停止）和输送（运动）两个工作要求的。这里的棘爪是利用液压缸的活塞杆来推动的。

（2）转位或分度　图 10-30 所示为冲床工作台的自动转位机构，转盘式工作台与棘轮固联，*ABCD* 为一空间四杆机构。当冲头（滑块 *D*）上升时，摇杆 *AB* 顺时针摆动，通过棘爪带动棘轮和工作台顺时针转过一定角度，将被冲工件送至冲压位置；当冲头下降进行冲压时，摇杆逆时针摆动，棘爪在棘轮上滑过，工作台不动。

（3）超越　自行车后轮上的“飞轮”（图 10-23），棘轮（链轮）1 是原动件，轮毂 3 是从动件。当棘轮 1 逆时针转动时，通过棘爪 2 带动轮毂 3，使后轮转动，自行车前进。当自行车下坡或平路滑行时，原动件链轮不动，从动件后轮在惯性作用下仍按原来的转向飞快转动，这时棘爪 2 在棘轮齿背上滑过，使从动件与主动轮脱开，从而实现了从动件相对于原动件的超越运动，这种特性成为超越。

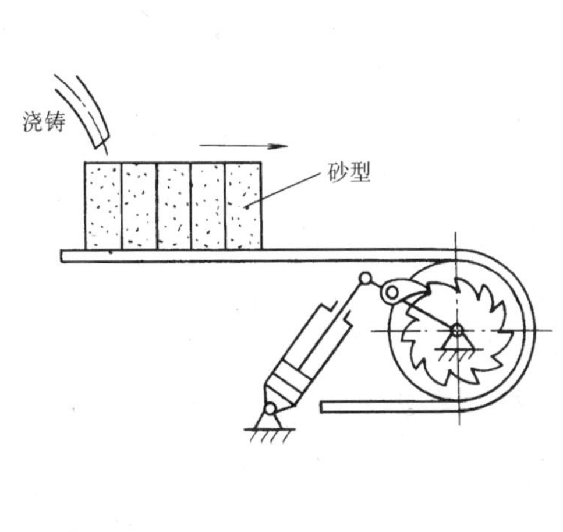

图 10-29　浇铸自动线步进装置

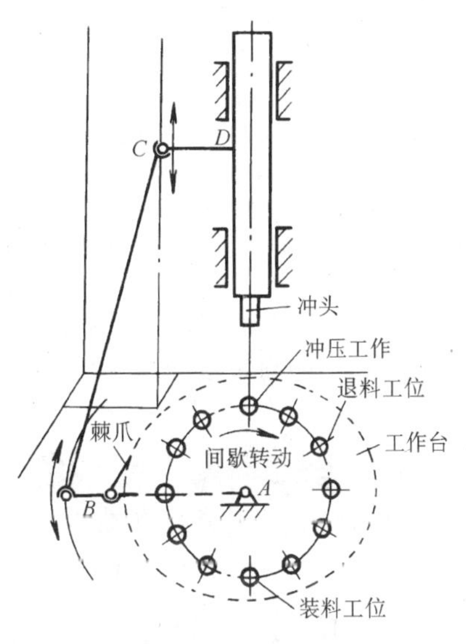

图 10-30　自动转位机构

第四节　槽轮机构

槽轮机构由带圆销的主动拨盘 1，具有径向槽的从动槽轮 2 和机架组成（图 10-31）。当拨盘 1 以 ω_1 作等角速度转动时，圆销 *C* 由左侧插入轮槽，拨动槽轮顺时针转动，然后由右侧脱离轮槽，槽轮停止不动，并由拨盘凸弧通过槽轮凹弧，将槽轮锁住。当拨盘 1 继续转动时，两者重复上述过程。

图 10-32 所示为内槽轮机构，其工作原理与外槽轮机构相似，只是从动槽轮与拨盘转向相同。

槽轮机构结构简单，转位迅速，工作可靠，但是槽轮转角不能调整，转动时也有冲击，故槽轮机构主要用于低速自动机械的转位或分度机构。

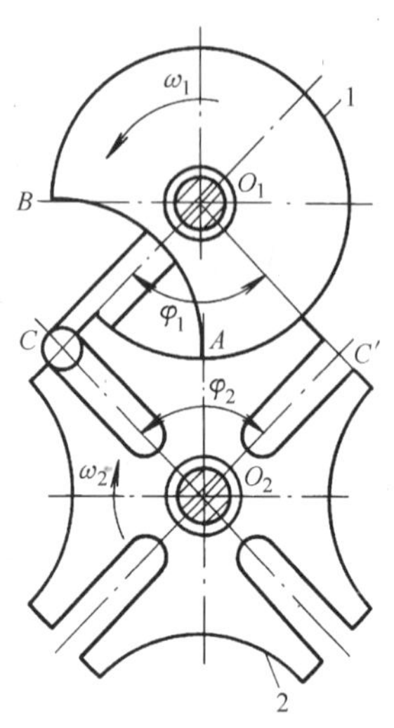

图 10-31　外槽轮机构
1—拨盘　2—槽轮

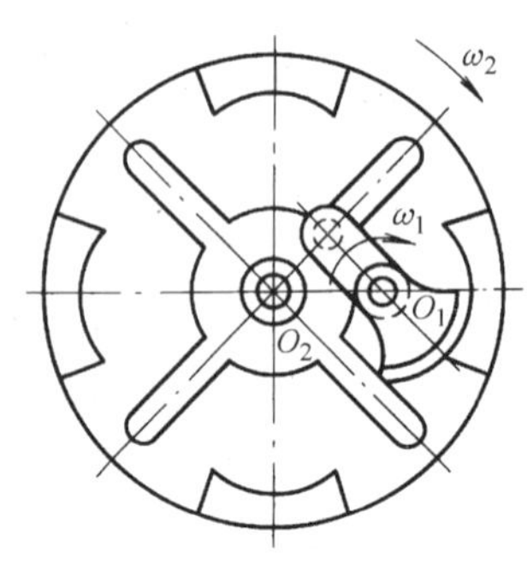

图 10-32　内槽轮机构

图 10-33 所示为转塔车床的刀架转位机构，刀架 3 上装有六种刀具，与刀架一体的槽轮 2 有六个径向槽，当拨盘 1 每转动一周时，圆销拨动槽轮转过 60°，将下一工序所需刀具转换到工作位置。

图 10-34 所示为电影放映机的卷片机构，要求影片作间歇运动，槽轮 2 有四个径向槽，当拨盘 1 每转动一周时，圆销将拨动槽轮 2 转过 90°，影片移过一幅画面，并停留一定的时间，以适应人眼的视觉暂留现象。

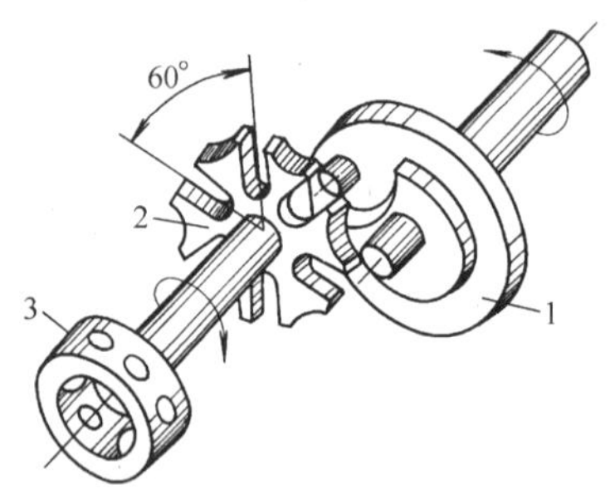

图 10-33　转塔车床的刀架转位机构
1—拨盘　2—槽轮　3—刀架

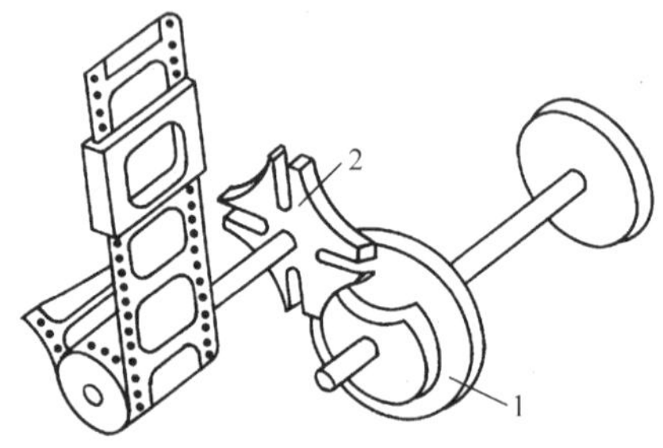

图 10-34　电影放映机的卷片机构
1—拨盘　2—槽轮

思考题与习题

一、多选填空题：本题的可选答案中，有 2 ~ 4 个是正确的，请将正确答案号填到空格里。

10-1　凸轮机构突出的优点是________。

a）能严格实现从动件给定的运动规律　b）结构简单、紧凑，工作可靠　c）能实现间歇运动　d）能实现多种运动形式的变换　e）凸轮机构为高副机构，易磨损

10-2　图 10-5 所示为________凸轮机构。

a）盘形　b）尖顶从动件　c）对心直动从动件　d）力锁合

10-3　从动件按________规律运动时，会产生柔性冲击。

a）等速运动　　b）等加速等减速运动　　c）简谐运动

10-4　凸轮机构的最大压力角 α_{max} 一般位于________。

a）初始位置　b）从动件最大速度的轮廓附近　c）理论轮廓曲线较陡处　d）从动件最大加速度的轮廓附近

10-5　设计凸轮时，如果推程中的 $\alpha_{max} > [\alpha]$ 时，采取________措施可减小压力角。

a）将对心从动件改为偏置从动件　b）增大基圆半径 r_b 重新设计凸轮轮廓　c）增大滚子半径 r_T 重新设计凸轮轮廓　d）减小基圆半径 r_b 重新设计凸轮轮廓

10-6　可实现间歇运动的机构有________。

a）棘轮机构　　b）槽轮机构　　c）螺旋机构　　d）凸轮机构

10-7　主要用于联接的螺纹类型有________。

a）普通螺纹　　b）管螺纹　　c）矩形螺纹　　d）梯形螺纹

10-8　主要用于传动的螺纹类型有________。

a）单线螺纹　　b）多线螺纹　　c）双线螺纹　　d）梯形螺纹

10-9　滚动螺旋机构的特点是________。

a）传动效率高　　b）传动精度高　　c）结构复杂，制造困难，成本高　　d）不能自锁

10-10　棘轮机构的特点是________。

a）结构简单，制造方便　　b）运动可靠　　c）棘轮转角可调　　d）运动平稳性差

10-11　调整棘轮转角的方法有________。

a）增加棘轮的齿数　　b）调整摇杆的长度　　c）改变摇杆的摆角　　d）改变遮板的位置

10-12　槽轮机构的特点是________。

a）结构简单，转位迅速　　b）工作可靠　　c）槽轮转角不可调　　d）运动时有冲击

10-13　螺旋机构按用途可分为________。

a）传力螺旋机构　　b）传导螺旋机构　　c）调整螺旋机构　　d）联接机构

10-14　滑动螺旋机构的特点是________。

a）结构简单，制造方便　　b）传动平稳，无噪声　　c）摩擦阻力大，易自锁　　d）定位精度差

10-15　棘轮机构可用以实现________运动。

a）送进　　b）输送　　c）转位或分度　　d）超越

二、选择填空题：请将最恰当的一个答案号填到空格里。

10-16　组成凸轮机构的基本构件有________。

a）2 个　　b）3 个　　c）4 个　　d）5 个

10-17　凸轮轮廓与从动件之间的可动连接是________。

a）移动副　　b）转动副　　c）高副　　d）可能是高副也可能是低副

10-18　图 10-35 所示机构是________。

a）曲柄滑块机构　b）滚子直动从动件盘形凸轮机构　c）偏心轮机构　d）平底直动从动件盘形凸轮机构

10-19　图 10-36 所示凸轮机构的推程运动角是________。

a）40°　　b）120°　　c）70°　　d）110°

10-20　从动件的推程采用等速运动规律时，在________会发生刚性冲击。

a）推程的起始点　　b）推程的中点　　c）推程的终点　　d）推程的起始点和终点

10-21　某凸轮机构从动件用来控制刀具的进给运动，则处在切削阶段时，从动件宜采用________规律。

a）等速运动　　b）等加速等减速运动　　c）简谐运动　　d）其他运动

10-22　图 10-37 所示凸轮机构中，________所示从动件的摩擦损失小且传力性能好。

a）图 a　　b）图 b　　c）图 c

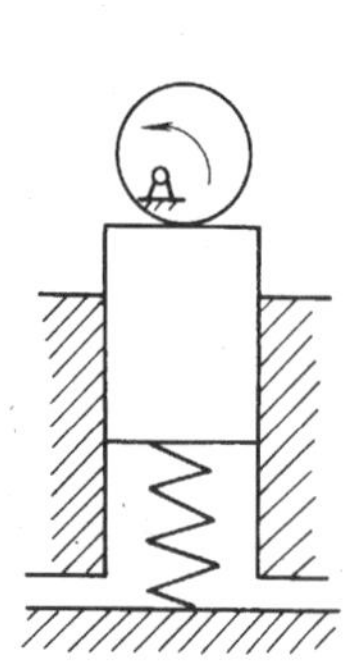

图 10-35　题 10-18 图

图 10-36　题 10-19 图

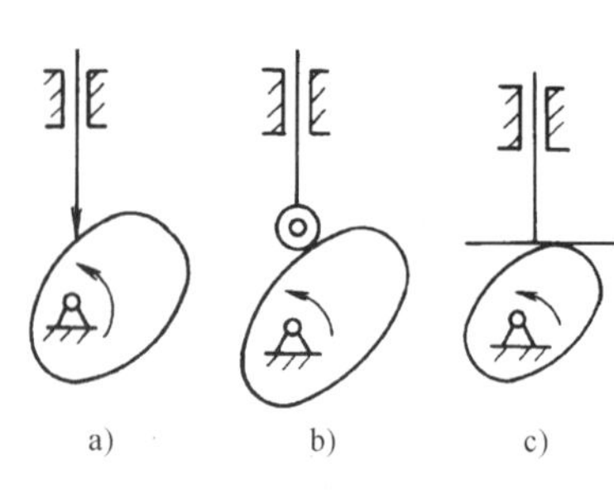

图 10-37　题 10-22 图

10-23　双向驱动的棘轮机构，棘轮的齿形为________。

a）锯齿形　　b）矩形　　c）三角形

10-24　图 10-38 所示螺纹的类型为________。

a）单线右旋　　b）单线左旋　　c）双线右旋　　d）双线左旋

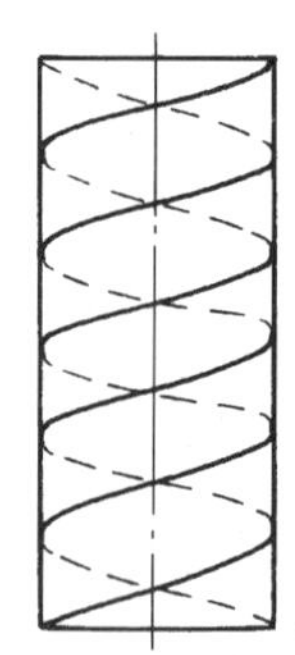

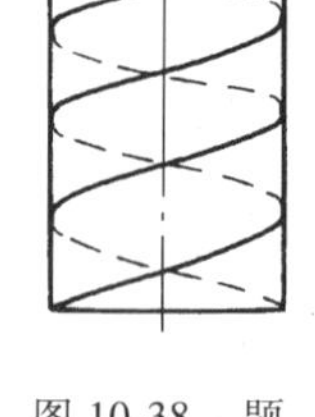

图 10-38　题 10-24 图

10-25　标准中规定螺纹的公称直径是________。

a）大径　　b）中径　　c）小径

10-26　最常用的传动螺纹类型是________。

a）普通螺纹　　b）矩形螺纹　　c）梯形螺纹　　d）锯齿形螺纹

10-27　用于传动的几种螺纹中，矩形螺纹的主要优点是________。

a）不会自锁　　b）传动效率高　　c）制造方便　　d）强度较高

10-28　齿啮式棘轮机构可能实现的间歇运动为________。

a）单向，不可调整棘轮转角　　b）单向或双向，不可调整棘轮转角

c）单向，无级调整棘轮转角　　d）单向或双向，有级调整棘轮转角

10-29　自行车后轴上俗称的“飞轮”，实际上是________。

a）棘轮机构　　b）槽轮机构　　c）螺旋机构　　d）齿轮机构

10-30　槽轮机构的槽轮转角________。

a）可以无级调节　　b）可以有级调节　　c）可以小范围内调节　　d）不能调节

10-31　槽轮机构的槽轮槽数的一般范围是________。

a）1～3　　b）4～8　　c）9～17　　d）大于 17

三、判断题：在你认为正确的题目后的括号中填“T”，错误的题目后的括号中填“F”。

10-32　滚子从动件盘形凸轮的基圆半径是指凸轮理论轮廓曲线的最小回转半径。　（　）

10-33　滚子从动件凸轮的理论廓线与实际廓线是间距为滚子半径 r_T 的等距曲线。　（　）

10-34　凸轮机构工作时，从动件的运动规律与凸轮的转向无关。　（　）

10-35　凸轮机构的压力角越大，机构的传力性能越好。　（　）

10-36　凸轮机构出现自锁是由于驱动力小造成的。　（　）

10-37　凸轮轮廓确定后，其压力角的大小会随从动件端部结构形式而改变。　（　）

10-38　当滚子半径 $r_T \geqslant \rho_{min}$ 时，从动件会产生“运动失真”。　（　）

10-39　螺旋千斤顶利用了螺旋机构的增力和自锁特性。　（　）

10-40　螺纹的导程 P_h 和螺距 P 相等。　（　）

10-41　螺纹升角 ψ 是指螺旋线切线方向与螺杆轴线之间所夹的锐角。　（　）

10-42　棘轮机构可实现换向传动。　（　）

10-43 对于单圆销外槽轮机构，槽轮的静止时间 t_1 总小于运动时间 t_2。 (　　)

10-44 外槽轮机构的轮槽数越多，槽轮机构的运动系数越大。 (　　)

10-45 棘轮机构、槽轮机构和螺旋机构都属于间歇运动机构。 (　　)

四、设计计算题

10-46 试标出图 10-39 所示位移线图中的行程 h、推程运动角 δ_0、远休止角 δ_1、回程运动角 δ_2、近休止角 δ_3。

10-47 试写出图 10-40 所示凸轮机构的名称，并在图上标出从动件的行程 h，基圆半径 r_b，凸轮转角 δ_0、δ_1、δ_2、δ_3。

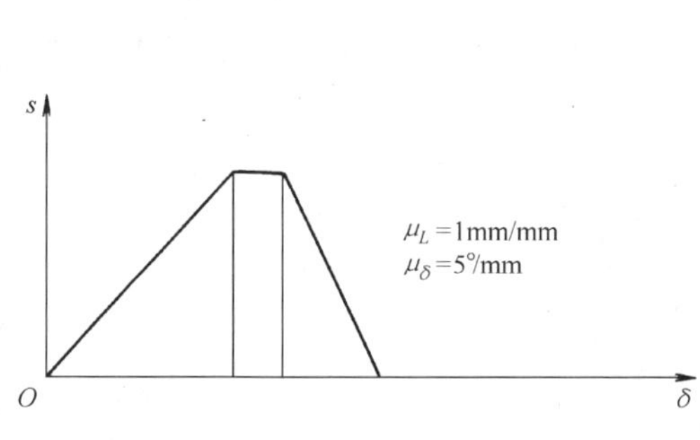

图 10-39 题 10-46 图

图 10-40 题 10-47 图

10-48 用作图法求出凸轮机构从图 10-41 所示位置逆时针方向转过 45°时，机构的压力角 α 和从动件的位移 s。

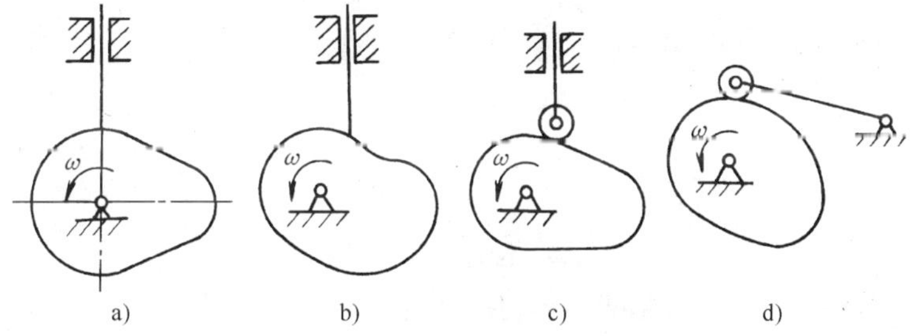

图 10-41 题 10-48 图

10-49 一对心滚子直动从动件盘形凸轮机构，其运动规律如下：

凸轮转角 δ	0°～90°	90°～150°	150°～240°	240°～360°
从动件位移 s	等速上升 40mm	静止	等加速等减速下降到原位	停止

试求：

1）画出位移曲线。

2）若基圆半径为 $r_a=60\text{mm}$，滚子半径 $r_T=15\text{mm}$，凸轮逆时针方向转动，画出凸轮的实际轮廓曲线。

3）校核压力角，并在图上标明推程的最大压力角 α_{max}，要求推程 $\alpha_{max}\leqslant 30°$。

第十一章　带 传 动

带传动是一种挠性传动。所谓挠性传动是指主动轴和从动轴之间利用中间挠性元件传递运动和动力的传动，一般用于两轴中心距较大的场合。带传动结构简单、成本低廉，使用和维护方便，承载能力强，在机械传动中应用广泛。本章主要研究机械传动中应用广泛的普通V带传动。

第一节　带传动的类型和应用

一、带传动的工作原理和类型

带传动由主动轮1、从动轮2和传动带3组成，如图11-1所示。

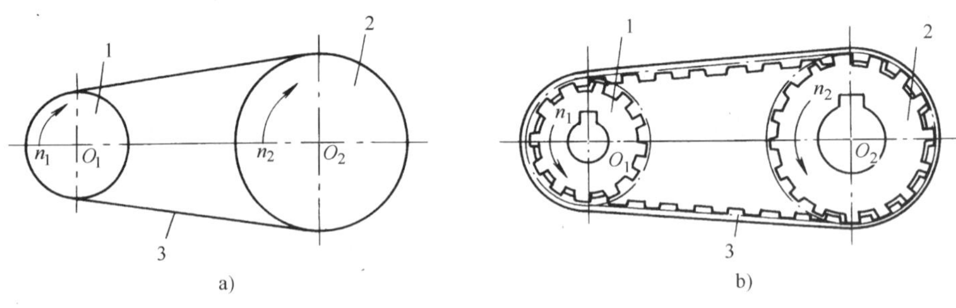

图11-1　带传动的组成

a）摩擦型　b）啮合型

1—主动轮　2—从动轮　3—传动带

带传动按工作原理可分为摩擦型带传动和啮合型带传动两种。

摩擦型带传动是依靠紧套在带轮上的传动带接触面之间产生的摩擦力来传递运动和动力的。按截面形状的不同，摩擦型带传动可分为平带传动、V带传动、多楔带传动和圆带传动等类型，如图11-2所示。

平带的横截面为扁平矩形，内表面为工作面（图11-2a）。平带传动结构简单，带轮制造方便，在传动中心距较大的情况下应用较多。

V带的横截面为等腰梯形，工作面为与轮槽接触的两侧面（图11-2b）。根据楔形面的受力分析，在相同张紧力和摩擦因数的条件下，V带传动产生的摩擦力约是平带传动的三倍。加之V带传动允许较大的传动比，所以V带传动结构紧凑，承载能力高，应用最为广泛。

多楔带以其扁平部分为基体，下面有几条等距纵向槽，工作面为带轮的侧面（图11-2c）。这种带兼有平带的弯曲应力小和V带传动摩擦力大等优点，常用于传递功率较大而结

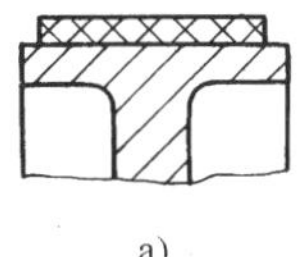

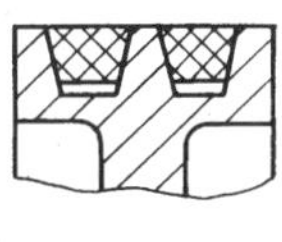
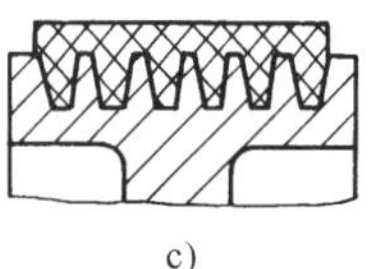

a)　　b)　　c)　　d)

图 11-2　摩擦型带传动的类型

a）平带传动　b）V 带传动　c）多楔带传动　d）圆带传动

构要求紧凑的场合。

圆带的横截面呈圆形（图 11-2d）。圆带传动仅用于载荷较小的传动，如用于缝纫机和牙科医疗器械中。

啮合型带传动是利用带内侧的齿与带轮上的齿相啮合来传递运动和动力的。较典型的是同步齿形带（图 11-1b）。同步齿形带兼有带传动和链传动的优点，应用日益广泛。

二、摩擦型带传动的特点和应用

摩擦型带传动具有下列特点：传动带具有良好的弹性，可以缓冲和吸收振动，因而传动平稳、噪声小；带传动过载时带与带轮之间会出现打滑，可防止其他零件的破坏，起过载保护作用；带传动结构简单，制造、安装和维护方便，成本低廉；带与带轮之间存在弹性滑动，不能保证准确传动比；传动效率低，带的寿命短；带传动的外廓尺寸大，结构不紧凑；轴的压力大，往往需要张紧装置等。

带传动一般用于传动中心距较大、传动速度较高的场合。一般带速为 5～25m/s。平带传动的传动比通常为 3 左右，较大可达到 5；V 带传动的传动比一般不超过 8。带传动效率低，一般为 0.94～0.97，通常用于传递中、小功率的场合。带传动不宜在高温、易燃、易爆、有腐蚀介质的场合下工作。

第二节　普通 V 带和 V 带轮

V 带分为普通 V 带、窄 V 带、大楔角 V 带等多种类型。其中，普通 V 带应用最广。本节主要介绍普通 V 带。

一、普通 V 带的结构和标准

普通 V 带为无接头的环形带，截面为等腰梯形。普通 V 带由伸张层（顶胶）、强力层（抗拉体）、压缩层（底胶）和包布层（胶帆布）组成，如图 11-3 所示。

普通 V 带按强力层材料的不同可分为帘布芯结构和线绳芯结构两种。帘布芯结构 V 带的强力层由几层胶帘布组成，抗拉强度高，型号齐全，应用较多。线绳芯结构 V 带的强力层由一层胶线绳组成，柔韧性好，抗弯强度高，适用于带轮直径较小、载荷不大、转速较高的场合。

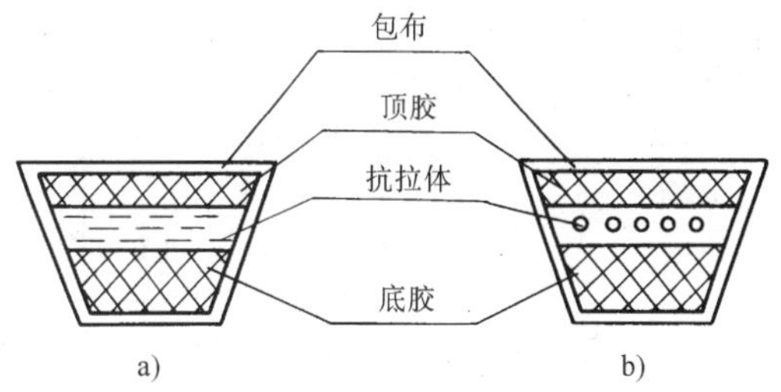

图 11-3　普通 V 带的结构

a）帘布芯结构　b）线绳芯结构

普通 V 带是标准件，按截面尺寸由小到大分为Y、Z、A、B、C、D、E七种型号，其截面基本尺寸见表11-1。

表11-1　普通V带截面尺寸

型号	Y	Z	A	B	C	D	E
节宽 b_p/mm	5.3	8.5	11.0	14.0	19.0	27.0	32.0
顶宽 b/mm	6.0	10.0	13.0	17.0	22.0	32.0	38.0
高度 h/mm	4.0	6.0	8.0	11.0	14.0	19.0	25.0
楔角 α/(°)	40						
单位长度质量 q/(kg·m^{-1})	0.02	0.06	0.10	0.17	0.30	0.62	0.90

在V带轮上，与所配用V带的节宽 b_p 相对应的带轮直径称为基准直径 d_d。带轮基准直径按表11-2选用。V带在规定的张紧力下，位于测量带轮基准直径上的周线长度称为基准长度 L_d，它是V带传动几何尺寸计算中所用的带长，为标准值。普通V带基准长度系列见表11-3。

表11-2　普通V带带轮最小直径及基准直径系列　　（单位：mm）

V带轮型号	Y	Z	A	B	C	D	E
d_{dmin}	20	50	75	125	200	355	500
基准直径系列	28　31.5　40　50　56　63　71　75　80　90　100　106　112　118　125　132　140　150 160　180　200　212　224　250　280　315　355　375　400　450　500　560　630						

表11-3　普通V带基准长度系列和带长修正系数 K_L

基准长度 L_d/mm	K_L					基准长度 L_d/mm	K_L			
	Y	Z	A	B	C		Z	A	B	C
200	0.81					2000	1.08	1.03	0.98	0.88
224	0.82					2240	1.10	1.06	1.00	0.91
250	0.84					2500	1.30	1.09	1.03	0.93
280	0.87					2800		1.11	1.05	0.95
315	0.89					3150		1.13	1.07	0.97
355	0.92					3550		1.17	1.09	0.99
400	0.96	0.79				4000		1.19	1.13	1.02
450	1.00	0.80				4500			1.15	1.04
500	1.02	0.81				5000			1.18	1.07
560		0.82				5600				1.09
630		0.84	0.81			6300				1.12
710		0.86	0.83			7100				1.15
800		0.90	0.85			8000				1.18
900		0.92	0.87	0.82		9000				1.21
1000		0.94	0.89	0.84		10000				1.23
1120		0.95	0.91	0.86		11200				
1250		0.98	0.93	0.88		12500				
1400		1.01	0.96	0.90		14000				
1600		1.04	0.99	0.92	0.83	16000				
1800		1.06	1.01	0.95	0.86					

二、普通 V 带轮的材料与结构

带传动一般安装在传动系统的高速级，带轮的转速较高。V 带轮设计的一般要求是：带轮要有足够的强度和刚度；良好的结构工艺；质量小且分布均匀；轮槽保持适宜的精度和表面质量；高速时要进行动平衡试验。

带轮常用材料为灰铸铁。当带速 $v \leqslant 30\mathrm{m/s}$ 时，一般采用铸铁 HT150 或 HT200；转速较高时可用铸钢或者钢板冲压焊接结构；小功率时可用铸铝或塑料。

带轮的结构一般由轮缘、轮毂、轮辐等部分组成。轮缘是带轮具有轮槽的部分。轮槽的形状和尺寸与相应型号的带截面尺寸相适应。规定梯形轮槽的楔角为 32°、34°、36°和 38°等四种，都小于 V 带两侧面的夹角 40°，这样可以使带在弯曲变形时 V 带能紧贴轮槽两侧，从而产生较大的摩擦力。普通 V 带轮的轮槽尺寸见表 11-4。

表 11-4　普通 V 带轮的轮槽尺寸　　　（单位：mm）

槽型			Y	Z	A	B	C
b_d			5.3	8.5	11.0	14.0	19.0
h_{amin}			1.6	2.0	2.75	3.5	4.8
e			8 ± 0.3	12 ± 0.3	15 ± 0.3	19 ± 0.4	25.5 ± 0.5
f_{min}			6	7	9	11.5	16
h_{fmin}			4.7	7.0	8.7	10.8	14.3
δ_{min}			5	5.5	6	7.5	10
φ/(°)	32	对应的 d	≤60	—	—	—	—
	34		—	≤80	≤118	≤190	≤315
	36		>60	—	—	—	—
	38		—	>80	>118	>190	>315

注：δ_{min} 是轮缘最小壁厚推荐值。

带轮的结构由带轮直径大小而定。当带轮直径较小，$d_d \leqslant 200\mathrm{mm}$ 时，可采用实心式结构；当带轮直径 $d_d \leqslant 400\mathrm{mm}$ 时，可采用辐板式；若辐板面积较大时，采用孔板式；当 $d_d >$

400mm 时，采用椭圆轮辐式。带轮结构如图 11-4 所示。

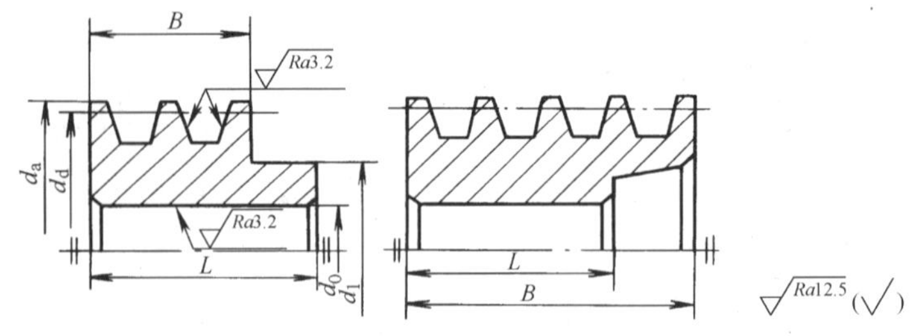

a)

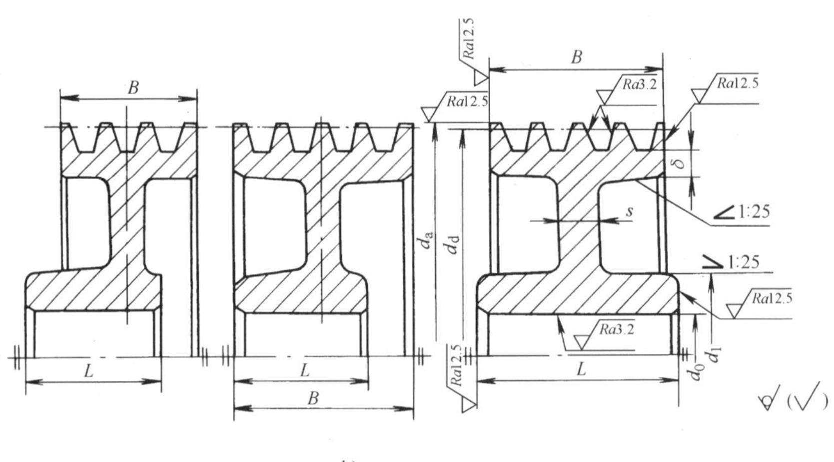

b)

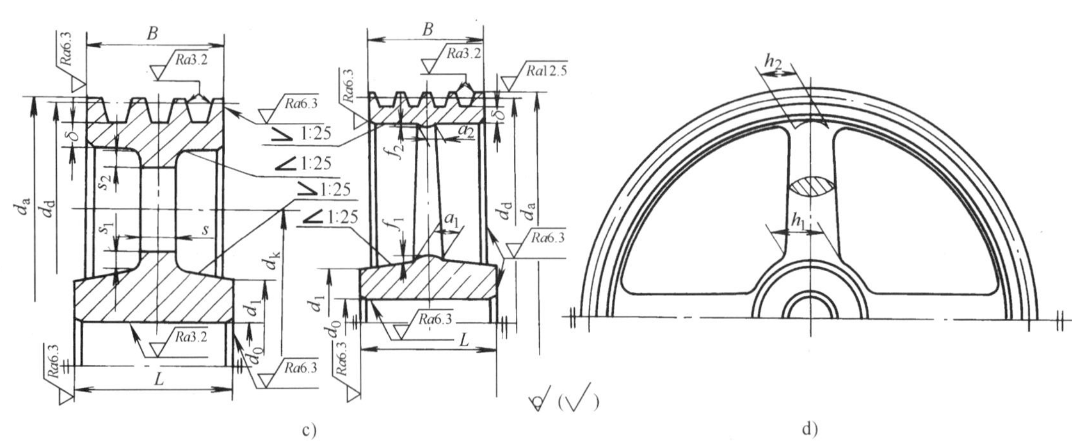

c) d)

图 11-4 V 带轮的结构

a）实心式 b）辐板式 c）孔板式 d）椭圆轮辐式

$d_1=(1.8\sim2)\ d_0$，$L=(1.5\sim2)\ d_0$，d_0 为轮毂孔径

$s=(1/7\sim1/4)\ B$，$s_1\geqslant1.5s$，$s_2\geqslant1.5s$

$h_1=290\sqrt[3]{\dfrac{P}{nA}}$式中，$P$ 为传递功率；n 为带轮的转速；A 为轮辐数。

$h_2=0.8h_1$，$a_1=0.4h_1$，$a_2=0.4a_1$，$f_1=0.2h_1$，$f_2=0.2h_2$

11 CHAPTER

第三节 带传动的工作情况分析

一、带传动的受力分析

1. 有效拉力

在带传动中，传动带必须以初拉力 F_0 张紧在带轮上，使带和带轮接触面间产生足够的摩擦力。带传动不工作时，传动带两边受到大小相同的拉力 F_0，如图 11-5a 所示。当带传动工作时，由于摩擦力的作用，带两边的拉力不再相等，如图 11-5b 所示。即将绕进主动轮的一边，拉力由 F_0 增加到 F_1，称为紧边；另一边的拉力由 F_0 减小到 F_2，称为松边。由力矩平衡条件可得

$$F_1 - F_0 = F_0 - F_2$$

即

$$F_0 = \frac{F_1 + F_2}{2} \qquad (11\text{-}1)$$

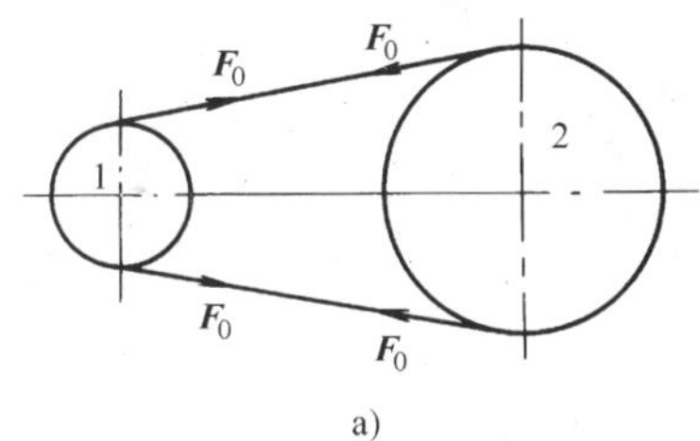

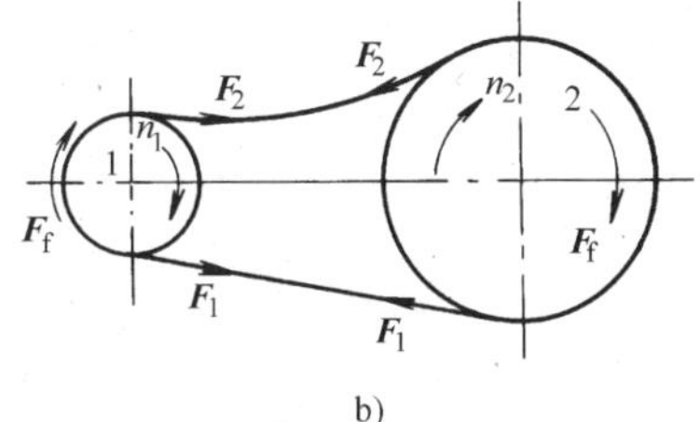

图 11-5 带传动的工作原理

a）不工作时 b）工作时

紧边拉力与松边拉力之差，是带传动中起传动作用的拉力，称为有效拉力，用 F 表示。其大小由带与带轮接触面间的总摩擦力 F_f 所确定，即

$$F = F_f = F_1 - F_2 \qquad (11\text{-}2)$$

带传动所能传递的功率 P（kW）为

$$P = \frac{Fv}{1000} \qquad (11\text{-}3)$$

当带速一定时，传递功率的大小取决于有效圆周力的大小，有效圆周力等于带与带轮之间的摩擦力的总和。若带所传递的圆周力超过带与带轮接触面间的最大摩擦力的总和，带与带轮之间就会产生显著的相对滑动，这种现象称为打滑。当摩擦力达到最大时，带所能传递的有效圆周力也达到最大值。此时，F_1 与 F_2 之间的关系可以用柔韧体摩擦的欧拉公式表示为

$$\frac{F_1}{F_2} = e^{f_V \alpha} \qquad (11\text{-}4)$$

式中，F_1、F_2 分别为带即将打滑时紧边、松边拉力（N）；e 为自然对数的底数；f_V 为当量摩擦因数 $f_V = \frac{f}{\sin\varphi/2}$；$\alpha$ 为小带轮的包角。

将式（11-2）～式（11-4）联立求解得

$$F_{max} = F_1\left(1 - \frac{1}{e^{f_V \alpha}}\right) \qquad (11\text{-}5)$$

由上式可知，带传动的最大有效圆周力与摩擦因数、小带轮包角和初拉力有关，增大摩擦因数、小带轮包角和初拉力，则有效摩擦力增大，传动能力增强。增大带轮包角，可以使带与带轮接触弧上的摩擦力增大，从而使最大有效圆周力增大。初拉力增大，带与带轮之间的正压力增大，传动时产生的摩擦力增大，最大有效圆周力也就增大。但初拉力过大会使磨损加剧，降低带的使用寿命，增大轴与轴承的压力，且带易松弛。因此，应合理选择带的初拉力。

2. 离心拉力

当带沿带轮轮缘作圆周运动时，将会产生离心拉力。离心拉力作用于带的全长。离心拉力使带与带轮之间的正压力和摩擦力减小，降低了带的工作能力。离心拉力 F_c 的大小近似为

$$F_c = qv^2 \tag{11-6}$$

式中　q——单位长度质量（kg/m），其值见表 11-1。

二、传动的应力分析

带传动工作时，带中有以下几种应力：

1. 拉应力

由紧边拉力和松边拉力产生的拉应力。

紧边拉应力
$$\sigma_1 = \frac{F_1}{A} \tag{11-7}$$

松边拉应力
$$\sigma_2 = \frac{F_2}{A} \tag{11-8}$$

式中　A——带的横截面面积（mm）。

2. 离心拉应力

由离心拉力引起的带的离心拉应力，存在于整个带长，其大小为

$$\sigma_c = \frac{qv^2}{A} \tag{11-9}$$

3. 弯曲应力

带绕过带轮时，因弯曲而产生弯曲应力。其大小为

$$\sigma_b = \frac{2Eh_a}{d_d} \tag{11-10}$$

式中　E——带的弹性模量（MPa）；

h_a——带的节面于到最外层的垂直距离（mm），其值见表 11-4；

d_d——带轮的基准直径（mm），其值见表 11-2。

由上式可知，带的高度越大，带轮直径越小，带的弯曲应力就越大。为了避免

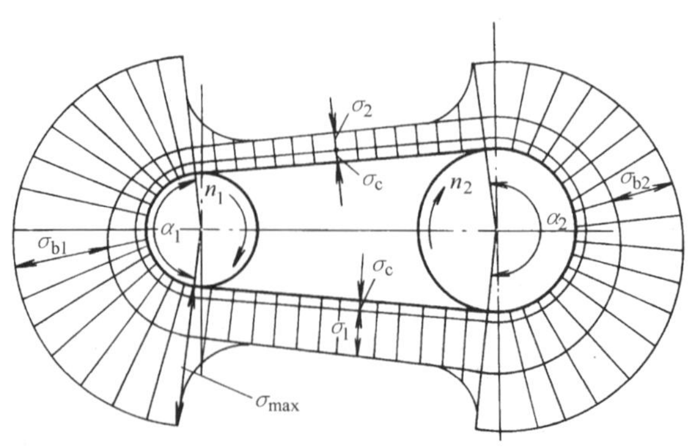

图 11-6　带工作时应力分布情况

弯曲应力过大而影响带的使用寿命，对每种型号的带都规定了最小直径，其值见表 11-2。

带传动工作时，传动带中各截面的应力分布如图 11-6 所示，各截面的应力大小用对应位置的径向线表示。最大应力发生在紧边绕入小带轮的切点，其大小为

$$\sigma_{max} = \sigma_1 + \sigma_c + \sigma_{b1} \tag{11-11}$$

三、带的弹性滑动与打滑

带是弹性体，受拉力作用后会产生变形。由于紧边拉力大于松边拉力，则紧边的单位伸长量大于松边的单位伸长量。如图 11-7 所示，当带绕入主动轮，由 A 转至 B，拉力由 F_1 降到 F_2，带的单位伸长量逐渐减少，带相对带轮回缩，带与带轮之间产生相对滑动，从而使带速 v 落后于主动轮的圆周速度 v_1。同样，带绕入从动轮时，带的拉力由 F_2 增加到 F_1，带相对带轮伸长，带沿轮面向前滑动，使带速 v 超前于从动轮带速 v_2。这种由于带的弹性变形而引起带与带轮之间的相对滑动称为弹性滑动。由于带传动中紧边拉力和松边拉力不相等，因此，弹性滑动不可避免。

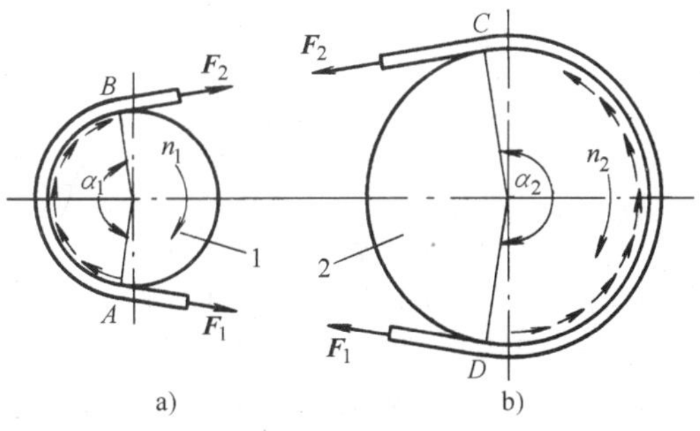

图 11-7　带传动的弹性滑动

弹性滑动导致从动轮的圆周速度 v_2 低于主动轮的圆周速度 v_1，这种由于带的弹性滑动而引起的从动轮的速度降低率称为滑动率，其大小为

$$\varepsilon = \frac{(v_1 - v_2)}{v_1} = \frac{(\pi d_{d1} n_1 - \pi d_{d2} n_2)}{\pi d_{d1} n_1} = 1 - \frac{d_{d2} n_2}{d_{d1} n_1} \tag{11-12}$$

因而带的实际传动比为

$$i = \frac{n_1}{n_2} = \frac{d_{d2}}{d_{d1}(1 - \varepsilon)} \tag{11-13}$$

通常 V 带传动的滑动率 $\varepsilon = 1\% \sim 2\%$，一般可忽略不计。

弹性滑动和打滑是两个不同的概念。打滑是指由于过载而引起的带沿带轮整个接触面的滑动，打滑时从动轮转速急剧下降，带的磨损加剧，带传动失效，应当避免。而弹性滑动使带传动不能保证准确的传动比，由于弹性滑动是由带的弹性变形引起，故不可避免。

思考题与习题

一、多选填空题： 本题的可选答案中，有 2～4 个是正确的，请将正确答案的题号填到空格里。

11-1　下列传动中属于摩擦型传动的是______，属于啮合传动的是______。

a）平带传动　b）V 带传动　c）多楔带传动　d）圆带传动　e）同步齿形带传动　f）链传动

11-2　带轮的结构型式分为______。

a）实心式　b）腹板式　c）孔板式　d）椭圆轮辐式

11-3　带轮的材料包括______。

a）铸铁　b）铸钢　c）铸铝　d）青铜

11-4　普通 V 带传动中，V 带所受的应力包括______。

a）拉应力　b）离心应力　c）弯曲应力　d）挤压应力

11-5　带传动的主要失效形式有______。

a）打滑 b）带的弹性滑动 c）带的疲劳破坏 d）带的磨损

二、选择填空题：请将最恰当的一个答案的题号填到空格里。

11-6 V带传动属于______，同步齿形带传动属于______。

a）电传动 b）啮合传动 c）液压传动 d）摩擦传动

11-7 普通V带的标记“带B 2000”是指该带为B型，______长度为2000mm。

a）内周长度 b）节线长度 c）外周长度 d）任意长度

11-8 带传动不能保证准确的传动比是由于______。

a）带的弹性滑动 b）带的打滑 c）带的磨损 d）带的老化

11-9 带传动中最大应力发生在______。

a）紧边 b）紧边与小带轮的切点 c）松边 d）松边与小带轮的切点

11-10 普通V带轮的最小直径取决于______。

a）带的长度 b）带的传动比 c）带的型号 d）带的速度

11-11 普通V带的型号按截面尺寸由小到大分为______七种。

a）A B C D E F G b）Y Z A B C D E c）E D C B A Z Y d）G F E D C B A

11-12 设计中，若计算出大带轮的基准直径 $d_{d2}=338$mm，则应圆整为______。

a）315mm b）338mm c）340mm d）355mm

三、判断题

11-13 V带轮基准直径是指轮缘最大直径。 （ ）

11-14 带的初拉力越大，则有效拉力越大，故带的初拉力越大越好。 （ ）

11-15 V带传动的带速一般为5～25m/s。 （ ）

11-16 V带比平带承载能力大。 （ ）

11-17 小带轮的包角越大，传动能力越高。 （ ）

11-18 带传动一般布置在传动系统的低速级。 （ ）

11-19 同步齿形带传动从动轮线速度与主动轮相等。 （ ）

四、计算题

11-20 某普通V带传动，用Y系列三相异步电机驱动。已知转速 $n_1=1460$r/min，$n_2=650$r/min，小带轮直径 $d_{d1}=140$mm，若采用三根B型带，中心距为1000mm左右，载荷有较微冲击，两班制工作，试计算带传动所能传递的功率。

11-21 试设计某一普通V带传动。已知电机功率 $P=5.5$kW，转速 $n_1=960$r/min，传动比 $=2.5$，载荷平稳，两班制工作，要求两带轮的中心距为900mm左右。

第十二章 链传动

链传动是一种有中间挠性元件连接的啮合传动。由于链传动平均传动比准确，结构简单，经济可靠，对工作环境要求不高，因而链传动应用广泛。本章主要介绍滚子链及其应用。

第一节 链传动的分类和应用

一、链传动的工作原理和类型

链传动由主动轮 1、从动轮 2 和传动链 3 组成，如图 12-1 所示。工作时，链轮轮齿与链条链节相啮合，从而传递运动和动力。

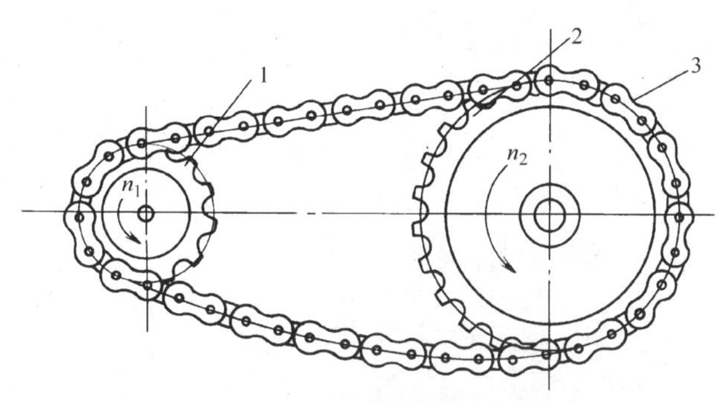

图 12-1 链传动

1—主动轮 2—从动轮 3—传动链

链条的种类很多，按用途的不同可以分为传动链、起重链和运输链三类。传动链一般用于机械装置中传递运动和动力；起重链主要用于起重机械中提起重物；运输链主要用于各类输送装置中。传动链可以分为滚子链、套筒链、齿形链、成形链等类型，如图 12-2 所示。齿形链又称无声链，结构平稳，噪声小，承受载荷能力高；

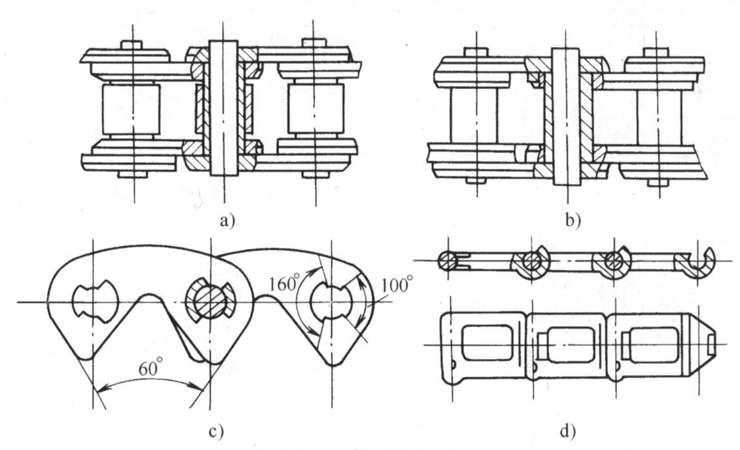

图 12-2 传动链的类型

a）滚子链 b）套筒链 c）齿形链 d）成形链

但结构复杂、价格高，因而主要用于高速、大传动比、高精度的场合。滚子链重量轻、价格低，应用最为广泛。

二、链传动的特点和应用

链传动的特点如下：

1）链传动是啮合传动，无弹性滑动现象，故能保持平均传动比恒定。

2）结构紧凑，传动功率大。

3）传动不需要初拉力，轴和轴承压力小。

4）可在高温、潮湿、多尘、油污等恶劣环境下工作。

5）瞬时传动比不恒定，传动平稳性差，有冲击和噪声，不能用于变载和急速反转的场合。

6）链条易磨损，只能用于平行轴之间的传动。

链传动适用于两轴线平行、大中心距、对瞬时传动比要求不严格、工作环境恶劣等场合，广泛应用于农业、采矿、石化、冶金、运输等各类机械中。润滑良好时链传动效率可达97%～98%。一般链传动传递的功率 $P\leqslant100\mathrm{kW}$；链速 $v\leqslant15\mathrm{m/s}$；传动比 $i\leqslant7$；中心距 $a\leqslant6\mathrm{m}$。

第二节　滚子链及其链轮

一、滚子链的结构和标准

滚子链的结构如图12-3所示，由内链板1、外链板2、销轴3、套筒4和滚子5组成。外链板与销轴采用过盈配合，构成外链节；内链板与套筒也采用过盈配合，构成内链节。内、外链节交错连接构成链条。销轴、套筒、滚子之间均采用间隙配合，这样内、外链节就可以相对转动，使链条具有挠性。当链条与链轮啮合时，滚子与链轮之间相对滚动，减轻了链与链轮之间的摩擦与磨损。

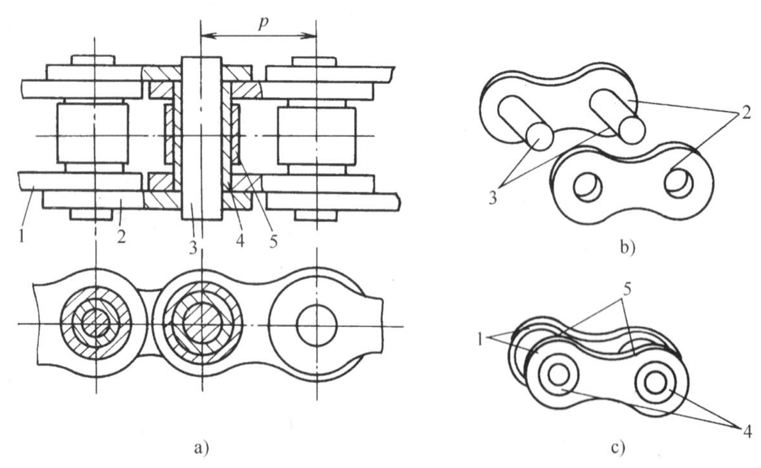

图12-3　滚子链的结构

a）滚子链结构　b）外链节　c）内链节

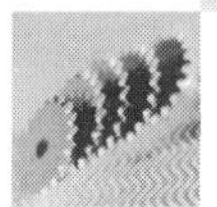

滚子链的接头形式如图 12-4 所示，接头处通常用开口销（图 12-4a）或弹簧卡（图 12-4b）固定。当链条的链节数为偶数时，内、外链板刚好相接。当链条的链节数为奇数时，则需采用过渡链节，如图 12-4c 所示。由于过渡链节在承载时，要承受附加的弯曲应力，使链的承载能力降低约 20%，故应尽量避免使用过渡链节。因此，在设计时一般链节数取偶数。

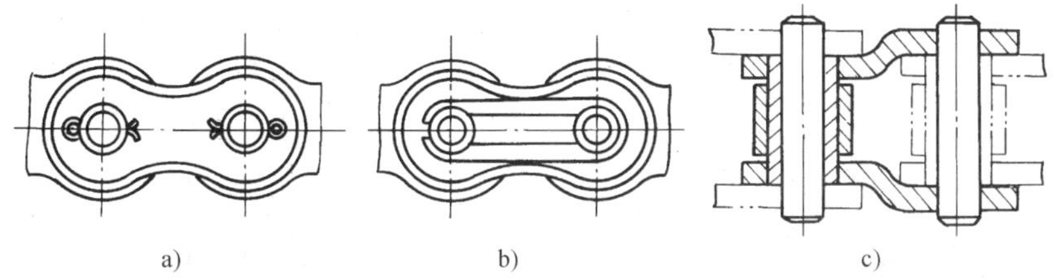

图 12-4 滚子链的接头形式与过渡链节

a）开口销 b）弹簧卡 c）过渡链节

滚子链上相邻两销轴中心间的距离，称为节距，用 p 表示，它是链传动的基本参数。节距越大，链节的尺寸越大，则承载能力越强，但冲击和振动也增大。滚子链的排数有单排、双排和多排，双排链如图 12-5 所示，相邻两排链条中心线间的距离称为排距，用 p_t 表示。当传递功率较大、转速较高时，可采用小节距双排链或多排链，但链传动的排数不宜过多，一般不应超过四排。

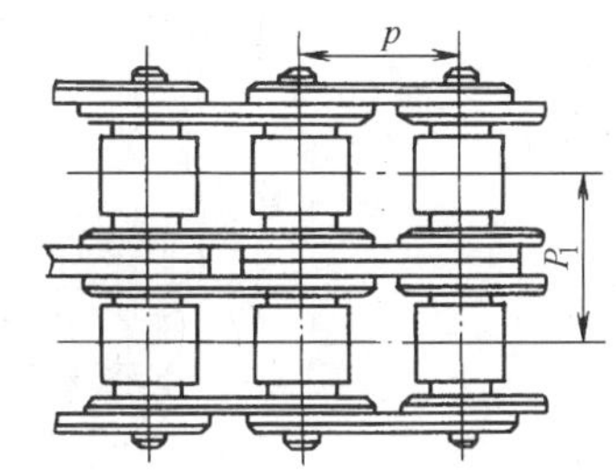

图 12-5 双排滚子链

滚子链已标准化，其基本参数和尺寸见表 12-1。根据使用场合和极限拉伸载荷的不同，滚子链分为 A、B 两个系列，其中 A 系列主要供设计使用，B 系列主要用于维修。其中链号乘以 25.4/16mm 即为链节距 p 的值。

表 12-1 滚子链的基本参数和尺寸

链号	节距	排距	滚子	内链节	销轴	内链板	极限拉伸载荷			单排质量
	p/mm	p_t/mm	外径 d_0/mm（最大）	内宽 b_1/mm（最小）	直径 d_2/mm（最大）	高度 h_2/mm（最大）	单排 F_Q/（最小）	双排 F_Q/N（最小）	三排 F_Q/N（最小）	q/（kg · m^{-1}）
05B	8.00	5.64	5.00	3.00	2.31	7.11	4400	7800	11100	0.18
06B	9.525	10.24	6.35	5.72	3.23	8.26	8900	16900	24900	0.40
08A	12.70	14.38	7.95	7.85	3.96	12.07	13800	27600	41400	0.60
08B	12.70	13.92	8.51	7.75	4.45	11.81	17800	31100	44500	0.70
10A	15.875	18.11	10.16	9.40	5.08	15.09	21800	43600	65400	1.00
12A	19.05	22.78	11.91	12.57	5.94	18.08	31100	62300	93400	1.50
16A	25.40	29.29	15.88	15.75	7.92	24.13	55600	111200	166800	2.60
20A	31.75	35.76	19.05	18.90	9.53	30.18	86700	173500	260200	3.80
24A	38.10	45.44	22.23	25.22	11.10	36.20	124600	249100	373700	5.60
28A	44.45	48.87	25.40	25.22	12.70	42.24	169000	338100	507100	7.50
32A	50.80	58.55	28.58	31.55	14.27	48.26	222400	444800	667200	10.10
40A	63.50	71.55	39.68	37.85	19.84	60.33	347000	693900	1040900	16.10
48A	76.20	87.83	47.63	47.35	23.80	72.39	500400	1000800	1501300	22.60

二、滚子链链轮的结构和材料

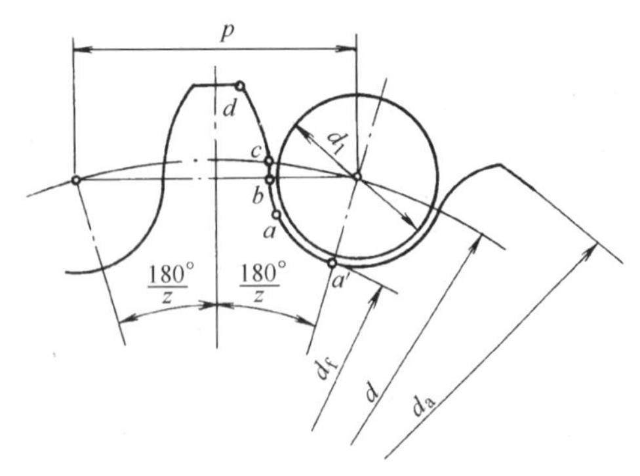

图 12-6　链轮的端面齿形

滚子链链轮的齿形已标准化。链轮的端面齿形为“三弧一直线”，如图 12-6 所示。当链轮采用标准齿形时，在链轮零件图上不必绘制其端面齿形，只需注明链轮的基本参数和主要几何尺寸。链轮的主要几何尺寸计算公式见表 12-2。

链轮的轴面齿廓为圆弧形，其主要几何尺寸计算公式见表 12-3。

链轮的结构与链轮的直径有关。小直径链轮采用实心式结构，如图 12-7a 所示；中等直径链轮采用孔板式，如图 12-7b 所示；大直径链轮常采用组合式结构，以便更换齿圈，如图 12-7c 所示，链轮采用螺栓联接式；图 12-7d 所示为链轮采用焊接式。

表 12-2　滚子链链轮主要尺寸

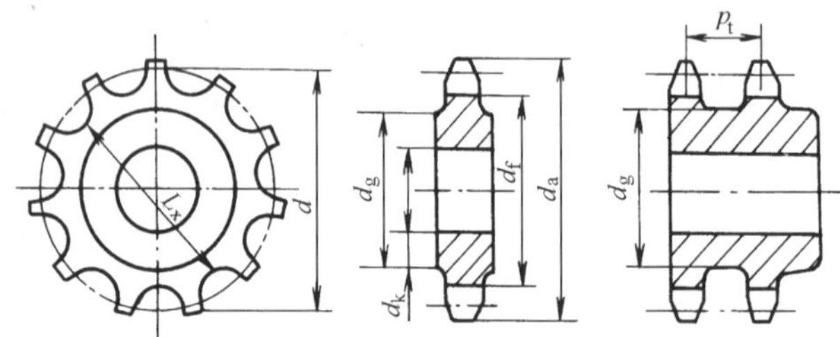

名　称	符号	公　　式	说　　明
分度圆直径	d	$d=\frac{p}{\sin(180°/z)}$	
齿顶圆直径	d_a	$d_{amax}=d+1.25p-d_1$ $d_{amin}=d+(1-1.6/z)p-d_1$	可在 d_{amax} 与 d_{amin} 范围内选取。但当选用 d_{amax} 时，应注意用展成法加工，d_a 要取整数
分度圆弦齿高	h_a	$h_{amax}=(0.625+0.8/z)p-0.5d_1$ $h_{amin}=0.5(p-d_1)$	h_a 是为简化放大齿形图的绘制而引入的辅助尺寸。h_{amax} 相对于 d_{amax}，h_{amin} 相对于 d_{amin}
齿根圆直径	d_f	$d_f=d-d_1$	
最大齿根距离	L_x	奇数齿：$L_x=d\cos(90°/z)-d_1$ 偶数齿：$L_x=d_f=d-d_1$	

表 12-3　链轮轴向齿廓尺寸

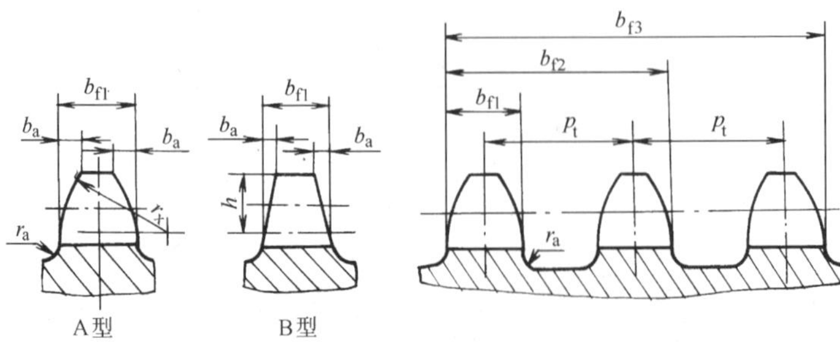

（续）

名称		计算公式	
		$p \leqslant 12.7\text{mm}$	$p > 12.7\text{mm}$
齿宽 b_{f1}	单排	0.93b1	0.95b1
	双排、三排	0.91b1	0.93b1
	四排以上	0.88b1	0.93b1
倒角宽 b_a		$b_a = (0.1 \sim 0.15)p$	
倒角半径 r_x		$r_x \geqslant p$	
倒角深 h		$h = 0.5p$	
齿侧缘（或排间槽）圆角半径 r_a		$r_a \approx 0.04p$	
链轮齿总宽 b_{fm}		$b_{fm} = (m-1)p_t + b_{f1}$（$m$ 为排数）	

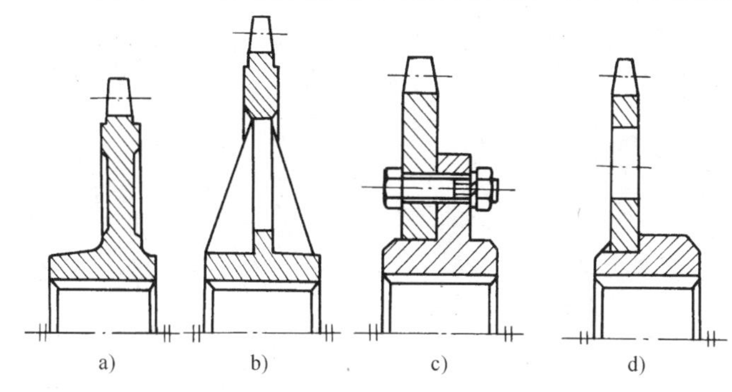

图 12-7　链轮的结构

a）实心式　b）孔板式　c）螺栓联接式　d）焊接式

链传动在工作时可承受较大的载荷，因此，链轮的材料应使轮齿具有足够的强度和耐磨性。链轮常用材料及应用范围见表 12-4。

表 12-4　链轮常用材料及应用范围

材料	齿面硬度	应用范围
15 钢，20 钢	渗碳淬火 50～60HRC	$z \leqslant 25$ 的高速、重载、有冲击载荷的链轮
35 钢	正火 160～200HBW	$z > 25$ 的低速、轻载、平稳传动的链轮
45 钢，50 钢，ZG45	淬火 40～45HRC	低、中速、轻、重载，无激烈冲击、振动和易磨损工作条件下的链轮
15Cr，20Cr	渗碳淬火 50～60HRC	$z < 25$ 的大功率传动链轮，高速、重载的重要链轮
35SiMn，35CrMo，40Cr	淬火 40～45HRC	高速、重载、有冲击、连续工作的链轮
Q235，Q275	140HBW	中速、传递中等功率的链轮，较大链轮
灰铸铁	260～280HBW	载荷平稳、速度较低、齿数较多（$z > 50$）的从动链轮
夹布胶木	—	传递功率小于 6kW、速度较高、要求传动平稳、噪声小的链轮

第三节　链传动的运动分析

一、平均链速和平均传动比

链传动工作时，整个链条是挠性体，每个链节则视为刚性体。当链条与链轮啮合时，链条呈正多边形分布在链轮上，多边形的边长就是节距 p，边数为链轮齿数 z。链轮每转过一周时链条转过的长度为 zp。若主、从动轮的转速分别为 n_1、n_2，则链的平均速度 v 为

$$v=\frac{z_1pn_1}{60\times1000}=\frac{z_2pn_2}{60\times1000} \tag{12-1}$$

链传动的平均传动比为

$$i=\frac{n_1}{n_2}=\frac{z_2}{z_1} \tag{12-2}$$

二、瞬时链速和瞬时传动比

如图 12-8 所示，为了便于分析，使链的紧边始终处于水平位置。若主动链轮以等角速度 ω_1 回转，销轴 A 开始随主动轮作等速圆周运动，其圆周速度 $v_1=R_1\omega_1$，对速度 v_1 进行分解，则

水平分速度　　$v_x=R_1\omega_1\cos\beta$

垂直分速度　　$v_y=R_1\omega_1\sin\beta$

其中，β 为啮合过程中链节销轴中心 A 与链轮中心 O_1 连线与铅垂方向所夹的锐角，也称位置角。由图 12-8 可知，链条的链节在主动轮上对应的中心角为 φ_1，β 在 $\pm\frac{\varphi_1}{2}$的范围内作周期变化。当 $\beta=0$ 时，链速最大 $v_{max}=R_1\omega_1$；当 $\beta=\pm180°/z_1$ 时，链速最小，$v_{min}=R_1\omega_1\cos(180°/z_1)$。

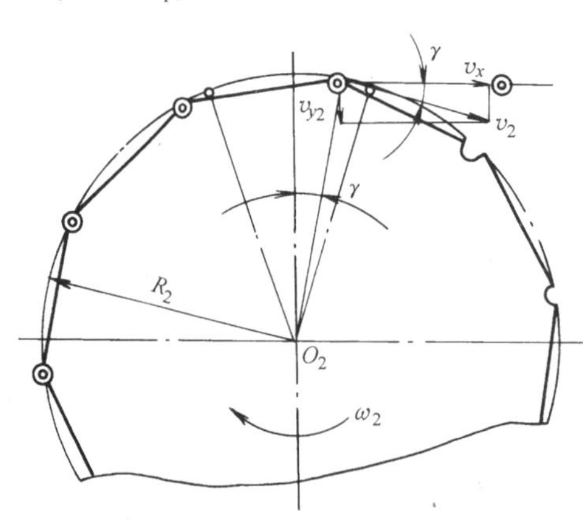

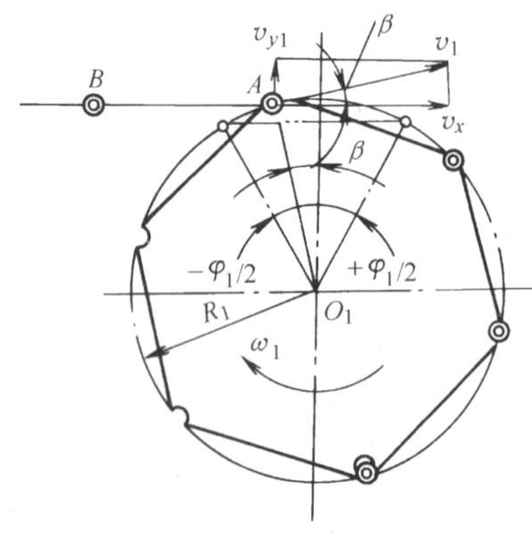

图 12-8　链传动的速度分析

由以上分析可知：主动轮虽然等速转动，但链条的瞬时速度却周期性地变化，每转一个链节，链速的变化就重复一次。链轮齿数越少，链节距大，链速的波动就越大。

同样，每一链节在与从动轮的啮合过程中，链节销轴中心在从动轮上的位置角 γ 也在 γ

$= \pm 180°/z_2$ 的范围内变化。由图知 $v_x = R_2\omega_2\cos\gamma$，所以

$$\omega_2 = \frac{v_x}{R_2\cos\gamma} = \frac{R_1\omega_1\cos\beta}{R_2\cos\gamma}$$

故链传动的传动比为

$$i_{12} = \frac{\omega_1}{\omega_2} = \frac{R_2\cos\gamma}{R_1\cos\beta} \tag{12-3}$$

通常 $\beta \neq \gamma$。因此，即使主动链轮以等角速度回转，瞬时链速、从动轮的角速度和瞬时传动比都是作周期性变化，从而产生动载荷。同时，铰链销轴的垂直分速度 v_y 也周期性变化，使链在垂直方向上产生有规律的振动，因而链条上下抖动。在链条进入链轮的瞬间，也会产生冲击和振动。因此，链传动中不可避免产生动载荷，使传动不平稳。链轮齿数越少、转速越高、链节距越大，动载荷就越大。一般链传动通常用于低速级，并且在设计时，合理选择齿数和节距，以减小动载荷和冲击，从而获得较为平稳的传动。

思考题与习题

一、多选填空题：本题的可选答案中，有 2 ~ 4 个是正确的，请将正确答案的题号填到空格里。

12-1　链传动的常用类型有______。

a）滚子链　b）套筒链　c）齿形链　d）成形链

12-2　链轮的结构形式分为______。

a）实心式　b）焊接式　c）孔板式　d）螺栓联接式

12-3　影响链传动运动均匀性的因素有______。

a）链轮齿数　b）链条节距　c）链速　d）链节数

12-4　链传动的主要失效形式有______。

a）套筒与滚子的胶合　b）链条的拉断　c）铰链元件的疲劳破坏　d）铰链元件的磨损

二、选择填空题：请将最恰当的一个答案的题号填到空格里。

12-5　链传动属于______。

a）摩擦传动　b）液压传动　c）啮合传动　d）电传动

12-6　链传动的平均传动比______，瞬时传动比______。

a）准确　b）不一定准确　c）不准确

12-7　链传动中，链轮中心距的大小影响到链的寿命和工作稳定性，设计时，一般初选 a_0 = ______。

a）(20 ~ 30) p　b）(30 ~ 50) p　c）(50 ~ 70) p　d）任意值

12-8　链传动设计中，链节数常为______，链齿数常为______。

a）奇数　b）整数　c）自然数　d）偶数

12-9　链传动中，小链轮齿数过少将会导致______。

a）小链轮根切　b）运动的不均匀　c）磨损　d）链条脱链

12-10　滚子链的销轴与外链板为______，套筒与内链板为______，销轴、套筒与滚子之间为______。

a）间隙配合　b）过渡配合　c）过盈配合　d）任意方式配合

12-11　由带传动、链传动、齿轮传动所组成的传动链，链传动宜布置在传动的______。

a）中速级　b）都可以　c）高速级　d）低速级

三、判断题

12-12　链传动和带传动一样，为了保证正常工件，需要较大的初拉力。　(　　)

12-13　链传动是啮合传动，故瞬时传动比和平均传动比都为定值。　(　　)

12-14　链条节距越大，承载能力越高。　(　　)

12-15　链轮的端面齿形为“三弧一直线”。　(　　)

12-16　对于低速链传动，应按静强度条件计算。　(　　)

12-17　链号“12A”表示A系列滚子链，链节距为19.05mm。　(　　)

四、计算题

12-18　某单排滚子链传动，已知小链轮的转速 $n_1 = 500\mathrm{r/m}$，链轮齿数 $z_1 = 19$，$z_2 = 60$，中心距 $a = 1000\mathrm{mm}$，工况系数 $K_A = 1$，单排链的极限拉伸载荷 $Q = 31100\mathrm{N}$。试求该滚子链传动能传递的功率。

12-19　试设计某螺旋输送机中的一滚子链传动。已知传递功率 $P = 4\mathrm{kW}$，转速 $n_1 = 600\mathrm{r/min}$，传动比 $i_{12} = 3$，载荷平稳，按推荐润滑方式润滑，要求两链轮的中心距为800mm左右。

第十三章 齿轮传动

齿轮传动是指由齿轮副组成的传递运动和动力的传动装置，是现代机械中应用最广泛的传动机构。齿轮传动的类型很多，直齿圆柱齿轮传动是其中最基本、应用最多的一种齿轮传动装置。本章重点讨论渐开线直齿圆柱齿轮传动的啮合原理、参数和几何尺寸确定、齿轮传动正确啮合条件和分析承载能力，然后介绍其他各种齿轮传动机构。

第一节 齿轮传动的分类、特点和齿廓啮合基本定律

一、齿轮传动的特点

齿轮传动主要用于传递两轴或多轴间的运动和动力。其主要特点如下：

1）传动平稳，能保证两轴间瞬时传动比恒定不变。

2）能实现两平行、相交或交错轴之间的传动。

3）传递速度范围广和功率范围广，圆周线速度可以为0.1～300m/s，传递的功率可以从1W至十几万千瓦。

4）传动比范围大，齿轮齿数可以从十几个到几百个。

5）传动效率高，一般可以达到0.94～0.99。

6）结构紧凑，寿命长，工作可靠。

7）制造和安装精度要求高。

8）对冲击和振动敏感，低精度齿轮传动噪声较大。

9）不适合远距离传动。

二、齿轮传动的类型

齿轮传动的类型，按照两齿轮轴线的相对位置、齿向以及啮合情况分类如下（图13-1）：

（1）平行轴齿轮机构　又称平面齿轮机构，主、从动齿轮的形状都是圆柱齿轮。按其齿向不同可以分为以下类型。

1）直齿圆柱齿轮。齿轮的齿向平行于齿轮的回转轴线。按其啮合方式又可分为：外啮合齿轮（图13-1a），从动齿轮的旋转方向与主动齿轮的旋转方向相反；内啮合齿轮（图13-1b），从动齿轮的旋转方向与主动齿轮的旋转方向相同；齿轮齿条啮合（图13-1c），将旋转运动变为直线往复运动或者将直线往复运动变为旋转运动。

2）斜齿圆柱齿轮（图13-1d）。齿轮的齿向与齿轮的回转轴线成一定角度。

3）人字齿圆柱齿轮（图13-1e）。齿轮的齿向呈人字形。

（2）非平行轴齿轮机构　按其轴线的位置可以分为以下类型。

1）两轴相交的齿轮机构，又称锥齿轮机构，齿轮副的两轴线成一定角度相交。按齿轮的齿向可以分为：直齿锥齿轮（图 13-1f），齿轮的齿向线呈直线形状；曲线齿锥齿轮（图 13-1g），齿轮的齿向线呈曲线形状。

2）两轴交错的齿轮机构，又称空间齿轮副，其两轴线在空间成一定角度相错。按啮合方式可以分为：交错轴斜齿轮机构（图 13-1h），蜗杆蜗轮机构（图 13-1i）。

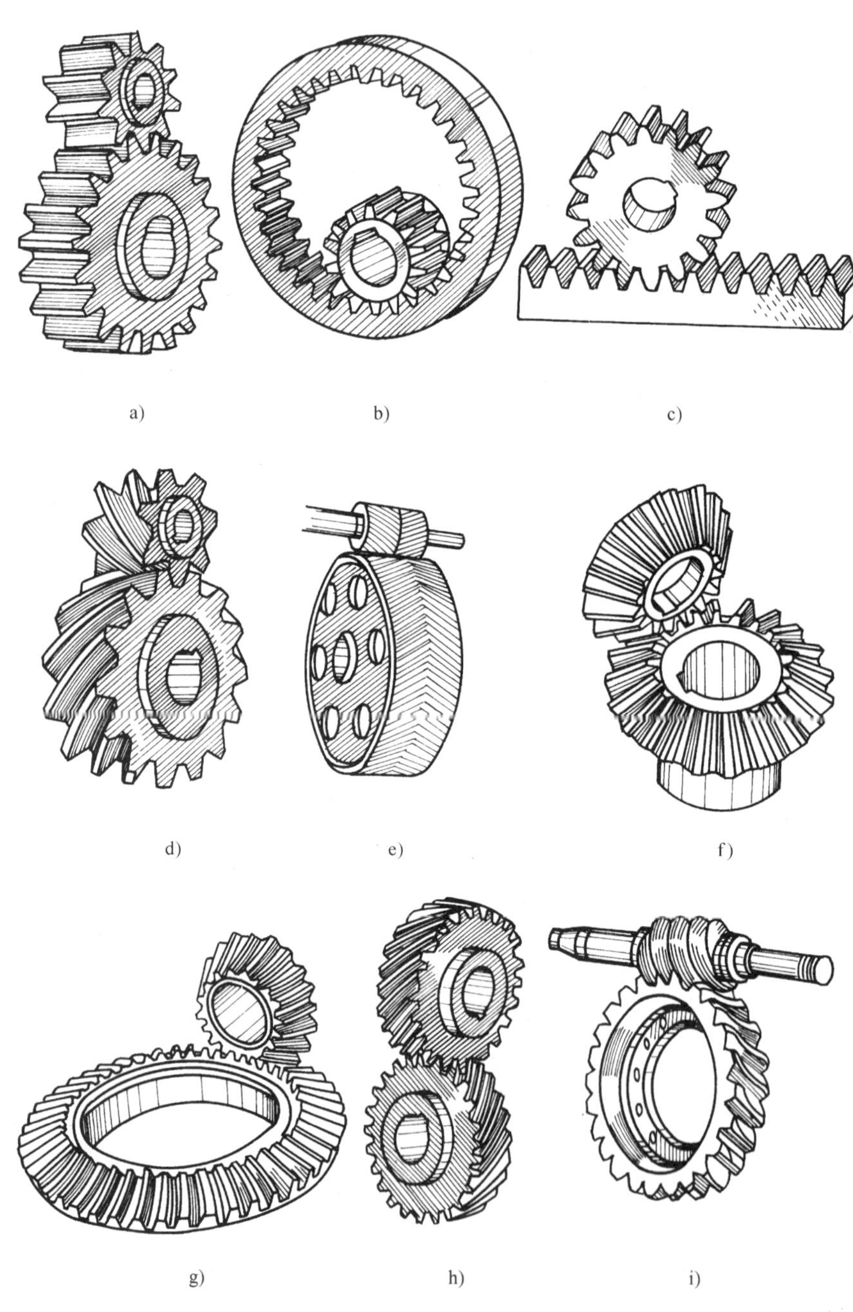

图 13-1 齿轮机构的类型

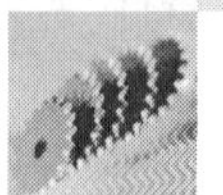

第二节　渐开线齿廓

一、渐开线的形成及性质

如图 13-2 所示，当一直线 BK 沿一圆周作纯滚动时，直线上任意一点 K 的轨迹 AK，称为该圆的渐开线。这个圆称为渐开线的基圆，其半径用 r_b 表示；直线 BK 称为渐开线的发生线；θ_K 称为渐开线 AK 段的展角。由渐开线的形成过程可知，渐开线具有如下性质。

1）发生线沿基圆滚过的长度，等于基圆上被滚过的弧长，即 $BK=\overset{\frown}{AK}$。

2）发生线与基圆的切点 B 为渐开线上点 K 的曲率中心，发生线 BK 是渐开线上点 K 的法线，线段 BK 是点 K 的曲率半径。可见，渐开线上离基圆越近的点，其曲率半径越小，曲线越弯曲（图 13-2）。

3）渐开线上点 K 的法线方向（正压力方向），与该点的速度方向所夹的锐角 α_K 称为渐开线在该点的压力角。由图 13-2 可知

$$\cos\alpha_K=\frac{OB}{OK}=\frac{r_b}{r_K} \tag{13-1}$$

式中　r_b——基圆半径；

r_K——渐开线上点 K 的向径。

上式表明，渐开线上各点的压力角不等，向径 r_K 越大，点 K 离圆心越远，压力角也越大；反之压力角越小。

4）渐开线的形状取决于基圆的大小。如图 13-3 所示，基圆半径越大，渐开线越平直；当基圆半径无限大时，渐开线就转化成一条直线。齿条的齿廓就是这样的直线齿廓。

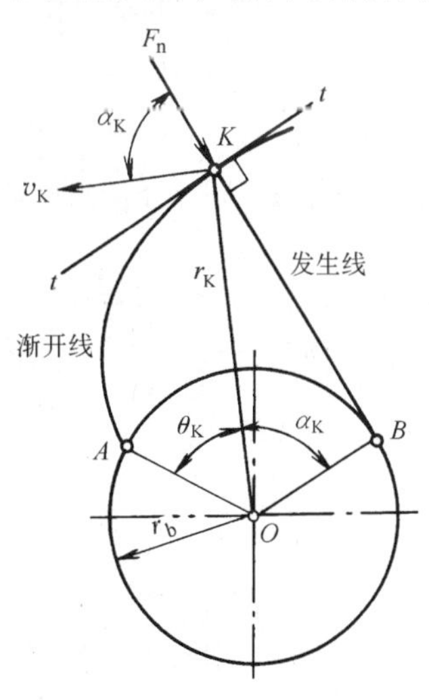

图 13-2　渐开线的形成

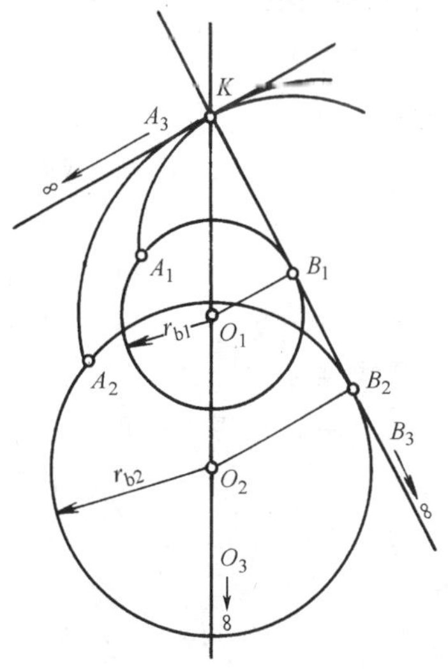

图 13-3　渐开线形状与基圆大小的关系

5）基圆内没有渐开线。

二、渐开线齿廓的啮合特性

1. 传动比恒定

图13-4所示为外啮合传动的一对渐开线齿轮，主动齿轮1按顺时针方向旋转，驱动从动齿轮2逆时针方向旋转。一对齿轮啮合时，主动齿轮的齿根部位首先与从动齿轮的齿顶部位啮合于点 K，点 K 称为啮合起始点。过点 K 作两齿廓的公法线 N_1N_2，由渐开线的性质可知，线段 N_1N_2 也同时分别与两齿廓的基圆相切于点 N_1、N_2，即线段 N_1N_2 是两基圆的内公切线。根据渐开线的性质，不难证明，主、从动齿轮的齿廓在整个啮合过程中，啮合点的位置始终沿基圆的内公切线 N_1N_2 移动，而不会离开内公切线 N_1N_2，直到主动齿轮的齿顶与从动齿轮的齿根最后脱开啮合。因此，一对齿轮传动啮合时，其齿廓啮合线与两齿轮的基圆内公切线重合，其节点是一固定点 P。从而可知，一对渐开线齿廓啮合传动的瞬时传动比为

$$i_{12}=\frac{\omega_1}{\omega_2}=\frac{O_2P}{O_1P}=\frac{O_2N_2}{O_1N_1}=\frac{r_{b2}}{r_{b1}}=\frac{r_2'}{r_1'} \tag{13-2}$$

2. 啮合角为一定值

由上述可知，一对渐开线齿廓的啮合接触点始终处于两齿轮基圆的内公切线 N_1N_2 上，可以说明直线 N_1N_2 是两齿廓接触点的轨迹，称为啮合线。可见，渐开线齿轮在啮合传动过程中，齿廓之间的正压力方向始终不变，使齿轮传动过程平稳。

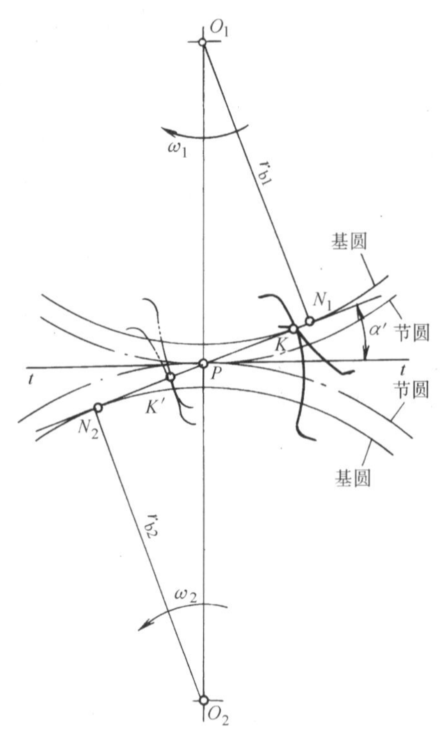

图13-4　渐开线齿廓的啮合

如图13-4所示，过节点 P 作两节圆的内公切线 $t\ t$，$t\ t$ 与啮合线 N_1N_2 所夹的锐角 α' 称为啮合角。其大小在齿廓的整个啮合过程中恒定不变，是一个定值。啮合角的计算公式为

$$\cos\alpha'=\frac{r_{b1}}{r_1'}=\frac{r_{b2}}{r_2'} \tag{13-3}$$

由于 tt 所指的方向与渐开线齿廓在该点的速度方向相同，故渐开线齿轮的啮合角在数值上等于渐开线齿廓在节圆上的压力角。

3. 中心距变化不影响传动比

由式（13-2）可知，一对齿轮的传动比等于两齿轮基圆半径的反比，而与两齿轮的中心距无关。当一对齿轮制成后，其基圆半径就已完全确定，其传动比也已确定。在齿轮实际传动工作中，即使中心距稍有变化，也不会影响齿轮传动的传动比。渐开线齿轮传动时，中心距的小范围变化不影响传动比的特性称为渐开线齿轮的中心距可分性。生产实际中，齿轮制造与安装误差、轴承磨损等，都会使齿轮机构的中心距发生变化。但是因为齿轮传动的中心距具有可分性，所以仍然保持传动比不变。渐开线齿轮机构的这一优点，是使渐开线齿廓得以广泛应用的主要原因之一。

第三节 渐开线标准直齿圆柱齿轮的基本参数和几何尺寸

一、齿轮各部分名称及代号

图 13-5 所示为外啮合直齿圆柱齿轮。图 13-6 所示为内啮合齿轮，轮齿均匀分布在齿圈的内表面上，其齿根圆直径最大，齿顶圆直径最小。它们具有相同的名称代号。

（1）分度圆　设计齿轮的基准圆，其直径用 d 表示，半径用 r 表示。

（2）齿顶圆　齿轮各齿顶连成的圆，称为齿顶圆，其直径用 d_a 表示，半径用 r_a 表示。

（3）齿根圆　齿轮轮齿根部形成的圆，称为齿根圆，其直径用 d_f 表示，其半径用 r_f 表示。

（4）齿厚　在任一直径 d_K 的圆周上，同一轮齿两侧齿廓间的弧线长，称为该圆上的齿厚，用 s_K 表示。分度圆上的齿厚用 s 表示。

（5）齿槽宽　在任一直径 d_K 的圆周上，齿槽两侧齿廓间的弧线长，称为该圆上的齿槽宽，用 e_K 表示。分度圆上的齿槽宽用 e 表示。

（6）齿距　在任一直径 d_K 的圆周上，相邻两轮齿同侧齿廓间的弧线长，称为该圆上的齿距，用 p_K 表示。显然，齿距等于齿厚与槽宽之和，即 $p_K = s_K + e_K$。分度圆上的齿距用 p 表示。

（7）齿根高　齿轮在分度圆与齿根圆之间的径向距离，称为齿根高，用 h_f 表示。

（8）齿顶高　齿轮在分度圆与齿顶圆之间的径向距离，称为齿顶高，用 h_a 表示。

（9）全齿高　齿轮在齿根圆与齿顶圆之间的径向距离，称为全齿高，用 h 表示。显然，全齿高等于齿顶高与齿根高之和，即 $h = h_a + h_f$。

二、基本参数

齿轮设计就是确定齿轮的几何尺寸。而齿轮的几何尺寸往往取决于几个基本参数的确定。对于直齿圆柱齿轮而言，基本参数有五个。

（1）齿数 z　齿轮圆周上均布的轮齿个数。

（2）模数 m　分度圆直径 d、齿距 p 和齿数 z 之间有如下关系

$$\pi d = pz$$

或者

$$d = \frac{p}{\pi} z$$

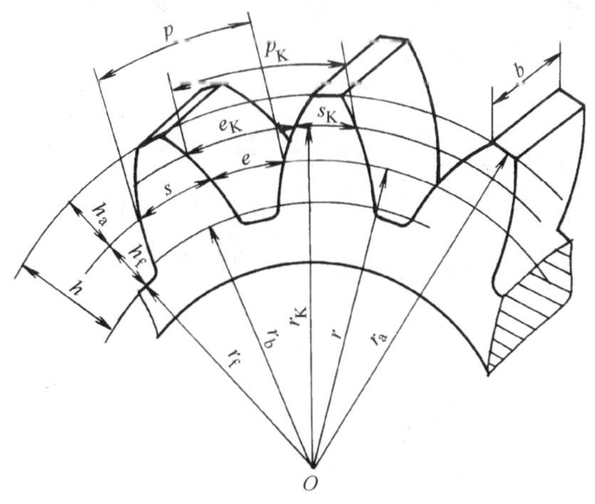

图 13-5　外啮合齿轮各部分的名称及代号

π 是无理数，为方便测量和计算，取 $p/\pi = m$，称为模数，并规定标准系列值（表 13-1）。于是上式可以写为

$$d = mz \tag{13-4}$$

其中，m 为模数（mm），是齿轮的重要参数。模数越大，则轮齿越大，齿轮各部分的尺寸

也越大。

表 13-1 齿轮模数表（GB/T 1357—2008） （单位：mm）

第一系列	1	1.25	1.5	2	2.5	3	4	5	6	8	10	12	16	20	25	32	40	50
第二系列	1.125	1.375	1.75	2.25	2.75	3.5	4.5	5.5	(6.5)	7	9	11	14	18	22	28	36	45

注：1. 本表适用于渐开线圆柱齿轮，对于斜齿轮是指法向模数。

2. 优先选用第一系列，括号内参数尽量不用。

有些国家以径节（1/in 或 1/英寸）表示齿轮的模数参数。径节 DP 和模数 m 成倒数关系。其换算公式为

$$m=\frac{25.4}{DP} \tag{13-5}$$

（3）压力角 α 齿轮在任一直径圆周上的齿廓压力角 α_K 可用 $\cos\alpha_K=r_b/r_K$ 计算。通常，齿轮的压力角是指齿廓渐开线在分度圆处的压力角 α。国家标准规定，标准齿轮分度圆处的压力角是标准压力角，其值为 $\alpha=20°$。

至此，可以重新定义分度圆：分度圆是齿轮上具有标准模数和标准压力角的圆。

（4）齿顶高系数 h_a^* 表示齿顶高 h_a 与模数 m 之间关系的系数。齿顶高的计算公式为

$$h_a=h_a^*m \tag{13-6}$$

（5）顶隙系数 c^* 齿轮啮合传动时，一齿轮的齿顶与另一齿轮的齿根底部必须留有间隙，以防止啮合过程中发生干涉，同时又可以储存用于润滑齿面的润滑油。沿径向量度的这一间隙称为顶隙，用 c 表示。表示顶隙 c 与模数 m 之间关系的系数称为顶隙系数，用 c^* 表示。顶隙的计算公式为

$$c=c^*m \tag{13-7}$$

国家标准规定，正常齿（$m\geqslant1$）：$h_a^*=1$，$c^*=0.25$；短齿：$h_a^*=0.8$，$c^*=0.3$。

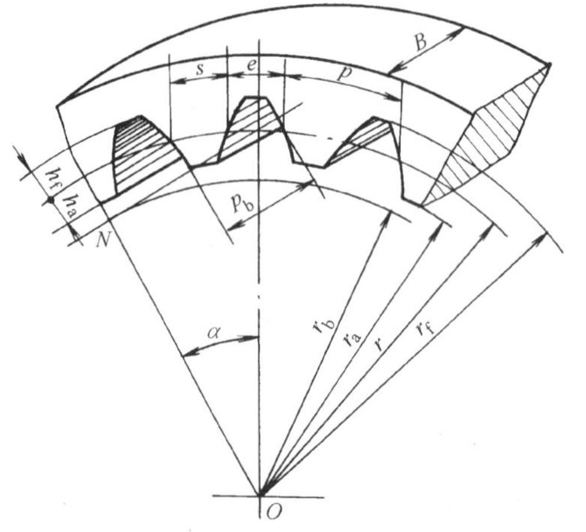

图 13-6 内啮合齿轮各部分的名称及代号

三、标准直齿圆柱齿轮的几何尺寸

如果 m、α、h_a^* 和 c^* 都是标准值，且在分度圆上的齿厚和齿槽宽均相等的齿轮，称为标准齿轮。模数是计算渐开线标准直齿圆柱齿轮几何尺寸的基础，齿轮各部分的几何尺寸都与模数成一定的比例关系。当已知模数时，齿轮其他各部分的几何尺寸参数的计算公式见表 13-2（参见图 13-5）。

表 13-2 标准直齿圆柱齿轮几何尺寸参数的计算公式

名称	符号	外啮合齿轮计算公式	内啮合齿轮计算公式
模数	m	根据齿轮强度计算，取标准值，动力传动，$m\geqslant2$mm	
压力角	α	取标准值，$\alpha=20°$	
分度圆直径	d	$d=mz$	

（续）

名　称	符　号	外啮合齿轮计算公式	内啮合齿轮计算公式
齿顶高	h_a	$h_a = mh_a^*$	
齿根高	h_f	$h_f = (h_a^* + c^*)m$	
全齿高	h	$h = h_a + h_f = (2h_a^* + c^*)m$	
齿　距	p	$p = \pi m$	
齿　厚	s	$s = \pi m/2$	
槽　宽	e	$e = \pi m/2$	
顶　隙	c	$c = c^* m$	
基圆齿距	p_b	$p_b = p\cos\alpha$	
基圆直径	d_b	$d_b = d\cos\alpha$	
齿顶圆直径	d_a	$d_a = d + 2h_a = m(z + 2h_a^*)$	$d_a = d - 2h_a = m(z - 2h_a^*)$
齿根圆直径	d_f	$d_f = d - 2h_f = m(z - 2h_a^* - 2c^*)$	$d_f = d + 2h_f = m(z + 2h_a^* + 2c^*)$
中心距	a	$a = m(z_1 + z_2)/2$	$a = m(z_1 - z_2)/2$

注：除 m、h、c 外，没有角标的符号均表示是分度圆直径处的参数。

图 13-7 所示为齿条。当基圆的直径达到无穷大时，其渐开线就成为一直线。因此，渐开线齿条的齿廓形状是直线。在齿条的分度线或与其平行的其他直线上，齿距 p 均相等；齿廓上各点的压力角均与齿形角相等，其值恒等于 20°。齿厚与齿槽宽相等且平行于齿顶的直线，称为中线。

齿条各部分几何尺寸的计算公式与外齿轮的几何尺寸计算公式相同。

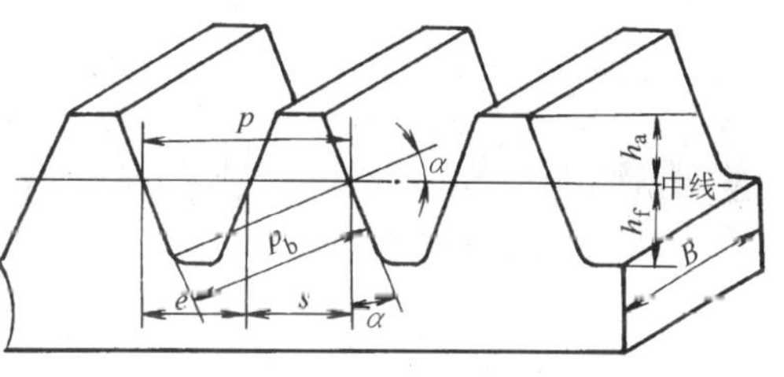

图 13-7　齿条各部分几何尺寸

例 13-1　一对渐开线标准直齿圆柱齿轮，$z_1 = 24$，$z_2 = 65$，$m = 3\text{mm}$，$\alpha = 20°$，$h_a^* = 1$，$c^* = 0.25$。试求两齿轮的分度圆直径 d_1、d_2，齿顶圆直径 d_{a1}、d_{a2}，齿根圆直径 d_{f1}、d_{f2}，基圆直径 d_{b1}、d_{b2}，齿距 p_1、p_2，基圆齿距 p_{b1}、p_{b2}。

解　根据渐开线标准直齿圆柱齿轮的几何关系公式，计算如下：

（1）分度圆直径

$$d_1 = mz_1 = 3 \times 24\text{mm} = 72\text{mm}$$

$$d_2 = mz_2 = 3 \times 65\text{mm} = 195\text{mm}$$

（2）齿顶圆直径

$$d_{a1} = d_1 + 2h_{a1} = m(z_1 + 2h_a^*) = 3 \times (24 + 2 \times 1)\text{mm} = 78\text{mm}$$

$$d_{a2} = d_2 + 2h_{a2} = m(z_2 + 2h_a^*) = 3 \times (65 + 2 \times 1)\text{mm} = 201\text{mm}$$

（3）齿根圆直径

$$d_{f1} = d_1 - 2h_{f1} = m(z_1 - 2h_a^* - 2c^*) = 3 \times (24 - 2 \times 1 - 2 \times 0.25)\text{mm} = 64.5\text{mm}$$

$$d_{f2} = d_2 - 2h_{f2} = m(z_2 - 2h_a^* - 2c^*) = 3 \times (65 - 2 \times 1 - 2 \times 0.25)\text{mm} = 187.5\text{mm}$$

（4）基圆直径

$$d_{b1}=d_1\cos\alpha=72\times\cos20°\text{mm}=67.658\text{mm}$$

$$d_{b2}=d_2\cos\alpha=195\times\cos20°\text{mm}=183.24\text{mm}$$

（5）齿距

$$p_1=\pi m=3.14159\times3\text{mm}=9.425\text{mm}$$

$$p_2=\pi m=3.14159\times3\text{mm}=9.425\text{mm}$$

（6）基圆齿距

$$p_{b1}=p_1\cos\alpha=9.425\times\cos20°\text{mm}=8.856\text{mm}$$

$$p_{b1}=p_1\cos\alpha=9.425\times\cos20°\text{mm}=8.856\text{mm}$$

通过上述计算可知，齿轮几何尺寸的计算公式中只涉及齿轮的模数或压力角时，一对齿轮的该参数相等，如齿距、基圆齿距、全齿高等；当计算公式涉及齿数时，这对齿轮的该参数将随齿数的大小而不相等，如分度圆直径、齿顶圆直径等。

例 13-2 为修配一个损坏的渐开线外齿轮，实测齿轮的齿顶圆直径 $d_a=119.86\text{mm}$，齿数 $z=28$，全齿高 $h=8.90\text{mm}$。试确定该齿轮的主要参数 m、d、d_a、d_f、d_b。

解 根据表 13-2 中的计算公式，计算如下：

（1）模数 m 设 $h_a^*=1, c^*=0.25$。则

$$m=\frac{d_a}{z+2h_a^*}=\frac{119.86}{28+2\times1}\text{mm}=3.995\text{mm}$$

查表 13-1 得 $m=4\text{mm}$。

校核齿顶高系数 h_a^* $\quad h_a^*=\frac{1}{2}\left(\frac{h}{m}-c^*\right)=\frac{1}{2}\left(\frac{8.90\text{mm}}{4\text{mm}}-0.25\right)=0.988\approx1$

经校核可以确定： $\quad h_a^*=1, c^*=0.25$

（2）分度圆直径 d $\quad d=mz=4\times28\text{mm}=112\text{mm}$

（3）齿顶圆直径 d_a $\quad d_a=m(z+2h_a^*)=4\times(28+2\times1)\text{mm}=120\text{mm}$

（4）齿根圆直径 d_f $\quad d_f=m(z-2h_a^*-2c^*)=4\times(28-2\times1-2\times0.25)\text{mm}=102\text{mm}$

（5）基圆直径 d_b $\quad d_b=d\cos\alpha=112\times\cos20°\text{mm}=105.246\text{mm}$

第四节 渐开线直齿圆柱齿轮的啮合传动

一、正确啮合条件

满足齿廓啮合基本定律的渐开线齿轮，只是保证了一对齿廓啮合时传动比恒定不变。如果要使齿轮在啮合传动过程中始终保持传动比恒定不变，必须满足齿轮的正确啮合条件。

图 13-8 所示为一对相互啮合的渐开线齿轮。点 K'为后一对轮齿的啮合点，点 K 为前一对轮齿的啮合点，线段 KK'是分属相互啮合的两个齿轮的法向齿距。根据渐开线的性质 1 可知，法向齿距 KK'分别与两齿轮在基圆上的齿距 p_{b1}和 p_{b2}相等。因此，两渐开线齿轮正确啮合的条件是，两齿轮的基圆齿距相等，即 $p_{b1}=p_{b2}$。根据表 13-2 中的计算公式，可得

$$p_{b1}=p_1\cos\alpha_1=\pi m_1\cos\alpha_1$$
$$p_{b2}=p_2\cos\alpha_2=\pi m_2\cos\alpha_2$$

由 $p_{b1}=p_{b2}$，得

$$\pi m_1\cos\alpha_1=\pi m_2\cos\alpha_2$$

整理，得齿轮的正确啮合条件

$$\begin{cases}m_1=m_2=m\\ \alpha_1=\alpha_2=\alpha\end{cases}\tag{13-8}$$

结论，渐开线直齿圆柱齿轮正确啮合的条件是：两渐开线齿轮的模数和压力角必须分别相等。

二、连续传动条件

两齿轮在啮合传动过程中，如果始终保持至少有一对轮齿处于啮合状态，亦即前一对轮齿即将脱离啮合时，后一对轮齿已经进入啮合，则该对齿轮就满足了连续传动条件。

图 13-9 中，设点 B_2 是两轮齿开始啮合点，点 B_1 是两轮齿脱离啮合点。如果要使两轮齿满足连续传动条件，则必须使线段 B_2B_1 的长度不小于两齿轮的基圆齿距 p_b。即

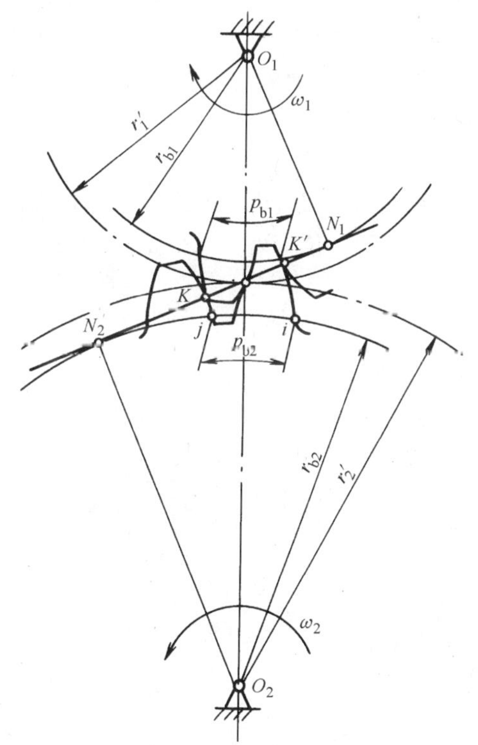

图 13-8 渐开线齿轮的正确啮合条件

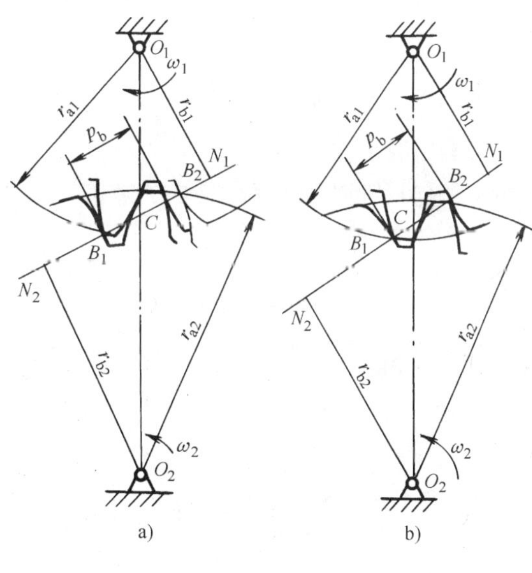

图 13-9 渐开线齿轮的连续传动条件

a) $\varepsilon>1$ b) $\varepsilon=1$

$$B_2B_1\geqslant p_b\tag{13-9}$$

用 ε 代表渐开线齿轮传动的重合度，则有

$$\varepsilon=\frac{B_2B_1}{p_b}\geqslant 1\tag{13-10}$$

重合度越大，同时参与啮合的齿数越多，传动越平稳，承载能力越大。

第十三章 齿轮传动

三、标准中心距和标准安装

一对齿轮，如果模数和压力角分别相等，便可以正确啮合；如果重合度大于1，便可以连续传动。但是，如果中心距不合适，则会降低传动精度，产生运动冲击和振动。因此，理论上应使齿轮轮齿在无侧隙状态下啮合，这就要求一个齿轮的节圆齿厚等于另一个齿轮的节圆齿槽宽。而标准齿轮在分度圆上的齿厚等于齿槽宽，因此安装齿轮应使分度圆与节圆重合。

使一对标准齿轮的分度圆与节圆重合的安装，称为标准安装；标准安装时的齿轮中心距，称为标准中心距。

图13-10中，两齿轮中心距a等于两齿轮的节圆半径r_1'与r_2'之和；对于标准中心距，两齿轮中心距a还等于两齿轮的分度圆半径r_1与r_2之和。即

$$a=r_1'+r_2'=r_1+r_2=\frac{1}{2}m(z_1+z_2) \tag{13-11}$$

此时，齿轮的啮合角α'等于齿轮的标准压力角α。

应当指出，单个齿轮只有分度圆和压力角，不存在节圆和啮合角。只有两齿轮成对啮合时才产生节圆和啮合角。如果不按标准中心距安装齿轮，虽然两齿轮的节圆仍然存在且相切，但两齿轮的节圆半径将发生变化，而齿轮的分度圆半径不变，因此节圆与分度圆不能重合，其实际中心距$a'=r_1'+r_2'\neq r_1+r_2$。此时，啮合角α'不等于α。

图13-11所示为标准安装的直齿内齿轮传动，其原理与外齿轮传动相同，标准中心距为

$$a=r_1'-r_2'=r_1-r_2=\frac{1}{2}m\ (z_1-z_2) \tag{13-12}$$

实际设计中，为了避免齿轮因摩擦热胀而产生卡死现象，保持齿面润滑以及补偿加工误差，齿轮啮合应留有很小的侧隙。此侧隙在制造齿轮时由齿厚负偏差予以保证，而在设计计算齿轮几何尺寸时，不考虑齿轮侧隙。

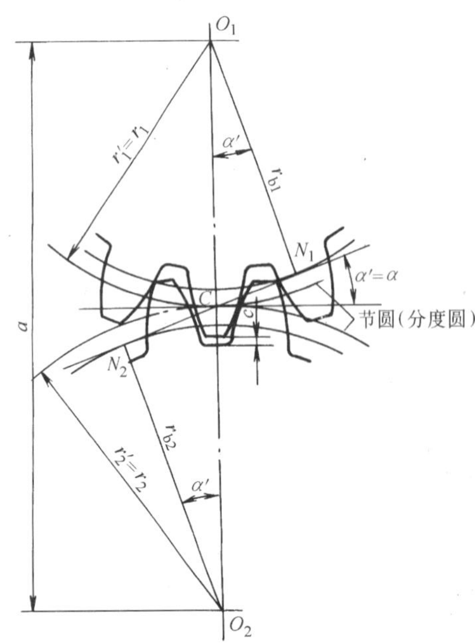

图13-10　渐开线外啮合齿轮无侧隙安装

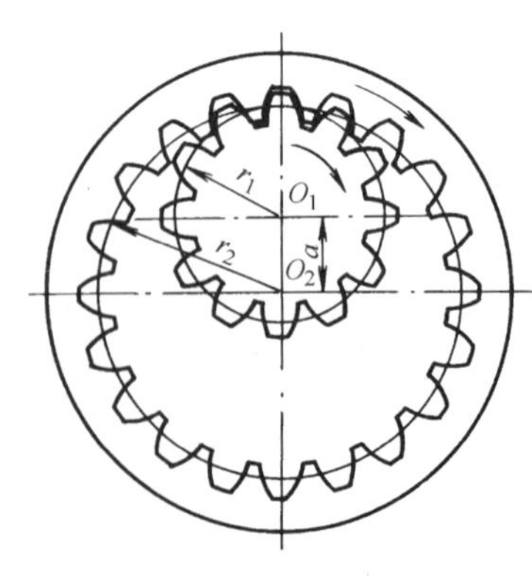

图13-11　渐开线内啮合齿轮无侧隙安装

第五节　渐开线齿廓的加工原理和根切

一、渐开线齿廓的加工方法

渐开线齿廓可以用精密铸造、模锻、轧制、粉末冶金和切削等方法进行加工，其中最常用的是切削加工方法。根据加工原理的不同，切削加工可以分为两种类型，成形法和展成法。

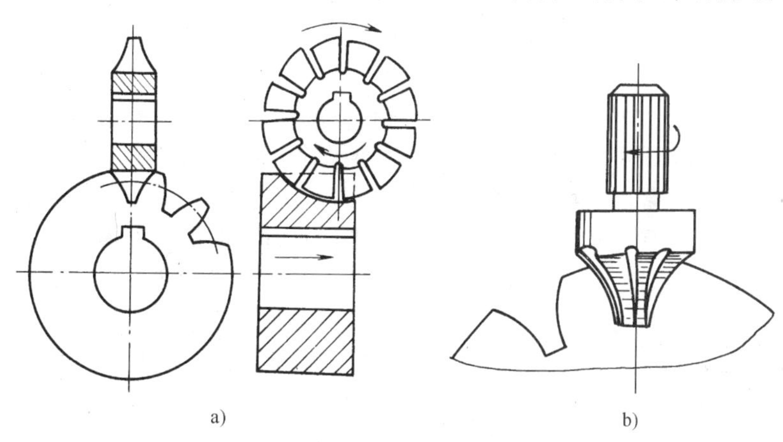

图 13-12　成形法加工齿廓

1. 成形法

成形法是将切削刀具的刃形制成与齿轮待加工截面相同的形状进行切削加工的方法。常用的是在铣床上用成形铣刀对齿廓进行切削加工的方法。如图 13-12a 所示，是用盘形铣刀在卧式铣床上对齿廓进行铣削加工；如图 13-12b 所示，是用指状铣刀在立式铣床上对齿廓进行铣削加工。

渐开线齿廓的形状是由齿轮基圆半径 r_b 的大小决定的。而基圆半径 $r_b = r\cos\alpha = mz\cos\alpha$。因此，渐开线齿廓的形状由齿轮的模数 m、压力角 α 和齿数 z 决定。相互啮合的一对齿轮，其模数 m 和压力角 α 是相同的，因此齿数的不同就决定了齿廓形状必然不同。而随齿轮的模数和齿数不同准备不同形状的铣刀，显然是不经济和不现实的。因此，在实际生产中，对同一模数配置 1～8 号八把成形铣刀，每把成形铣刀可以铣削一定齿数范围的齿廓，见表 13-3。

表 13-3　齿轮铣刀的加工齿数范围

刀　号	1	2	3	4	5	6	7	8
齿数范围	12～13	14～16	17～20	21～25	26～34	35～54	55～134	≥135

各号齿轮铣刀的形状是按该段齿数范围中齿数最少的齿形制造的。因此，成形法加工齿廓的齿轮，其齿廓形状误差较大。此外，由于铣削加工属单齿加工，且切削过程不连续，因而生产率较低，故不宜进行批量生产。成形法常用于齿轮修配和大模数齿轮的单件生产中。低精度的锥齿轮也常采用成形法加工。

2. 展成法

展成法是利用一对齿轮（或齿轮与齿条）啮合时，其共轭齿廓相互包络的原理来切齿的方法。将其中的一个齿轮制成刀具，使其与轮坯进行模仿无间隙啮合的纯滚动运动，在运动过程中将轮坯切削成齿轮。这种方法可以用一把刀具加工模数和压力角相同而齿数不同的所有齿轮。由于加工过程模仿了齿轮的啮合过程，故加工精度较高；且加工过程属连续加工，生产率较高。展成法常用于批量生产的齿轮加工中。展成法加工齿轮通常有插齿、滚齿、剃齿和磨齿等方法，其中剃齿和磨齿属于精加工。

(1) 插齿　图13-13所示为齿轮的插削过程。齿轮插刀是一个端面磨有前角、齿顶和齿侧磨有后角的齿轮，其齿数为 z_1。被加工齿轮的模数和压力角与齿轮插刀相同，设齿数为 z_2。通过调整机床的传动系统，使齿轮插刀与轮坯之间以确定的传动比 $i=z_2/z_1$ 旋转。插削加工过程中，齿轮插刀与轮坯之间的相对插削运动是齿轮插刀的直线往复运动。由于刀具具有空回程，限制了插削速度，故生产率较低。

(2) 滚齿　图13-14所示为齿轮的滚削过程。齿轮滚刀是一个齿数极少的斜齿轮，由于其分度圆的螺旋升角 γ 很小而成蜗杆形状。在蜗杆的圆周上，沿垂直于齿向方向均匀地开出一定数量的容屑槽，刃磨出刀齿的前角和后角，形成了一把沿圆周方向具有许多切削刃的齿轮滚刀。由于齿轮滚刀具有螺旋升角 γ，故在加工齿轮时，应使齿轮滚刀的刀架倾斜一个螺旋升角 γ，以保证使齿轮滚刀的齿向与轮坯的齿向相一致。齿轮滚刀的齿数用 k 表示，被加工齿轮的模数和压力角与齿轮滚刀相同，设齿数为 z。通过调整机床的传动系统，使齿轮滚刀旋转一周时，轮坯旋转 k/z 转。滚削加工过程中，齿轮滚刀与轮坯之间的相对滚削运动是齿轮滚刀的连续切削加工，故生产率较高。

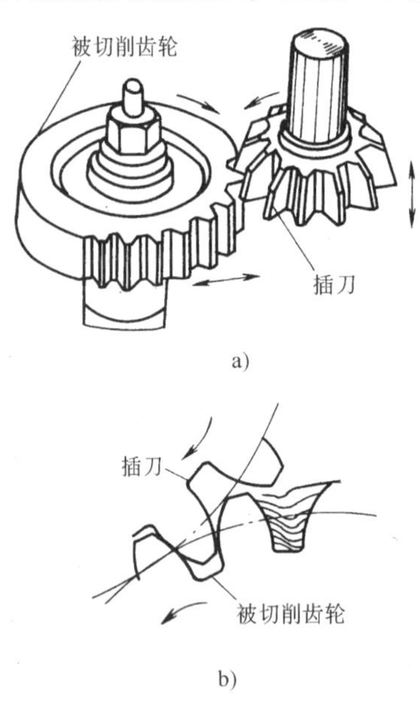

图13-13　插齿加工齿轮

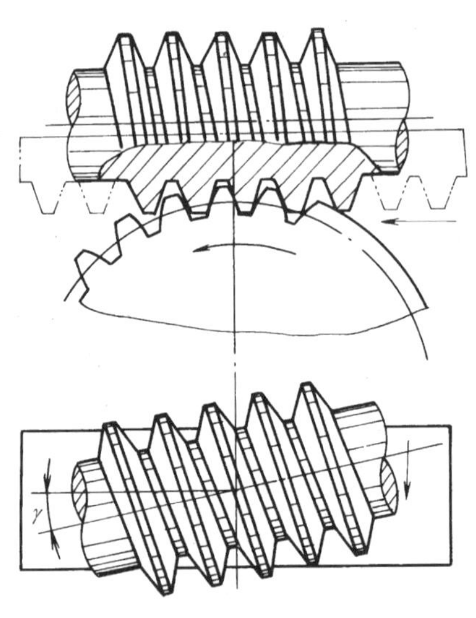

图13-14　滚齿加工齿轮

二、渐开线齿廓的根切与避免根切的措施

1. 根切及其产生原因

用展成法加工齿轮时，如果被加工的齿轮齿数太少，则刀具的齿顶会将轮坯的齿根过多地切除，如图13-15所示，这种现象称为根切。轮齿根切后，齿根的强度被削弱，齿根的部

分渐开线被切除，缩短了轮齿的啮合区域，降低了重合度，从而影响齿轮传动的平稳性。因此，应尽量避免齿轮根切的产生。

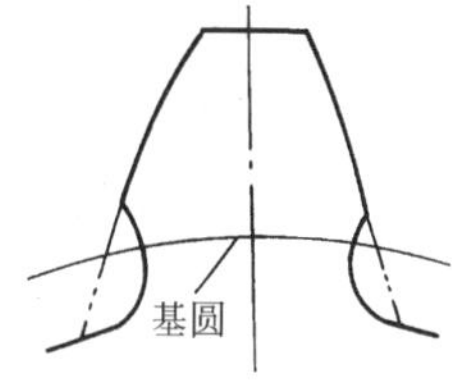

图 13-15　齿轮的根切

图 13-16 所示为用齿条形（即标准渐开线形）刀具加工齿轮时的情况。当齿条刀具的分度线与轮坯的分度圆相切时，所加工的齿轮是标准齿轮，点 N_1 是轮坯基圆与啮合线的切点（啮合极限点）。若齿条刀具的齿顶超过啮合极限点 N_1（见图中双点画线）与啮合线交于点 B，则超过啮合极限点 N_1 的切削刃会将齿根已经加工出的渐开线切去一部分（见图中双点画线齿廓）。这种将齿根渐开线切除的现象又称为切齿干涉。显然，根切发生在齿轮基圆以内，基圆以外不发生根切。

2. 避免根切的最少齿数

由上述分析可知，齿轮啮合极限点 N_1 是产生齿轮根切的临界点。如图 13-17 所示，当线段 PB_2 小于或等于线段 PN_1 时，齿轮就不产生根切。因此，在 $\triangle PBB_2$ 和 $\triangle O_1PN_1$ 中存在

$$PB_2=\frac{h_a^*m}{\sin\alpha}\leqslant PN_1=\frac{mz}{2}\sin\alpha$$

整理，得

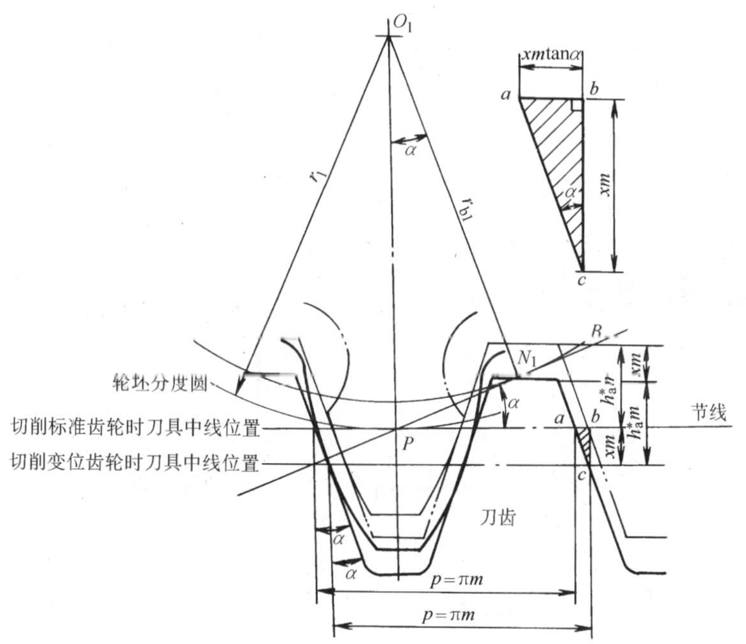

图 13-16　产生根切的原因

$$z\geqslant\frac{2h_a^*}{\sin^2\alpha}$$

设不产生根切的最少齿数为 z_{min}，则

$$z_{min}=\frac{2h_a^*}{\sin^2\alpha} \tag{13-13}$$

当 $\alpha=20°$、$h_a^*=1$ 时，不产生根切的最少齿数 z_{min} 为

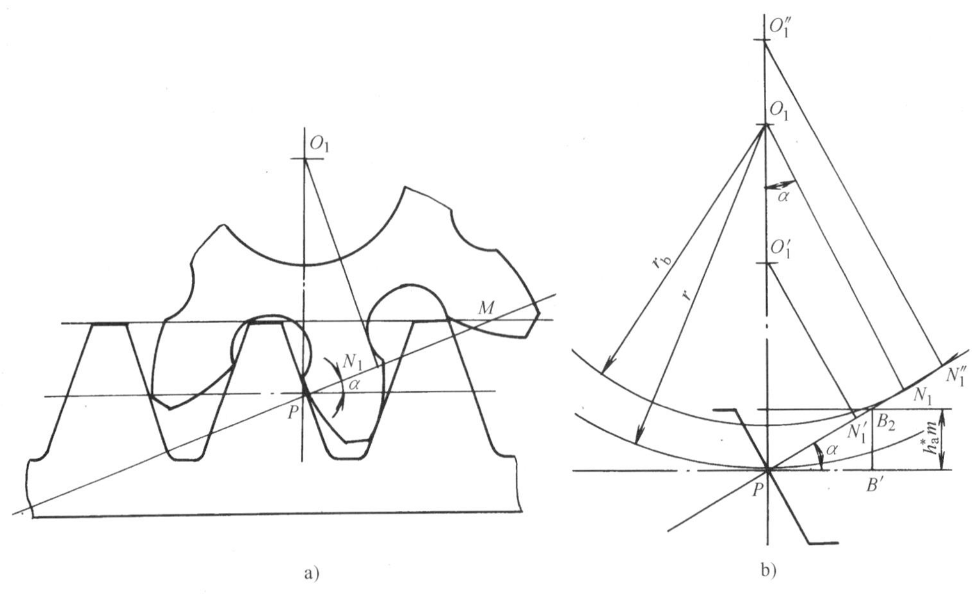

图 13-17 标准齿轮最少齿数计算

$$z_{\min}=\frac{2h_{a}^{*}}{\sin^{2}\alpha}=\frac{2\times1}{\sin^{2}20^{\circ}}\approx17 \tag{13-14}$$

在实际应用中，为了缩小齿轮传动的结构尺寸，有时允许有微量根切，此时 $z_{\min}=14$。

第六节 齿轮常见的失效形式与设计准则

一、齿轮的失效形式

常见的齿轮失效形式有轮齿折断和齿面损伤，齿面损伤可分为齿面点蚀、胶合、磨损和塑性变形等。

1. 轮齿折断

齿轮工作时，若危险截面的弯曲应力超过极限值，轮齿将发生折断。轮齿折断一般发生在根部。

使轮齿发生折断的原因有两种：一种是由于轮齿短时过载或冲击载荷而产生的过载折断；另一种是齿根处的交变弯曲应力超过了材料的极限应力时，齿根圆角处会产生疲劳裂纹（图 13-18），随着载荷的继续作用，裂纹不断扩展，最终导致弯曲疲劳断裂。

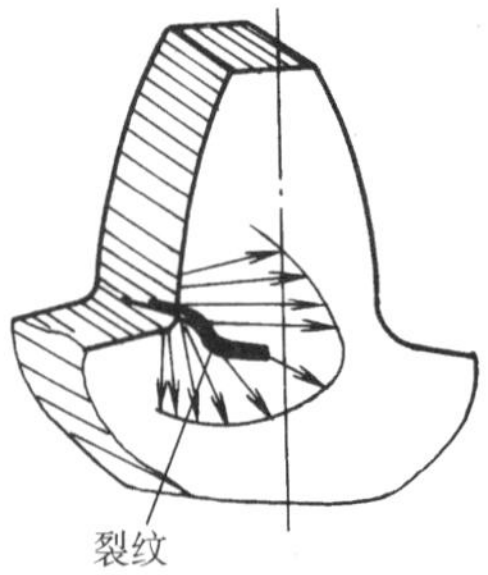

为防止轮齿折断，应尽量避免过载和冲击，并对齿轮进行弯曲疲劳强度计算。

裂纹

图 13-18 齿根疲劳断裂

2. 齿面点蚀

轮齿工作时，齿面接触应力是脉动循环变化的。当齿面交变接触应力超过一定次数时，轮齿表层出现细微裂纹。由于润滑油渗入裂纹并参与挤压，加速了裂纹的扩展，从而导致了轮齿表面的金属脱落而使齿面形成麻点状凹坑，这种现象称为点蚀（图 13-19a）。齿轮啮合过程中，由于轮齿靠近节线处同时啮合的齿对数最少，齿面接触应

力较大，齿面润滑状况较差，所以疲劳点蚀多出现于齿根表面靠近节线处。

对于软齿面（齿面硬度≤350HBW）的闭式齿轮传动，齿轮的主要失效形式是齿面疲劳点蚀。开式齿轮传动中，因为齿面点蚀还来不及出现就被磨损，所以齿轮的主要失效形式是齿面的磨损。

3. 齿面胶合

对于高速重载的齿轮传动，由于啮合区受到高压、高速滑动摩擦作用，瞬时产生很大的摩擦热，导致局部高温，油膜破裂，造成齿面金属直接接触并相互粘着。随着齿面的相对运动，金属被从齿面上撕落而引起粘着磨损，这种现象称为齿面胶合（图 13-19b）。

为防止或减缓齿面胶合，可提高齿面硬度，降低齿面的表面粗糙度值，减小齿轮模数，采用抗胶合能力强的润滑油等。

4. 齿面塑性变形

在过大的载荷和摩擦力作用下，软齿面齿轮材料因屈服而产生塑性变形（图 13-19c），导致啮合不平稳，产生振动和噪声，致使齿轮传动失效。

为防止齿面塑性变形失效，可提高齿面硬度，采用高粘度润滑油等。

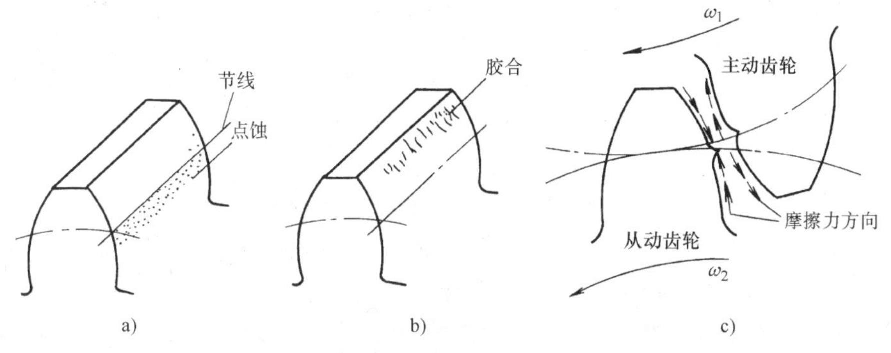

图 13-19　齿面失效形式

a）齿面点蚀　b）齿面胶合　c）齿面塑性变形

5. 齿面磨损

开式齿轮传动在啮合过程中，由于齿面间落入灰尘、硬颗粒等磨料物质时，会引起齿面摩擦磨损。磨损后，齿廓变形，引起冲击、振动和噪声，齿厚减薄，导致轮齿因强度不足而折断。齿面磨损是开式齿轮传动的主要失效形式（图 13-20）。

为防止齿面磨损，可提高齿面硬度，改善密封和润滑条件等。

图 13-20　齿面磨粒磨损

二、设计准则

齿轮的失效形式很多，但对于某个具体情况而言，它们不可能同时发生。因此，可以针对其主要失效形式确定相应的设计准则。

1. 闭式齿轮传动

1）软齿面（布氏硬度≤350HBW）齿轮的主要失效形式是齿面点蚀，故应先按齿面接触疲劳强度进行齿轮几何参数设计，然后按齿根弯曲疲劳强度进行校核。

2）硬齿面（布氏硬度>350HBW）齿轮的主要失效形式是齿根的弯曲疲劳折断，故应先按齿根弯曲疲劳强度进行齿轮几何参数设计，然后按齿面接触疲劳强度进行校核。

2. 开式齿轮传动

齿轮的主要失效形式是齿面磨粒磨损和齿根的弯曲疲劳折断。对齿面磨损目前尚无成熟的计算方法，故通常按齿根弯曲疲劳强度进行齿轮几何参数设计，并将计算结果增大10%~20%，以补偿磨损量。

第七节 齿轮常用材料及热处理

齿轮传动的承载能力主要取决于齿轮的材料和几何尺寸。因此，选择合适的材料及热处理方法是齿轮设计的重要环节之一。齿轮常用的材料有钢、铸铁及非金属材料等。

1. 钢

多数齿轮毛坯采用优质碳素结构钢或合金结构钢，经锻造或者选用轧制钢材取得。通过热处理改善和提高其力学性能。对于直径 $d>400\sim600$mm 的齿轮，因不宜锻造，可以采用铸钢。因铸钢件内应力较大，收缩变形也较大，故应在去应力时效处理后再进行切削加工。按热处理方法不同，所获得齿轮的齿面硬度可以分成软齿面和硬齿面两类。

（1）软齿面齿轮　齿面硬度≤350HBW，通常适用于一般用途、中小功率、精度要求不高的场合。由于硬度不高，可以在齿轮热处理后，对轮齿进行切削加工。常用材料为45钢、50钢等正火处理或45钢、40Gr、35SiMn等调质处理。

考虑到小齿轮轮齿的工作频率高于大齿轮轮齿，且齿根厚度较薄，因此通常软齿面小齿轮的材料好于大齿轮材料，且齿面硬度高于大齿轮30~50HBW，以保证大、小齿轮的寿命接近。

（2）硬齿面齿轮　齿面硬度>350HBW，通常适用于高速、重载、精密传动的场合。齿轮经正火或调质后对轮齿进行切削加工，然后对齿面进行表面硬化处理，最后进行齿面磨削加工。由于表面硬化处理后，齿轮变形较小，对于精度要求不高的齿轮，可以不再进行齿面磨削加工。硬齿面齿轮常用的材料有40Gr、20Gr、20GrMnTi和38GrMoAlA等，表面硬化的方法是表面淬火、渗碳淬火或者渗氮等。

2. 铸铁

铸铁具有较好的减摩性和可加工性，且价格低廉，但抗弯强度和冲击韧性较差，主要适用于低速、工作平稳、传递功率较小的大直径开式齿轮传动中。常用材料有HT300、HT350和QT500—7等。

3. 非金属材料

对于高速、小功率、低噪声和精度要求低的齿轮传动，常采用非金属材料（尼龙、酚醛等）做小齿轮，大齿轮仍用钢或铸铁制造。

常用齿轮材料及其力学性能见表13-4。常用齿轮材料示例见表13-5。设计齿轮时，应综合考虑工作条件、结构尺寸和毛坯获取方法等因素，选用合适的材料和热处理方法。

表 13-4　常用齿轮材料及其力学性能

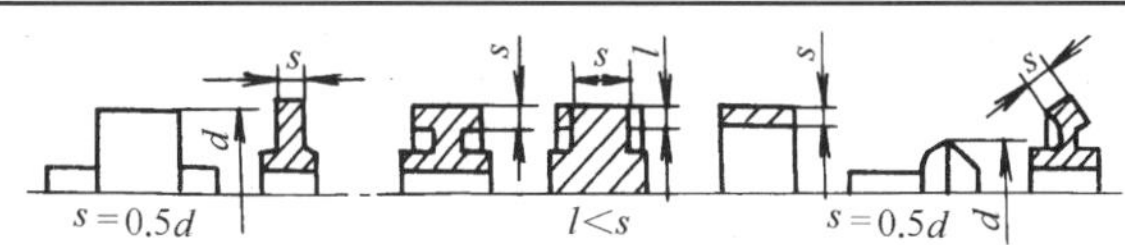

材　　料	热 处 理	断面尺寸/mm		力学性能/MPa		硬　　度	
		直径 d	壁厚 s	σ_b	σ_s	HBW	HRC 表面淬火
45 钢	正火	≤100	≤50	590	300	169 ~ 217	40 ~ 50
		101 ~ 300	51 ~ 150	570	290	162 ~ 217	
	调质	≤100	≤50	650	380	229 ~ 286	
		101 ~ 300	51 ~ 150	630	350	217 ~ 255	
42SiMn	调质	≤100	≤50	790	510	229 ~ 286	45 ~ 55
		101 ~ 200	51 ~ 100	740	460	217 ~ 269	
		201 ~ 300	101 ~ 150	690	440	217 ~ 255	
40MnB	调质	≤200	≤100	740	490	241 ~ 286	45 ~ 55
		201 ~ 300	101 ~ 150	690	440	241 ~ 286	
38SiMnMo	调质	≤100	≤50	740	590	229 ~ 286	45 ~ 55
		101 ~ 300	51 ~ 150	690	540	217 ~ 269	
35CrMo	调质	≤100	≤50	740	540	207 ~ 269	40 ~ 45
		101 ~ 300	51 ~ 150	690	490	207 ~ 269	
40Cr	调质	≤100	≤50	740	540	241 ~ 286	48 ~ 55
		101 ~ 300	51 ~ 150	690	490	241 ~ 286	
20Cr	渗碳淬火 渗氮	≤60		640	400		56 ~ 62 53 ~ 60
20CrMnTi	渗碳淬火 渗氮	15		1080	840		56 ~ 62 57 ~ 63
38CrMoAlA	调质、渗氮	30		980	840	229	HV > 850
ZG310—570	正火			570	320	163 ~ 207	
ZG340—640	正火			640	350	179 ~ 207	
HT300				300		187 ~ 255	
HT350				350		197 ~ 269	
HT400				400	350	207 ~ 269	
QT450—10				490	420	147 ~ 241	
QT500—7				590		229 ~ 302	

表 13-5　齿轮材料配对示例

工作情况		小　齿　轮	大　齿　轮
闭式齿轮	软齿面	45 钢调质 220 ~ 250HBW	45 钢正火 169 ~ 217HBW
	中硬齿面	38CrMnMo 调质 332 ~ 360HBW	38CrMnMo 调质 332 ~ 360HBW
	硬齿面	40Cr 表面淬火 50 ~ 55HRC	45 钢表面淬火 40 ~ 50HRC
		20CrMnTi 渗碳淬火 56 ~ 62HRC	20CrMnTi 渗碳淬火 56 ~ 62HRC

第八节　圆柱齿轮的精度

一、齿轮传动对精度的要求

由于工作条件不同，对齿轮制造精度的要求也有所不同。归纳起来，有以下四方面。

（1）传递运动的准确性　要求齿轮在一转内最大转角误差尽量小。

（2）传动平稳性　要求齿轮在一转内因加工误差而产生的传动比变化尽量小，以免引起冲击、振动和噪声。

（3）载荷分布的均匀性　要求齿轮在啮合时，工作齿面接触良好，避免齿面载荷集中，造成齿面局部磨损。

（4）适合的齿侧间隙　既能保证齿轮的正常啮合和存储润滑油，又能使齿侧间隙不致过大。

由于齿轮传动应用的场合不同，对上述四方面要求也有所侧重。例如，对于仪表和分度机构中的齿轮传动，以传递运动的准确性为主；对于汽车或机床变速箱中的齿轮传动，以运动平稳性要求为主；对于轧钢机、起重机等低速重载的齿轮传动，以载荷分布的均匀性要求为主。对于齿轮传动中重点要求的性能，可以对其提出较高的精度要求来给予保证。

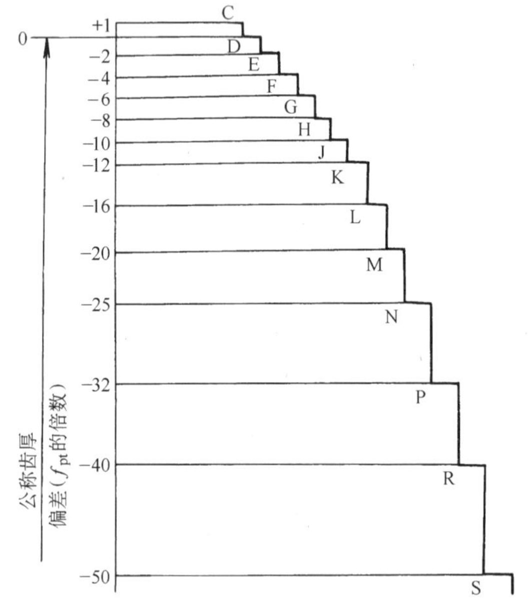

图 13-21　齿厚极限偏差代号

二、齿轮精度等级的选择

渐开线圆柱齿轮的精度等级按国家标准（GB/T 10095.1—2008）规定分为 13 级。其中 0 级精度最高，12 级精度最低。

国家标准对齿厚的极限偏差规定了 14 级齿厚偏差，分别用字母表示。极限偏差的数值按由大到小的顺序依次用 C、D、E、F、…、R、S 表示，其极限偏差值可以查相关机械零件设计手册，极限偏差代号如图 13-21 所示。

齿轮的精度等级，应根据其用途、工作条件、传递功率和圆周速度等来选择。在满足齿轮工作要求的前提下，为降低制造成本，应尽量选择较低的精度等级。表 13-6 列出了齿轮精度等级及其应用，供设计时参考。

表 13-6　齿轮精度等级及其应用

精度等级	圆周速度 v/（m/s）			应用举例
	直齿圆柱齿轮	斜齿圆柱齿轮	直齿锥齿轮	
6（高精度）	≤15	≤30	≤9	在高速、重载下工作的齿轮传动，如机床、汽车和飞机中的重要齿轮；分度机构的齿轮；高速减速器的齿轮
7（精密）	≤10	≤20	≤6	在高速、中载或中速、重载下工作的齿轮传动，如标准系列减速器的齿轮；机床或汽车变速器的齿轮
8（中等精度）	≤5	≤9	≤3	一般机械中的齿轮传动，如机床、汽车和拖拉机中的齿轮；起重机械中的齿轮；农用机械中的重要齿轮
9（低精度）	≤3	≤6	≤2.5	在低速重载下工作的齿轮，粗糙工作机械中的齿轮

第九节 变位齿轮传动

一、变位齿轮

图 13-22 所示为齿条刀具以展成法加工齿轮。当齿条刀具的中线与轮坯分度圆相切并作纯滚动时，所切制的齿轮为标准齿轮（图 13-22a）。其他条件不变，若使齿条刀具的中线与轮坯分度圆分离一段距离（或使齿条刀具的中线与轮坯分度圆相割），齿条刀具在此位置切制的齿轮称为变位齿轮（图 13-22b、c）。切制变位齿轮时，刀具离开标准齿轮切制位置的径向距离称为变位量，使变位量与齿轮模数 m 建立联系，用 xm 表示，其中 x 称为变位系数。刀具远离轮坯中心的变位称为正变位，定义 x 为“+”值，切制的齿轮称为正变位齿轮（图 13-22b）；刀具移近轮坯中心的变位称为负变位，定义 x 为“-”值，切制的齿轮称为负变位齿轮（图 13-22c）。

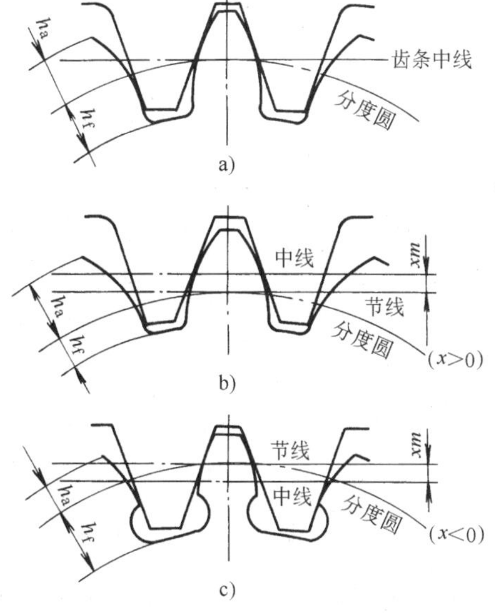

图 13-22 标准齿轮与变位齿轮比较

除了刀具在切制齿轮时的径向位置发生变化外，切制变位齿轮所用的刀具、展成运动的传动比等都与切制标准齿轮时相同。因此，变位齿轮的模数 m、压力角 α、齿数 z、分度圆直径（$d = mz$）、基圆直径（$d_b = mz\cos\alpha$）都与标准齿轮相同。由于基圆相同，变位齿轮的齿廓曲线也与标准齿轮的齿廓曲线相同，只是位置不同（图 13-23b）。

由于分度圆不再与刀具的中线相切，因此变位齿轮的分度圆不再与其节圆重合，因而其分度圆齿厚 s 也不再等于齿槽宽 e。另外，还有部分几何尺寸与标准齿轮不同。

二、变位齿轮的作用

虽然由于渐开线标准齿轮具有许多优点而被广泛应用，但是在实际应用中仍然存在一些不足。例如，轮齿的根切，齿轮传动中心距不能随意改变和小齿轮的强度相对较低等。

变位齿轮恰好能够克服标准齿轮的上述缺陷。

1）当实际切制的齿轮齿数小于不根切的最小齿数时，采用齿轮正变位可以避免根切的发生。

2）由于某种原因使齿轮传动的实际中心距 a' 不能等于标准齿轮传动中心距 $a = m(z_1 + z_2)/2$ 时，可以采用变位齿轮传动来适应实际中心距 $a' \neq a$ 的要求。

3）当一对齿轮的传动比较大时，小齿轮的齿厚较小，啮合频率较高，因而强度也较低。采用正变位可以使小齿轮的齿根厚度增加，强度提高到与大齿轮相当。

可见，采用变位齿轮可以弥补标准齿轮的不足，使齿轮设计更灵活，更具实用性。

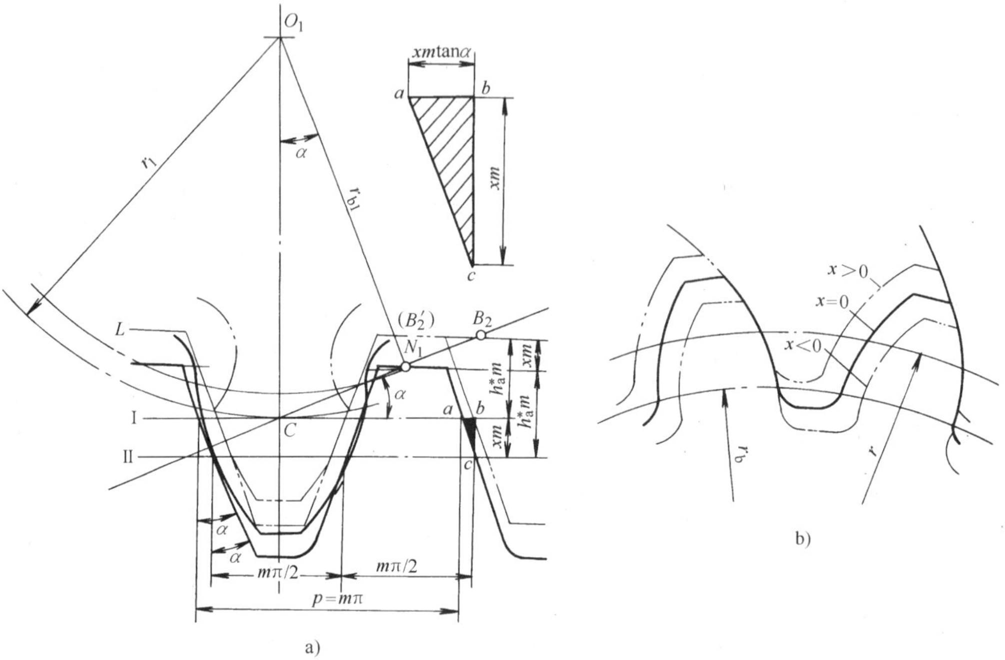

图 13-23　变位齿轮

三、变位齿轮传动的类型和特点

因为齿轮有正变位和负变位两种变位状况，所以按照一对齿轮的变位系数之和 x_1+x_2 的不同，变位齿轮可以分为三种类型。

1. 零传动

若一对齿轮的变位系数之和等于零，即 $x_1+x_2=0$，则称这对齿轮传动为零传动。零传动又有两种情况。

（1）标准齿轮传动　当一对传动齿轮的变位系数均为零（$x_1=x_2=0$）时，称为标准齿轮传动，这是变位齿轮的特殊形式。

（2）高度变位（等移距变位）齿轮传动　一对齿轮变位系数之和 $x_1+x_2=0$，且 $x_1\neq0$，$x_2\neq0$，$x_1=-x_2$，则称这对齿轮传动为高度变位齿轮传动。高度变位齿轮传动的啮合角等于分度圆压力角，中心距等于标准中心距，节圆与分度圆重合，全齿高不变，但齿顶高和齿根高由于变位而发生变化，这也是高度变位的由来。

为了使一对齿轮都不发生根切，两齿轮必须满足 $z_1+z_2\geqslant2z_{min}$。

通常，在一对高度变位齿轮传动中，小齿轮采用正变位，大齿轮采用负变位，以提高两齿轮的承载能力和减小结构尺寸，但高度变位齿轮传动必须成对设计、使用。

2. 正传动

若一对齿轮的变位系数之和大于零，即 $x_1+x_2>0$，则称这对齿轮传动为正传动。当 $z_1+z_2<2z_{min}$时，采用正传动可以避免根切的发生。正传动时，$\alpha'>\alpha$，$a'>a$。正传动可以减小齿轮的尺寸和提高承载能力，故较多采用，但重合度有所下降，需成对设计、使用。

3. 负传动

若一对齿轮的变位系数之和小于零，即 $x_1+x_2<0$，则称这对齿轮传动为负传动。为了

避免根切的发生，一对齿轮的齿数和必须大于$2z_{min}$时才能采用负传动。负传动时，$\alpha' < \alpha$，$a' < a$。负传动的重合度增加，但齿轮的承载能力下降，故除了和正传动一样可以调整中心距外，较少采用。负传动也需成对设计、使用。

第十节　斜齿圆柱齿轮传动

一、斜齿圆柱齿轮齿廓的形成及啮合特点

由于齿轮具有一定宽度，直齿圆柱齿轮的齿廓形成可以用一边平行于齿轮回转轴线的平面绕齿轮基圆柱作纯滚动来描述（图13-24a）。斜齿圆柱齿轮齿廓形成与此相仿，只是齿廓发生面的边缘KK与齿轮回转轴线成一夹角β_b（图13-24b）。当发生面绕基圆柱作纯滚动时，直线KK就展成一螺旋形的渐开螺旋面，即斜齿轮齿廓曲面。角度β_b为基圆柱上的螺旋角。角度β_b越大，轮齿越倾斜；当$\beta_b=0$时，即为直齿轮。因此，直齿圆柱齿轮是斜齿圆柱齿轮的特例。

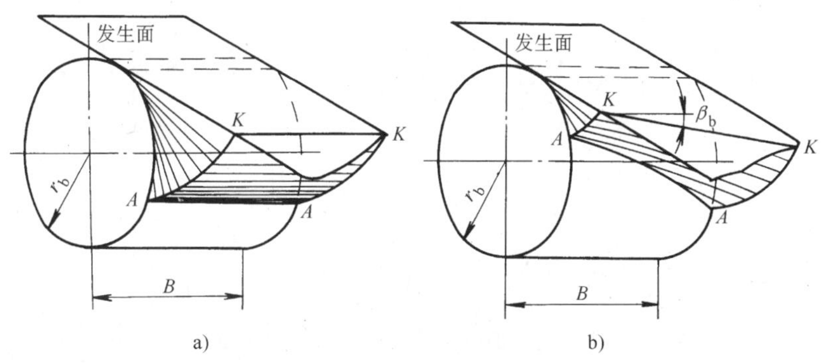

图13-24　圆柱齿轮齿廓的形成

与齿廓曲面的形成原理相同，由于直齿圆柱齿轮的接触线是平行于齿轮轴线的（图13-25a），直齿轮在啮合开始和终了时，一对齿轮在整个齿宽上同时进入啮合或同时脱离啮合，从而使轮齿的受力具有突然性，因此传动的平稳性较差，啮合过程容易产生振动和噪声。斜齿轮的一对轮齿啮合时，其接触线是斜直线（图13-25b），并且从啮合开始到啮合结束的过程中，齿面上的接触线由短变长，再由长变短，直至脱离啮合。因此，斜齿轮是逐渐进入啮

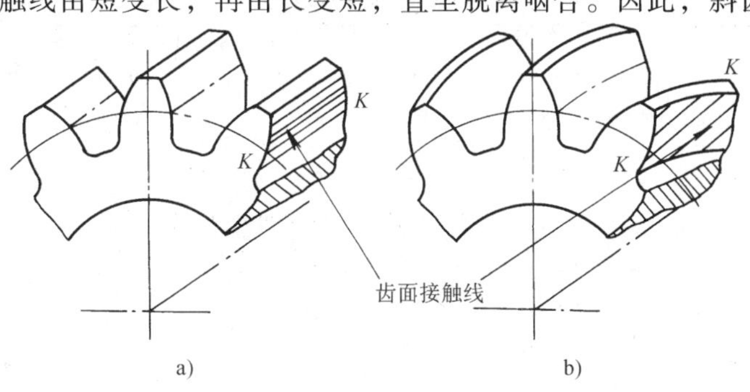

图13-25　齿面上的啮合线

合，又逐渐脱离啮合，故传动平稳，振动和噪声都比较小。此外，由于斜齿轮传动的啮合过程较长，故其重合度较大，承载能力也较大，但传动过程中会产生轴向力。

二、斜齿圆柱齿轮的基本参数和几何尺寸

斜齿圆柱齿轮的基本参数除增加了齿轮螺旋角外，其余与直齿圆柱齿轮的基本参数相同。

为了便于分析，假设将斜齿圆柱齿轮沿其分度圆柱面展开（图13-26），此时分度圆上的螺旋线齿向展开成一斜直线，它与轴线的夹角 β 就是斜齿轮分度圆柱上的螺旋角，称为斜齿轮的螺旋角。通常，用 β 来表示斜齿轮轮齿的倾斜程度。为了使传动过程中的轴向力不致过大，一般取 $\beta=8°\sim15°$。

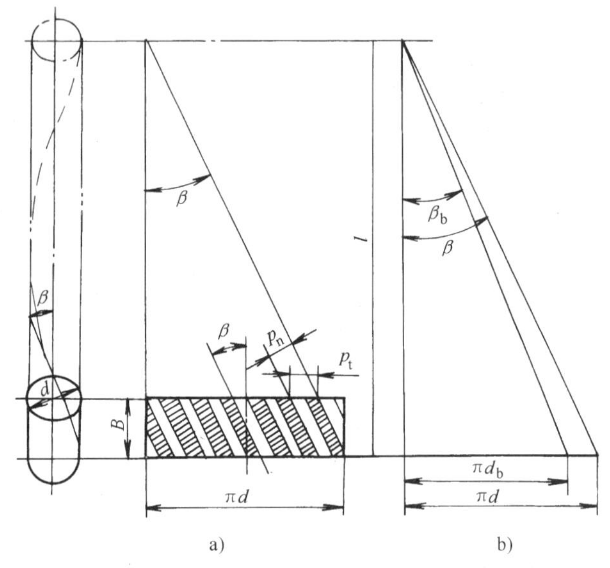

图13-26　斜齿轮分度圆柱面展开图

根据螺旋线的方向不同，斜齿圆柱齿轮有左旋和右旋之分（图13-27）。使齿轮轴线竖直摆放，面向观察者的齿轮螺旋线左低右高的为右旋；反之为左旋。

由于螺旋角 β 的作用，斜齿圆柱齿轮在端面上的齿形不同于轮齿法向齿形（渐开线）；端面齿距 p_t 也与法向齿距 p_n 不同；端面模数 m_t 也与法向模数 m_n 不同；端面压力角 α_t 也与法向压力角 α_n 不同。只有齿顶高系数 h_a^* 和顶隙系数 c^* 不受螺旋角 β 的影响，仍是标准值，即 $h_a^*=1$，$c^*=0.25$。

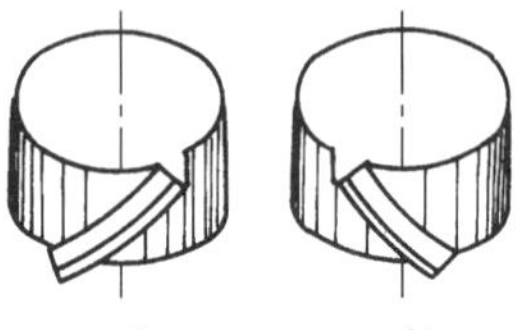

a)　　b)

图13-27　斜齿轮的旋向

a）右旋　b）左旋

由于啮合关系和切削加工等原因，斜齿圆柱齿轮的法向参数为标准参数。

标准斜齿圆柱齿轮的几何尺寸计算公式见表13-7。

表13-7　标准斜齿圆柱齿轮的几何尺寸计算公式

名称	符号	计算公式
端面模数	m_t	$m_t=\dfrac{m_n}{\cos\beta}$，$m_n$ 为标准值
螺旋角	β	一般取 $\beta=8°\sim15°$
端面压力角	α_t	$\alpha_t=\arctan\dfrac{\tan\alpha_n}{\cos\beta}$，$\alpha_n$ 为标准值
分度圆直径	d	$d_1=m_tz_1=\dfrac{m_nz_1}{\cos\beta}$　$d_2=m_tz_2=\dfrac{m_nz_2}{\cos\beta}$
齿顶高	h_a	$h_a=m_n$
齿根高	h_f	$h_f=1.25m_n$

（续）

名称	符号	计算公式
全齿高	h	$h=h_a+h_f=2.25m_n$
顶隙	c	$h=h_f-h_a=0.25m_n$
齿顶圆直径	d_a	$d_{a1}=d_1+2h_a \qquad d_{a2}=d_2+2h_a$
齿根圆直径	d_f	$d_{f1}=d_1-2h_f \qquad d_{f2}=d_2-2h_f$
中心距	a	$a=(d_1+d_2)/2=\dfrac{m_n(z_1+z_2)}{2\cos\beta}$

三、斜齿圆柱齿轮的当量齿数

用成形法加工斜齿轮或进行强度计算时，必须知道斜齿轮的法向齿形。而渐开线齿轮的齿形与其基圆大小有关。斜齿圆柱齿轮的法向齿形由其当量齿数所决定的基圆来确定。因此，为了准确加工斜齿圆柱齿轮的齿形和便于设计斜齿圆柱齿轮，应根据斜齿轮的标准参数计算其当量齿数。

如图 13-28 所示，过斜齿轮分度圆上任一点 P 作轮齿的法向剖面 $n—n$，则该法向剖面与分度圆柱面的交线为一椭圆。其长半轴 $a=d/(2\cos\beta)$，短半轴 $b=d/2$。由高等数学可知，椭圆在点 P 的曲率半径为 $\rho=a^2/b=d/(2\cos^2\beta)$，以 ρ 为分度圆半径，斜齿轮的法向模数 m_n 为模数，以法向压力角 α_n 为压力角的直齿圆柱齿轮，其齿廓形状与斜齿轮的齿廓形状近似相同，则称该直齿圆柱齿轮为该斜齿圆柱齿轮的当量齿轮，其齿数为该斜齿圆柱齿轮的当量齿数，用 z_v 表示，则

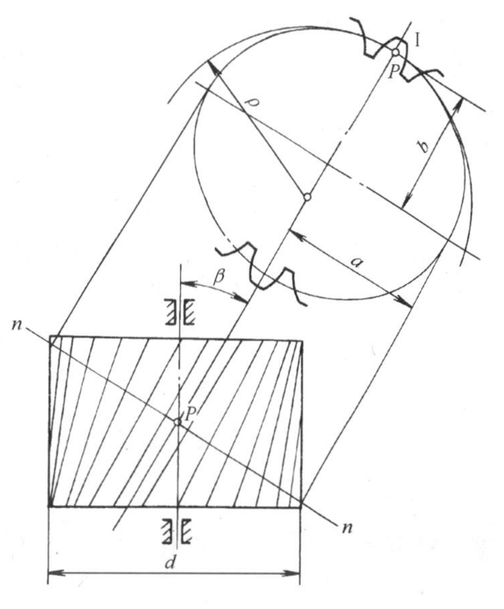

图 13-28　斜齿轮的当量圆柱齿轮

$$z_v=\frac{2\rho}{m_n}=\frac{d}{m_n\cos^2\beta}=\frac{z}{\cos^3\beta} \qquad (13\text{-}15)$$

式中　z——斜齿轮的实际齿数。

z_v 一般不是整数，它主要用于成形法加工斜齿轮时选择刀号和用于斜齿轮的强度计算。

四、斜齿圆柱齿轮的正确啮合条件

一对外啮合的斜齿圆柱齿轮的正确啮合条件，除了直齿圆柱齿轮的正确啮合条件完全适用外，两斜齿轮的螺旋角还必须大小相等，旋向相反（内啮合时旋向相同），即

$$\left.\begin{aligned} m_{n1}&=m_{n2}\\ \alpha_{n1}&=\alpha_{n2}\\ \beta_1&=-\beta_2 \end{aligned}\right\} \qquad (13\text{-}16)$$

式中，“－”号表示旋向相反。

五、斜齿圆柱齿轮的重合度

由于螺旋轮齿的原因，斜齿轮传动的啮合区要比直齿轮传动的啮合区大。传动啮合区的

大小决定了齿轮传动的重合度。对于斜齿轮而言，其传动重合度为

$$\varepsilon = \varepsilon_\alpha + \varepsilon_\beta \tag{13-17}$$

式中　ε_α——端面重合度，其大小与同齿数直齿圆柱齿轮传动相同；

ε_β——纵向重合度，随螺旋角 β 的增大而增大，其值为 $\varepsilon_\beta = b\tan\beta/p_t$。

可见，斜齿轮传动的重合度总是大于直齿轮传动的重合度。

第十一节　锥齿轮传动简介

一、锥齿轮传动的特点和应用

直齿锥齿轮是用于轴线相交的齿轮传动，两轴交角 Σ 可以根据需要来确定，应用最广泛的是轴交角 $\Sigma=90°$ 的锥齿轮传动（图 13-29）。锥齿轮的特点是轮齿分布在圆锥面上，轮齿的齿形从大端到小端逐渐缩小。为了计算和测量方便，通常取锥齿轮的大端参数为标准值。锥齿轮的轮齿有直齿、斜齿和曲齿三种类型，其中直齿锥齿轮应用最广泛。本节只介绍最常用的轴交角 $\Sigma=90°$ 的直齿锥齿轮传动。

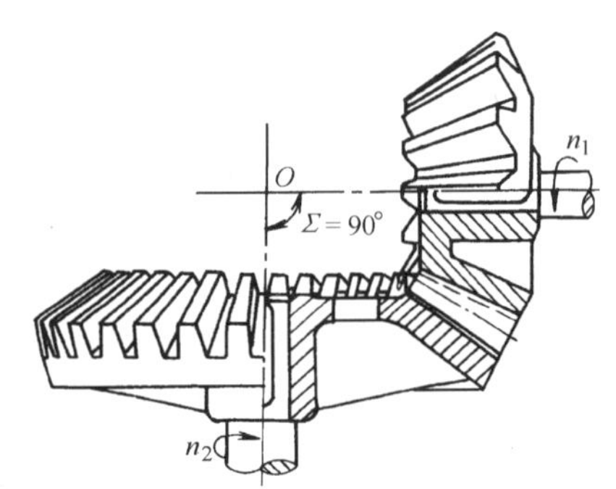

图 13-29　锥齿轮传动

直齿锥齿轮的齿廓与直齿圆柱齿轮的齿廓相同，也是渐开线齿廓。

二、直齿锥齿轮基本参数及几何尺寸

为了便于锥齿轮的设计计算，减小测量误差，取标准直齿锥齿轮的大端模数 m 和压力角 α 为标准值。与直齿圆柱齿轮的正确啮合条件一样，一对相互啮合的直齿锥齿轮的正确啮

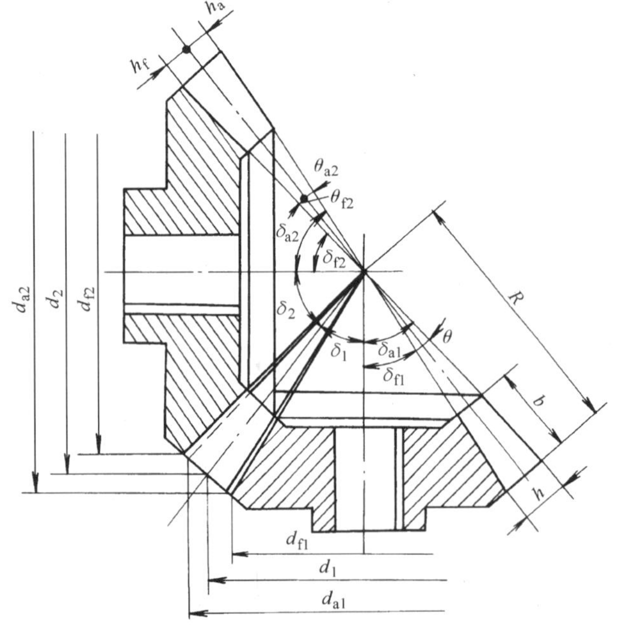

图 13-30　锥齿轮的几何尺寸

合条件是：锥齿轮大端的模数相等，即 $m_1=m_2$；压力角相等，即 $\alpha_1=\alpha_2$。

图 13-30 所示为一对相互啮合的标准直齿锥齿轮，其节圆锥与分度圆锥重合，轴交角 $\Sigma=\delta_1+\delta_2=90°$。其几何尺寸计算公式见表 13-8。

表 13-8　标准直齿锥齿轮的几何尺寸计算公式

名称	符号	计算公式
大端模数	m	按 GB/T 12368—1990 取标准值
传动比	i	$i=z_2/z_1=\tan\delta_2=\cot\delta_1$
分度圆锥角	δ	$\delta_2=\arctan(z_2/z_1)$　　$\delta_1=90°-\delta_2$
分度圆直径	d	$d_1=mz_1$　　$d_2=mz_2$
齿顶高	h_a	$h_a=m$
齿根高	h_f	$h_f=1.2m$
全齿高	h	$h=h_a+h_f=2.2m$
顶隙	c	$c=0.2m$
齿顶圆直径	d_a	$d_{a1}=d_1+2m\cos\delta_1$　　$d_{a2}=d_2+2m\cos\delta_2$
齿根圆直径	d_f	$d_{f1}=d_1-2.4m\cos\delta_1$　　$d_{f2}=d_2-2.4m\cos\delta_2$
锥距	R	$R=\sqrt{r_1^2+r_2^2}=\frac{m}{2}\sqrt{z_1^2+z_2^2}=\frac{d_1}{2\sin\delta_1}=\frac{d_2}{2\sin\delta_2}$
齿宽	b	$b\leqslant R/3$　　$b\leqslant 10m$
齿顶角	θ_a	$\theta_a=\arctan(h_a/R)$（正常收缩齿）
齿根角	θ_f	$\theta_f=\arctan(h_f/R)$
顶锥角	δ_a	$\delta_{a1}=\delta_1+\theta_a$　　$\delta_{a2}=\delta_2+\theta_a$
根锥角	δ_f	$\delta_{f1}=\delta_1+\theta_f$　　$\delta_{f2}=\delta_2+\theta_f$

第十二节　蜗杆传动

蜗杆传动由蜗杆和蜗轮组成，用于传递空间两垂直交错轴之间的运动和动力（图 13-31）。一般蜗杆为主动件，蜗轮为从动件。本节主要介绍蜗杆传动的类型、特点、主要参数、几何尺寸、强度计算及热平衡计算等。

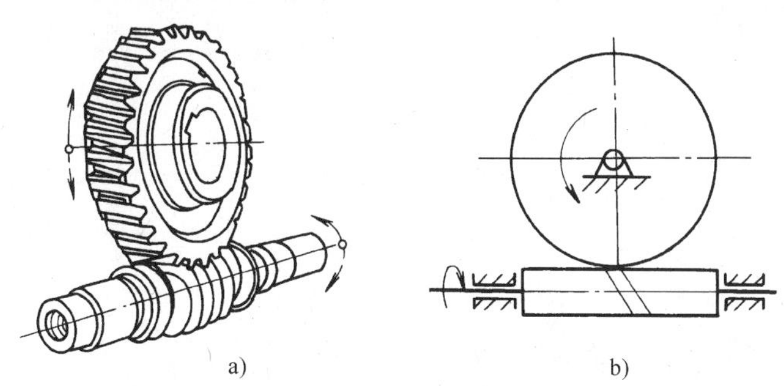

图 13-31　蜗杆传动

一、蜗杆传动的类型

按蜗杆形状的不同，可分为圆柱蜗杆传动、弧面蜗杆传动和锥面蜗杆传动三种类型

（图 13-32）。其中圆柱蜗杆传动最常用，在此仅介绍圆柱蜗杆传动。

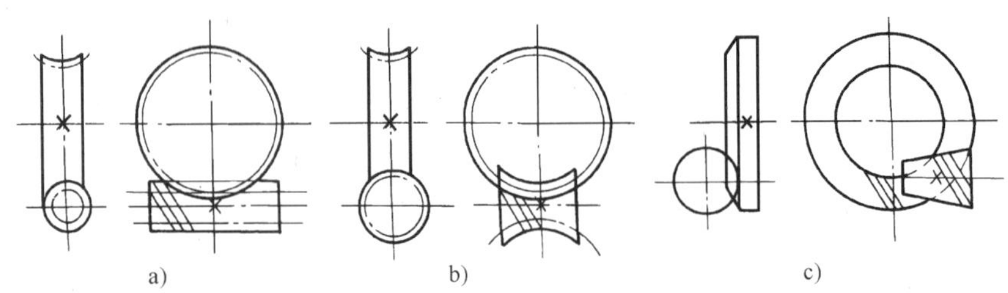

图 13-32　蜗杆传动类型

a）圆柱蜗杆传动　b）弧面蜗杆传动　c）圆锥蜗杆传动

圆柱蜗杆按其螺旋面的形状不同，可分为阿基米德蜗杆（ZA 蜗杆）和渐开线蜗杆（ZI 蜗杆）等。

阿基米德蜗杆又称为普通蜗杆，它如同一个梯形螺杆，可用直刃梯形车刀在车床上加工。车刀切削刃夹角 $2\alpha=40°$，加工时切削刃的平面通过蜗杆轴线。这样加工出的蜗杆，轴向平面齿廓为直线，法向平面齿廓为凸廓曲线，端面齿廓为阿基米德螺旋线，故称为阿基米德蜗杆（图 13-33）。阿基米德蜗杆加工方便，应用较广泛，但导程角较大（$>15°$）时，加工困难，且难以磨齿，不便采用硬齿面，精度较低，一般用于头数较少，载荷较小，低速或不太重要的传动。

渐开线蜗杆（图 13-34）是齿面为渐开线螺旋面的圆柱蜗杆。用车刀加工时，刀具切削刃平面与基圆柱相切。这样加工出的蜗杆，端面齿廓为渐开线，在轴平面内齿廓为凸廓曲线，切于基圆柱的截面上，齿廓的一侧为直线，另一侧为凸廓曲线，通常采用车制，也可用滚刀加工，并可磨削，精度易保证，适用于成批生产和高速、大功率、较精密的传动。

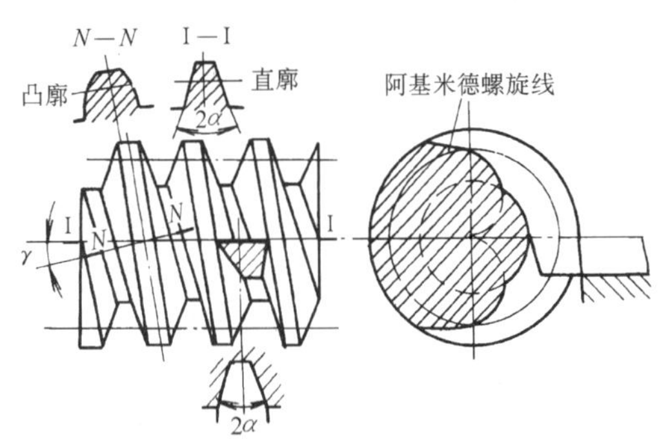

图 13-33　阿基米德蜗杆

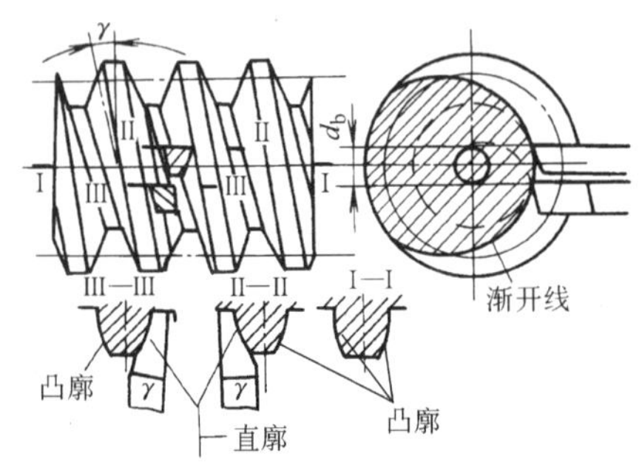

图 13-34　渐开线蜗杆

与螺杆一样，蜗杆也有左、右旋之分，常用的是右旋蜗杆。按螺旋线数目又可分为单头、双头和多头蜗杆。本节只介绍阿基米德蜗杆传动。

二、蜗杆传动的特点及应用

与齿轮传动相比较，蜗杆传动具有下述特点。

（1）传动比大，结构紧凑　传动比等于齿数比，蜗杆头数（齿数）一般为 1～6，远小于蜗轮的齿数，传递动力时，单级传动比可达 5～80，在分度机构中可达到 1000。

（2）传动平稳，无噪声　蜗杆传动如同螺旋传动，故传动平稳，无噪声。

(3) 具有自锁性　当蜗杆的导程角 γ 很小时（一般 $\gamma < 3.5°$），蜗杆传动具有自锁性（即只能蜗杆带动蜗轮，反之则无法驱动）。

(4) 传动效率较低　蜗杆传动齿面间滑动速度大，齿面磨损严重，发热量高，效率低。一般传动效率 $\eta = 0.7 \sim 0.8$；具有自锁性时，传动效率 $\eta = 0.4 \sim 0.5$。蜗杆传动不适用于大功率传动。

(5) 制造成本较高　为了减摩耐磨，蜗轮齿圈常用贵重的铜合金制造，成本较高。

(6) 不能互换啮合　由于蜗轮的轮齿呈圆弧形包围蜗杆，故加工蜗轮的蜗轮滚刀参数与工作蜗杆的参数必须完全相同（包括滚刀的模数、压力角、头数、分度圆直径及加工时的中心距等）。因此，仅模数、压力角相同的蜗杆与蜗轮是不能任意互换啮合的。

蜗杆传动常用于传动比较大，结构要求紧凑，传动功率不大的场合。

三、蜗杆传动的失效形式及设计准则

1. 滑动速度

蜗杆传动工作时，齿面间有较大的相对滑动，滑动速度 v_s 沿蜗杆的螺旋线方向（图 13-35），滑动速度 v_s 为

$$v_s = \frac{v_1}{\cos\gamma} = \frac{\pi d_1 n_1}{60 \times 1000\cos\gamma} \tag{13-18}$$

式中　v_1——蜗杆在节点 C 的圆周速度（m/s）。

2. 失效形式

在蜗杆传动中，蜗杆蜗轮齿面间的相对滑动速度较大，摩擦和发热严重，其主要失效形式为齿面胶合、磨损、点蚀和轮齿折断。在闭式传动中容易出现齿面胶合或点蚀；开式传动中主要是磨损和轮齿折断。

3. 设计准则

由于蜗杆齿为连续的螺旋，且材料强度高于蜗轮，失效总发生在蜗轮轮齿上，故一般只对蜗轮齿进行计算。对于蜗杆传动的胶合和磨损，一般用齿面接触疲劳强度和齿根弯曲疲劳强度进行条件性计算，在选取许用应力时，考虑胶合和磨损失效因素的影响。

蜗杆传动的设计准则是：对于闭式蜗杆传动，一般先按齿面接触疲劳强度计算，验算轮齿的弯曲疲劳强度，必要时还要进行热平衡计算。对于开式蜗杆传动，只需按齿根弯曲疲劳强度设计。

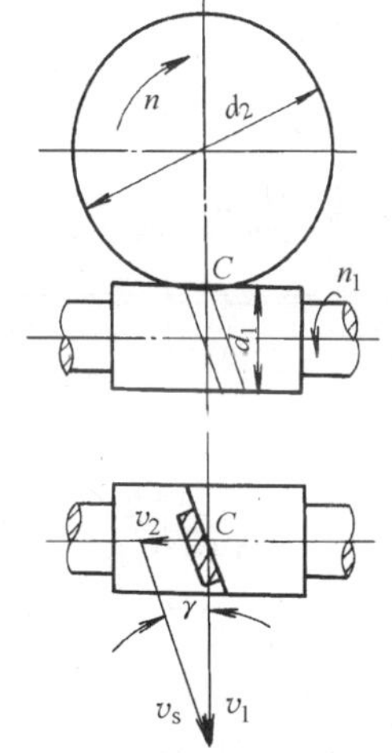

图 13-35　蜗杆传动的滑动速度

若蜗杆刚性差，弯曲变形过大会造成齿面啮合不良，还应对蜗杆进行刚度验算。

四、蜗杆和蜗轮的材料

针对蜗杆传动的失效形式，蜗杆、蜗轮的材料不仅应有足够的强度，而且要有良好的减摩耐磨性能和抗胶合能力，通常采用淬硬磨削的钢制蜗杆与青铜蜗轮齿圈相配。

1. 蜗杆材料

为了提高耐磨性和承载能力，多数蜗杆需经淬火、磨削和抛光。蜗杆常用材料见表 13-9。

表 13-9　蜗杆常用材料

材料类型与牌号		热处理	齿面硬度	齿面表面粗糙度值 $Ra/\mu m$	适用场合
渗碳钢	20Cr、20Mn2B、20MnVB、20CrMnTi、20SiMnVB	渗碳淬火	56～63HRC	0.8～1.6	高速重载或冲击较大和精度要求较高的传动
表面淬火钢	45钢、40Cr、35SiMn、42SiMn、37SiMn2MoV、38SiMnMo	表面淬火	45～55HRC	0.8～1.6	重载或较重要传动
调质钢	45钢	调质	<270HBW	6.3	不重要的或低速传动

2．蜗轮材料

常用的蜗轮材料为青铜。锡青铜具有良好的耐磨性和抗胶合性能，但抗点蚀能力低，价格高，用于滑动速度 $v_s>5m/s$ 的重要传动。铝铁青铜、锰黄铜等力学性能较好，价格低，但减摩性稍差，抗胶合能力低，适用于 $v_s\leqslant 5m/s$ 的场合。对于 $v_s\leqslant 2m/s$ 的传动，蜗轮材料可用灰铸铁。常用的蜗轮材料牌号和许用接触应力见表13-10。

表 13-10　常用蜗轮材料牌号和许用接触应力 $[\sigma_{H2}]$　（单位：MPa）

蜗轮材料 类型	蜗轮材料 牌号	铸造方法	滑动速度 $v_s/m\cdot s^{-1}$	抗拉强度 σ_b/MPa	许用接触应力（蜗杆齿面硬度）≤350HBW	许用接触应力（蜗杆齿面硬度）>350HBW	适用场合
铸锡青铜	ZCuSn10P1	砂型	≤12	220	180	200	稳定轻、中、重载
		金属型	≤25	310	200	220	
	ZCuSn5Pb5Zn5	砂型	≤10	200	110	125	稳定重载、或不大的冲击载荷
		金属型	≤12	250	135	150	

无锡青铜蜗杆副材料 蜗轮		蜗杆	滑动速度 $v_s/m\cdot s^{-1}$ 0.25	0.5	1	2	3	4	6	8	适用场合
铸铝铁青铜	ZCuAl10Fe3 ZCuAl10Fe3Mn2	钢，淬火[①]	—	250	230	210	180	160	120	90	重载和较大冲击载荷
铸锰黄铜	ZCuZn38Mn2Pb2	钢，淬火[①]	—	215	200	180	150	135	95	75	稳定轻、中载
灰铸铁	HT200 HT150 （120～150HBW）	渗碳钢	160	130	115	90	—	—	—	—	稳定无冲击轻载
	HT150 （120～150HBW）	调质或表面淬火钢	140	110	90	70	—	—	—	—	

① 蜗杆未淬火时，其 $[\sigma_H]$ 需降低20%。

五、蜗杆传动的受力分析

蜗杆传动的受力分析和斜齿圆柱齿轮的受力分析相似。如图13-36a所示，若不计摩擦，则齿面上作用的法向力 $\boldsymbol{F}_n$ 可分解为三个相互垂直的分力：圆周力 $\boldsymbol{F}_{t1}$、轴向力 $\boldsymbol{F}_{x1}$ 和径向力

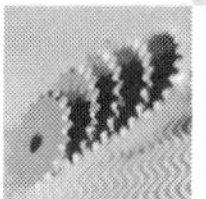

$\boldsymbol{F}_{r1}$。由于蜗杆与蜗轮轴交角 $\Sigma=90°$，根据作用力与反作用力原理，蜗杆圆周力 $\boldsymbol{F}_{t1}$ 与蜗轮轴向力 $\boldsymbol{F}_{x2}$、蜗杆轴向力 $\boldsymbol{F}_{x1}$ 与蜗轮圆周力 $\boldsymbol{F}_{t2}$ 及蜗杆径向力 $\boldsymbol{F}_{r1}$ 与蜗轮径向力 $\boldsymbol{F}_{r2}$ 分别为作用与反作用力关系，如图 13-36b 所示，即

$$\begin{cases} F_{t1} = -F_{x2} = \dfrac{2T_1}{d_1} \\ F_{x1} = -F_{t2} = \dfrac{2T_2}{d_2} \\ F_{r1} = -F_{r2} = F_{t2}\tan\alpha \end{cases} \tag{13-19}$$

式中 T_1、T_2——作用在蜗杆和蜗轮上的转矩（N · mm），$T_2=T_1 i\eta$，η 为蜗杆传动的效率，粗略计算时，可按表 13-11 选取。

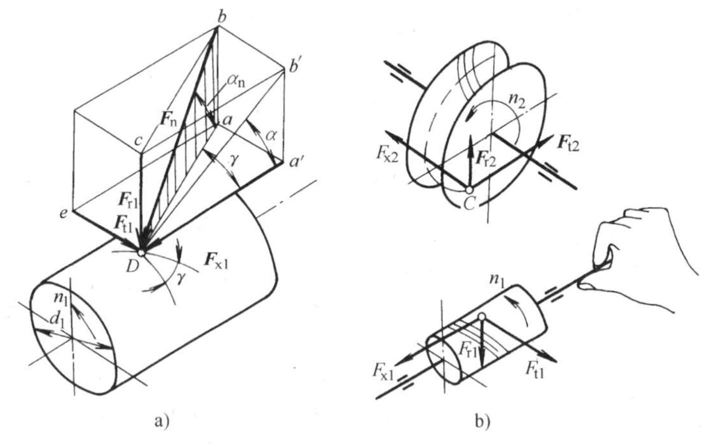

图 13-36　蜗杆传动的受力分析

蜗杆、蜗轮各分力方向的确定方法与斜齿轮相同。圆周力的方向：对主动件蜗杆，与其运动方向相反；对从动件蜗轮，与其运动方向相同 。径向力各自指向轮心。而蜗杆轴向力的方向则与蜗杆转向及螺旋线方向有关，可按下述方法判定：右（左）手蜗杆用右（左）手，四指握向与蜗杆转向一致，伸直拇指所指的方向即为蜗杆轴向力 $\boldsymbol{F}_{x1}$ 的方向。与 $\boldsymbol{F}_{x1}$ 相反的方向，就是蜗轮圆周力 $\boldsymbol{F}_{t2}$ 的方向，也是蜗轮的转向（图 13-36b）。

表 13-11　蜗杆传动的效率

蜗杆头数 z_1	1	2	4	6
总效率 η	0.70 ~ 0.75	0.75 ~ 0.82	0.87 ~ 0.92	0.95

六、蜗杆传动的效率

与齿轮传动类似，闭式蜗杆传动的功率损耗包括三部分：啮合损耗、轴承摩擦损耗及油浴润滑时的搅油损耗。其中，最主要的是齿面相对滑动而引起的啮合损耗。

蜗杆主动时，蜗杆传动的总效率为

$$\eta = (0.95 \sim 0.97)\frac{\tan\gamma}{\tan(\gamma+\rho_v)} \tag{13-20}$$

式中 ρ_v——当量摩擦角，$\rho_v=\arctan f_v$；

f_v——当量摩擦因数，主要与蜗杆副材料、表面状况及滑动速度等有关，可查表 13-12。

表 13-12 当量摩擦因数 f_v 和当量摩擦角 ρ_v

蜗轮材料	锡青铜				无锡青铜	
蜗杆齿面硬度	HRC >45		其他情况		HRC >45	
滑动速度 v_s/m·s^{-1}	f_v	ρ_v	f_v	ρ_v	f_v	ρ_v
0.01	0.11	6.28°	0.12	6.84°	0.18	10.2°
0.10	0.08	4.57°	0.09	5.14°	0.13	7.4°
0.50	0.055	3.15°	0.065	3.72°	0.09	5.14°
1.00	0.045	2.58°	0.055	3.15°	0.07	4°
2.00	0.035	2°	0.045	2.58°	0.055	3.15°
3.00	0.028	1.6°	0.035	2°	0.045	2.58°
4.00	0.024	1.37°	0.031	1.78°	0.04	2.29°
5.00	0.022	1.26°	0.029	1.66°	0.035	2°
8.00	0.018	1.03°	0.026	1.49°	0.03	1.72°
10.0	0.016	0.92°	0.024	1.37°		
15.0	0.014	0.8°	0.020	1.15°		
24.0	0.013	0.74°				

注：1. HRC >45 的蜗杆，其 f_v、ρ_v 值是指经过磨削和磨合并有充分润滑的情况。

2. 蜗轮材料为灰铸铁时，可按无锡青铜查取 f_v、ρ_v。

由式（13-20）可知，增大导程角 γ 可提高效率，故常采用多头蜗杆。但导程角过大，会引起蜗杆加工困难，而且导程角 $\gamma > 28°$时，效率提高很少。

$\gamma \leqslant \rho_v$ 时，蜗杆传动具有自锁性，但效率很低（$\eta < 50\%$）。

七、蜗杆传动的热平衡计算

由于蜗杆传动效率较低，工作时发热量大，若不及时散热，会引起箱体内油温升高，润滑失效，导致轮齿磨损加剧，甚至出现胶合。因此，对连续工作的闭式蜗杆传动要进行热平衡计算。

在闭式蜗杆传动中，热量通过箱体表面散发到周围空气中去，要求箱体内的油温 t 和周围空气温度 t_0 之差不超过允许值。

$$\Delta t = \frac{1000P_1(1-\eta)}{\alpha_t A} \leqslant [\Delta t] \tag{13-21}$$

式中 Δt——温度差（℃），$\Delta t = t - t_0$，一般取 $t_0 = 20℃$；

η——蜗杆传动总效率；

α_t——散热系数[W/(m^2·℃)]，自然通风良好时，取 $\alpha_t = 14 \sim 17.5$ W/(m^2·℃)，无循环空气流动时，取 $\alpha_t = 8.7 \sim 10.5$W/(m^2·℃)；

A——散热面积(m^2)，指箱体外壁与空气接触而内壁被油飞溅到的箱体面积，对于箱体上的散热片，其散热面积按50%计算；

$[\Delta t]$——温差允许值(℃)，一般$[\Delta t] = 60 \sim 70℃$，并应使油温 $t = t_0 + \Delta t < 90℃$。

当 $\Delta t > [\Delta t]$时，可采用下述冷却措施。

（1）增加散热面积 合理设计箱体结构，铸出或焊上散热片。

（2）提高散热系数 在蜗杆轴上安装风扇（图 13-37a）；或在箱体油池内装设蛇形冷却

水管（图 13-37b）；或用循环油冷却（图 13-37c）。

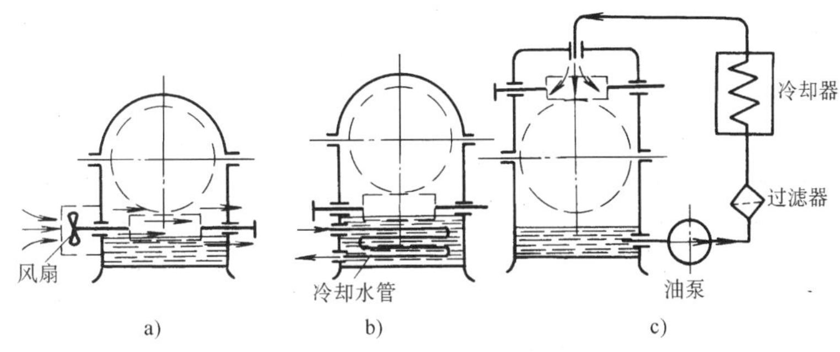

图 13-37　蜗杆传动的散热方法

思考题与习题

一、多选填空题： 本题的可选答案中，有 2～4 个是正确的，请将正确答案号填到空格里。

13-1　齿轮传动的主要优点有______。

a）传动比恒定不变，传动比范围大　b）传动速度和功率范围大　c）传动效率高　d）结构紧凑，寿命长，工作可靠

13-2　齿轮传动的主要缺点有______。

a）制造、安装精度要求高　b）对冲击、振动敏感　c）对材料力学性能要求高　d）不适合远距离传动

13-3　圆柱齿轮机构按齿向不同可分为______。

a）蜗杆蜗轮　b）直齿轮　c）斜齿轮　d）人字齿轮

13-4　渐开线齿廓的啮合特性是______。

a）传动比恒定　b）啮合角为一定值　c）中心距变化不影响传动比　d）啮合重合度大于 1

13-5　齿轮的基本参数是______。

a）齿数 z　b）模数 m　c）压力角 α　d）齿顶高系数 h_a^* 和顶隙系数 c^*

13-6　一对标准直齿圆柱齿轮的正确啮合条件是______。

a）重合度大于 1　b）两齿轮的压力角相等　c）两齿轮中心距等于两齿轮的分度圆半径之和　d）两齿轮的模数相等

13-7　两标准齿轮的安装中心距大于实际中心距时，发生变化的参数是______。

a）侧隙　b）节圆直径　c）啮合角　d）压力角

13-8　仿形法加工齿轮的特点是______。

a）加工精度较高　b）生产率较低　c）加工精度较低　d）适于大批量生产

13-9　齿轮的主要失效形式有轮齿折断和______等。

a）齿面塑性变形　b）齿面磨损　c）齿面胶合　d）齿面点蚀

13-10　齿轮常用的材料有______。

a）铸铁　b）非金属材料　c）合金钢　d）优质碳素钢

13-11　齿轮传动对精度的要求有______。

a）传递运动的准确性　b）传动平稳性　c）载荷分布均匀性　d）适合的齿侧间隙

13-12　限制齿轮精度的公差组有______。

a）以齿轮一转为周期的误差　b）一转内多次周期重复出现的误差　c）齿向线误差　d）齿厚误差

13-13　变位齿轮的作用是______。

a）正变位可以避免根切的发生　b）可以改变传动比　c）可以适应实际中心距的要求　d）提高小齿轮的强度

13-14　避免齿轮根切的主要方法有______。

a）采用正变位齿轮　b）增大齿轮模数　c）采用仿形法加工　d）增大齿轮齿数

13-15　计算斜齿圆柱齿轮的当量齿数主要是用于______。

a）计算不根切的最小齿数　b）仿形法加工齿轮时选择刀具　c）齿轮强度的计算　d）斜齿轮螺旋角的计算

13-16　一对标准斜齿圆柱齿轮的正确啮合条件是______。

a）两齿轮的压力角相等　b）两齿轮的模数相等　c）两齿轮的螺旋角相等且旋向相同　d）两齿轮的螺旋角相等且旋向相反

13-17　与直齿圆柱齿轮相比较，斜齿圆柱齿轮具有______的优点。

a）承载能力较大　b）传动平稳　c）设计制造容易　d）振动和噪声较小

13-18　与齿轮传动相比较，蜗杆传动的特点是______。

a）传动平稳噪声小　b）传动比可以很大　c）在一定条件下能自锁　d）制造成本较高，不能互换啮合

13-19　蜗杆传动的失效形式与下列______因素有关。

a）蜗杆、蜗轮的材料　b）载荷性质　c）滑动速度　d）蜗杆、蜗轮的加工方法

13-20　闭式蜗杆传动常见的失效形式为______。

a）齿面胶合　b）齿面磨损　c）齿面点蚀　d）轮齿折断

13-21　开式蜗杆传动常见的失效形式为______。

a）齿面胶合　b）齿面磨损　c）齿面点蚀　d）轮齿折断

13-22　当蜗杆传动减速箱的润滑油温度过高时，可采取的散热措施为______。

a）增加散热面积　b）在蜗杆轴上装风扇　c）用循环油冷却　d）在油池内装冷却水管

13-23　使用铸锡青铜作蜗轮材料时，其许用接触应力 $[\sigma_{H2}]$ 与______有关。

a）蜗轮的铸造方法　b）滑动速度　c）蜗轮速度　d）蜗杆齿面硬度

13-24　蜗杆传动的强度计算，主要是针对______进行的。

a）蜗杆齿面接触强度　b）蜗杆齿根弯曲强度　c）蜗轮齿面接触强度　d）蜗轮齿根弯曲强度

二、选择填空题：请将最恰当的一个答案的题号填到空格里。

13-25　齿廓啮合基本定律的要点是______。

a）两齿轮传动比恒定　b）两齿轮基圆半径之比等于常数　c）两齿轮分度圆半径与节圆半径相等　d）两齿轮啮合点的线速度相等

13-26　渐开线的形状与齿轮的______半径大小有关。

a）分度圆　b）节圆　c）基圆　d）渐开线曲率

13-27　使渐开线齿廓得以广泛应用的主要原因之一是______。

a）中心距可分性　b）重合度大于1　c）啮合角为一定值　d）啮合线过两齿轮基圆公切线

13-28　影响标准直齿圆柱齿轮几何尺寸的最重要的基本参数是______。

a）齿数 z　b）模数 m　c）齿顶高系数 h_a^*　d）顶隙系数 c^*

13-29　一对齿轮连续传动的条件是______。

a）模数相等　b）传动比恒定　c）压力角相等　d）重合度大于1

13-30　两标准齿轮的安装中心距大于实际中心距时，不变的参数是______。

a）侧隙　b）传动比　c）啮合角　d）节圆直径

13-31　理论上，标准直齿圆柱齿轮不产生根切的最小齿数是______。

a）$z_{min}=14$　b）$z_{min}=24$　c）$z_{min}=17$　d）$z_{min}=21$

13-32 闭式传动软齿面齿轮的主要失效形式是______。

a）齿面胶合 b）齿面点蚀 c）齿根折断 d）齿面磨损

13-33 当齿轮齿面硬度______时，称为软齿面齿轮。

a）<350HBW b）>350HBW c）≥350HBW d）≤350HBW

13-34 一对啮合传动齿轮的材料应______。

a）相同 b）小齿轮材料力学性能略好 c）大齿轮材料力学性能略好 d）大、小齿轮材料不同

13-35 要求传动平稳性高的齿轮传动是______。

a）仪表齿轮传动 b）冲压机械齿轮传动 c）机床变速箱齿轮传动 d）低速齿轮传动

13-36 传递动力的齿轮的最小模数应是______。

a）$m=2$mm b）$m=1.5$mm c）$m=1$mm d）$m=2.5$mm

13-37 一般单级圆柱齿轮传动的传动比应为______。

a）$i\leqslant5$ b）$i\leqslant7$ c）$i\leqslant8$ d）$i\leqslant12$

13-38 齿轮正变位可以______。

a）提高其承载能力 b）提高从动齿轮转速 c）改变齿廓形状 d）提高齿轮传动的重合度

13-39 与直齿圆柱齿轮相比较，直齿锥齿轮具有______的优点。

a）承载能力较大 b）传动平稳 c）设计制造容易 d）主、从动齿轮的回转轴线可以成一定角度

13-40 在蜗杆传动中最常见的是______传动。

a）阿基米德蜗杆 b）渐开线蜗杆 c）延伸渐开线蜗杆 d）圆弧面蜗杆

13-41 对于普通圆柱蜗杆，其______取标准值。

a）端面模数 b）法向模数 c）轴向模数 d）法向和端面模数

13-42 多头大升角的蜗杆，通常应用在______蜗杆传动装置中。

a）手动起重设备 b）传递动力的设备 c）传递运动的设备 d）需要自锁的设备

13-43 在标准蜗杆传动中，当模数 m 不变，而增大蜗杆的直径系数 q，则蜗杆的刚度将______。

a）增大 b）不变 c）减小 d）可能增大也可能减小

13-44 用于传递动力的蜗杆传动，考虑效率和结构尺寸等因素，其传动比范围通常是______。

a）5～80 b）15～50 c）50～80 d）80～1000

13-45 较理想的蜗杆和蜗轮的材料组合是______。

a）铸铁和青铜 b）钢和铸铁 c）钢和钢 d）钢和青铜

13-46 高速重载的蜗杆需经渗碳淬火和磨削，故蜗杆应选用______。

a）40Cr 或 35SiMn b）40 钢或 45 钢 c）20Cr 或 20CrMnTi d）HT150 或 HT200

三、判断题

13-47 渐开线齿轮的传动比恒定。 （ ）

13-48 由于渐开线齿廓的啮合角为一定值，所以渐开线齿轮的压力角恒定。 （ ）

13-49 齿轮上具有标准压力角和标准模数的圆称为分度圆。 （ ）

13-50 齿轮啮合传动时留有顶隙是为了防止齿轮根切。 （ ）

13-51 内啮合齿轮的齿根圆直径最大，因此其齿根高小于齿顶高。 （ ）

13-52 一对标准齿轮啮合，其啮合角必然等于压力角。 （ ）

13-53 齿轮加工产生根切的原因是齿轮刀具切入轮坯基圆。 （ ）

13-54 齿面点蚀是软齿面齿轮的主要失效形式。 （ ）

13-55 齿面磨损是开式传动齿轮应重点防止的失效形式。 （ ）

13-56 齿轮的线速度直接影响其精度等级。 （ ）

13-57 齿轮变位后，其齿顶圆直径、齿根圆直径、分度圆直径等均随之变化。 （ ）

13-58 一对高度变位齿轮的啮合角等于其压力角。 （ ）

13-59　斜齿圆柱齿轮的主要优点是制造容易。　(　　)

13-60　斜齿圆柱齿轮的标准模数选取其法向模数的主要原因是法向模数易于测量。　(　　)

13-61　螺旋角不改变斜齿轮的啮合重合度。　(　　)

13-62　斜齿圆柱齿轮的正确啮合条件是模数相等、压力角相等和螺旋角相等。　(　　)

13-63　斜齿圆柱齿轮的承载能力与同模数、同齿数的直齿圆柱齿轮的承载能力相同。　(　　)

13-64　蜗杆传动一般适用于传递大功率、大传动比的场合。　(　　)

13-65　起重设备中的提升装置常采用具有自锁性的蜗杆传动。　(　　)

13-66　蜗杆传动中，蜗杆的头数 z_1 越多，其传动的效率越低。　(　　)

13-67　加工蜗轮时，只要选用滚刀的模数和压力角与被加工蜗轮相同即可。　(　　)

13-68　具有自锁性能的蜗杆传动，其最大效率高于50%。　(　　)

13-69　用螺栓联接的组合式蜗轮结构，常采用普通螺栓联接。　(　　)

13-70　蜗杆传动的功率损耗主要是油浴润滑时的搅油损耗。　(　　)

13-71　对于蜗杆传动都需要进行热平衡计算。　(　　)

13-72　蜗杆传动中，为了获得好的散热效果，常将风扇装在蜗轮轴上。　(　　)

13-73　在轴向平面上，蜗杆蜗轮啮合相当于齿条与齿轮啮合。　(　　)

四、计算题

13-74　已知一对渐开线标准直齿圆柱外齿轮传动，$i=3$，$z_1=21$，$m=5\text{mm}$。试计算该对齿轮的分度圆直径、齿顶圆直径、齿根圆直径、基圆直径、中心距、齿距、齿厚和齿槽宽。

13-75　为修配一个损坏的渐开线外齿轮，实测齿轮的齿顶圆直径 $d_a=200.84\text{mm}$，齿数 $z=65$，全齿高 $h=6.60\text{mm}$。试确定该齿轮的主要参数 m、d、d_a、d_f、d_b。

13-76　已知一对外啮合齿轮的标准中心距 $a=120\text{mm}$，$z_1=28$，$z_2=52$。试求该对齿轮的模数和分度圆直径。

13-77　已知一对外啮合标准斜齿圆柱齿轮，$z_1=23$，$z_2=98$，$m=4\text{mm}$，$h_a^*=1$，$a'=250\text{mm}$，$\alpha=20°$。试计算该对齿轮的 m_t、α_t、β、z_v 及其几何尺寸。

13-78　试判断如图13-38所示的蜗杆传动中，未注明的蜗杆或蜗轮齿的螺旋方向及转向，并标在图上（蜗杆1为主动件）。

13-79　试画出习题13-78中，蜗杆、蜗轮的受力图。

13-80　图13-39所示为一斜齿轮—蜗杆减速器，斜齿轮1的轴由电动机驱动，转向如图所示，蜗轮4为右旋。试求：1）在图中标出蜗杆3的螺旋方向和蜗轮4的转向；2）为了使斜齿轮2与蜗杆3的轴向力能部分抵消，确定斜齿轮1、2的螺旋方向；3）画出斜齿轮2和蜗杆3的受力图。

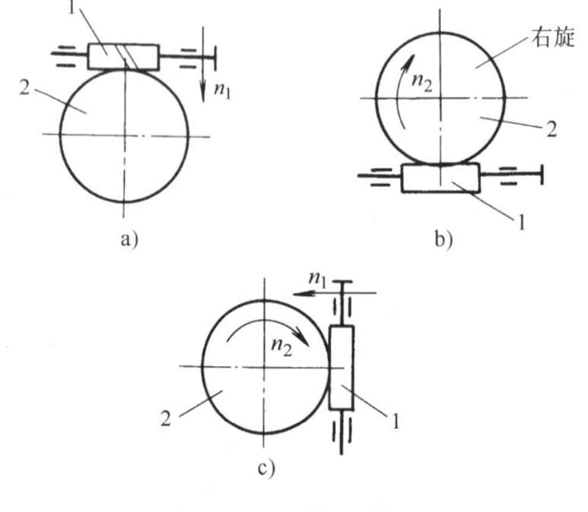

图13-38　习题13-78图

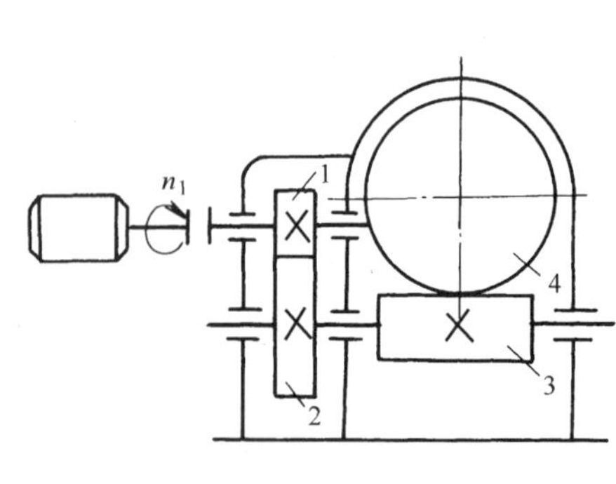

图13-39　习题13-80图

第十四章　轮　　系

在实际机械传动中，仅用一对齿轮往往不能满足生产上的多种要求，通常是采用一系列齿轮组成的传动系统，这种由一系列齿轮组成的传动系统，称为轮系。本章主要介绍轮系的应用、分类、定轴轮系传动比的计算及行星轮系传动比的计算等。

第一节　轮系的应用和分类

一、轮系的应用

轮系的用途较广泛，主要有以下几个方面：

1）实现较远距离传动。

2）获得大的传动比。

3）实现变速要求。

4）实现变向传动。

5）实现分路传动。

6）合成或分解运动。

二、轮系的分类

根据轮系运动时各轮的几何轴线位置是否固定，可将轮系分为定轴轮系和行星轮系两大类。

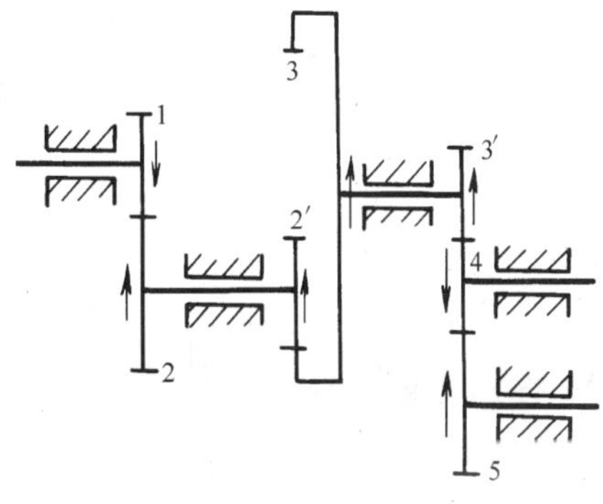

图 14-1　定轴轮系

（1）定轴轮系　轮系运动时，若每个齿轮的几何轴线相对于机架均固定不动，这种轮系称为定轴轮系（图 14-1）。

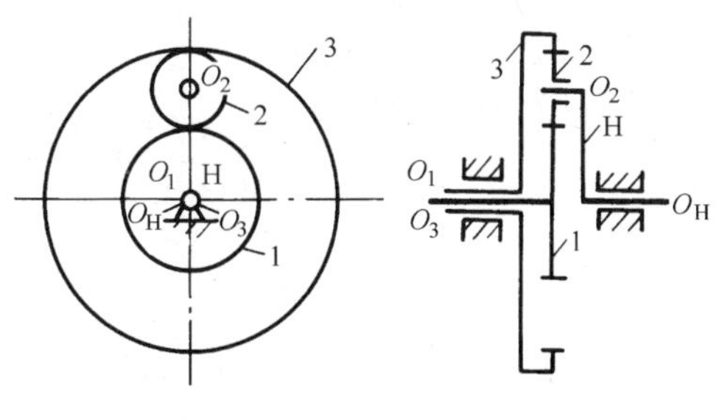

图 14-2　行星轮系

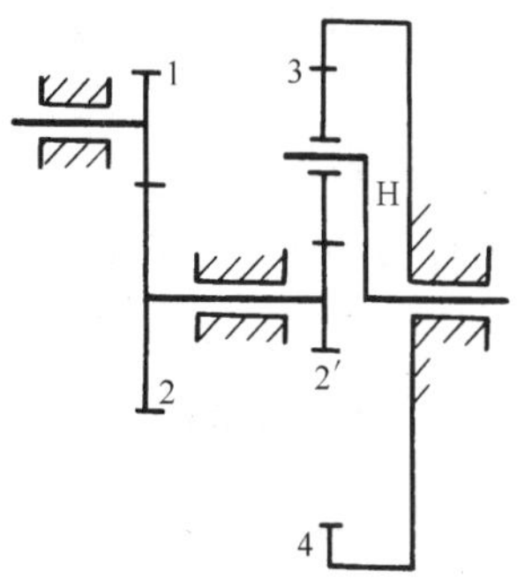

图 14-3　混合轮系

（2）行星轮系　轮系运动时，至少有一个齿轮的几何轴线是绕位置固定的另一齿轮的几何轴线转动，这种轮系称为行星轮系。如图 14-2 所示，齿轮 1、3 和构件 H 分别绕相互重合的固定轴线 O_1、O_3 和 O_H 转动，齿轮 2 活套在构件 H 上，当构件 H 转动时，齿轮 2 除绕自身的几何轴线 O_2 自转，同时又随轴线 O_2 绕固定轴线 O_H 公转，这样就构成了行星轮系。齿轮 2 称为行星轮，支撑行星轮的构件 H 称为行星架，齿轮 1、3 称为太阳轮。

若轮系中同时含有定轴轮系和行星轮系，则称为混合轮系（图 14-3）。

本章主要讨论轮系传动比的计算。

第二节　定轴轮系传动比的计算

一、轮系的传动比

轮系的传动比是始端主动轮 1 与末端从动轮 k 的角速度（或转速）之比，即

$$i_{1k} = \frac{\omega_1}{\omega_k} = \frac{n_1}{n_k}$$

轮系的传动比包含两个内容：

1）计算传动比的大小。

2）确定输入、输出轴的相对转向。

一对平行轴圆柱齿轮传动的传动比为

$$i_{12} = \frac{n_1}{n_2} = \pm\frac{z_2}{z_1}。$$

外啮合时，从动齿轮 2 与原动齿轮 1 的转向相反，规定 i_{12} 取负号，或在图上以反方向的箭头来表示（图 14-4a）；内啮合时，两轮转向相同，i_{12} 取正号，或在图上以同方向的箭头来表示（图 14-4b）。

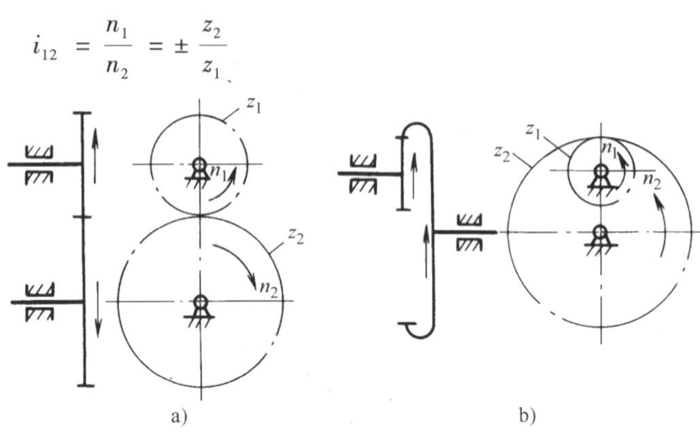

图 14-4　圆柱齿轮传动

a）外啮合　b）内啮合

对于锥齿轮传动和蜗杆传动，传动比的大小仍按上式计算，但齿数比前不加符号。只能用画箭头的方法表示各齿轮的转向，锥齿轮传动两轮同时指向或背离啮合处。蜗杆传动转向，根据第十七章所述规则确定（图 14-5）。

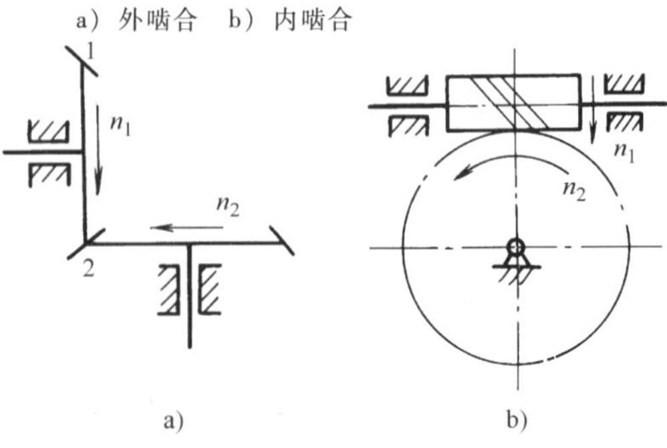

图 14-5　空间轴齿轮传动

a）锥齿轮传动　b）蜗杆传动

二、平行轴定轴轮系传动比的计算

图 14-6 所示为一所有齿轮轴线都平行的定轴轮系。设轮系中各齿轮的齿数分别为 z_1、z_2、$z_{2'}$、z_3、z_4、$z_{4'}$、z_5；各齿轮的转速分别为 n_1、n_2、$n_{2'}$、n_3、n_4、$n_{4'}$、n_5。求该轮系的传动比

i_{15}。由一对齿轮传动比计算式可得轮系中各对齿轮的传动比为

$$i_{12}=\frac{n_1}{n_2}=-\frac{z_2}{z_1}$$

$$i_{2'3}=\frac{n_{2'}}{n_3}=-\frac{z_3}{z_{2'}}$$

$$i_{34}=\frac{n_3}{n_4}=-\frac{z_4}{z_3}$$

$$i_{4'5}=\frac{n_{4'}}{n_5}=+\frac{z_5}{z_{4'}}$$

将以上各式两边分别相乘得

$$i_{12}i_{2'3}i_{34}i_{4'5}=\frac{n_1}{n_2}\frac{n_{2'}}{n_3}\frac{n_3}{n_4}\frac{n_{4'}}{n_5}=\left(-\frac{z_2}{z_1}\right)\left(-\frac{z_3}{z_{2'}}\right)\left(-\frac{z_4}{z_3}\right)\left(+\frac{z_5}{z_{4'}}\right)$$

因为 $n_2=n_{2'}$、$n_4=n_{4'}$，于是化简后得

$$i_{15}=\frac{n_1}{n_5}=(-1)^3\frac{z_2z_3z_4z_5}{z_1z_{2'}z_3z_{4'}}$$

由此可知：

1）定轴轮系的传动比等于轮系中各对齿轮传动比的连乘积；也等于轮系中所有从动轮齿数乘积与所有主动轮齿数乘积之比。若轮系中有 k 个齿轮，则平行轴定轴轮系传动比计算的一般表达式为

$$i_{1k}=\frac{n_1}{n_k}=(-1)^m\frac{\text{所有从动轮齿数乘积}}{\text{所有主动轮齿数乘积}} \tag{14-1}$$

2）传动比的符号取决于外啮合齿轮的对数 m，当 m 为奇数时，i_{1k}为负号，说明始、末两轮转向相反；m 为偶数时，i_{1k}为正号，说明始、末两轮转向相同。传动比的符号也可以用画箭头的方法确定，若始、末两轮转向相同，传动比符号为正；若始、末两轮转向相反，传动比符号为负。

3）图 14-6 中的齿轮 3 既是主动轮，又是从动轮，不影响传动比的大小，但可以改变传动比的符号，这种齿轮称为惰轮。惰轮用于改变轮系的转向和调节轮轴间的距离。

例 14-1 图 14-7 所示为一磨床砂轮架横向进给机构，手柄和齿轮 1 装在同一轴上，转动手柄可带动丝杠转动，从而使砂轮进给。已知丝杠为右旋，其螺距 $P=3\text{mm}$，各轮齿数为 $z_1=28$、$z_2=56$、$z_{2'}=38$、$z_3=57$。试计算当手柄按图示方向转动一周时，砂轮架移动的距离 l 及移动方向。

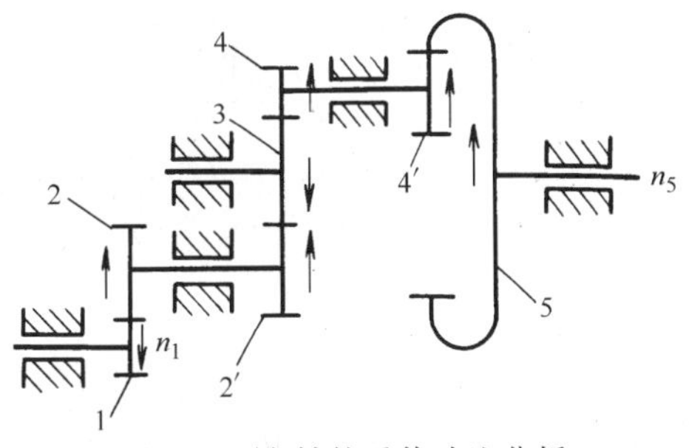

图 14-6　定轴轮系传动比分析

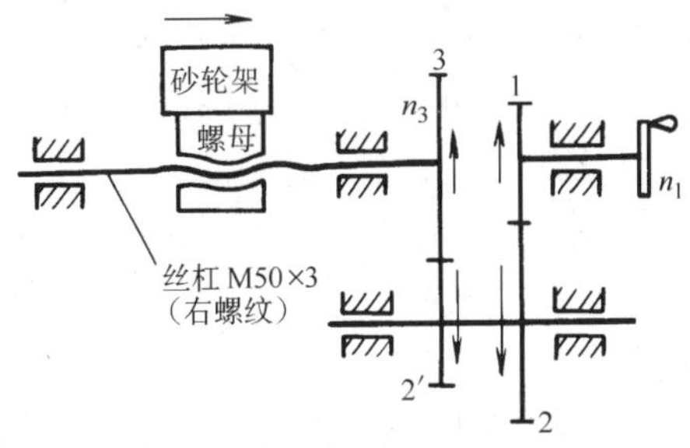

图 14-7　磨床砂轮架进给机构

第十四章　轮　系

解 由图可知，该轮系为平行轴定轴轮系。根据式（14-1）可求得传动比

$$i_{13}=\frac{n_1}{n_3}=(-1)^2\frac{z_2z_3}{z_1z_{2'}}=(-1)^2\frac{56\times57}{28\times38}=3$$

所以 $$n_3=\frac{n_1}{3}$$

其转向与手柄转向相同。

当手柄转动一周（$n_1=1$）时，砂轮架的平移距离

$$l=n_3P=\frac{1}{3}\times3\text{mm}=1\text{mm}$$

因为丝杠为右旋，根据丝杠的转向可知，砂轮架应向右移动。

三、空间定轴轮系传动比的计算

若轮系中含有锥齿轮传动或蜗杆传动，这样的轮系称为空间定轴轮系。

（1）若始、末两轮的轴线平行 轮系传动比的大小按式（14-1）计算，传动比的符号只能用画箭头的方法确定（见图 14-8）。

（2）若始、末两轮的轴线不平行 轮系传动比的大小按式（14-1）计算，传动比前不能加符号，用画箭头法在图中标出各轮的转向（见图 14-9）。

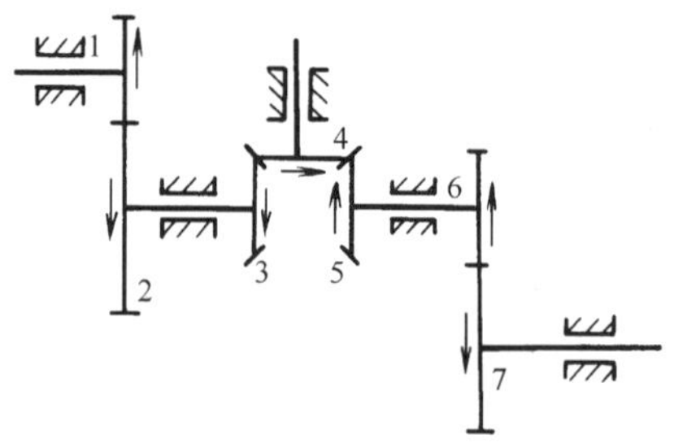

图 14-8 空间定轴轮系

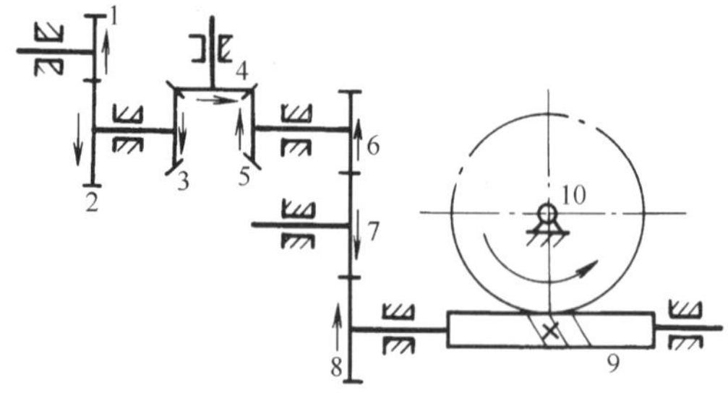

图 14-9 空间定轴轮系

例 14-2 图 14-10 所示为一组合机床动力滑台轮系，运动由电动机输入，由蜗轮 6 输出。电动机转速 $n=960\text{r/min}$，各轮齿数为 $z_1=34$，$z_2=42$，$z_3=21$，$z_4=31$，右旋蜗杆头数 $z_5=2$，蜗轮齿数 $z_6=38$。试确定蜗轮的转速 n_6 及其转向。

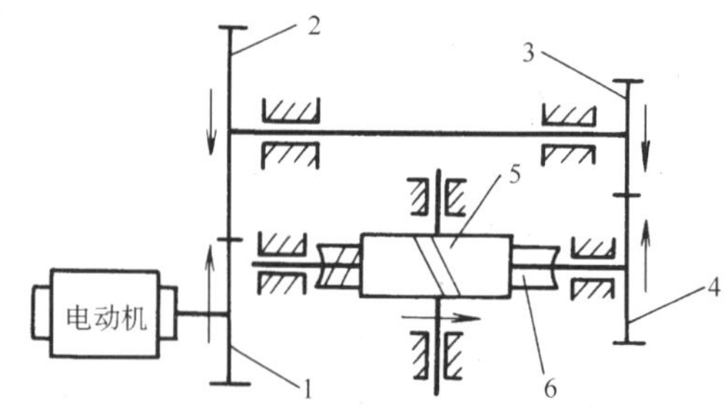

图 14-10 机床动力滑台轮系

解 该轮系为空间定轴轮系，且始端主动轮 1 与末端从动轮 6 轴线不平行。根据式（14-1）计算传动比 i_{16}，蜗轮转向需用画箭头方法确定。

传动比为

$$i_{16}=\frac{n_1}{n_6}=\frac{z_2z_4z_6}{z_1z_3z_5}=\frac{42\times31\times38}{34\times21\times2}=34.65$$

蜗轮的转速为

$$n_6=\frac{n_1}{i_{16}}=\frac{960}{34.65}\text{r/min}\approx27.71\text{r/min}$$

蜗轮的转向如图 14-10 中箭头所示。

第三节　行星轮系传动比的计算

一、行星轮系的分类

根据机构的自由度数目可将行星轮系分为两大类。

（1）简单行星轮系　图 14-11 所示为行星轮系，若将太阳轮 3（或 1）固定，则机构的自由度为 1，这种行星轮系称为简单行星轮系。该轮系只要给定一个原动件齿轮 1（或行星架 H），其他各构件的运动即可完全确定。

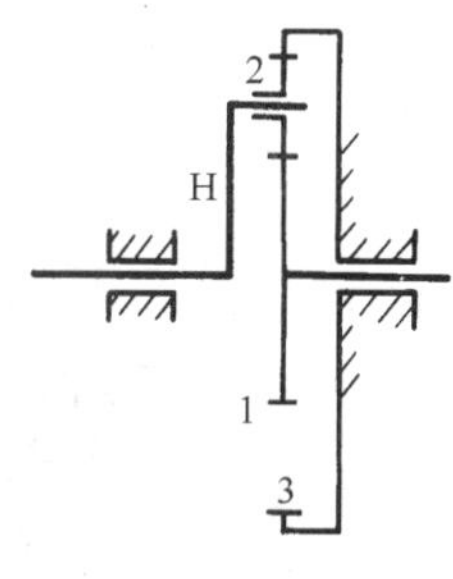

图 14-11　简单行星轮系

（2）差动轮系　图 14-2 所示为行星轮系，它的两个太阳轮 1、3 都能转动，则机构的自由度为 2，这种行星轮系称为差动轮系。该轮系需要给定两个原动件齿轮 1 和齿轮 3（或行星架 H），其他构件的运动才能确定。

二、行星轮系传动比的计算

因为行星轮系中的行星轮轴线位置不固定，所以不能直接用定轴轮系传动比的计算方法来计算行星轮系的传动比。

行星轮系与定轴轮系的区别在于行星轮系有一个转动的行星架，因此使行星齿轮既自转又公转。若能设法使行星架固定不动，行星轮系就可转化为定轴轮系。为此，假设给整个轮系加上一个与行星架 H 转速等值反向的公共转速“$-n_H$”（见图 14-12a），根据相对运动原理可知，各构件之间的相对运动关系并不改变，但此时行星架 H 的转速为零（$n_H-n_H=0$），即行星架静止不动（见图 14-12b），于是行星轮系便转化为一假想的定轴轮系，这个假想的定轴轮系称为原行星轮系的转化轮系或转化机构。

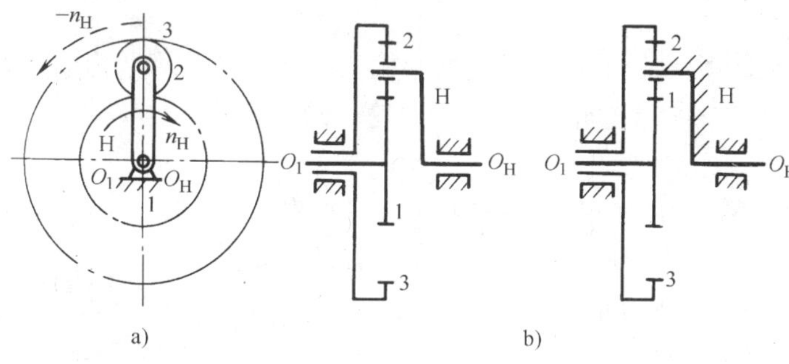

图 14-12　行星轮系传动比分析

转化轮系中各构件转速如下表所示：

构　件	行星轮系中的转速	转化轮系中的转速
太阳轮 1	n_1	$n_1^H=n_1-n_H$
行星轮 2	n_2	$n_2^H=n_2-n_H$
太阳轮 3	n_3	$n_3^H=n_3-n_H$
行星架 H	n_H	$n_H^H=n_H-n_H=0$

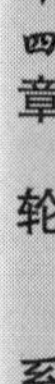

表中的 n_1、n_2、n_3、n_H 是各构件在行星齿转系中的转速（或称绝对转速），n_1^H、n_2^H、n_3^H、n_H^H，是各构件在转化轮系中的转速（或称相对转速）。

因为行星轮系的转化轮系是一定轴轮系，所以可利用定轴轮系传动比的方法来计算转化轮系的传动比。如求转化轮系中齿轮 1 对齿轮 3 的传动比为

$$i_{13}^H = \frac{n_1^H}{n_3^H} = \frac{n_1 - n_H}{n_3 - n_H} = (-1)^1 \frac{z_2 z_3}{z_1 z_2} = -\frac{z_3}{z_1}$$

其中，齿数比前面的“ - ”号，表示在转化轮系中 1、3 两轮的转向相反。

将以上结论推广到一般情况为

$$i_{1k}^H = \frac{n_1^H}{n_k^H} = \frac{n_1 - n_H}{n_k - n_H} = (-1)^m \frac{\text{所有从动轮齿数乘积}}{\text{所有主动轮齿数乘积}} \tag{14-2}$$

式中，m 为 1 轮至 k 轮间的外啮合齿轮对数。

应用式（14-2）时，应注意以下几点：

1）作为 1、k 的齿轮，必须是与行星轮啮合的太阳轮或行星轮本身，且其转动轴线必须与行星架的轴线重合或平行。如图 14-13 所示的行星轮系中，齿轮 2 不能作为 1 轮或 k 轮，因为 $n_2^H \neq n_2 - n_H$。

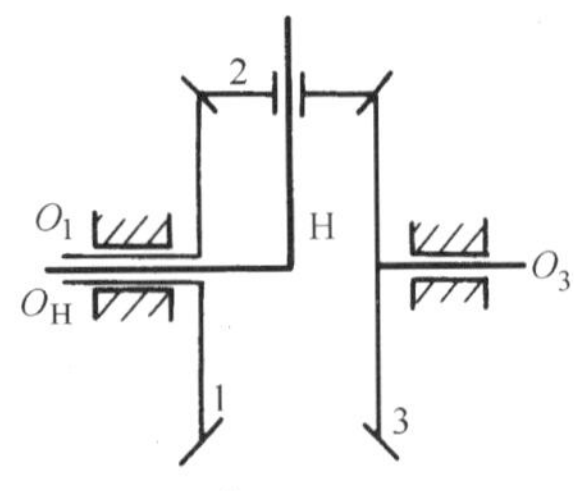

图 14-13 锥齿轮差动轮系

2）齿数比前的符号，按定轴轮系方法确定，且必须是有符号的。

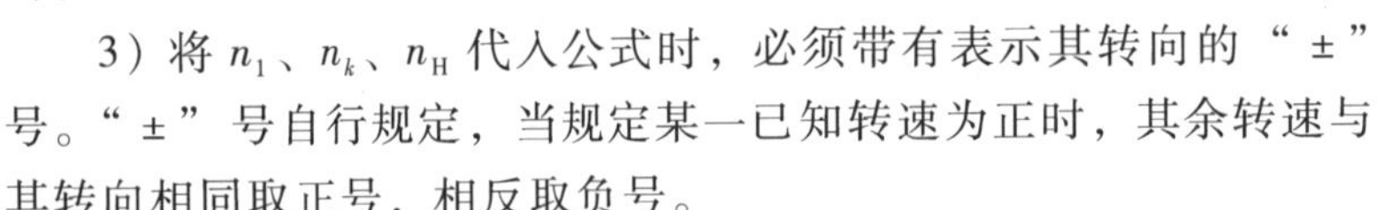

3）将 n_1、n_k、n_H 代入公式时，必须带有表示其转向的“ ± ”号。“ ± ”号自行规定，当规定某一已知转速为正时，其余转速与其转向相同取正号，相反取负号。

4）$i_{1k}^H \neq i_{1k}$。$i_{1k}^H = \frac{n_1^H}{n_k^H} = \frac{n_1 - n_H}{n_k - n_H}$ 是转化轮系中 1、k 两轮间的相对速比，其大小与正负号按定轴轮系方法确定。$i_{1k} = \frac{n_1}{n_H}$ 是行星轮系中 1、k 两轮间的绝对速比，其大小与正负号由计算结果确定。

例 14-3 图 14-14 所示为电动卷扬机卷筒机构，已知各轮齿数为 $z_1 = 24$、$z_2 = 48$、$z_{2'} = 30$、$z_3 = 102$、$z_{3'} = 40$、$z_4 = 20$、$z_{4'} = 100$。主动轮 1 的转速为 $n_1 = 1240\text{r/min}$，动力由卷筒输出，求卷筒的转速 n_H。

解：（1）分解轮系 由图 14-14 可知，当卷扬机卷筒运转时，双联齿轮 2 与 2′的轴线会随卷筒转动，因此它是一个双联行星轮，支持它转动的卷筒是行星架 H，与双联行星轮啮合且轴线与行星轮系主轴线重合的是中心轮 1 与 3，它们组成了一个 $2K$-H 型双排内外啮合的基本行星轮系。齿轮 3′、4、5 的轴线是固定的，它们组成定轴轮系。因此，这是由一个行星轮系和定轴轮系组成的组合轮系。

（2）分析组合轮系的内部联系 定轴轮系中，内齿轮 5 与行星轮系中行星架 H 是同一构件，因而 $n_5 = n_H$；定轴轮系中，齿轮 3′与行星轮系的中心轮 3 是同一构件，因此 $n_3 = n_{3'}$。

（3）求传动比 对定轴轮系，齿轮 4 是惰轮，根据式（14-1）得

$$i_{3'5} = \frac{n_{3'}}{n_5} = \frac{n_3}{n_5} = -\frac{z_5}{z_{3'}} = -\frac{100}{40} = -2.5$$

14 CHAPTER

对行星轮系的转化机构，根据式（14-2）得

$$i_{13}^{H}=\frac{n_1^H}{n_3^H}=\frac{n_1-n_H}{n_3-n_H}=(-1)^1\frac{z_2z_3}{z_1z_{2'}}=-\frac{48\times102}{24\times30}=-6.8$$

由于 $n_5=n_H$，得 $n_3=-2.5n_5=-2.5n_H$

联立上述两式，并带入 $n_1=1240\text{r/min}$，得到 $n_H=-50\text{r/min}$，即为卷筒的转速。由于卷筒的转速符号与主动轮相同，所以它们的转向相同。

例 14-4 图 14-15 所示是车床电动自定心卡盘的 3K 型行星轮系，电动机带动齿轮 1 转动，通过双联行星轮 2 和 2′带动内齿轮 4 转动，从而使固结在齿轮 4 右端的阿基米德螺旋槽转动，驱动自定心卡盘上的三个爪快速径向移动，以夹紧或放松工件。已知各轮齿数为 $z_1=6$、$z_2=z_{2'}=25$、$z_3=57$、$z_4=56$。求轮系的传动比 i_{14}。

解：在 3K 行星轮系的转化机构中，分别取 1、3 为首、末轮，根据式（14-2），得

$$i_{13}^{H}=\frac{n_1^H}{n_3^H}=\frac{n_1-n_H}{n_3-n_H}=-\frac{z_3}{z_1}$$

由图 14-15 可知，$n_3=0$，将 z_1、z_3 的数据带入上式，经过整理得

$$n_1=10.5n_H$$

再分别取 4、3 为首、末轮，根据式（14-2），得

$$i_{43}^{H}=\frac{n_4^H}{n_3^H}=\frac{n_4-n_H}{n_3-n_H}=\frac{z_{2'}z_3}{z_4z_2}$$

带入已知数据，经过整理得

$$n_4=-\frac{n_H}{56}$$

联立得 $i_{14}=-588$（轮系传动比的符号为负，说明构建 1 与 4 的转向相反）。可见采用紧凑型的几个齿轮的行星传动，就可以获得很大的传动比。

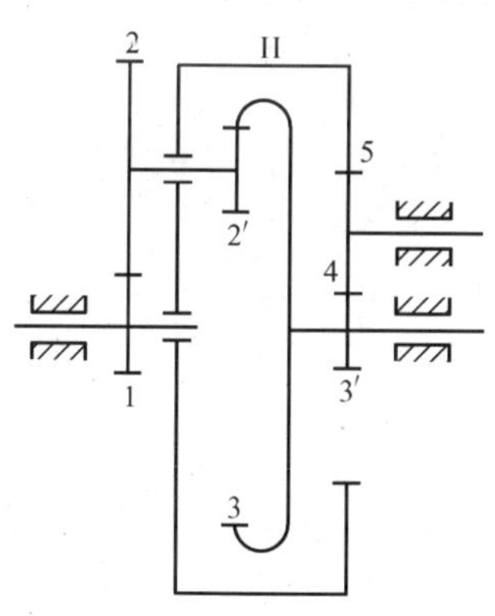

图 14-14 组合轮系

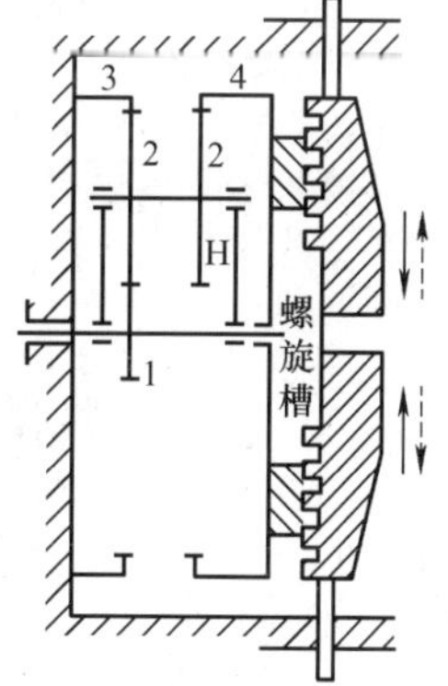

图 14-15 车床电动自定心卡盘传动机构

思考题与习题

一、多选填空题：本题的可选答案中，有 2～4 个是正确的，请将正确答案号填到空格里。

14-1 齿轮系的功用是______。

a）合成或分解运动　b）实现大传动比　c）实现变速和换向传动　d）实现分路传动

14-2　定轴轮系的下列情况中，有______的传动比冠以正负号。

a）所有齿轮轴线平行　　b）始末两轮轴线平行　　c）始末两轮轴线不平行　　d）所有齿轮轴线都不平行。

14-3　惰轮在轮系中的作用是______。

a）改变从动轮转向　　b）改变从动轮转速　　c）调节齿轮轴间距离　　d）提高齿轮强度

14-4　如图 14-16 所示的轮系属于______。

a）定轴轮系　　b）行星轮系　　c）差动轮系　　d）混合轮系

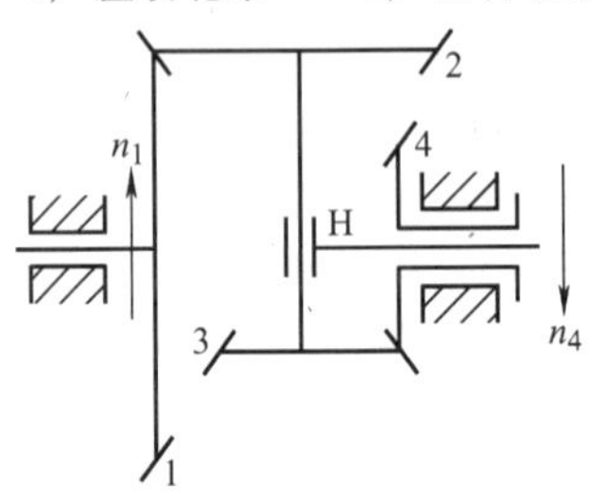

图 14-16　题 14-4 图

14-5　定轴轮系的下列情况中，当______时，适用 $(-1)^m$ 确定传动比的正负号。

a）所有齿轮轴线平行　b）所有齿轮都是圆柱齿轮　c）始末两轮轴线平行　d）所有齿轮之间是外啮合

二、选择填空题：请将最恰当的一个答案的题号填到空格里。

14-6　确定平行轴定轴轮系传动比符号的方法为______。

a）只可用 $(-1)^m$ 确定　　b）只可用画箭头方法确定　　c）既可用 $(-1)^m$ 确定又可用画箭头方法确定

14-7　如图 14-17 所示的轮系属于______。

a）定轴轮系　　b）行星轮系　　c）混合轮系　　d）差动轮系

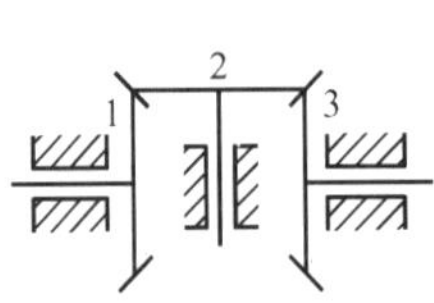

图 14-17　题 14-7 图

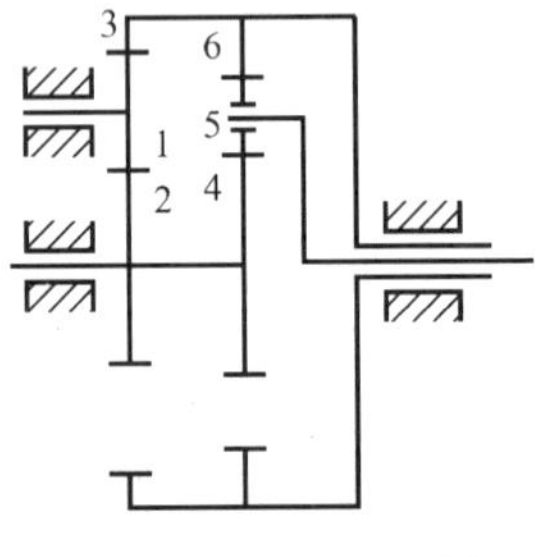

图 14-18　题 14-9 图

14-8　如图 14-17 所示的轮系，$z_1=z_3$，当齿轮 1 的转速和转向一定，则齿轮 3 的转速和转向______。

a）与齿轮 1 的转速和转向相同　b）与齿轮 1 的转速和转向都不相同　c）与齿轮 1 的转速相同，转向相反　d）与齿轮 1 的转速不同，转向相同

14-9　如图 14-18 所示的轮系属于______。

a）定轴轮系　　b）行星轮系　　c）差动轮系　　d）混合轮系

14-10　$i_{13}^{H}=\dfrac{n_1-n_H}{n_3-n_H}=-\dfrac{z_3}{z_1}$是下列______传动比的计算式。

a）定轴轮系　　b）行星轮系　　c）转化轮系　　d）混合轮系

三、判断题

14-11　定轴轮系中，所有齿轮的轴都固定。　　（　　）

14-12　至少有一个齿轮的几何轴线作圆周运动的轮系，称为行星轮系。　(　　)

14-13　将行星轮系转化为定轴轮系后，其各构件间的相对运动发生了变化。　(　　)

14-14　i_{13}^{H}是行星轮系中齿轮 1 与齿轮 3 之间的传动比。　(　　)

14-15　惰轮是指在轮系中不起作用的齿轮。　(　　)

四、计算题

14-16　如图 14-19 所示，在车床溜板箱进给刻度盘轮系中，运动由齿轮 1 输入，由齿轮 5 输出。各齿轮齿数为 $z_1=18$，$z_2=87$，$z_3=28$，$z_4=20$，$z_5=84$。求传动比 i_{15}。

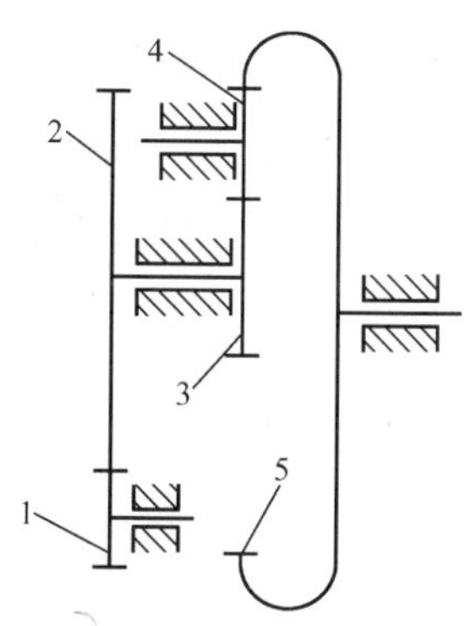

图 14-19　题 14-16 图

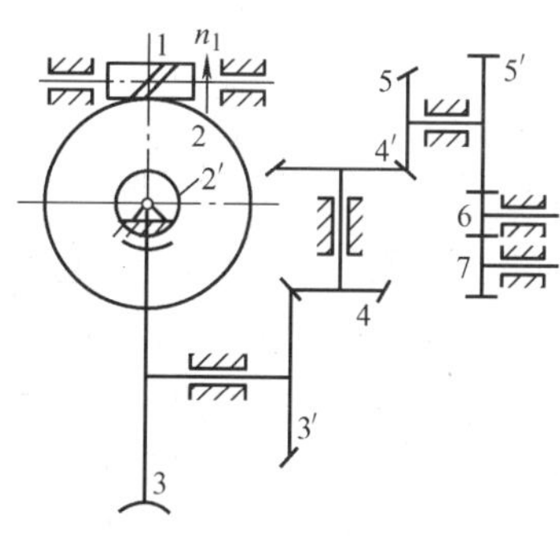

图 14-20　题 14-17 图

14-17　如图 14-20 所示的轮系，已知蜗杆 1 为双头左旋蜗杆，其转向如图所示，蜗轮 2 的齿数 $z_2=50$，蜗杆 2′为单头右旋，蜗轮 3 的齿数为 $z_3=40$，其余各轮齿数为 $z_{3'}=30$，$z_4=20$，$z_{4'}=26$，$z_5=18$，$z_{5'}=28$，$z_6=16$，$z_7=18$。试求传动比 i_{17}。

14-18　在如图 14-21 所示的轮系中，已知各轮齿数 $z_1=15$，$z_2=25$，$z_{2'}=15$，$z_3=30$，$z_{3'}=15$，$z_4=30$，$z_{4'}=2$（右旋），$z_5=60$，$z_{5'}=20$，齿轮 5′的模数 $m=4$mm，若 $n_1=500$r/min，转向如图所示。求齿条 6 的线速度 v 并确定其移动方向。

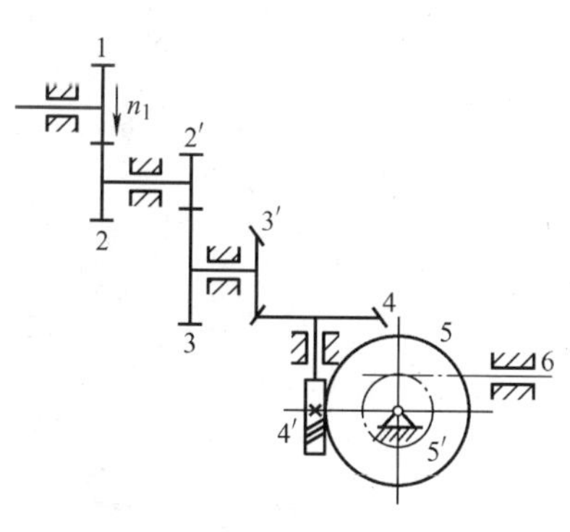

图 14-21　题 14-18 图

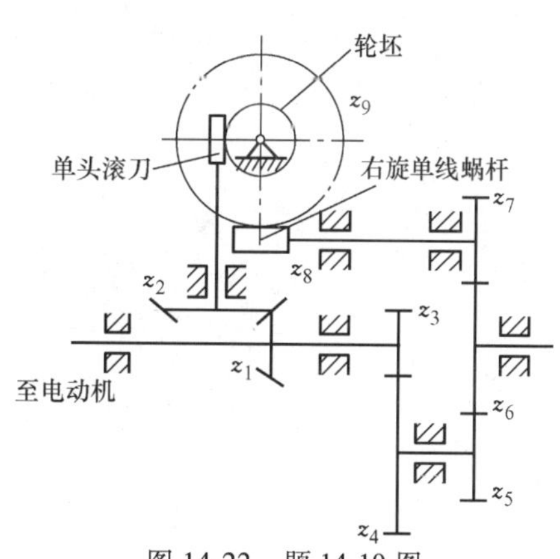

图 14-22　题 14-19 图

14-19　在如图 14-22 所示的滚齿机工作台传动系统中，已知各轮齿数分别为：$z_1=15$，$z_2=28$，$z_3=15$，$z_4=35$，$z_9=40$，若被切齿轮的齿数为 64，试求传动比 i_{75}。

14-20　在如图 14-23 所示的行星轮系中，已知各轮齿数 $z_1=30$，$z_3=120$，齿轮 3 的转速 $n_3=120$r/min，求行星架 H 的转速 n_H。

14-21　如图 14-24 所示的轮系中，已知 $z_1=60$，$z_2=20$，$z_{2'}=25$，$z_3=15$，$n_1=50$r/min，$n_3=200$r/min，求：1）若 n_1、n_3 转向如图 a 中所示，n_H 的大小和方向；2）若 n_1、n_3 转向如图 14-24b 所示，n_H 的大小和方向。

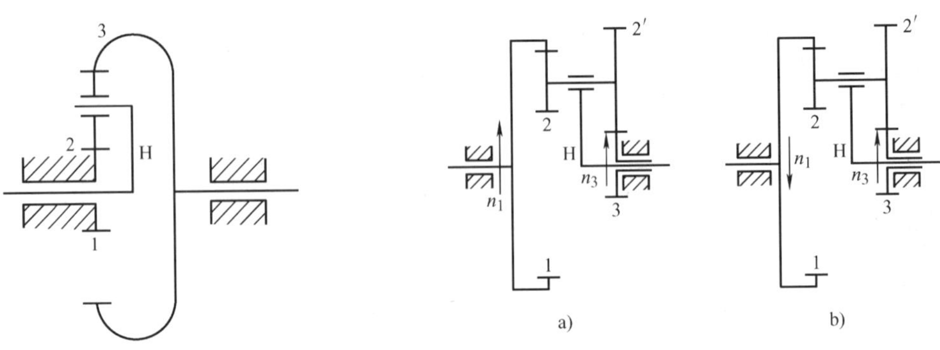

图 14-23　题 14-20 图　　　　图 14-24　题 14-21 图

14-22　如图 14-25 所示的轮系中，已知各轮的齿数 $z_1=z_3=z_5=z_6=z_7=20$，$z_2=z_4=40$，$z_8=60$。齿轮 1 的转速 $n_1=$ 800r/min，转向如图所示，求行星架 H 的转速 n_H。

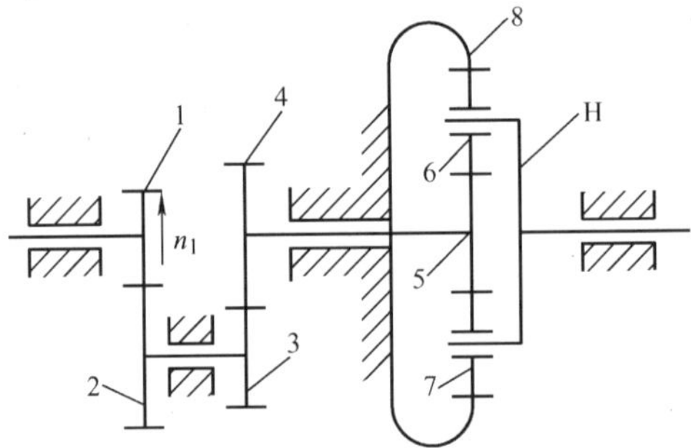

图 14-25　题 14-22 图

第十五章 轴 承

轴承是各类机械设备中的重要支承件，其功用是支承轴或轴上零件，承受和传递载荷，保证旋转精度，减少摩擦和磨损。本章主要介绍常用轴承的类型、特点、润滑、类型选择、尺寸确定及选用等内容。

第一节 轴承的分类

根据相对运动表面的摩擦性质，轴承分为滚动轴承和滑动轴承两大类。

按所承受载荷方向的不同，滚动轴承又分为向心轴承和推力轴承，如图 15-1 所示。

滑动轴承分为径向轴承、止推轴承和径向止推组合轴承，如图 15-2 所示。

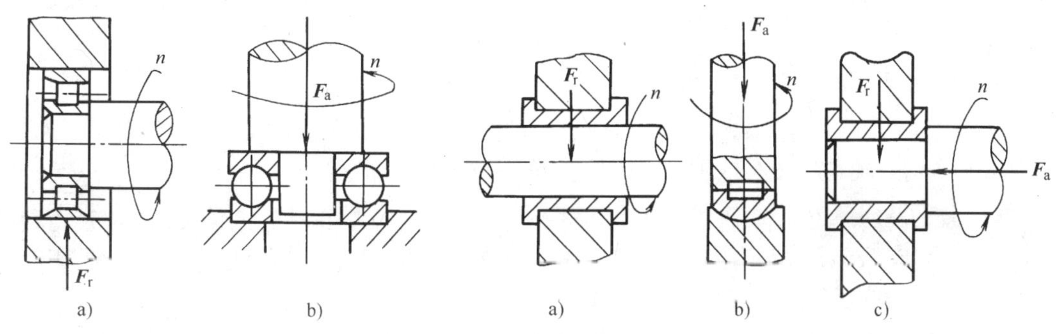

图 15-1 滚动轴承

a）向心轴承 b）推力轴承

图 15-2 滑动轴承

a）径向轴承 b）止推轴承 c）径向止推组合轴承

第二节 滚动轴承的组成、类型及特点

一、滚动轴承的组成

滚动轴承一般由内圈、外圈、滚动体和保持架组成，如图 15-3 所示。内圈和外圈上都有滚道，滚动体沿滚道滚动。保持架将滚动体隔开并均匀分布，避免相邻滚动体相互碰撞并减轻磨损。有时为简化结构，滚动轴承可以省去内圈、外圈或保持架，如自行车的滚动轴承。

滚动体是滚动轴承不可缺少的核心零件，它的形状、大小和数量直接影响轴承的承载能力。常见的滚动体形状如图 15-4 所示。

滚动轴承的内、外圈和滚动体一般采用强度高、硬度大和耐磨性好的轴承钢制造，常用材料有 GCr15、GCr15SiMn 和 GCr6 等，经热处理后硬度可达 60 ~ 65HRC，工作表面经磨削抛光。保持架大多用低碳钢板冲压而成，也有的用铜合金和塑料做成实体保持架，如图 15-5 所示。

滚动轴承具有摩擦阻力小、起动灵敏、效率高、旋转精度高、润滑简便、装拆方便和互换性好等优点，因此广泛应用于各种机械中。滚动轴承为标准件，由轴承厂进行大批量生产。因此，熟悉滚动轴承的标准、特点和应用，根据需要正确选用是本章的主要内容和任务。

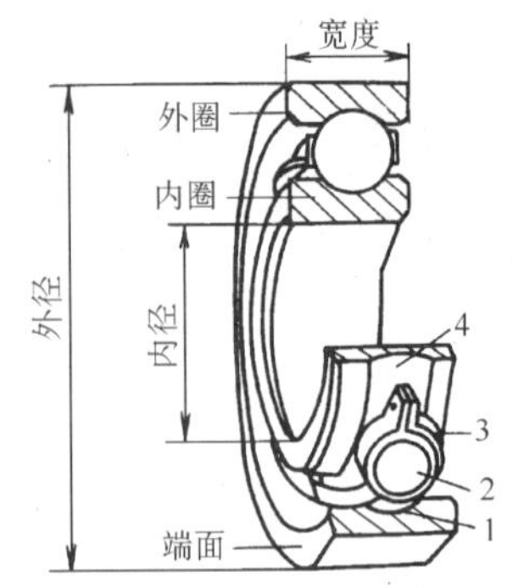

图 15-3　滚动轴承的结构
1—外圈滚道　2—滚动体
3—保持架　4—内圈滚道

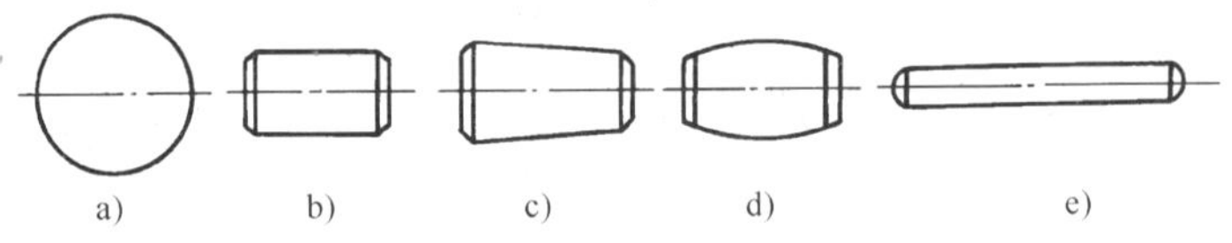

图 15-4　滚动体的形状
a）球　b）圆柱滚子　c）圆锥滚子　d）球面滚子　e）滚针

二、滚动轴承的基本类型及特点

1）按滚动体的形状，滚动轴承可以分为球轴承和滚子轴承。

球轴承的滚动体为球体，其制造工艺简单，极限转速较高，价格较低。由于球体与内、外圈滚道为点接触，故球轴承的承载能力、耐冲击能力和刚度都较低。滚子轴承的滚动体为圆柱或圆锥体，与内、外圈滚道为线接触，其承载能力、耐冲击能力和轴承刚度均较球轴承高，但滚子的制造工艺较球体复杂，因而价格比球轴承高。

2）按所能承受载荷的方向和接触角，滚动轴承可分为向心轴承和推力轴承，见表 15-1。表中的 α 为滚动体与套圈接触处的公法线与轴承径向平面（垂直于轴承轴心线的平面）之间的夹角，称为接触角。

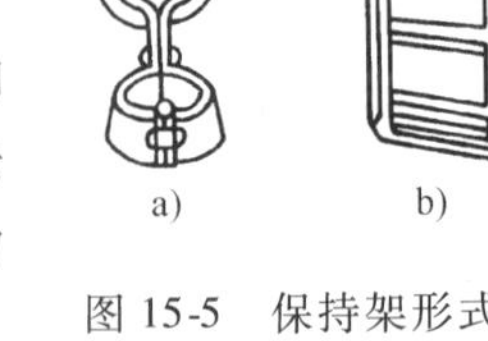

图 15-5　保持架形式
a）冲压式　b）实体式

常用的各类滚动轴承的名称、主要特性及应用见表 15-2。

表 15-1　各类轴承的接触角

轴承种类	向心轴承		推力轴承	
	径向接触	向心角接触	推力角接触	轴向接触
公称接触角 α	$\alpha = 0°$	$0° < \alpha \leqslant 45°$	$45° < \alpha < 90°$	$\alpha = 90°$
图 例				
所受载荷性质	主要承受径向载荷	能同时承受径向载荷和轴向载荷	主要承受轴向载荷，也能承受不大的径向载荷	只能承受轴向载荷

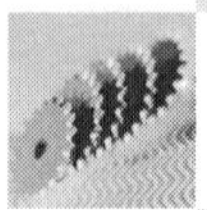

表 15-2　滚动轴承的常用类型及特性

类型代号	类型名称	结构代号	简图及受载方向	主要特性及应用
1	调心球轴承	10000	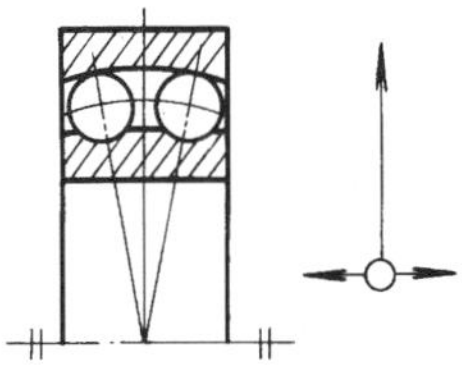	主要承受径向载荷，同时也能承受少量轴向载荷。能自动调心，适用于多支点轴和支座孔不能严格保证同轴度的场合
2	调心滚子轴承	20000	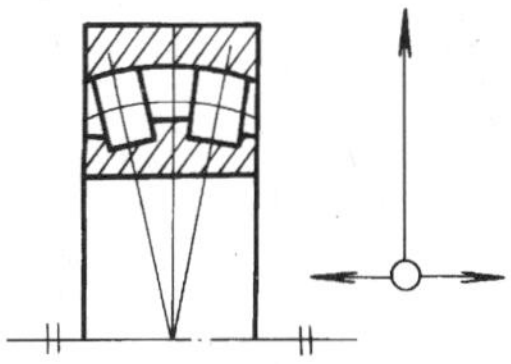	性能、特点与调心球轴承相同，但具有较大的径向承载能力，常用于其他种类轴承不能胜任的重载场合
3	圆锥滚子轴承	30000	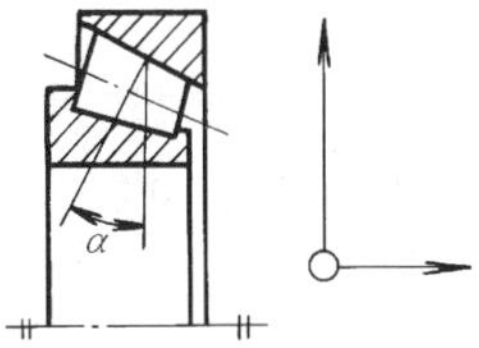	能同时承受较大的径向、轴向联合载荷。内、外圈可分离，装拆方便；成对使用，安装时可调整轴承间隙
	大锥角圆锥滚子轴承	30000B		
5	推力球轴承	51000	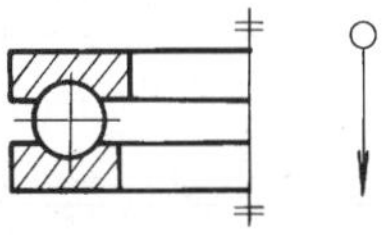	只能承受轴向载荷，51000 型用于承受单向轴向载荷，52000 型用于承受双向轴向载荷。高速时离心力大，钢球与保持架发热严重，故极限转速和寿命较低。轴线必须与轴承座底面垂直，载荷必须与轴线重合，以保证钢球载荷的均匀分配
	双向推力球轴承	52000	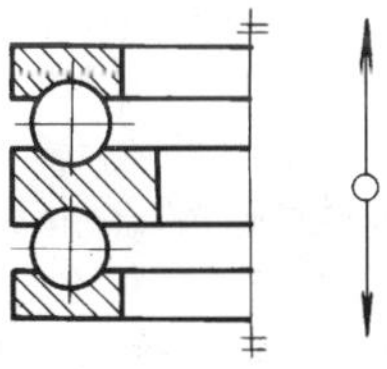	
6	深沟球轴承	60000	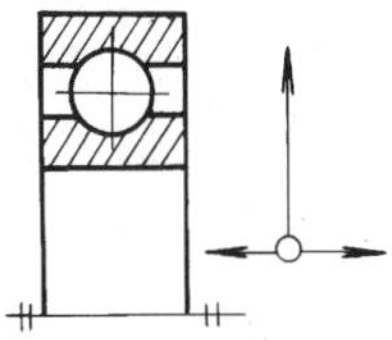	主要承受径向载荷，也可同时承受不大的轴向载荷。极限转速较高，承受冲击能力差，高转速时，可用来承受纯轴向载荷。适用于刚性较大的轴
7	角接触球轴承	70000	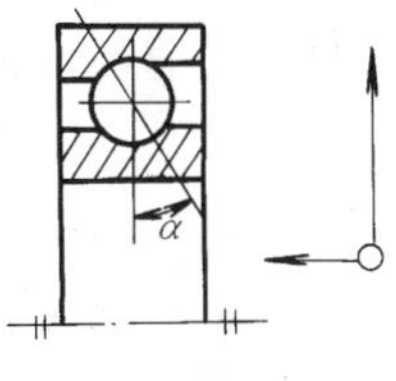	可同时承受径向和单向轴向载荷，接触角 α 越大，轴向承载能力也越大，通常应成对使用。适用于刚性较大、跨距小的轴

（续）

类型代号	类型名称	结构代号	简图及受载方向	主要特性及应用
N	圆柱滚子轴承	N		能承受较大的径向载荷。内、外圈可分离，内、外圈允许少量轴向移动，但不允许偏斜，适用于刚性较大、对中良好的轴
NA	滚针轴承	NA		只能承受径向载荷，承载能力大，径向尺寸小。摩擦因数大，极限转速较低，内、外圈可以分离。适用于径向载荷很大而径向尺寸受到限制的地方

三、滚动轴承的代号

为方便生产和使用，国家标准 GB/T272—1993 规定了滚动轴承代号，表示方法见表 15-3。轴承代号中的基本代号最为重要，一般多为五位数字，而以右起头 4 位数字最为常用。通常滚动轴承的端面上打印有其代号。

表 15-3　滚动轴承代号的构成

前置代号	基本代号	后置代号
（字母）	（数字或字母） × × × × ×	（字母或数字）

1. 基本代号

基本代号表示轴承的类型、宽度系列、直径系列和内径。

（1）内径代号　基本代号中右起第一、二位数字表示轴承内径，其代号见表 15-4。

表 15-4　常用轴承内径代号

内径/mm	<10	10	12	15	17	20～495
内径代号	查轴承手册	00	01	02	03	内径/5

（2）尺寸系列代号　对于同一内径的轴承，为了适应承受大小不同的载荷，需要采用不同尺寸的滚动体，因而轴承的外径和宽度也不相同，如图 15-6 所示。

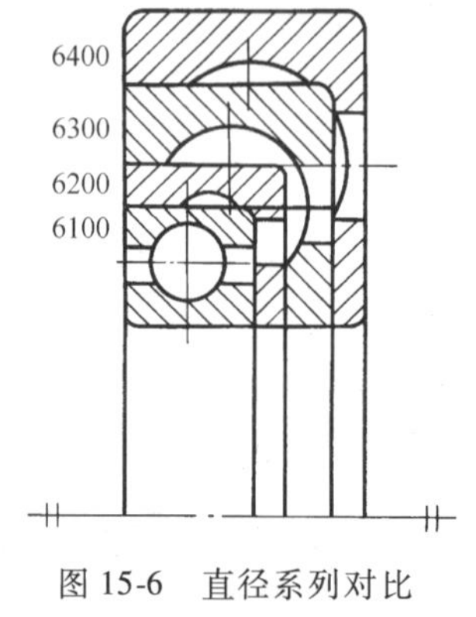

图 15-6　直径系列对比

基本代号中右起第三、四位数字表示尺寸系列，它由直径系列代号和宽度系列代号组合而成。直径系列代号表示内径相同的同类轴承有几种不同的外径和宽度，宽度系列代号表示内径和外径相同的同类轴承宽度的变化，见表 15-5。

多数向心轴承的宽度系列代号为 0 时可省略，但对调心滚子轴承和圆锥滚子轴承，当其宽度系列代号为 0 时，则不能省略。

（3）轴承类型代号　右起第五位数字（或字母）表示轴承的类型。常用滚动轴承的类型代号见表 15-2。

2. 前置代号

前置代号用字母表示成套轴承的分部件，其含义请查轴承手册。

3. 后置代号

（1）内部结构代号　表示同一类型轴承的不同内部结构，用紧跟着基本代号的字母表示，其含义请查轴承手册。

（2）公差等级代号　按精度由低到高依次分别用/P0、/P6、/P6x、/P5、/P4、/P2 等表示。/P0 级为普通级，可以省略不标。

表 15-5　尺寸系列代号

宽度（高度）系列代号											直径系列代号
向心轴承							推力轴承				
窄 0	正常 1	宽 2	特宽 3	特宽 4	特宽 5	特宽 6	特低 7	低 9	正常 1	正常 2	
尺寸系列代号											
—	17	—	37	—	—	—	—	—	—	—	超特轻 7
08	18	28	38	48	58	68	—	—	—	—	超轻 8
09	19	29	39	49	59	69	—	—	—	—	超轻 9
00	10	20	30	40	50	60	70	90	10	—	特轻 0
01	11	21	31	41	51	61	71	91	11	—	特轻 1
02	12	22	32	42	52	62	72	92	12	22	轻 2
03	13	23	33	—	—	63	73	93	13	23	中 3
04	—	24	34	—	—	—	74	94	14	24	重 4
—	—	—	—	—	—	—	—	95	—	—	特重 5

（3）游隙代号　滚动轴承内、外圈沿径向或轴向的相对移动量，称为轴承的径向或轴向游隙。游隙代号分为/C1、/C2、/C3、/C4、/C5 等组别，游隙数值依次增大。

4. 滚动轴承代号示例

例 1　71405AC/P5 代号中各数字及字母含义如下：

7——轴承类型为角接触球轴承；

14——尺寸系列代号，1 表示为正常宽度，4 表示为重型；

05——内径代号，$d = 25\text{mm}$；

AC——公称接触角 $\alpha = 25°$；

P5——表示公差等级为 5 级。

例 2　6209 代号中各数字含义如下：

6——轴承类型为深沟球轴承；

（0）2——尺寸系列代号，表示宽度为窄（0 省略），2 直径系列为轻型；

09——内径代号，d = 45mm；

公差等级为0级，公差等级代号/P0省略。

第三节　滚动轴承的选择

滚动轴承的选择包括类型选择、尺寸选择和精度选择。通常是先选择轴承类型，然后经过分析、类比及计算，最终确定出轴承的尺寸（型号）。

一、类型选择

选择轴承类型的依据是机器对轴承的使用要求和工作条件，就是根据轴承的工作载荷、转速和轴的刚度等要求，参照同类机器的使用经验，结合各类型轴承的特点进行选择（可参考表15-2）。

1. 载荷和转速

当工作载荷较小、转速较高或旋转精度要求较高时，宜选用球轴承；当载荷较大、有冲击载荷或转速较低时，宜用滚子轴承。

当轴承同时承受径向和轴向载荷，如果以径向载荷为主时，可选用深沟球轴承或接触角较小的角接触球轴承。当轴向载荷较大时，则应选用接触角较大的角接触球轴承或圆锥滚子轴承；也可选用深沟球轴承或圆柱滚子轴承与推力球轴承的组合结构，以分别承受径向和轴向载荷。

2. 轴的刚度

对于难以保证两轴承孔的同轴度的轴，跨距较大的轴或多支点的轴，宜选用调心轴承，并成对使用。

3. 装拆及空间条件

当轴承座没有剖分面、而必须沿轴向安装和拆卸轴承时，应优先选用内、外圈可分离的轴承，如圆柱滚子轴承、圆锥滚子轴承和滚针轴承等。

选择轴承类型有时还会受空间和位置条件的制约：如果径向空间小，应选用特轻、超轻系列轴承或滚针轴承；如果轴向空间小，应选用窄或特窄系列轴承。

4. 经济性

在满足使用要求的前提下，应优先选用价格低廉的轴承。球轴承比滚子轴承便宜，普通结构的轴承比特殊结构的轴承便宜。轴承的精度越高则价格越高，同型号不同公差等级轴承的价格比为P0∶P6∶P5∶P4∶P2 = 1∶1.5∶1.8∶6∶10。在同等精度的轴承中，深沟球轴承的价格最低，应优先采用。

二、尺寸选择（型号选择）

选定轴承类型后，要进行尺寸选择。尺寸选择就是确定轴承内径、直径系列和宽度系列。轴承内径一般根据轴颈直径初步确定。对于直径系列，载荷很小时，可以选择超轻或特轻系列；一般情况下可先选用轻系列或中系列；载荷很大时，可以选择重系列。对于宽度系列，一般情况下可选用正常系列。

第四节　滚动轴承的组合结构设计

为了保证滚动轴承的正常工作，除正确选择轴承的类型和型号外，还必须解决轴承的固定、装拆、调整、配合、润滑和密封等问题，即正确确定轴承的组合结构。

一、滚动轴承的轴向固定

为防止轴在工作时窜动，轴承内、外圈的轴向位置必须固定。下面介绍几种常用的固定方式。

1. 轴承内圈的轴向固定

（1）过盈配合和轴肩固定　如图 15-7a 所示，轴肩和过盈配合能承受较大的单向轴向载荷。

（2）弹性挡圈和轴肩固定　如图 15-7b 所示，弹性挡圈只能承受不大的轴向载荷。

（3）轴端挡圈和轴肩固定　如图 15-7c 所示，适用于轴端切制螺纹有困难、转速高且轴向载荷较大的轴承。

（4）锁紧螺母和轴肩固定　如图 15-7d 所示，适用于两个方向都有较大的轴向载荷和高转速的轴承。

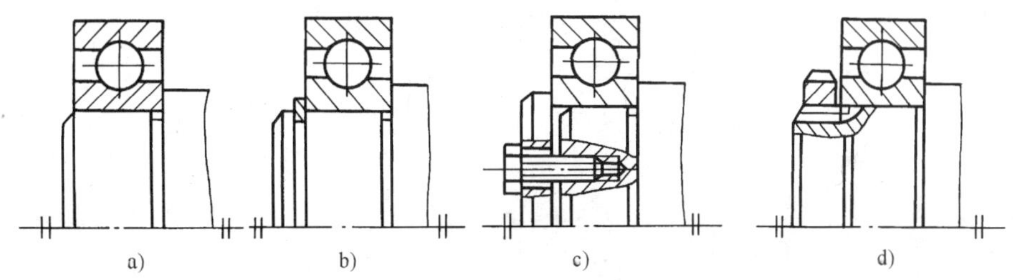

图 15-7　轴承内圈的轴向固定

2. 轴承外圈的轴向固定

（1）轴承盖固定　如图 15-8a 所示，两端轴承盖固定，适用于在高转速下承受大的轴向载荷。

（2）弹性挡圈和机座凸肩固定　如图 15-8b 所示，适用于轴向载荷不大的轴承。

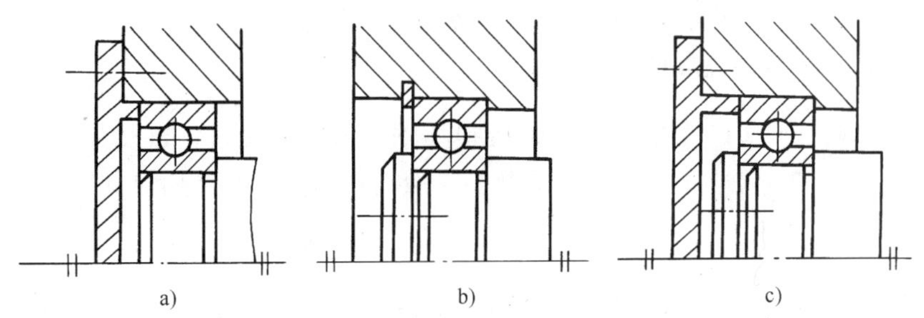

图 15-8　轴承外圈的轴向固定

（3）轴承盖和机座凸肩固定　如图15-8c所示，适用于转速高、轴向载荷大的轴承。

二、滚动轴承的预紧

轴承预紧就是轴承安装后，滚动体和内、外圈处于压紧状态，并使各元件产生一定的弹性变形。预紧可以消除轴承游隙，提高轴承的刚度和旋转精度。对旋转精度和刚度有较高要求的轴承都需要进行预紧，常见的预紧方法如图15-9所示。

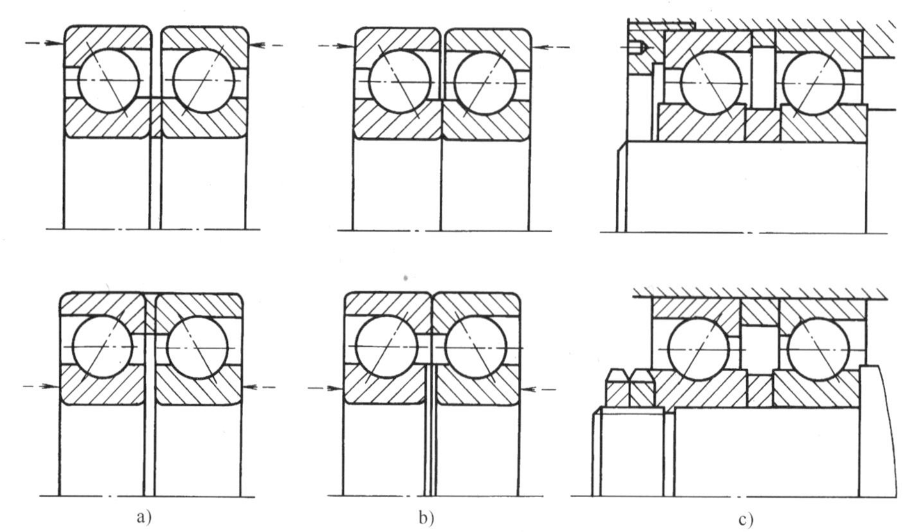

图15-9　轴承预紧方法
a）加金属垫片　b）磨窄套圈　c）用不等厚内、外套筒

三、滚动轴承的配合

由于滚动轴承是标准件，因此轴承外圈与轴承座孔的配合采用基轴制，轴承内圈与轴的配合采用基孔制。与一般圆柱面配合的公差带相比，轴承内孔和外径的上极限偏差为零，下极限偏差为负，所以内圈与轴的配合较紧，而外圈与座孔的配合较松。

选择滚动轴承配合的一般原则是：转速高、载荷大或工作温度高时，选较紧些的配合；经常装拆的轴承或游动套圈，则采用较松的配合。对于与内圈配合的旋转轴，通常用n6、m6、k5、k6、j5、js6；对于与不转动的外圈相配合的座孔，常选用J6、J7、H7、G7等。具体选择可参考实践经验和机械设计手册。

四、滚动轴承的装配和拆卸

滚动轴承的装拆方法必须规范，否则会损坏轴承和相关零件。装拆时要求滚动体不受力，装拆力要对称或均匀地作用在座圈端面上。滚动轴承的组合结构应有利于轴承的装配和拆卸。

1. 轴承的装配

（1）冷压法　使用专用压套压装轴承的内、外圈，如图15-10所示。

（2）热套法　将轴承放入油池中加热至80～100℃，然后套装在轴上。

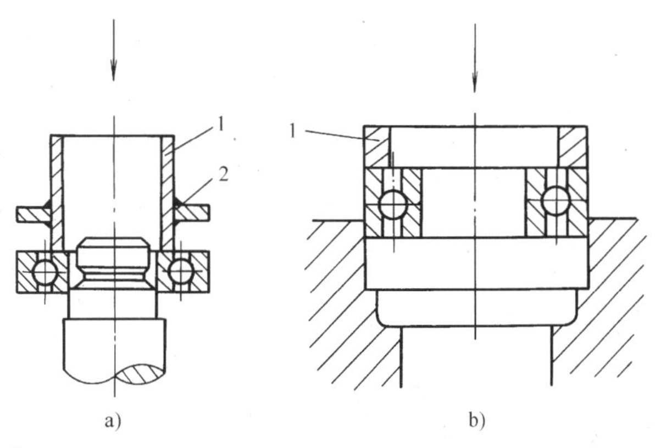

图 15-10　冷压法装配轴承

a）压装内圈　b）压装外圈

1—压套　2—防护片

2. 轴承的拆卸

拆卸时应采用专用压力机或拆卸工具拆卸轴承，如图 15-11a、b 所示。为了便于拆卸，轴上定位轴肩的高度应小于轴承内圈的高度。同理，轴承外圈在套筒内应留出足够的高度和必要的拆卸空间，或在壳体上制出拆卸螺钉用的螺纹孔，如图 15-11c 所示。

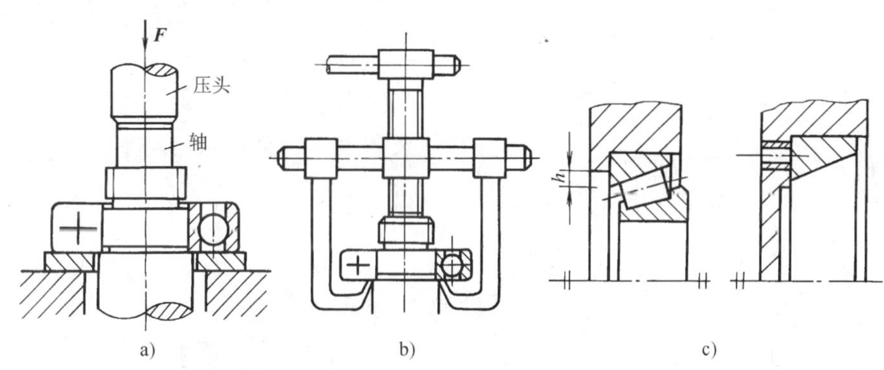

图 15-11　轴承的拆卸

第五节　滑动轴承

由于滑动轴承具有滚动轴承所不能替代的一些优点，因此在很多机械上都有应用。

一、滑动轴承的摩擦状态和分类

根据轴颈与轴承孔间的摩擦状态不同，滑动轴承分为两类。如果工作时轴颈与轴承孔被液体完全隔开，称为液体摩擦滑动轴承，如图 15-12a 所示。液体摩擦滑动轴承的阻力只是液体分子间的内摩擦，所以摩擦因数很小，使用寿命长。但这种轴承必须在一定的条件下才能实现，如建立动压或提供外压，因此结构复杂，制造精度和装配要求高，适用于高速精密机械的重要轴承。

如果工作时轴颈与轴承孔不能被液体完全隔开，局部凸起的部分仍发生直接接触，称为非液体摩擦滑动轴承，如图 15-12b 所示。这种轴承结构简单，制造精度要求较低，使用维护方便，但摩擦因数较大、磨损较快，一般机械中应用的多属于这类滑动轴承。本节将主要介绍非液体摩擦滑动轴承。

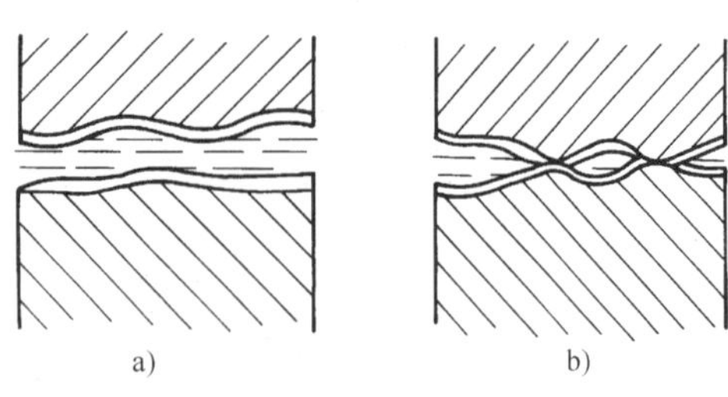

图 15-12　滑动轴承的润滑状态

二、滑动轴承的结构

1. 径向滑动轴承

（1）整体式滑动轴承　如图 15-13 所示，这种轴承结构简单，刚度较大且成本低。但轴套磨损后无法调整间隙，只能更换轴套；轴颈只能从轴承端部装入。因此，这种轴承适用于低速、轻载和间歇工作的场合。整体式滑动轴承已标准化，其结构尺寸可查有关标准。

（2）剖分式滑动轴承　如图 15-14 所示，剖分式滑动轴承的轴承盖和轴承座的剖分面制有阶梯形止口，用以对中和防止横向错动。轴承盖上部开有螺纹孔，用以安装油杯或油管。这种轴承装拆方便，轴瓦磨损后可通过减薄剖分面的垫片厚度来调整轴承间隙，因此应用广泛。剖分式滑动轴承已标准化，其结构尺寸可查有关标准。

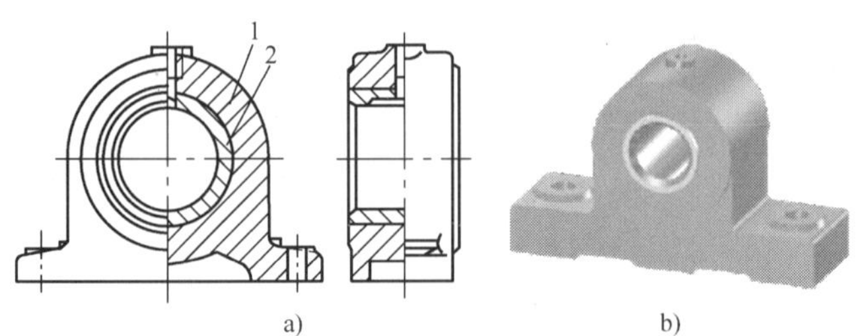

图 15-13　整体式滑动轴承

a）剖视图　b）实物图

1—轴承座　2—轴套

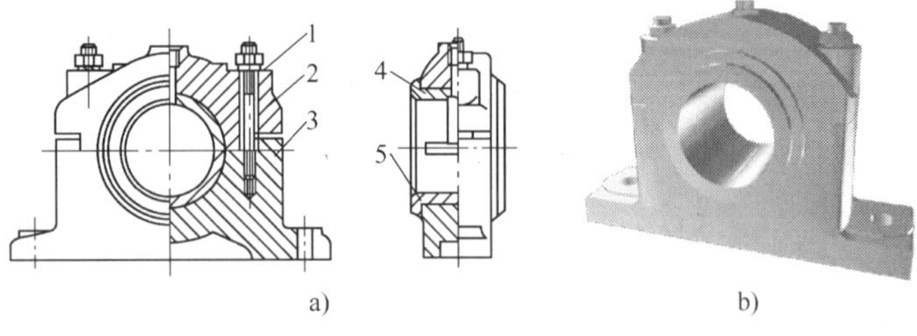

图 15-14　剖分式滑动轴承

a）剖视图　b）实物图

1—双头螺柱　2—轴承盖　3—轴承座　4—上轴瓦　5—下轴瓦

（3）调心式滑动轴承　调心式滑动轴承的结构如图 15-15b 所示。它的特点是轴瓦的支承面为球面，能自动适应轴或机架的变形，以避免如图 15-15a 所示的轴弯曲和偏斜造成局部过度磨损。这种轴承适用于轴承宽度与轴直径比大于 1.5 的场合。

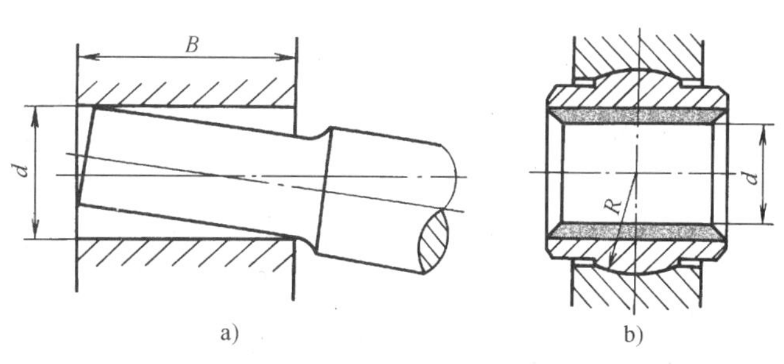

图 15-15　调心式滑动轴承

2. 止推滑动轴承

止推滑动轴承用来承受轴向载荷，分为空心、单环式和多环式。多环式可用于承受大载荷或双向轴向载荷，如图 15-16 所示。

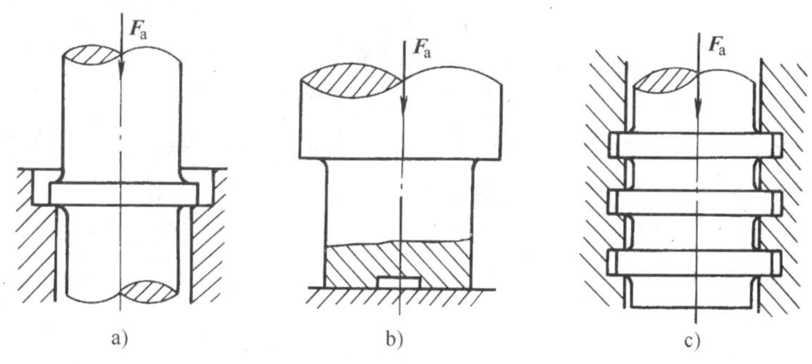

图 15-16　止推滑动轴承

a）单环式　b）空心式　c）多环式

三、轴瓦的结构和材料

轴瓦直接与轴颈接触，其结构和材料对轴承的摩擦、磨损和润滑等性能有很大影响。

1. 轴瓦的结构和减摩层

单层轴瓦分为整体式、剖分式和多块式轴瓦三种，其结构如图 15-17 所示。整体式轴瓦又称为轴套，用于整体式滑动轴承；多块式轴瓦用于大型滑动轴承，便于运输、装配和调整。

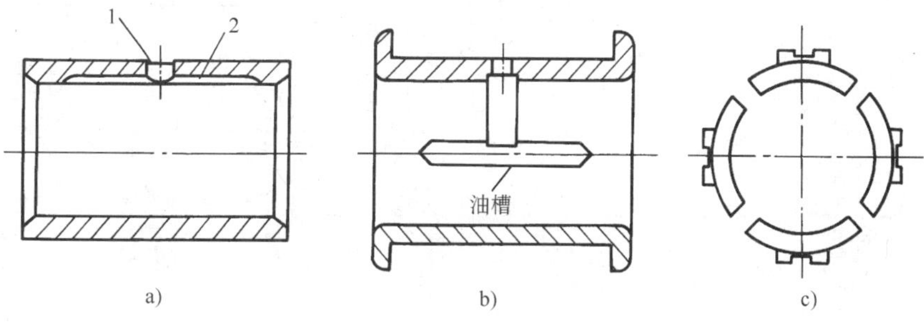

图 15-17　单层轴瓦结构

a）整体式轴瓦　b）剖分式轴瓦　c）多块式轴瓦

1—油孔　2—油槽

为提高轴承的减摩性和耐磨性，常在轴瓦的内表面浇注一层或两层铸造轴承合金，其厚度一般为0.5～6mm，这层材料为减摩层。

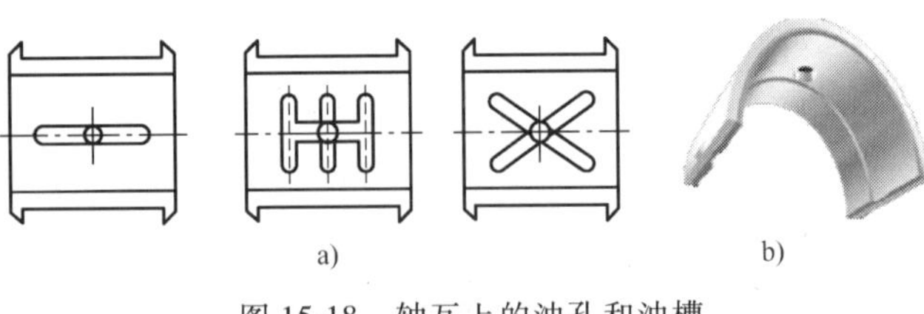

图 15-18 轴瓦上的油孔和油槽
a）剖视图 b）实物图

为了使润滑油引入整个工作面之间，在轴瓦的非承载区需开设油孔和油槽，如图15-18所示。油槽长度一般为轴瓦长度的80%，过长会使润滑油从轴瓦端部大量流失。

2. 轴瓦和减摩层的常用材料

非液体摩擦滑动轴承的主要失效形式是磨损、胶合和疲劳破坏。因此，轴瓦和减摩层的材料应具有足够的强度、一定的塑性，摩擦因数小，耐磨，导热性、磨合性和可加工性良好。实际中没有一种轴瓦材料能全面具备所有性能，因此必须根据具体情况合理选择材料，保证主要性能。常用的轴瓦和减摩层的材料有以下几种。

(1) 轴承合金（又称巴氏合金、白合金） 轴承合金是由锡、铅、锑、铜等组成的合金。其摩擦因数小，抗胶合能力强，塑性和磨合性能好，但价格高、强度低，只宜用作双金属轴瓦的减摩层。

(2) 铜基合金 铜基轴承合金具有较高的机械强度和较好的减摩性、耐磨性，是最常用的单层轴瓦材料。

(3) 铸铁 有普通灰铸铁和球墨铸铁等。铸铁轴瓦的主要优点是价廉、耐磨性好，但质脆，磨合性差，宜用于轻载、低速和无冲击的场合。

(4) 粉末冶金材料 粉末冶金材料是用铜、铁、石墨等粉末经高压成形和烧结成的多孔隙轴瓦材料。其价格低廉、耐磨性好，韧性差，可制作含油轴承，适用于轻载、低速和加油困难的场合，或要求清洁的食品、纺织等机械上。

(5) 非金属材料 可用作轴瓦的非金属材料有塑料、硬木、橡胶、石墨以及一些合成材料。非金属材料易成形，成本低，抗振动，对润滑无要求，在家电、轻工、玩具、小型食品机械中应用较为广泛。

部分常用的金属轴瓦和减摩层材料及性能见表15-6。

表 15-6 常用金属轴瓦和减摩层的材料及性能

材料	牌号	$[p]$ /MPa	$[v]$ /$m \cdot s^{-1}$	$[pv]$ /($MPa \cdot m \cdot s^{-1}$)	应用
铸锡锑轴承合金	ZSnSb11Cu6	25	80	20	用于高速、重载下工作的重要轴承，作双金属轴瓦的减摩层，变载荷下易疲劳，价格高
	ZSnSb8Cu4	20	60	15	
铸铅锑轴承合金	ZPbSb16Sn16Cu2	15	12	10	用于中速中载，作双金属轴瓦的减摩层，不宜受较大冲击，可作为铅基轴承合金的代用品
	ZPbSb15Sn5Cu3Cu2	5	8	5	
铸造铜基轴承合金	ZCuSn10P1	15	10	15	用于中速重载及受变载荷的轴承
	ZCuSn5Pb5Zn5	5	3	10	用于中速中载的轴承
	ZCuPb30	25	12	30	用于高速重载轴承，能承受变载荷和冲击载荷
	ZCuAl10Fe3	15	4	12	用于润滑充分的低速、重载轴承
铸铁	HT300	0.1～6	3～0.75	0.3～0.45	用于低速、轻载的不重要轴承，价廉

15 CHAPTER

四、滑动轴承的润滑

润滑对减少摩擦和磨损非常重要，同时还可以起到冷却、吸振、防尘和防锈等作用。

1. 润滑剂及选用

（1）润滑油　粘度是润滑油的主要性能指标，用以表征流体内部的摩擦阻力大小，也是润滑油牌号的区分标志。润滑油的粘度随温度升高而降低。

大多数滑动轴承采用润滑油润滑。润滑油的选择应考虑轴承的载荷、速度、工作情况以及摩擦表面的状况等因素。在轴承载荷大、有冲击、温度高、工作表面粗糙等情况下，宜选用粘度大的润滑油；载荷小、轴径转速高时，宜选用粘度较小的润滑油。选用润滑油可参考表 15-7。

表 15-7　滑动轴承的润滑油牌号(GB443—1989)选择(工作温度 10 ~ 60℃)

轴颈圆周速度/(m/s)	轻载 $p<3$MPa		中载 $p=3\sim7.5$ MPa		重载 $p=7.5\sim30$MPa	
	运动粘度 $\nu_{40}/\mathrm{mm^2\cdot s^{-1}}$	适用油牌号	运动粘度 $\nu_{40}/\mathrm{mm^2\cdot s^{-1}}$	适用油牌号	运动粘度 $\nu_{40}/\mathrm{mm^2\cdot s^{-1}}$	适用油牌号
0.3 ~ 1.0	60 ~ 80	L-AN46, L-AN68	85 ~ 115	L-AN	10 ~ 20	L-AN100 L-AN150
1.0 ~ 2.5	40 ~ 80	L-AN46, L-AN68	65 ~ 90	L-AN100 L-AN150		
5.0 ~ 9.0	15 ~ 50	L-AN15, L-AN22				

注：L－AN 全损耗系统用油，俗称机油。

（2）润滑脂　润滑脂是由润滑油添加各种稠化剂（如钙、钠、锂等金属皂）混合制成的，俗称为黄油。润滑脂的主要性能指标是针入度和滴点，针入度用以表征润滑脂的稀稠程度，滴点用以表征润滑脂的耐热性。

对于相对速度 $v\leqslant 2$m/s 的轴承，或不便采用润滑油的场合，可采用润滑脂润滑。具体可根据工作条件参考表 15-8 选用。

轴承在高温介质或低速重载的工作条件下时，宜选用固体润滑剂，如石墨和二硫化钼等。

表 15-8　滑动轴承润滑脂（GB491—1987）的选择

轴承压强/MPa	轴颈圆周速度/（m/s）	最高工作温度/℃	选用润滑脂牌号
<1.0	≤1.0	75	钙，锂基脂 L-XAAMHA3，ZL-3
1.0 ~ 6.5	0.5 ~ 5.0	55	钙，锂基脂 L-XAAMHA2，ZL-2
> 6.5	≤0.5	75	钙，锂基脂 L-XAAMHA3，ZL-3
≤6.5	0.5 ~ 5.0	120	钠、锂基脂 L-XAAMHG2，ZL-2
1.0 ~ 6.5	≤0.5	110	钙、钠基脂 ZGN-2
1.0 ~ 6.5	≤1.0	50 ~ 100	锂基脂 ZL-3

2. 润滑方法及润滑装置

滑动轴承常用的润滑方法有以下几种。

（1）间歇式供油润滑　间歇式供油多由人工手动加注润滑油和润滑脂，这种润滑方法只适用于低速、轻载和不重要部位。图 15-19 所示为几种常用的间歇式供油油杯形式。

（2）连续式供油润滑　对于需要保持连续润滑的场合，常采用图 15-20 所示的方式补充

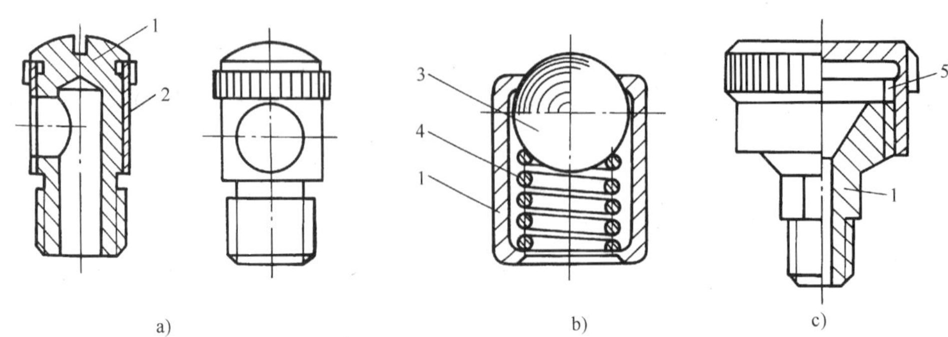

图 15-19　油杯形式

a）旋套式注油杯　b）压配式压注油杯　c）旋盖式油杯

1—杯体　2—旋套　3—钢球　4—弹簧　5—旋盖

润滑油和润滑脂。连续供油润滑比较可靠，适用于中、高速传动场合。

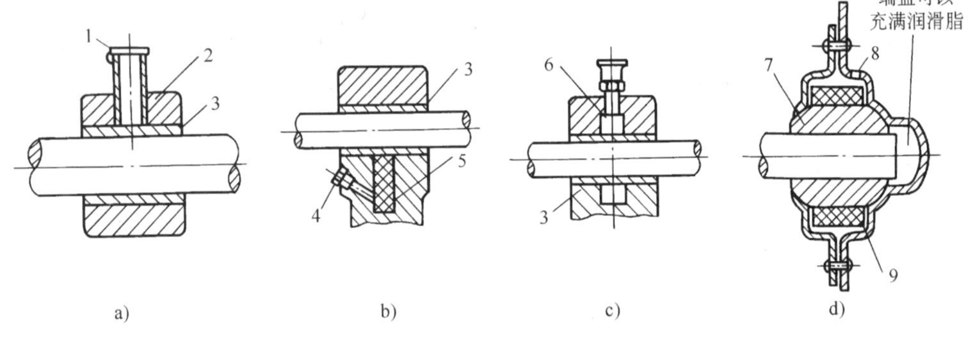

图 15-20　润滑剂补充装置结构

1—油杯　2—机壳　3—轴承　4—油塞　5—油池中的毛毡

6—贮油室　7—调心含油轴承　8—油孔　9—泡油的毛毡

（3）压力循环润滑　如图 15-21 所示，润滑油泵将具有一定压力的油经油路输入轴承，润滑油经轴承两端流回油池。这种方法的供油量充足、润滑可靠，并有冷却和冲洗轴承的作用，常用于重载、高速和载荷变化较大的轴承中。

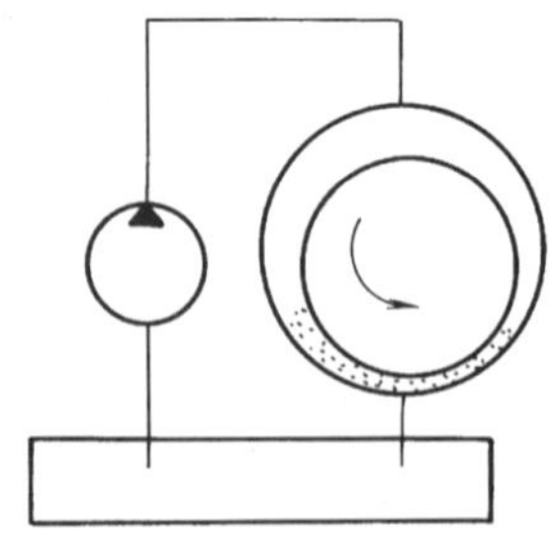

图 15-21　压力循环润滑示意图

思考题与习题

一、多选填空题：本题的可选答案中，有 2～4 个是正确的，请将正确答案号填到空格里。

15-1　滚动轴承的基本零件是________。

a）内圈　b）外圈　c）滚动体　d）保持架

15-2　有时为简化结构，滚动轴承可以省去________。

a）内圈　b）外圈　c）滚动体　d）保持架

15-3　下列轴承中，只能承受径向载荷的是________。

a）圆柱滚子轴承　b）滚针轴承　c）推力球轴承　d）深沟球轴承

15-4　下列轴承中，可以用来同时承受径向载荷和轴向载荷是________。

a）圆柱滚子轴承　b）圆锥滚子轴承　c）推力球轴承　d）深沟球轴承

15-5　具有调心作用的轴承类型代号为________。

a）10000　b）20000　c）30000　d）60000

15-6　对于同一类型、不同直径系列的滚动轴承，其区别在于________。

a）外径相同时，内径大小不同　b）直径相同时，滚动体大小不同

c）内径相同时，外径大小不同　d）直径相同时，滚动体数量不同

15-7　深沟球轴承应用的场合是________。

a）主要承受径向载荷和不大的轴向载荷　b）有较大的冲击

c）长轴或变形较大的轴　d）主要承受径向载荷且转速较高

15-8　在下列轴承中，径向载荷承载能力较大的有________。

a）NA210　b）6210　c）6010　d）N210

15-9　滚动轴承预紧的目的是________。

a）提高轴承寿命　b）提高轴承旋转精度　c）提高轴承强度　d）增加轴承刚度

15-10　载荷平稳、经常运转的滚动轴承，其主要失效形式有________。

a）疲劳点蚀　b）磨损　c）永久变形　d）破碎

15-11　滚动轴承内圈的轴向定位和固定方式有________。

a）轴肩和过盈配合　b）弹性挡圈和轴肩　c）轴肩和轴端挡圈　d）轴肩和锁紧螺母

15-12　非液体摩擦滑动轴承适用于________的工作场合。

a）旋转精度要求不高且转速低　b）旋转精度要求高且转速高

c）重载且转速高　d）旋转精度要求不高且载荷变动大

15-13　滑动轴承润滑剂的选择根据________。

a）轴承的大小　b）承载的大小　c）轴径的圆周速度　d）工作温度高低

15-14　滚动轴承的优点是________。

a）起动灵敏　b）承受冲击载荷能力强

c）润滑和维护方便　d）高速时噪声小

15-15　滑动轴承的优点是________。

a）承受冲击载荷能力　b）噪声小　c）旋转精度高　d）互换性好

二、选择填空题：请将最恰当的一个答案的题号填到空格里。

15-16　当尺寸相同时，下列轴承轴向载荷承载能力最大的是________。

a）深沟球轴承　b）滚针轴承　c）圆锥滚子轴承　d）推力球轴承

15-17　当尺寸相同时，下列轴承中极限转速最高的是________。

a）深沟球轴承　b）推力球轴承　c）圆锥滚子轴承　d）调心球轴承

15-18　决定角接触球轴承轴向承载能力最主要的因素是________。

a）轴承宽度　b）轴承精度　c）滚动体数　d）公称接触角大小

15-19　宽度系列为正常，直径系列为轻，内径为30mm的深沟球轴承，其代号是________。

a）6306　b）6206　c）6006　d）61206

15-20　内径45mm、接触角25°、宽度系列为窄、直径系列为中的角接触球轴承代号是________。

a）7309AC　　b）7209AC　　c）6309B　　d）6409B

15-21 滚动轴承的精度分为________个等级。

a）7　　b）6　　c）5　　d）4

15-22 滚动轴承应用最广泛的是________精度。

a）/P0　　b）/P2　　c）/P6　　d）/P6x

15-23 当滚动轴承的润滑和密封良好、不转动或转速极低时，其主要失效形式是________。

a）胶合　　b）永久变形　　c）疲劳点蚀　　d）保持架损坏

15-24 当滚动轴承的润滑和密封不良、使用不当时，其主要失效形式是________。

a）疲劳点蚀　　b）永久变形　　c）胶合　　d）磨损和破碎

15-25 滚动轴承应采用的配合制度是________。

a）内圈与轴和外圈与轴承座孔都采用基孔制

b）内圈与轴和外圈与轴承座孔都采用基轴制

c）内圈与轴采用基孔制，外圈与轴承座孔采用基轴制

d）内圈与轴采用基轴制，外圈与轴承座孔采用基孔制

15-26 6312轴承内圈的内径是________。

a）12mm　　b）312mm　　c）6312mm　　d）60mm

15-27 载荷平稳、工作转速高的直齿圆柱齿轮减速器，宜选________轴承。

a）深沟球轴承　　b）角接触球轴承　　c）圆柱滚子轴承　　d）圆锥滚子轴承

15-28 起重机吊钩应选用________轴承。

a）角接触球轴承　　b）推力球轴承　　c）角接触球轴承　　d）深沟球轴承

15-29 一般中小型电动机应选用________轴承。

a）深沟球轴承　　b）调心球轴承　　c）圆柱滚子轴承　　d）调心滚子轴承

15-30 剖分式滑动轴承的特点是________。

a）能自动调心　　b）装拆方便，轴瓦磨损后间隙可调整

c）结构简单，制造方便，价格低廉

d）装拆不方便，装拆时必须作轴向移动

15-31 当要求滑动轴承能自动适应轴的变形时，应选________轴承。

a）整体式径向轴承　　b）剖分式径向轴承　　c）调心径向轴承　　d）止推轴承

15-32 润滑点多而集中的内燃机，常采用的润滑方法是________。

a）脂润滑　　b）间歇式供油润滑　　c）压力循环润滑　　d）油雾润滑

15-33 某直齿轮减速器，工作转速较高、载荷平稳，选用________较为合适。

a）深沟球轴承　　b）角接触球轴承　　c）推力球轴承　　d）调心球轴承

15-34 下列滚动轴承中，________的极限转速较高。

a）深沟球轴承　　b）角接触球轴承　　c）推力球轴承　　d）调心球轴承

15-35 同时能承受较大的轴向载荷和径向载荷的滚动轴承是________。

a）深沟球轴承　　b）角接触球轴承　　c）推力球轴承　　d）调心球轴承

15-36 若轴上受力为纯轴向载荷，没有径向载荷，应选用________。

a）深沟球轴承　　b）角接触球轴承　　c）推力球轴承　　d）调心球轴承

15-37 一根轴采用一对滚动轴承支承，其承受的载荷为径向力和较大的轴向力，并且有冲击，振动较大，宜选择________。

a）深沟球轴承　　b）角接触球轴承　　c）圆锥滚子轴承　　d）圆柱滚子轴承

15-38 为适应不同承载能力的需要，规定了滚动轴承的不同直径系列，不同直径系列轴承的区别是________。

a）外径相同而内径不同　b）外径不同而内径相同　c）内、外径均相同　d）内、外径均不同

15-39　为适应不同承载能力的需要，规定了滚动轴承的不同宽度系列，不同宽度系列轴承的区别是________。

a）外径相同而内径不同　b）外径不同而内径相同　c）内、外径均相同，轴承宽度不同

d）内、外径均不同，轴承宽度相同

三、判断题

15-40　保持架的作用是避免相邻滚动体相互碰撞并减小磨损。（　）

15-41　滚动轴承的类型要根据载荷、转速、轴的刚度、经济性等要求进行选择。（　）

15-42　在承受较大径向力和轴向力且有冲击的场合，宜选用圆锥滚子轴承。（　）

15-43　为防止轴在工作时窜动，滚动轴承内、外圈的轴向位置必须固定。（　）

15-44　一般机械中应用的滑动轴承大多是非液体摩擦滑动轴承。（　）

15-45　轴承合金摩擦因数小，塑性和磨合性能好，宜用作轴瓦。（　）

15-46　非液体摩擦滑动轴承载荷小、轴径转速高时，宜选用粘度较大的润滑油。（　）

15-47　间歇式供油适用于低速、轻载和不重要部位轴承的润滑。（　）

15-48　对于承受重载及变载荷的中速滑动轴承，应采用 ZSnSb11Cu6 材料。（　）

15-49　主要承受径向载荷，又要承受少量的轴向载荷且转速较高时，宜选用深沟球轴承。（　）

15-50　当轴在工作过程中弯曲变形较大时，应选用具有调心性能的调心轴承。（　）

15-51　滚动轴承尺寸系列代号表示轴承内径和外径尺寸的大小。（　）

15-52　为了保证润滑，油沟应开在轴承的承载区。（　）

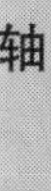

第十六章　轴及轴系

轴是组成机器的重要零件之一。轴的主要功能是支承齿轮或带轮等传动零件和轴上其他零件，并传递运动和动力。同时，它又通过轴承被支承在机架上。轴受力后的主要变形是扭转变形、弯曲变形和弯扭组合变形。

第一节　轴的分类及轴的材料选择

一、轴的分类

按轴所承受载荷不同，可以分为：

（1）心轴　主要承受弯矩作用的轴。按心轴工作时是否随轴上零件一起转动可分为转动心轴和固定心轴。转动心轴工作时随轴上零件一起转动，轴上所产生的弯曲应力为对称循环交变应力，如铁路机车的车轮轴（图 16-1）。固定心轴工作时不转动，轴上所产生的弯曲应力为静应力，如自行车的前轮轴（图 16-2）。

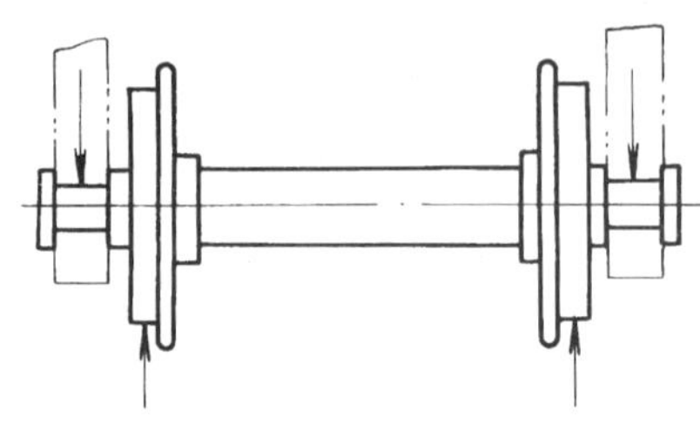

图 16-1　转动心轴

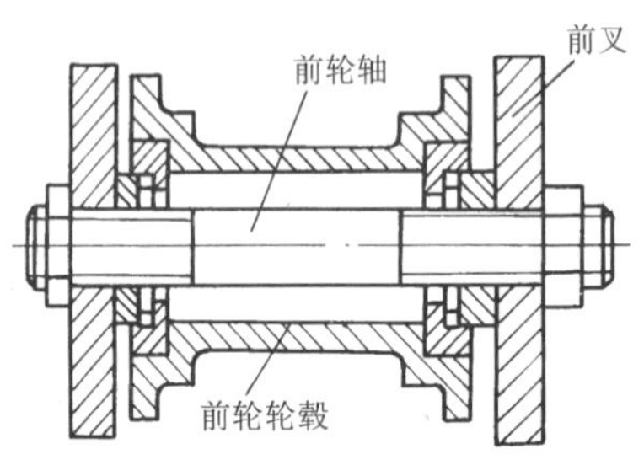

图 16-2　固定心轴

（2）传动轴　主要承受扭转载荷的轴，如汽车上连接变速箱和后桥的轴（图 16-3）。

（3）转轴　既承受弯曲载荷又承受扭转载荷的轴，如齿轮减速器中的轴（图 16-4）。

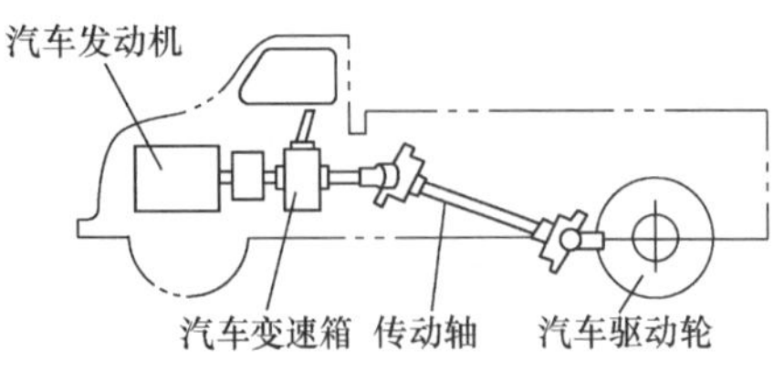

图 16-3　传动轴

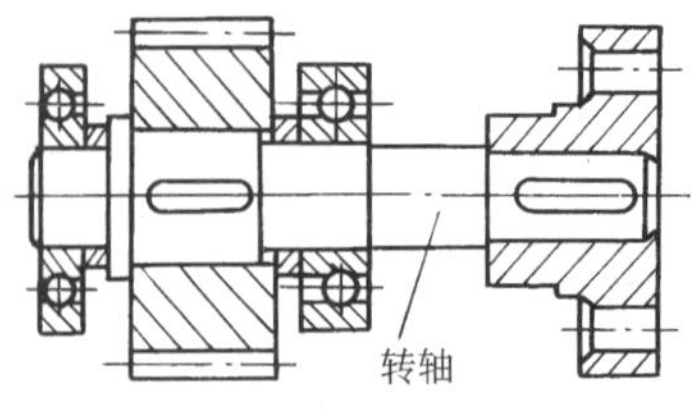

图 16-4　转轴

按轴线形状不同，可以分为：

（1）直轴　如心轴和传动轴（图 16-1 ~ 图 16-3）等。

按照形状不同，直轴可以分为光轴，阶梯轴和空心轴三类。

光轴的各截面直径相等（图 16-5a）。其加工方便，但轴上零件定位困难，应用较少。

阶梯轴的各截面直径不等，呈阶梯状（图 16-5b）。轴上零件容易定位，便于装拆，可以按等强度设计，故机械中常用。但是阶梯轴的加工比光轴复杂。

空心轴（图 16-5c）往往是大直径轴。空心轴可以减轻轴的重量；在相同重量下，空心轴比实心轴的刚度高；此外，空心轴的内孔可以用于输送液体、工件和微小机构等。车床主轴就是典型的空心轴。

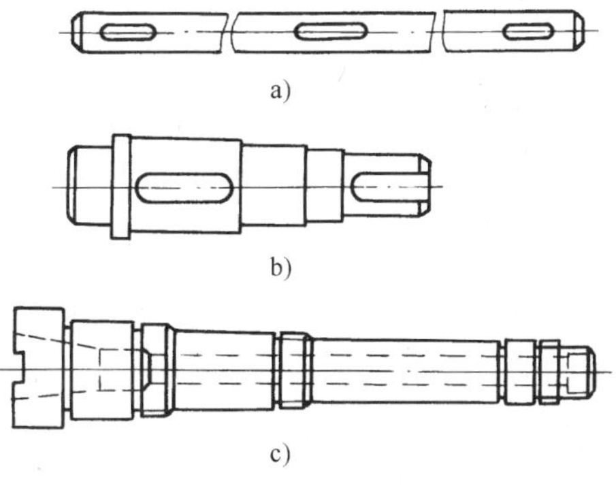

图 16-5　直轴

a）光轴　b）阶梯轴　c）空心轴

（2）曲轴　用于将直线往复运动转换为旋转运动或将旋转运动转换为直线往复运动的轴，如汽车发动机曲轴、内燃机曲轴等（图 16-6）。

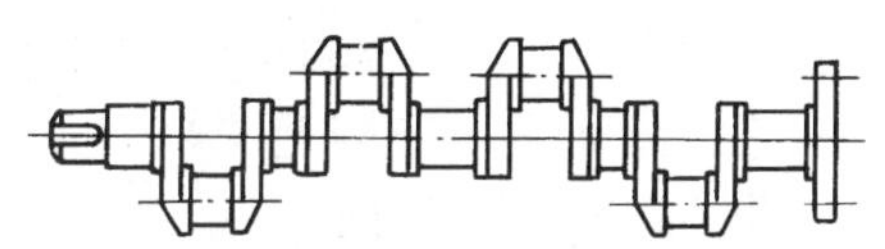
图 16-6　曲轴

（3）挠性钢丝轴　是由几层紧贴在一起的钢丝层构成的（图 16-7）。挠性好，可以在传递转矩的同时在一定范围内改变轴线方向，将运动灵活地传递到指定位置。但传递的转矩较小，且不能承受弯矩，主要用于以传递运动为主的机械装置中，如装配流水线上的电动螺纹扳手和医疗器械等。

二、轴设计的基本准则和一般设计步骤

由于轴是机械中支承传动零件传递运动和动力的重要零件，所以，轴的质量好坏直接影响整台机械设备的工作质量。因此，应重视轴的设计、制造质量。

不同机械对轴的性能要求不同，一般情况下，轴设计的基本准则为：①具有足够的强度和刚度，以满足承载能力的要求。②具有合理的结构和良好的工艺性，以满足轴上零件的轴向定位和周向定位的要求。③具有良好的振动稳定性和耐磨性等。

轴的设计步骤一般随实际情况而有所不同。但基本上应有如下几个步骤：

1）根据工作要求选择材料。

2）按扭转强度或用类比法估算轴的最小直径。

3）进行轴的结构设计。

4）进行轴的强度校核。

5）进行轴的刚度校核。

6）绘制轴的零件图。

三、轴的材料及其选择

由于轴在工作时多承受交变载荷，所以轴的失效一般是疲劳断裂，约占失效总数的 40% ~50%。因此，轴的材料应具有足够的疲劳强度、较小的应力集中敏感性，同时还必须具有足够的刚度、耐磨性、耐蚀性和良好的机械加工工艺性。

轴的常用材料主要是碳素钢和合金钢，也有些大型低速轴采用铸铁。

由于碳素钢价格低于合金钢，对应力集中的敏感性小，且可以用热处理的方法提高碳素钢的耐磨性和抗疲劳强度，故广泛采用碳素钢制造轴。常用的碳素钢有35、45、50优质碳素结构钢，其中最常用的是45钢。受力较小的轴也常采用Q235A、Q275等普通碳素钢。

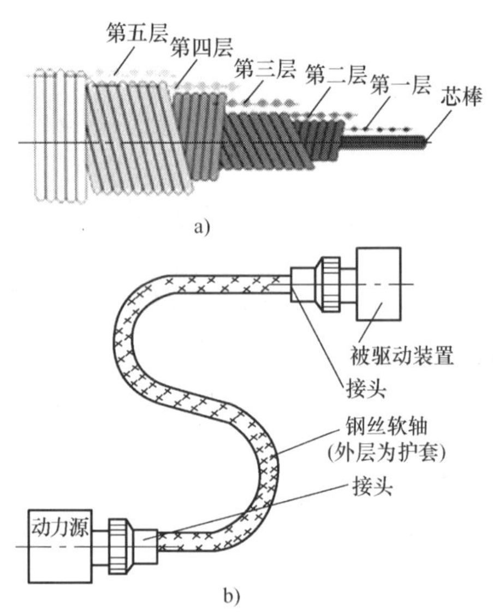

图16-7 挠性钢丝轴

合金钢比碳素钢具有更高的力学性能和更好的热处理性能，但对应力集中的敏感性强，价格较高，主要用于强度或耐磨性要求较高，以及恶劣温度环境或腐蚀环境下工作的轴。

合金铸铁和球墨铸铁具有良好的加工工艺性，吸振性、耐磨性好，对应力集中的敏感性较小，且价格低廉，因而常用于制造形状复杂的轴，如曲轴、凸轮轴等。但铸造质量不易控制。

轴的毛坯选择：直径较小的一般轴，常选用轧制圆钢；直径差较大或重要的轴，应选用锻造毛坯；对于大型的低速轴，也可选用铸件。

轴的常用材料及其主要力学性能见表16-1。

表16-1 轴的常用材料及其主要力学性能

材料及热处理	毛坯直径/mm	布氏硬度 HBW	抗拉强度 σ_b	屈服点 σ_s	抗弯强度 σ_{-1}	应用说明
			MPa			
Q235			440	240	200	用于不重要或载荷不大的轴
35钢正火	≤100	149~187	520	270	250	有好的韧性和适当的强度，可做一般曲轴、转轴等
45钢正火	≤100	170~217	600	300	275	用于较重要的轴，应用最为广泛
45钢调质	≤200	217~255	650	360	300	
40Gr调质	25		1000	800	500	用于载荷较大，但无很大冲击的轴
	≤100	241~286	750	550	350	
	>100~300	241~266	700	550	340	
40MnB调质	25		1000	800	485	性能接近于40Gr，用于重要的轴
	≤100	241~286	750	500	335	
35GrMo调质	≤100	207~269	750	550	390	用于重载荷的轴
20Gr渗碳淬火回火	15	表面 56~62HRC	850	550	375	用于要求强度、韧性及耐磨性均较高的轴
	≤100		650	400	280	

四、轴径的估算

估算轴的直径有两种方法。

（1）类比法　类比法是根据轴的工作条件和所传递的转矩，选择与其类似的，已长时间稳定工作的轴进行类比，从而确定轴的直径和结构，并绘制出轴的零件图。用类比法估算轴的直径时一般不进行强度计算，完全依靠资料和设计者的经验，设计结果比较可靠，同时缩短了设计周期，因而类比法较为常用。这种方法具有一定的盲目性。

（2）计算法　计算法是只按轴所承受的转矩 T 来计算轴的直径。由于轴的结构参数没有确定，弯矩对轴径的影响则用降低许用扭转切应力 $[\tau]$ 的方法予以考虑。由材料力学可知，圆截面轴扭转时的抗扭强度为

$$\tau = \frac{T}{W} = \frac{T}{0.2d^3} \leqslant [\tau] \tag{16-1}$$

式中　τ、$[\tau]$——轴的扭转切应力和许用扭转切应力（MPa）；

T——工作转矩（N·mm）；

W——轴的抗扭截面系数（mm^3）；

d——轴的估算直径（mm）。

由上式可得轴径的计算公式为

$$d \geqslant \sqrt[3]{\frac{T}{0.2[\tau]}} = \sqrt[3]{\frac{9.55 \times 10^6 P}{0.2[\tau]n}} = C\sqrt[3]{\frac{P}{n}} \tag{16-2}$$

式中　P——轴传递的功率（kW）；

n——轴的转速（r/min）；

C——与许用切应力$[\tau]$有关的系数，$C=(9.55\times10^6/0.2[\tau])^{-3}$，其值见表16-2。

对于空心轴，其计算公式为

$$d \geqslant C\sqrt[3]{\frac{P}{n(1-\alpha^4)}} \tag{16-3}$$

式中　α——空心轴的内径 d_1 与外径 d 之比，即 $\alpha=d_1/d$，通常取 $\alpha=0.5\sim0.6$。

常用材料的 $[\tau]$ 值及 C 值可查表16-2。

表16-2　常用材料 $[\tau]$ 值及 C 值

轴的材料	Q235，20钢	35钢	45钢	40Gr，35SiMn
$[\tau]$ /MPa	12～20	20～30	30～40	40～52
C	160～135	135～118	118～107	107～98

由式（16-2）求得的轴径，一般作为轴承受转矩段的最小直径。当该段轴的断面上开有键槽时，应增大轴径以补偿键槽对轴的强度的削弱。当有一个键槽时，轴径应增大3%～5%；有两个键槽时，轴径应增大7%～10%。最后将计算结果圆整成轴径的标准值。

当最小直径确定后，可按轴的结构要求和承载能力的要求逐段确定阶梯轴的各段直径和长度。

第二节 轴的结构设计

轴的结构设计的目的，是确定轴的结构形状和尺寸。由于影响轴的结构的因素很多，故轴的结构设计具有较大的灵活性和多样性，但应满足如下要求：

1）轴和轴上的零件要有准确的工作位置（轴向和周向的定位与固定）。

2）轴上的零件应便于装拆和调整。

3）轴的直径应适合所配合零件的标准尺寸。

4）轴应具有良好的加工工艺性。

5）合理布局轴的受力位置，提高轴的刚度和强度。

6）轴的结构应尽量减小应力集中以提高疲劳强度。

此外，为节省材料和减轻重量，轴的尺寸在满足刚度和强度的要求的同时应尽量小。通常，由于要满足轴的上述种种要求，轴的结构多数是阶梯轴。

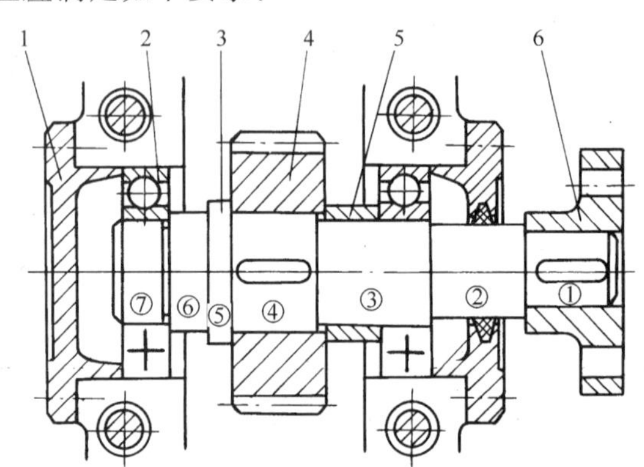

图16-8 阶梯轴的典型结构
1—轴承盖 2—轴承 3—轴 4—齿轮
5—套筒 6—半联轴器

图16-8是阶梯轴的典型结构。轴上各直径段的名称为：安装轮毂的轴段称为轴头（图16-8的①、④段）；安装轴承的轴段称为轴颈（图16-8的③、⑦段）；连接轴头和轴颈的轴段称为轴身（图16-8的②、⑥段）；图16-8的⑤段称为轴环；直径不等的相邻两轴段之间的环型轴端称为轴肩。

设计轴的结构时，主要考虑以下几个方面。

一、拟定轴上零件装配方案

如图16-9所示，装配方案不同，轴的结构也随之变化。由于轴套较短，图16-9c所示的结构好于图16-9d所示的结构。

二、各轴段直径和长度的确定

利用轴的直径估算法确定了轴的最小直径 d_{min}后，其他各轴段的直径可以根据设计者的经验或通过查阅《机械零件设计手册》来确定。轴的直径的确定应有利于轴上零件的装拆和加工。一般取轴肩的高度 $h\approx1\sim2$mm；与其他零件配合处的直径应取标准直径系列尺寸；与标准零件（如轴承、联轴器等）配合处的直径，必须符合标准零件的系列尺寸值。

如图16-9a所示，轴的长度由半联轴器、轴承盖、轴承座宽度、齿轮宽度以及上述几个部分的空隙组成。

如图16-9b所示，各轴段的长度则根据轴的总长、半联轴器、轴承盖、轴承宽度、齿轮宽度以及上述几个部分的空隙计算确定。

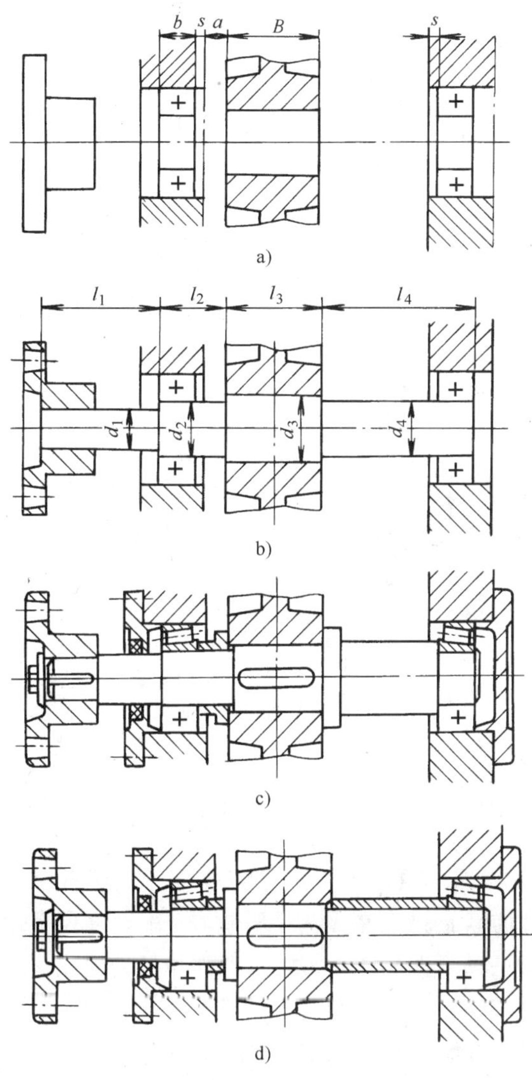

图 16-9 轴上零件装配方案

三、轴上零件的定位和固定

1. 轴上零件的周向固定

为了传递运动和转矩，轴和轴上的零件必须沿圆周方向固定。采用何种周向固定方式，要根据载荷的性质和大小、轮毂与轴的对中性要求和重要性等因素来决定。常用的周向固定的方法如下。

（1）平键联接（图 16-10a） 结构简单，制造容易，装拆方便，对中性较差，适用于传递中等大小的转矩，对中性要求一般的场合，如齿轮、带轮、蜗轮与轴的联接。平键联接的国家标准见 GB/T 1096—2003 和 GB/T 1097—2003。

（2）花键联接（图 16-10b） 承载能力强，定心精度高，导向性好，制造较困难，成本较高，适用于传递较大转矩，对中性要求较高或零件在轴上滑移时要求导向性好的场合，多用于轴上滑移零件的周向固定，如在金属切削机床的变速箱中应用十分广泛。

（3）销联接（图 16-10c）　应用于固定受力不大、不太重要的轴上零件。常用的有圆柱销和圆锥销，其中圆锥销固定可靠，应用较多。

此外还有过盈配合联接（图 16-10d）和成形联接（图 16-10e）等。

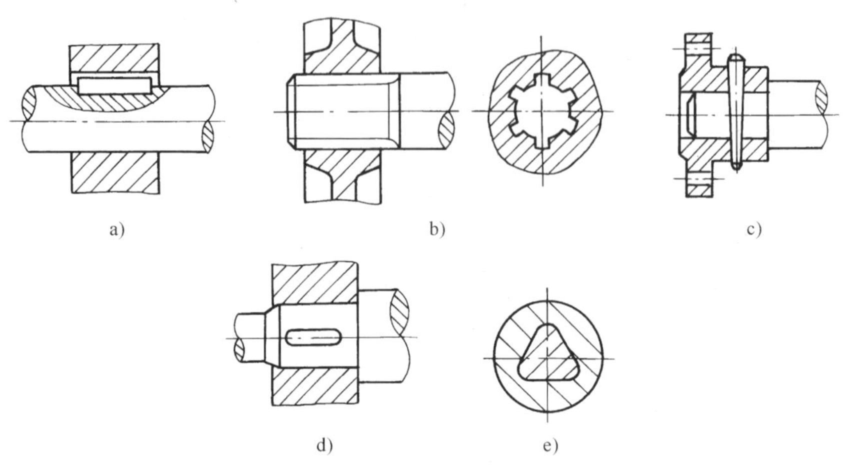

图 16-10　轴上零件周向固定方法

2. 轴上零件的轴向固定

为了使轴上的零件沿轴向安装位置确定，必须对轴上的零件进行轴向固定。轴向固定的方法介绍如下。

（1）轴肩与轴环定位（图 16-11a）　为保证定位准确可靠，应使定位轴肩根部的过渡圆角 r 小于配合零件孔端的过渡圆角 R 或孔端倒角 C，配合零件孔端的过渡圆角 R 或孔端倒角 C 应小于定位轴肩的高度 h。即 $r<C<h$ 或 $r<R<h$。为便于滚动轴承内圈的装拆，滚动轴承定位轴肩的高度应低于滚动轴承内圈端面的高度。定位轴肩的高度 h 一般取（2～3）C 或 $h=$（0.07～0.1）d（d 为配合处的轴径）。轴环宽度 $b\approx 1.4h$（图 16-11a）。详见相关机械零件设计手册。

（2）套筒定位（图 16-11b）　应用于轴上两相邻零件间的定位，应用较广泛。

（3）轴承端盖定位（图 16-11c）　用于整个轴的最终定位。用改变调整垫片厚度的方法来调整轴和轴上零件的位置。

（4）轴端挡圈定位（图 16-11d）　轴外伸端零件的固定。螺钉采用止动垫片防松。

（5）圆锥面定位（图 16-11e），定心精度高，抗振，可传递转矩，与轴端挡圈联合使用。

（6）圆螺母定位（图 16-11f）　可承受较大的轴向力，可进行大行程的间隙调整。止动垫圈或双螺母防松。

（7）弹性挡圈定位（图 16-11g）　承受轴向力较小，便于拆装，与轴肩联合使用。

（8）紧定螺钉与锁紧挡圈定位（图 16-11h）　承受轴向力较小，不宜应用于高速轴上。

在轴上零件轴向固定的方法确定后，各轴段的直径和长度才能最后确定（图 16-9c）。应当注意，配合部位的直径应符合标准系列；与联轴器和齿轮等传动件配合轴段的长度应分

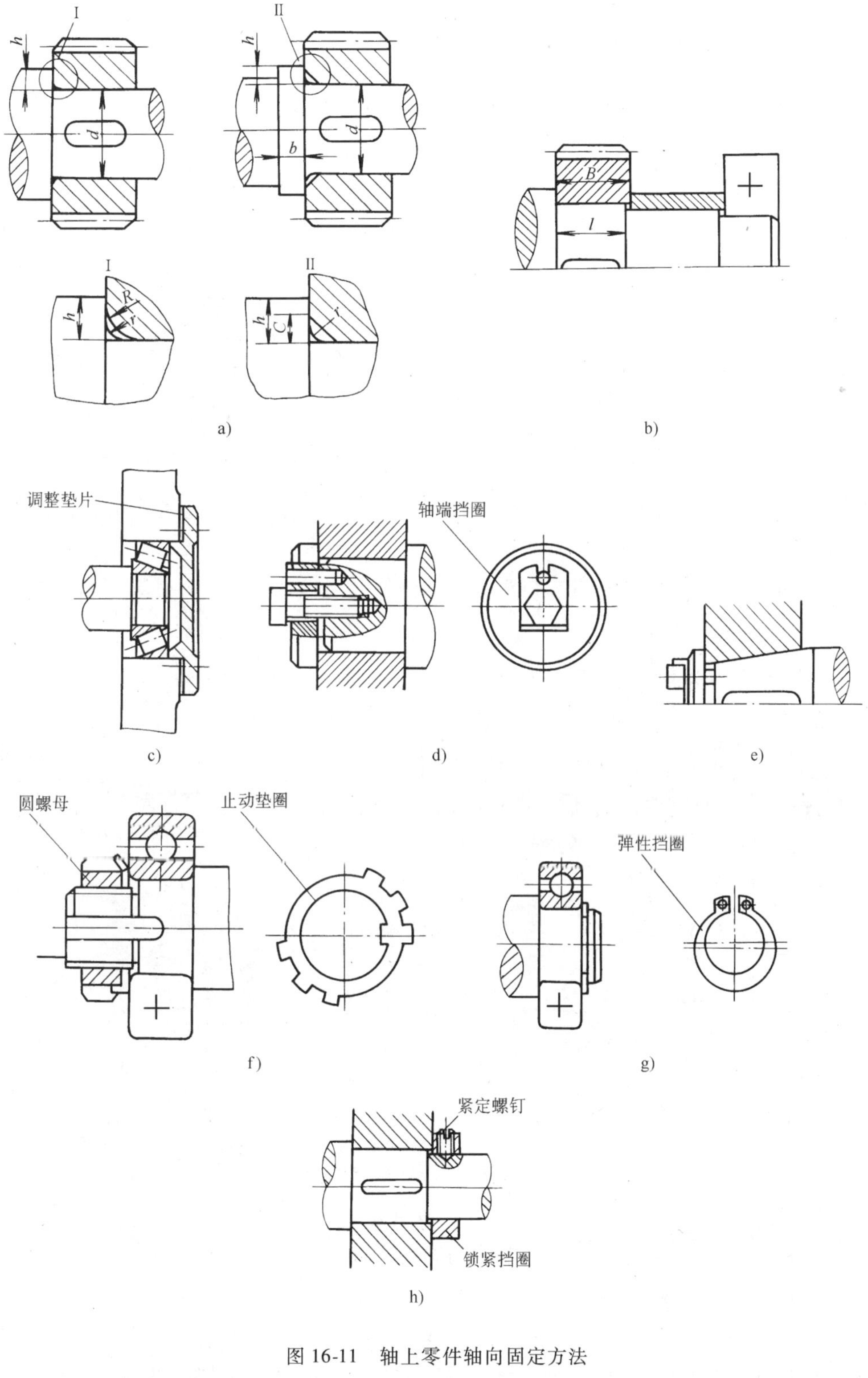

图 16-11　轴上零件轴向固定方法

别比联轴器和齿轮等的轮毂短 2 ~ 3mm，以保证传动件轴向定位可靠。

四、轴的结构工艺性

在进行轴的结构设计时，考虑到轴的结构工艺性，应注意以下几点：

1）在满足装配要求的前提下，阶梯轴的阶梯应尽量少，以减少加工过程中的刀具调整量，提高加工效率，同时减少轴上的应力集中。

2）在车削螺纹和磨削加工时，为了保证加工质量，应留有螺纹退刀槽（图16-12）和砂轮越程槽（图16-13）。它们的尺寸可查有关手册。

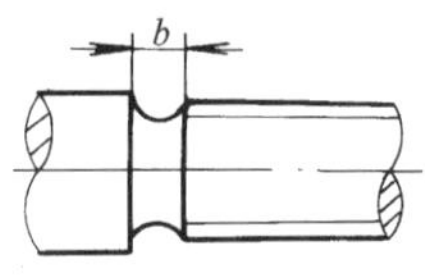

图16-12　螺纹退刀槽

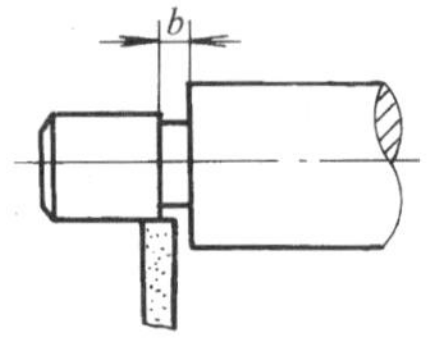

图16-13　砂轮越程槽

3）不同轴段开设键槽时，应使键槽沿同一母线布置。在同一轴段开设几个键槽时，各键槽应对称布置。

4）轴端应倒角（图16-14）。直径相近处的倒角、圆角、螺纹退刀槽、砂轮越程槽和键槽尺寸应尽量相同，以减少加工时调整刀具的时间，提高生产率。

五、提高轴的强度和刚度的措施

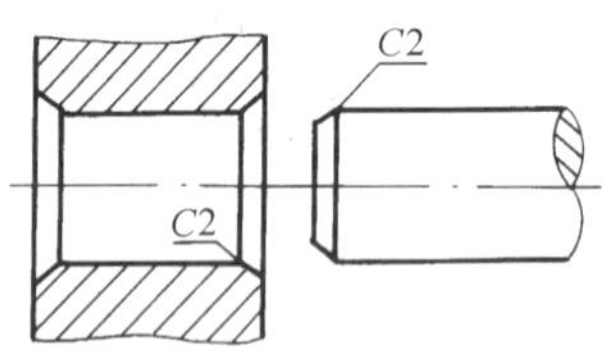

图16-14　倒角

1）改进轴的结构，减小应力集中。图16-15a所示为切卸载槽和轴肩处尽量留半径较大的圆角；为了保证轴上零件定位可靠，可在轴肩处加中间套（图16-15b）；此外，可以采用凹切圆角的方法来减小应力集中和保证可靠定位（图16-15c）。

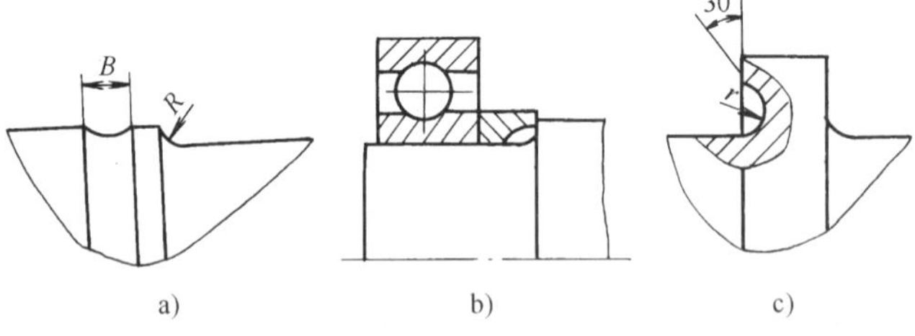

图16-15　卸载结构

a）卸载槽　b）中间环　c）凹切圆角

2）改善轴的表面质量，提高轴的疲劳强度。

3）合理布置轴上零件，改善轴的受力状况（图16-16）。当运动输入件置于轴的一端时，轴上受扭转载荷作用的轴段上承受的转矩较大；当运动输入件置于轴的中间时，轴上受扭转载荷作用的轴段上承受的转矩将被分散成两个较小的载荷。

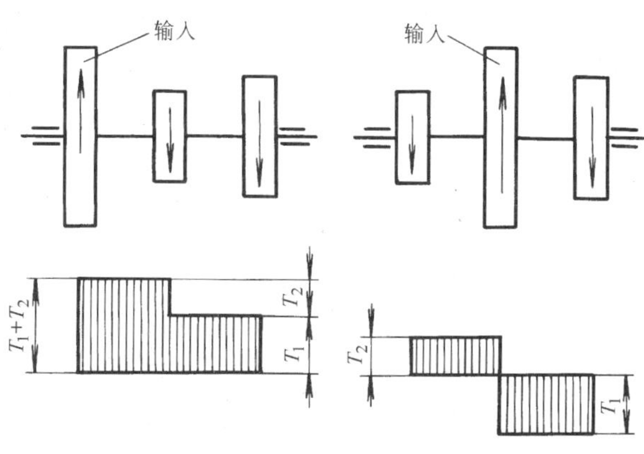

图 16-16　轴上零件的合理布置

思考题与习题

一、多选填空题：本题的可选答案中，有 2～4 个是正确的，请将正确答案号填到空格里。

16-1　轴受力后的主要变形有＿＿＿＿＿＿。

a）扭转变形　　b）拉伸变形　　c）弯曲变形　　d）弯扭组合变形

16-2　按所承受的载荷，可将轴分类为＿＿＿＿＿＿。

a）空心轴　　b）转轴　　c）心轴　　d）传动轴

16-3　按形状不同，可以将轴分类为＿＿＿＿＿＿。

a）光轴　　b）直轴　　c）曲轴　　d）挠性钢丝轴

16-4　对轴的基本要求是＿＿＿＿＿＿。

a）足够的强度和刚度　　b）合理的结构

c）良好的振动稳定性和耐磨性　　d）良好的工艺性

16-5　轴的常用材料有＿＿＿＿＿＿。

a）铸铁　　b）非铁合金　　c）合金钢　　d）优质碳素钢

16-6　影响轴的材料选择的因素有材料的＿＿＿＿＿＿。

a）疲劳强度和刚度　　b）应力集中敏感性　　c）机械加工工艺性　　d）耐磨性和耐蚀性

16-7　轴上零件周向定位的方法有＿＿＿＿＿＿。

a）花键联接　　b）平键联接　　c）销联接　　d）过盈配合连接和成形连接

16-8　轴上零件轴向定位的方法有＿＿＿＿＿＿定位等。

a）锥面、轴环和轴肩　　b）套筒和轴承端盖

c）轴端挡圈和弹性挡圈　　d）圆螺母和紧定螺钉与锁紧挡圈

16-9　提高轴的强度和刚度的措施有＿＿＿＿＿＿。

a）减小应力集中　　b）提高轴的表面质量

c）增设键槽和螺纹退刀槽　　d）合理布置轴上传动件，改善轴的受力状况

16-10　轴的强度计算步骤有＿＿＿＿＿＿。

a）绘制轴的受力简图　　b）计算支反力

c）绘制弯矩图、转矩图和当量弯矩图　　d）强度校核

二、选择填空题：请将最恰当的一个答案的题号填到空格里。

16-11　心轴主要承受＿＿＿＿＿＿载荷作用。

a）拉伸　　b）扭转　　c）弯曲　　d）弯曲和扭转

16-12　传动轴主要承受____________载荷作用。

a）拉伸　b）扭转　c）弯曲　d）弯曲和扭转

16-13　平键联接主要用于____________零件的周向定位。

a）受力不大　b）传递较大转矩　c）定心精度高　d）导向性好的滑移

16-14　选用合金钢而不选用优质碳素钢制造轴的主要原因是合金钢____________。

a）价格较低　b）应力集中敏感性小　c）吸振性好　d）力学性能和热处理性能好

16-15　选用优质碳素钢而不选用合金钢制造轴的主要原因是优质碳素钢____________。

a）性能价格比较好　b）应力集中敏感性大　c）吸振性好　d）力学性能和热处理性能好

16-16　用估算法确定轴径的主要优点是____________。

a）设计计算准确　b）设计制造周期短　c）适合经验不足者　d）节省材料

16-17　阶梯轴应用最广的主要原因是____________。

a）便于零件装拆和固定　b）制造工艺性好　c）传递载荷大　d）疲劳强度高

16-18　如图16-11a所示，使 $r<c<h$ 或 $r<R<h$ 的目的是____________。

a）减小应力集中　b）提高轴的强度

c）轴向定位可靠，便于装拆　d）结构工艺性好

16-19　如图16-11b所示，使轴上的 $l<B$ 的目的是____________。

a）使轴向定位可靠　b）节省材料

c）减小应力集中的需要　d）便于加工

16-20　在例16-1中，取Ⅰ、Ⅱ两个截面进行强度校核的原因是____________。

a）对于每个轴都必须校核两个截面　b）两个截面都是危险截面

c）校核两截面可提高设计可靠性　d）两截面都可能是危险截面

16-21　________轴只承受弯矩。

a）传动轴　b）转轴　c）心轴　d）空心轴

16-22　同一根轴的不同轴段上有两个或两个以上的键槽时，它们在轴上按照________安排才合理。

a）相互错开45°　b）相互错开90°　c）相互错开180°　d）在轴的同一素线上

16-23　对于普通机械，当传递转矩较大时，宜采用轴上________周向固定方式。

a）花键联接　b）切向键联接　c）销联接　d）平键联接

16-24　选用合金钢代替碳素钢作为轴的材料，可以提高轴的________。

a）刚度　b）强度　c）抗振性　d）耐磨性

三、判断题

16-25　与等面积实心轴比较，空心轴既可以提高轴的刚度又可以提高轴的强度。（　）

16-26　转轴主要承受扭转载荷作用。（　）

16-27　挠性钢丝轴可以传递较大的转矩。（　）

16-28　用计算法估算轴径是依据轴所承受的转矩来进行的。（　）

16-29　平键联接主要用于传递较大转矩零件的周向定位。（　）

16-30　砂轮越程槽的作用是减小应力集中。（　）

16-31　花键联接主要用于传递较大转矩的滑移零件的周向定位。（　）

16-32　用铸铁制造大尺寸轴的主要原因是铸铁价格便宜。（　）

16-33　疲劳破坏是轴失效的主要形式之一。（　）

16-34　阶梯轴结构的确定应充分考虑轴上零件的装配方案。（　）

16-35　汽车变速器与后桥之间的轴是传动轴，它的功用是传递运动和动力。（　）

16-36　转轴是承受弯矩和转矩的轴。（　）

16-37　增大阶梯轴圆角半径的主要目的是使轴的外观美观。（　）

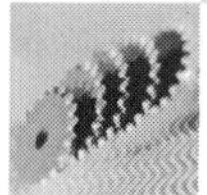

16-38 轴肩处的圆角半径应小于零件轮毂孔端的圆角半径或倒角高度。 ( )

16-39 定位轴肩的高度可以小于零件轮毂孔端的圆角半径或倒角高度。 ( )

16-40 与滚动轴承配合的轴肩高度应小于滚动轴承的内圈高度。 ( )

16-41 与零件配合的轴头长度应等于零件的轮毂长度。 ( )

16-42 为了使轴上零件承受大的轴向力，轴肩高度越大越好。 ( )

第十七章 联 接

机械中广泛使用各种联接，使零件能够组成各类机器与机构，以满足人们对各种机械的使用要求。所谓联接是指被联接件与联接件的组合。起联接作用的零件称为联接件，如键、销、螺栓、螺母及铆钉等。需要联接起来的零件，如齿轮与轴，箱盖与箱座等，称为被联接件。有些联接中没有联接件，如过盈配合、成形联接等。本章主要介绍键联接、花键联接、销联接和螺栓联接等。

第一节 联接的类型和功用

一、按照联接的相对位置分类

联接可分为静联接和动联接。相对位置不发生变动的联接，称为静联接，如减速器中箱体和箱盖的联接；相对位置发生变动的联接，称为动联接，如各种运动副、变速器中滑移齿轮与轴的联接等。

二、按照联接拆分有无损伤分类

联接还可以分为可拆联接和不可拆联接。可拆联接是指不需要破坏联接中的零件就可以拆开的联接，如螺纹联接、键联接、花键联接、成形联接和销联接等。不可拆联接是至少要毁坏联接中的某一个部分才能拆开的联接，如铆接、焊接和粘接等。过盈配合介于可拆联接与不可拆联接之间。

由于单个零件的结构的限制，机械中不可避免地大量使用联接以组成构件或传递运动或转矩，故联接的选择和设计非常重要。

第二节 键 联 接

键联接主要用于轴与轴上零件（如齿轮、带轮）之间的周向固定，用以传递转矩与运动。其中，有的键联接也兼有轴向固定或轴向导向的作用。键是标准件，它分为平键、半圆键、楔键、切向键和花键等几类。

1. 平键联接

平键联接依靠键的两侧面传递转矩。键的上表面与轮毂键槽底面有间隙，如图 17-1a 所示。平键联接对中性好、结构简单、装拆方便。轴和轮毂沿轴线方向可以固定或移动，应用广泛。按照结构和联接的相对位置是否变动，可以分为普通型平键、导向平键和滑键联接三类。

（1）普通型平键　普通型平键应用最为广泛，按键的形状可分为圆头（A 型）、平头（B 型）和单圆头（C 型）三类，如图 17-1b、c、d 所示。与普通型平键联接的轴上的键槽可以用铣刀铣出。采用 A 型和 C 型平键时，轴上键槽用指状铣刀在立式铣床上加工，如图 17-2a 所示。采用 B 型平键时，用盘形铣刀加工，如图 17-2b 所示。

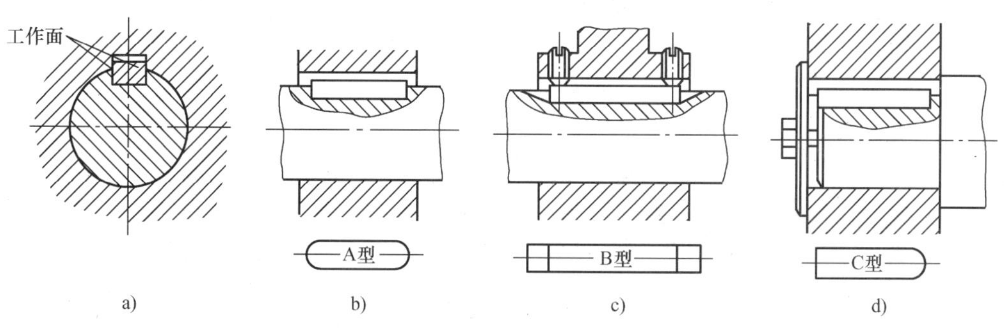

图 17-1　普通型平键联接及其类型

（2）导向平键　导向平键主要用于轴与轮毂沿轴向相对移动的联接。由于键的长度尺寸较大，一般将键用螺钉固定在轴上，轮毂沿键滑动，为了拆卸方便，键上制有起键螺纹，如图 17-3a 所示。

（3）滑键联接

当键沿轴滑移距离较大时，往往采用滑键联接。如图 17-3b 所示。

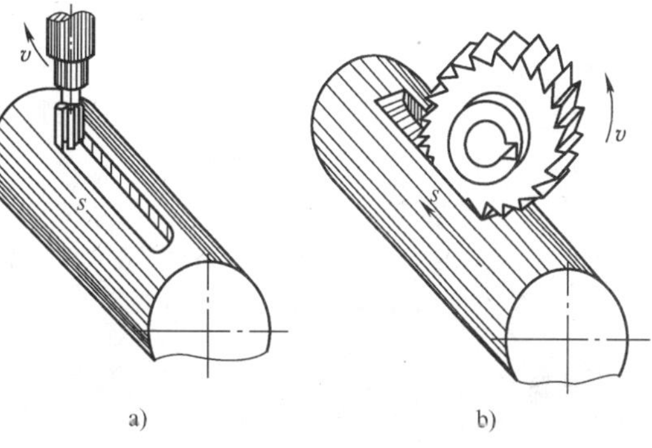

图 17-2　轴上键槽的加工

a）端铣刀加工　b）盘铣刀加工

2. 半圆键联接

如图 17-4 所示，半圆键用于静联接，它靠键的两个侧面传递转矩。轴上键槽用半径与键相同的盘形铣刀铣出，因而键在轴槽中能绕其几何中心摆动，以适应轮毂槽由于加工误差所造成的斜度。半圆键联接的优点是轴槽的加工艺性较好，装配方便；缺点是轴上键槽较深，对轴的强度削弱较大。半圆键一般只宜用于轻载，尤其适用于锥形轴端的联接。

3. 楔键联接

如图 17-5 所示。楔键的上、下两面是工作面。键的上表面和毂槽的底面各有 1∶100 的斜度，装配时需打入，靠楔紧作用传递转矩。

4. 切向键联接

切向键是由一对普通楔键组成，如图 17-6 所示。装配后两键的斜面相互贴合，共同楔紧在轮毂和轴之间，键的上下两平行窄面是工作面，依靠其与轴和轮毂的挤压传递转矩。

5. 花键联接

花键联接由内花键和外花键组成。在轴上加工出多个键齿称为外花键；在轮毂内孔上加工出多个键槽称为内花键，如图 17-7 所示。花键工作面为键侧面，花键联接承载能力高，定心和导向性好，对轴削弱小，适用于载荷较大和定心精度要求高的动联接或静联接。

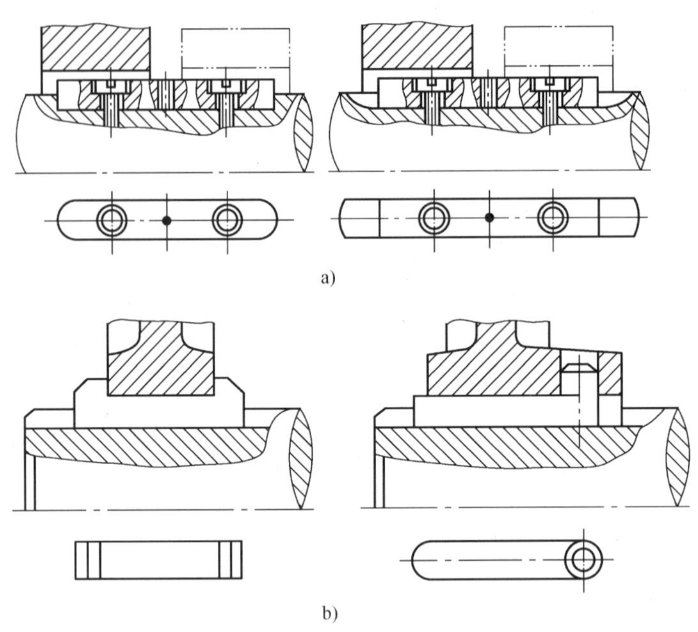

图17-3　导向平键联接和滑键联接

a）导向平键　b）滑键

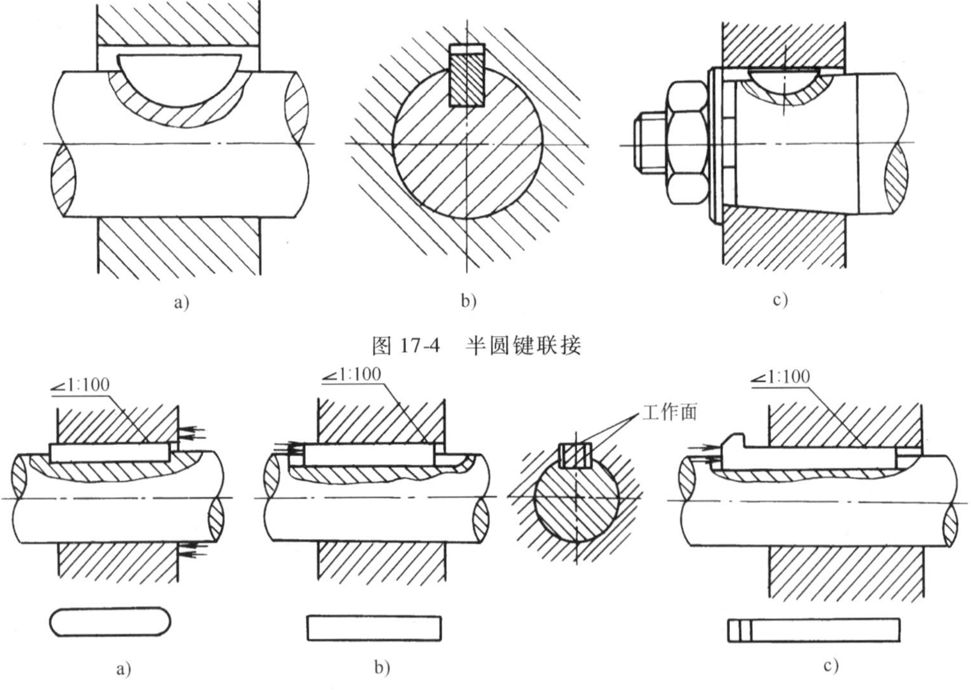

图17-4　半圆键联接

图17-5　楔键联接

a）圆头　b）平头　c）钩头

外花键可用成形铣刀或滚刀加工；内花键可以拉削或插削而成。有时为了增加花键表面的硬度以减少磨损，内、外花键还要经过热处理及磨削加工。

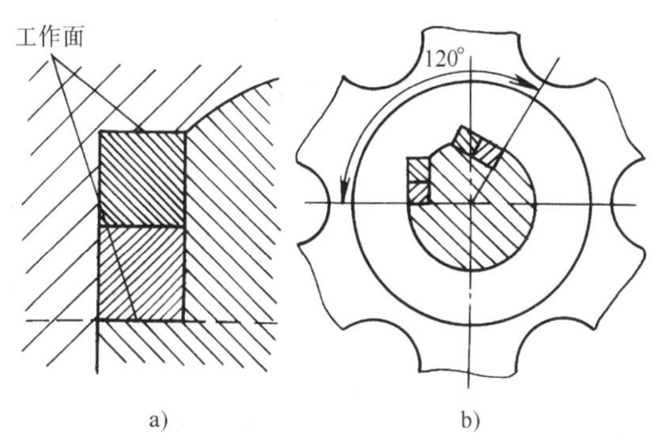

图 17-6　切向键联接

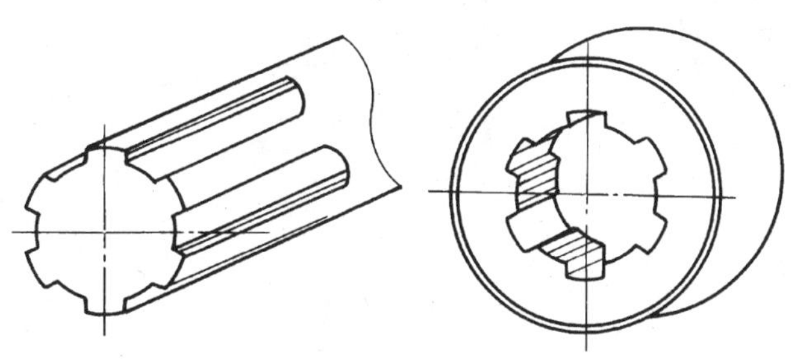

图 17-7　花键联接

花键联接按剖面形状不同分为矩形和渐开线形两种。

（1）矩形花键　矩形花键如图 17-8 所示。矩形花键多齿工作，承载能力高，对中性好，导向性好，齿根较宽，应力集中较小。

矩形花键的剖面形状为矩形，加工方便，能用磨削的方法得到较高的精度，通常采用小径定心，它的定心精度高，稳定性好。因此应用广泛，如飞机、汽车、拖拉机、机床制造业、农业机械及一般机械传动装置等。

（2）渐开线花键　渐开线花键齿廓为渐开线，如图 17-9 所示。受载时齿上有径向力，能起自动定心作用，使各齿受力均匀、强度高、寿命长。

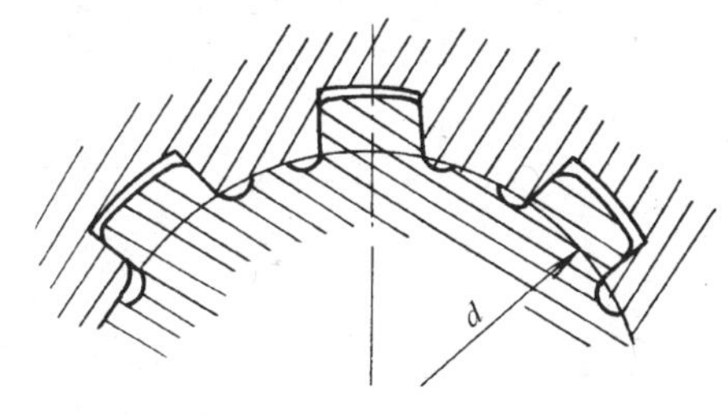

图 17-8　矩形花键联接

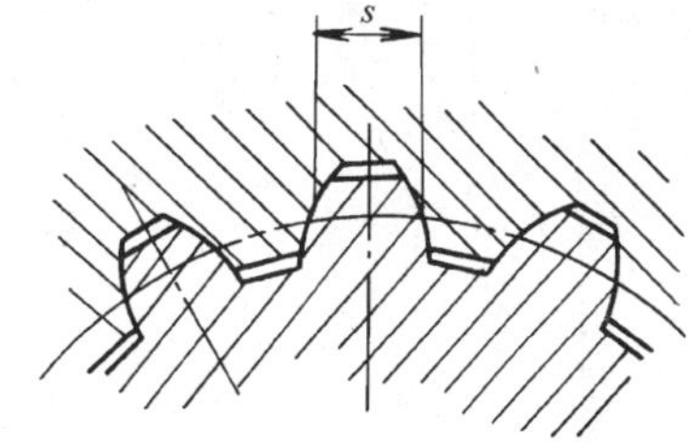

图 17-9　渐开线花键

采用渐开线作为花键齿廓，可用加工齿轮的方法进行加工，故工艺性好。与矩形花键相比，它具有自动定心、齿面接触好、强度高、寿命长等特点。因此，它有代替矩形花键的趋势。世界许多国家在航天、航空、造船、汽车等行业中，应用渐开线花键越来越多。它的齿形有压力角为30°和45°两种，前者用于重载和尺寸较大的联接，后者用于轻载和小直径的静联接，特别适用于薄壁零件的联接。

第三节　销　联　接

销联接是一种常用的联接。根据销联接的用途，销可以分为联接销、定位销、安全销等类型，如图17-10所示。联接销主要用于零件之间的联接，并且可以传递不大的载荷或转矩（图17-10a）；定位销主要用于固定机器或部件上零件的相对位置，通常用圆锥销作定位销（图17-10b、c）；安全销主要用作安全装置中的剪切元件，起过载保护作用（图17-10d）。

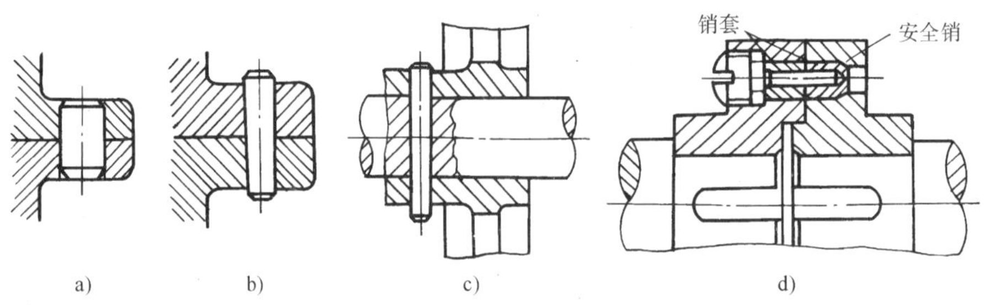

图17-10　销联接

按照销的形状，销可以分为圆柱销（GB/T 119.1—2000）、圆锥销（GB/T 117—2000）和开口销（GB/T 91—2000）等类型。圆柱销利用微小过盈固定在铰制孔中，可以承受不大的载荷。如果多次拆装，过盈量减小，将会降低联接的紧密性和定位的精确性。普通圆柱销有A、B、C、D四种配合型号，以满足不同的使用要求。

圆锥销具有1∶50的锥度，使之在受横向载荷时有可靠的自锁性，安装方便，定位可靠，多次拆装对定位精度的影响较小，应用较为广泛。它有A、B两种型号，A型精度高。圆锥销的小头直径为标准值。圆锥销的上端和尾部可以根据使用要求不同，制造出不同的形状，如图17-11所示。

开口销如图17-12所示。开口销是标准件，常用于联接的防松，它具有结构简单、装拆方便等特点。

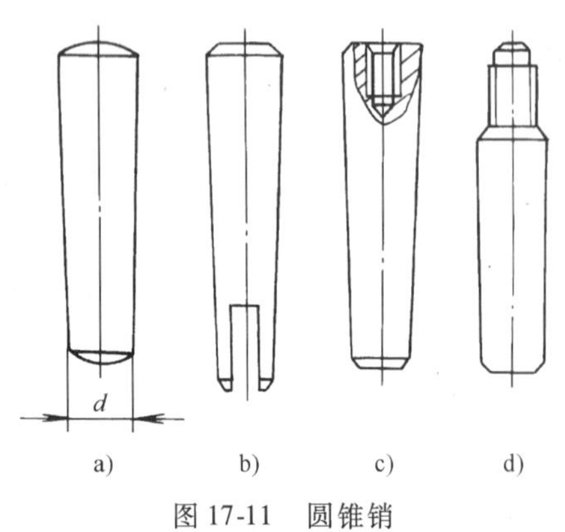

图17-11　圆锥销

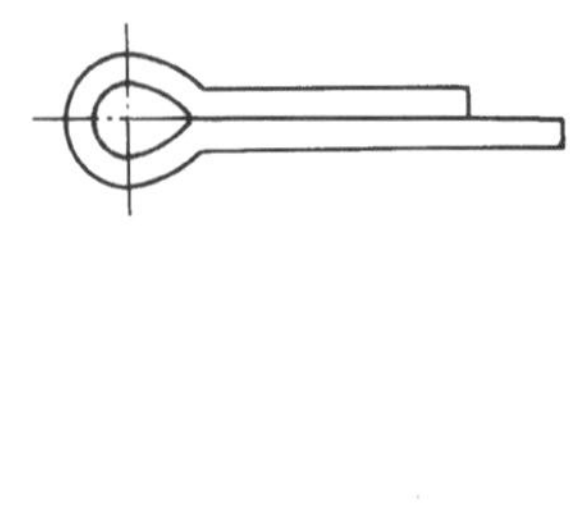

图17-12　开口销

第四节 螺纹联接

螺纹联接是利用螺纹零件，将两个以上零件联接起来构成的一种可拆联接。它具有结构简单、工作可靠性高、装拆方便、成本低廉等优点，故应用非常广泛。

联接螺纹通常采用普通螺纹。普通螺纹牙型角 $\alpha = 60°$，自锁性好。根据螺距不同，普通螺纹分为粗牙螺纹和细牙螺纹。一般联接采用粗牙螺纹，这是因为细牙螺纹经常拆装时容易产生滑牙。但细牙螺纹螺距小，小径和中径较大，螺纹升角小，自锁性好，所以细牙螺纹多用于强度要求较高的薄壁零件或受变载、冲击及振动的联接中。例如，轴上零件轴向固定的圆螺母即为细牙螺纹。

一、螺纹联接类型及适用场合、结构尺寸

螺纹联接的主要类型有螺栓联接、双头螺柱联接、螺钉联接，紧定螺钉联接。它们的结构尺寸、特点及应用见表 17-1。

表 17-1 螺纹联接的基本类型、特点和应用

类型	构造	主要尺寸关系	特点和应用
螺栓联接	普通螺栓 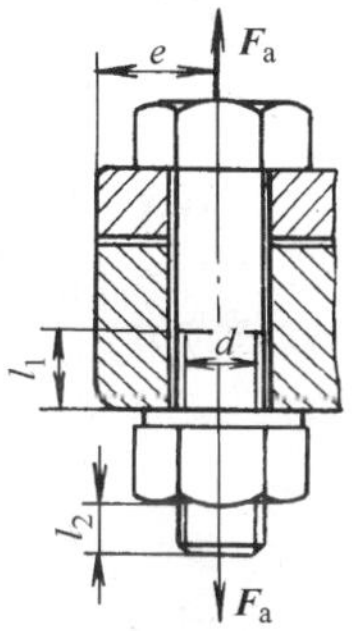 铰制孔螺栓 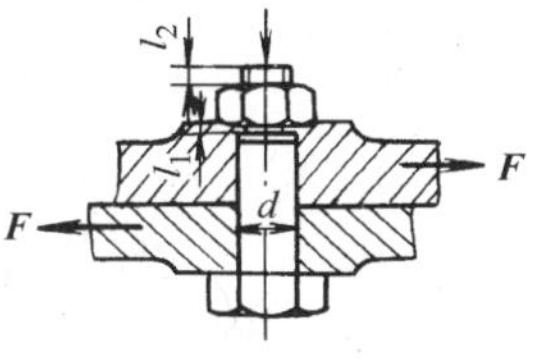	螺栓余留长度 l_1 受拉螺栓联接 静载荷 $l_1 \geqslant (0.3 \sim 0.5)\ d$ 变载荷 $l_1 \geqslant 0.75d$ 冲击、弯曲载荷 $l_1 \geqslant d$ 受剪螺栓联接 l_1 尽可能小 螺纹伸出长度 $l_2 \approx (0.2 \sim 0.3)\ d$ 螺栓轴线到被联接件边缘的距离 $e = d + 3 \sim 6\text{mm}$	无需在被联接件上切制螺纹，使用不受被联接件材料的限制，构造简单，装拆方便，应用最广。用于通孔并能从联接件两边进行装配的场合
双头螺柱联接	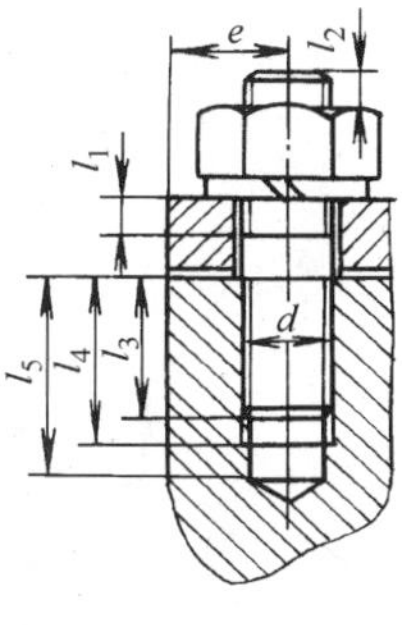	螺纹旋入深度 l_3，当螺纹孔零件为： 钢或青铜时 $l_3 \approx d$ 铸铁时 $l_3 \approx (1.25 \sim 1.5)\ d$ 铝合金 $l_3 \approx (1.25 \sim 2.5)\ d$ 螺纹孔深度 $l_4 \approx l_3 + (2 \sim 2.5)\ d$ 钻孔深度 $l_5 \approx l_4 + (0.2 \sim 0.3)\ d$ l_1、l_2、e 同上	座端旋入并紧定在被联接件之一的螺纹孔中，用于受结构限制而不能用螺栓或希望联接结构较简单的场合

（续）

类型	构造	主要尺寸关系	特点和应用
螺钉联接		l_1、l_2、l_3、l_4、e 同上	不用螺母，而且能有光整的外露表面，应用与双头螺柱联接相似；但不宜用于时常装拆的联接，以免损坏被联接件的螺纹孔
紧定螺钉联接		$d \approx (0.2 \sim 0.3)\ d_s$ 转矩大时取大值	旋入被联接件之一的螺纹孔中，其末端顶住另一被联接件的表面或顶入相应的坑中，以固定两个零件的相互位置，并可传递不大的力或扭矩

除上述基本螺纹联接类型外，还有一些特殊结构的螺纹联接，如专门用于将机座或机架固定在地基上的地脚螺栓联接；装在机器或大型零、部件的顶盖或外壳上便于起吊用的吊环螺钉联接；用于工装设备中的T形槽螺栓联接等。其具体结构和尺寸可在机械设计手册中查出。

螺纹联接中用到的联接件，如螺栓、螺钉、双头螺柱、螺母、垫圈等，这些零件的结构形式和尺寸均已标准化。设计时，可根据螺纹的公称尺寸在相应的标准或机械手册中查出其他尺寸。

二、螺纹联接的预紧和防松

1. 螺纹联接的预紧

大多数螺纹联接都需要在装配时拧紧。联接在承受工作载荷之前所受到的力，称为预紧力。预紧的目的是为了提高联接的可靠性和疲劳强度，增强联接的紧密性和防松能力。

螺栓联接的预紧力是通过拧紧螺母获得的，拧紧力矩需要克服螺母与被联接件或垫圈支承面间的摩擦力矩 T_1 和螺纹副间的摩擦力矩 T_2，使联接产生预紧力 F_0。对于 M10 ~ M68 的粗牙普通钢制螺栓，拧紧力矩的近似计算公式为

$$T = T_1 + T_2 \approx 0.2F_0 d$$

式中 F_0——预紧力（N）；

d——螺栓大径（mm）。

控制拧紧力矩的方法有多种，对于一般联接，预紧力可凭经验控制；对于重要联接，常用指针式扭力扳手或定力矩扳手测量预紧力矩，如图 17-13 所示。指针式扭力扳手，可以通过表盘读出力矩数值；定力矩扳手则可以按照预定的力矩拧紧螺母。

2. 螺纹联接的防松

螺纹联接在静载荷或温度变化不大时不会自动松脱。螺纹之间的摩擦力、螺母及螺钉头

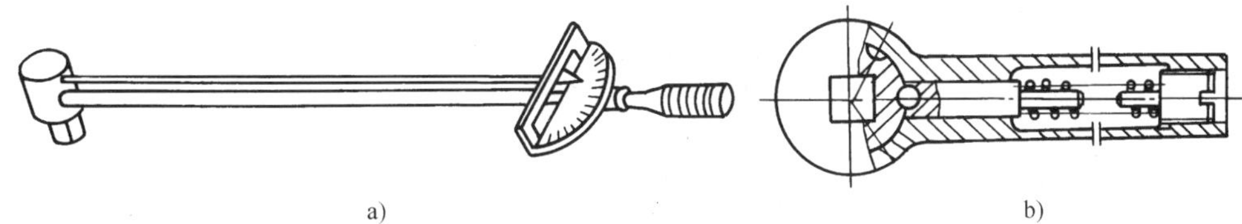

a)　　b)

图 17-13　指针式扭力扳手与定力矩扳手

a）指针式扭力扳手　b）定力矩扳手

部与支承面之间的摩擦力，都将起到阻止螺母松脱的作用。但在冲击、振动或变载荷作用下或工作温度变化较大时，上述的摩擦力瞬时会变得很小，以致失去自锁能力，联接可能自动松脱，影响联接的牢固性和紧密性，甚至造成严重事故。因此，设计螺纹联接时，必须采取有效的防松措施。

防松的实质是防止螺纹副的相对转动。防松的方法很多，就其工作原理，可分为摩擦防松、机械防松和不可拆防松三类。

（1）摩擦防松　摩擦防松是利用增大螺母与螺杆之间螺纹副的正压力，从而增大摩擦力来阻止螺母的反转，达到防松的目的。常用的方法有采用对顶螺母、金属锁紧螺母、弹簧垫圈等方法，如图 17-14 所示。

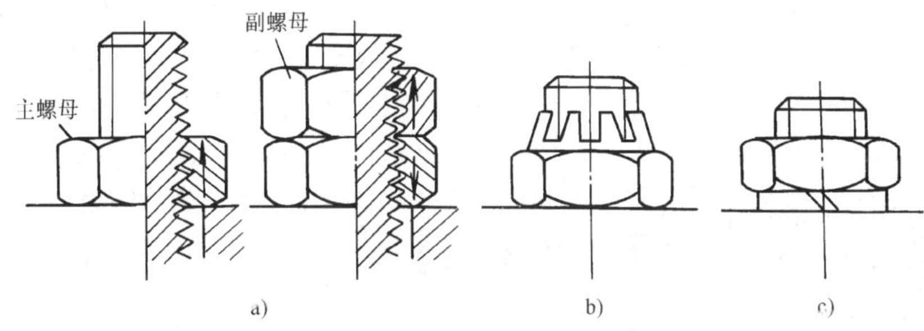

a)　　b)　　c)

图 17-14　摩擦防松

a）对顶螺母　b）金属锁紧螺母　c）弹簧垫圈

（2）机械防松　机械防松是采用止动元件防止螺纹副相对转动，如用槽形螺母加开口销、止动垫片、圆螺母加止动垫片、串联钢丝等，如图 17-15 所示。

（3）不可拆防松　不可拆防松是指利用端铆、冲点、焊接等方法破坏螺纹副，使其成

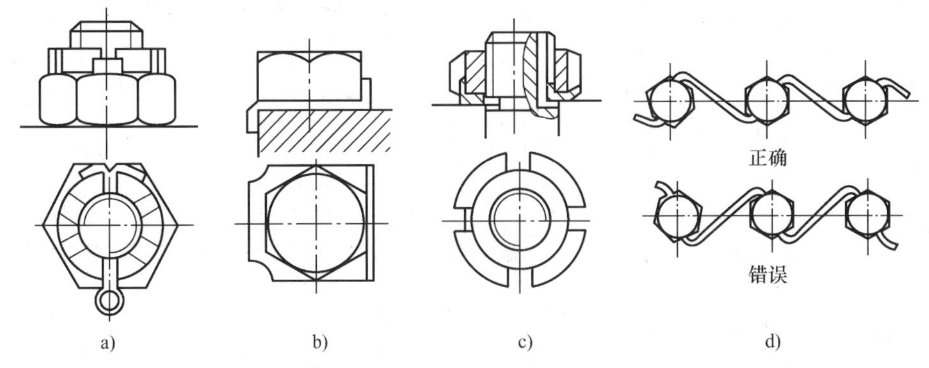

a)　　b)　　c)　　d)

图 17-15　机械防松

a）槽形螺母加开口销　b）止动垫片　c）圆螺母加止动垫片　d）串联钢丝

为不可拆联接，或利用粘合剂粘结，使螺纹副永久防松，如图 17-16 所示。这种方法只能用于装配后不需要再拆分的场合。

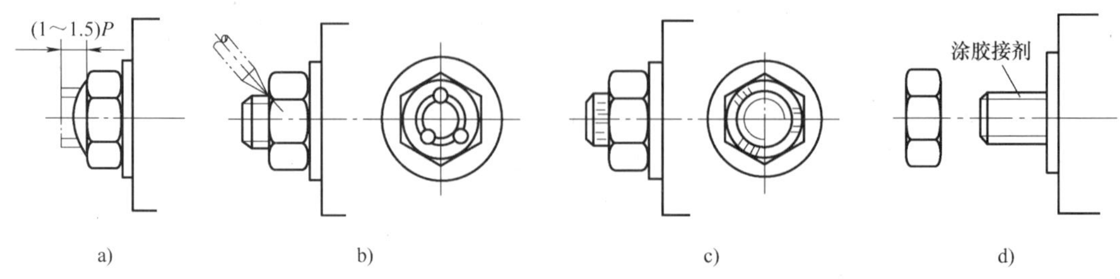

图 17-16　不可拆防松

a）端铆　b）冲点　c）焊接　d）粘结

三、螺纹联接的强度计算

螺栓联接通常成组使用。进行强度计算时，应在螺栓组中找出受力最大的螺栓，并以之作为强度计算的对象。对于单个螺栓来讲，其受力的形式分轴向载荷和横向载荷两种。受轴向载荷的螺栓联接（受拉螺栓）主要失效形式是螺纹部分发生塑性变形或断裂，因而其设计准则应该保证螺栓的抗拉强度；而受横向载荷的螺栓联接（受剪切螺栓）主要失效形式是螺栓杆被剪断或孔壁和螺栓杆的接合面上出现压溃。其设计准则是保证联接的挤压强度和螺栓的剪切强度，其中联接的挤压强度对联接的可靠性起决定性作用。螺纹的其他部分的尺寸，通常不需要进行强度计算。关于螺纹联接的强度计算见第七章剪切与挤压和机械零件设计手册中各类螺栓联接的强度计算。

四、螺纹联接结构设计要点

大多数情况下螺栓联接都是成组使用的。合理布置同一组螺栓的位置，以使各个螺栓受力尽可能均匀，这是螺栓组结构设计所要解决的主要问题。螺栓组结构设计时，为了获得合理的结构，应考虑以下几个问题。

1. 联接接合面的设计

联接接合面的几何形状应与机械的结构形状协调一致，并尽量设计成轴对称或中心对称图形，如图 17-17 所示。这样不仅便于加工，而且保证联接接合面受力均匀。螺栓的数目应以满足强度为前提，尽量选用偶数，以便于对称布置或在圆周上分布。同组螺栓规格应相同，具有等强度和互换性。

2. 螺栓的数目及布置

螺栓的布置应使各螺栓受力合理。当被联接件承受转矩时，应使螺栓适当靠近接合面边缘，以减小螺栓受力，如图 17-18 所示。

螺栓的布置应有合理的边距和间距，以保证联接的紧密性和装配时所需的扳手空间，如图 17-19

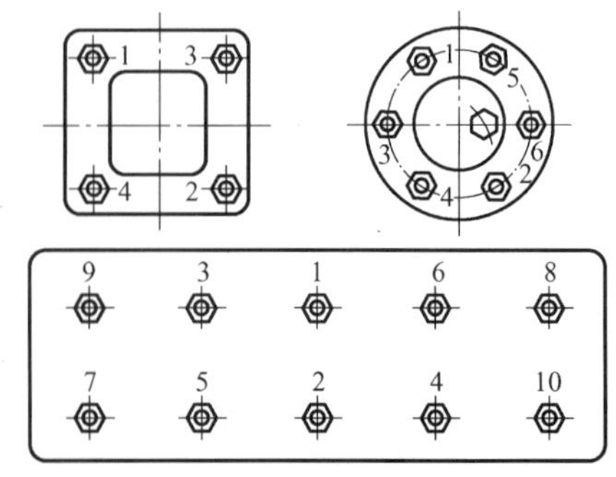

图 17-17　螺栓组的布局和拧紧顺序

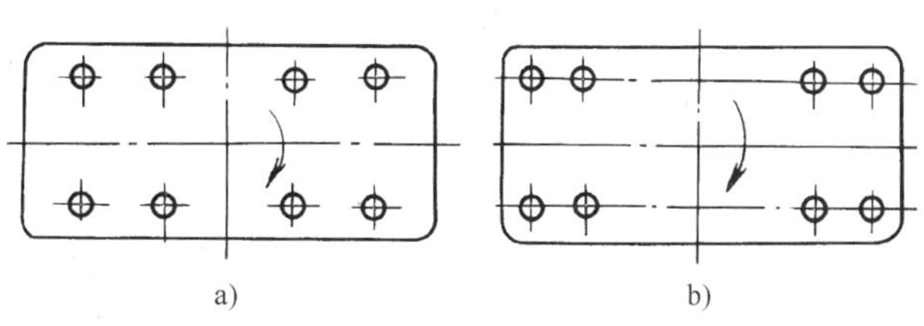

图 17-18　被联接件承受转矩时螺栓组的布置

a）不合理　b）合理

所示。

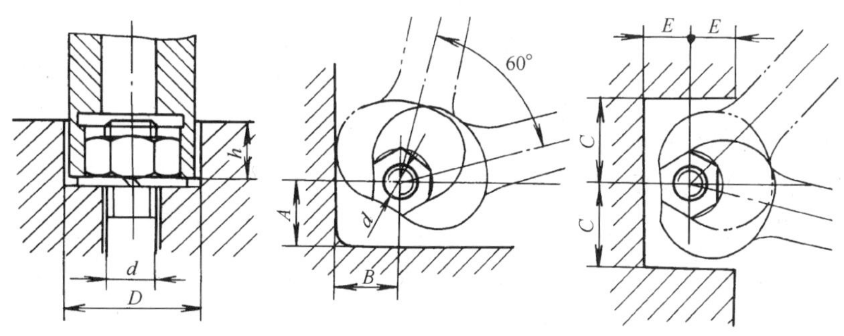

图 17-19　扳手空间

同组螺栓的间距应符合表 17-2 推荐数值。对于一般联接，螺栓间距 $t=10d$。

表 17-2　螺栓的间距

	工作压力/MPa					
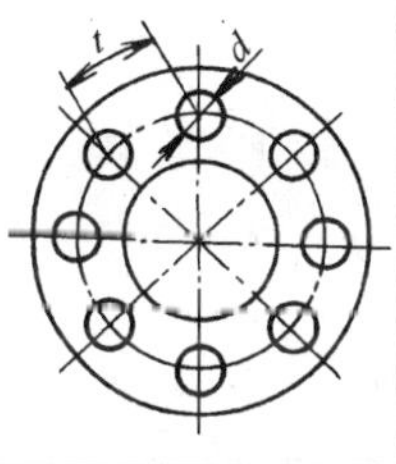	≤1.6	1.6~4	4~10	10~16	16~20	20~30
	t/mm					
	$7d$	$4.5d$	$4.5d$	$4d$	$3.5d$	$3d$

注：表中 d 为螺纹公称直径。

3. 避免产生附加的弯曲应力

如图 17-20 所示，为避免螺栓的头部或螺母支承面粗糙不平、倾斜，而使螺栓产生附加弯曲应力，导致联接承载能力降低。在设计时，应使支承面平整，以减小或消除弯曲应力。例如，在锻件或铸件等未加工表面上安装螺栓时，常采用经过加工的凸台（图 17-20a）、沉孔（图 17-20b）、斜垫圈（图 17-20c）、球面垫圈（图 17-20d）等措施。

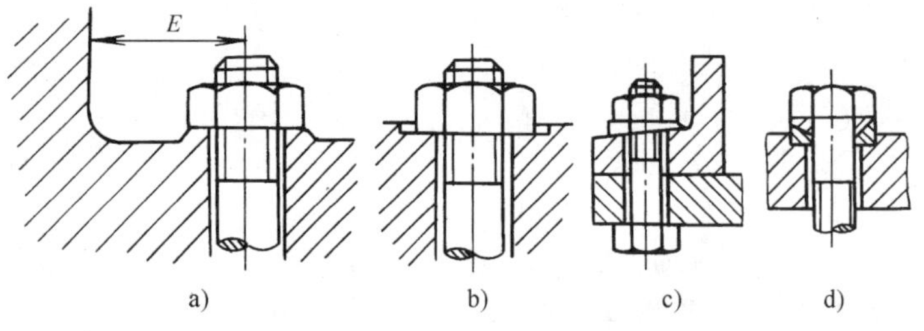

图 17-20　避免产生附加的弯曲应力的结构

思考题与习题

一、多选填空题：本题的可选答案中，有2～4个是正确的，请将正确答案号填到空格里。

17-1　按照联接的相对位置，联接可以分为＿＿＿＿＿＿。

a）动联接　　b）静联接　　c）可拆联接　　d）不可拆联接

17-2　按照联接拆分有无损伤，联接可以分为＿＿＿＿＿＿。

a）动联接　　b）静联接　　c）可拆联接　　d）不可拆联接

17-3　＿＿＿＿＿＿工作时靠侧面传递转矩，＿＿＿＿＿＿的工作面是上下表面。

a）平键联接　　b）半圆键联接　　c）楔键联接　　d）切向键联接

17-4　下列联接中＿＿＿＿＿＿属于静联接，＿＿＿＿＿＿属于动联接。

a）普通型平键联接　　b）导向平键联接　　c）滑键联接　　d）半圆键联接

e）楔键联接　　f）切向键联接

17-5　花键联接按其齿形不同可以分为＿＿＿＿＿＿。

a）矩形花键　　b）梯形花键　　c）渐开线花键　　d）圆弧形花键

17-6　销联接的作用包括＿＿＿＿＿＿。

a）用于联接　　b）用于定位　　c）用于传递很大转矩　　d）用于安全装置中

17-7　螺栓联接的主要类型有＿＿＿＿＿＿。

a）螺栓联接　　b）双头螺柱联接　　c）螺钉联接　　d）紧定螺钉联接

17-8　螺栓联接的防松方法有＿＿＿＿＿＿。

a）摩擦防松　　b）机械防松　　c）不可拆防松　　d）预紧

二、选择填空题：请将最恰当的一个答案的题号填到空格里。

17-9　楔键的上表面和轮毂键槽的底部有＿＿＿＿＿＿的斜度。

a）1∶100　　b）1∶50　　c）1∶20　　d）1∶10

17-10　通常＿＿＿＿＿＿用于轮毂沿键滑动，且滑动距离较大的联接。

a）普通型平键联接　　b）导向平键联接　　c）滑键联接　　d）平键联接

17-11　通常圆锥销有＿＿＿＿＿＿的锥度，在受横向载荷时可以自锁。

a）1∶10　　b）1∶20　　c）1∶30　　d）1∶50

17-12　某通孔零件间的联接，工作时联接件受到较大的径向载荷，应选用＿＿＿＿＿＿。

a）普通螺栓联接　　b）铰制孔用螺栓联接　　c）双头螺柱联接　　d）螺钉联接

17-13　联接螺纹多用＿＿＿＿螺纹。

a）梯形　　b）三角形　　c）矩形　　d）锯齿形

17-14　下列四种螺纹中自锁性能最好的是＿＿＿＿螺纹。

a）梯形　　b）三角形　　c）矩形　　d）锯齿形

17-15　当两个被联接件之一太厚，不宜制成通孔，且联接需要经常拆装时，适宜采用＿＿＿＿联接。

a）螺栓　　b）双头螺柱　　c）螺钉　　d）紧定螺钉

17-16　当两个被联接件之一太厚，不宜制成通孔，且联接不需要经常拆装时，适宜采用＿＿＿联接。

a）螺栓　　b）双头螺柱　　c）螺钉　　d）紧定螺钉

17-17　当承受较大冲击或振动载荷时，应选用＿＿＿＿螺纹联接的防松方法。

a）对顶螺母　　b）弹簧垫圈　　c）金属锁紧螺母　　d）开口销与六角开槽螺母

17-18　采用凸台或者沉孔支座作螺栓或螺母的支承面是为了＿＿＿＿。

a）降低成本　　b）避免螺栓受弯曲应力　　c）便于放置垫圈　　d）造型美观

17-19　在同一组螺栓连接中，螺栓的材料、直径、长度均应相同，这是为了＿＿＿＿。

a）造型美观　　b）受力合理　　c）降低成本　　d）便于加工和装配

17-20　齿轮减速器的箱体与箱盖用螺纹联接，箱体被联接处的厚度不太大，且经常拆装，一般选用________联接。

a）螺栓　　b）双头螺柱　　c）螺钉　　d）紧定螺钉

17-21　平键联接主要用于传递________的场合。

a）轴向力　　b）径向力　　c）弯矩　　d）转矩

17-22　在轴的端部加工C型键槽，一般采用________加工方法。

a）盘铣刀铣削　　b）插削　　c）端铣刀铣削　　d）拉削

17-23　锥形轴与轮毂的键联接宜用________联接。

a）盘铣刀铣削　　b）插削　　c）端铣刀铣削　　d）拉削

17-24　可以承受不大的单方向的轴向力，上、下面是工作面的是________联接。

a）平键　　b）楔键　　c）切向键　　d）半圆键

17-25　结构简单，承载不大，但要求同时对轴向与周向固定时，应该采用的联接方式是________。

a）平键　　b）半圆键　　c）花键　　d）销

三、判断题：在你认为正确的题目后的括号中填“T”，错误的题目后括号中填“F”

17-26　一个切向键联接只能传递单向转矩。（　）

17-27　平键联接只能用于静联接。（　）

17-28　花键联接的工作面是齿的侧面。（　）

17-29　双头螺柱联接可用于经常需要拆装的通孔零件与不通孔零件的联接。（　）

17-30　对于重要的紧螺栓联接，应采用M12以上的螺栓。（　）

17-31　所有的联接螺栓均需要预紧。（　）

17-32　细牙螺纹比粗牙螺纹自锁性能好。（　）

17-33　螺栓联接中，被联接件承受转矩时，应使螺栓适当靠近接合面的边缘。（　）

17-34　螺栓联接的接合面形状可以任意设计。（　）

17-35　螺栓联接的被联接件支承面一般不需要加工。（　）

17-36　公称直径相同的粗牙普通螺纹的强度高于细牙普通螺纹。（　）

17-37　工程实践中，螺纹联接多采用自锁性好的三角形粗牙螺纹。（　）

17-38　螺纹联接中，预紧力越大越好。（　）

17-39　螺纹的导程l与螺距P、线数n的关系为$l = nP$。（　）

17-40　对于重要的联接，可以采用直径小于16mm的螺栓联接。（　）

17-41　对顶螺母和弹簧垫圈都属于机械防松。（　）

17-42　键联接的主要用途是使轴与轮毂之间有确定的相对位置。（　）

17-43　平键联接的对中性好、结构简单、装拆方便，故应用最广。（　）

17-44　楔键联接的对中性差，仅适用于要求不高、载荷平稳、速度较低的场合。（　）

17-45　平键中，导向键联接适用于轮毂滑移距离不大的场合，滑键联接适用于轮毂滑移距离较大的场合。（　）

17-46　导向平键联接属于移动副。（　）

17-47　切向键对轴削弱较大，故只适用于速度较小、对中性要求不高，且较大轴径的重型机械中。（　）

17-48　由于花键联接校平键联接的承载能力高，因此花键联接主要用于载荷较大和对定心精度要求较高的场合。（　）

17-49　花键联接除用于静联接外，还可用于动联接。（　）

17-50　销的主要功用是用于固定零件之间的相对位置。（　）

17-51　销联接主要用于固定零件之间的相对位置，有时还可做防止过载（安全销）。（　）

第十八章　联轴器、离合器和制动器

联轴器和离合器是机器中的常用部件，主要用以实现轴与轴之间的连接和分离，并传递转矩；制动器是迫使机器降低转速或迅速停止的制动装置。联轴器、离合器和制动器大多已经标准化、规格化和系列化。本章主要介绍常用联轴器、离合器及制动器的类型、结构和特点。

第一节　联　轴　器

联轴器是一种固定连接装置，在机器运转过程中，被连接的两根轴始终一起转动而不能脱开；若要使两轴分离，必须停车后才能拆卸。联轴器所连接的两根轴，常属于两个不同的机械或部件，由于制造安装误差、受载或受热后变形等原因，它们往往难以保证两轴线的同轴度，或者两轴产生偏移，如图18-1所示。因此，联轴器除了连接和传动外，对各种偏移应具有一定的适应和补偿能力，以避免引起附加动载荷，影响机器的正常工作。

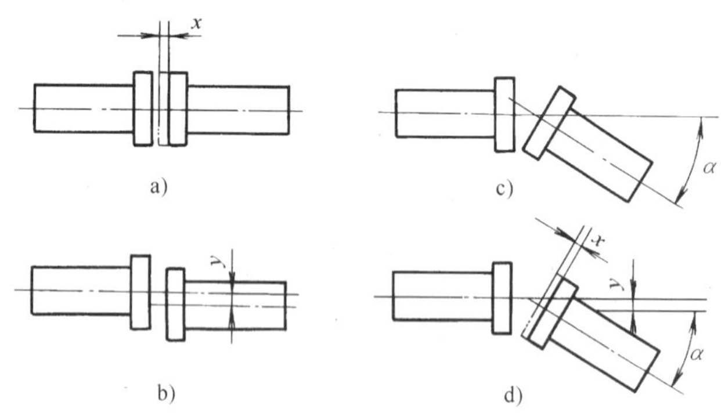

图18-1　两轴的偏移形式

a）轴向偏移　b）径向偏移　c）角偏移　d）综合偏移

根据对各种偏移有无补偿能力，联轴器可分为刚性联轴器和挠性联轴器两大类。

一、刚性联轴器

刚性联轴器不能补偿两轴间的偏移，只适用于两轴能严格对中的场合。

1. 套筒联轴器

套筒联轴器如图18-2所示。采用键或花键与轴联接可以传递较大转矩，常用紧定螺钉

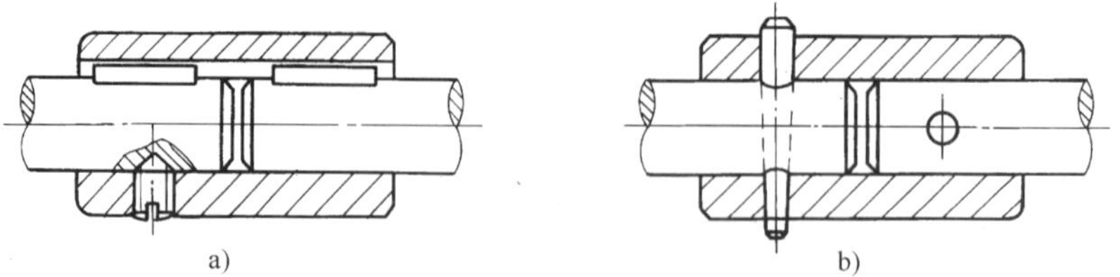

图18-2　套筒联轴器

a）键联接　b）销联接

等轴向固定。采用圆锥销与轴联接，只能传递较小的转矩。套筒联轴器结构简单，制造容易，径向尺寸小，但装拆时轴必须作轴向移动，适用于低速轻载、对中性较好和尺寸小的轴，在仪器和金属切削机床中应用较多。

2. 凸缘联轴器

凸缘联轴器如图 18-3 所示。它是由两个带凸缘的半联轴器和一组螺栓组成，半联轴器与轴用键联接。凸缘联轴器有两种对中方式：一种是用两半联轴器上的凸肩和凹槽相互嵌合来对中，用普通螺栓联接紧固，装拆时轴需作轴向移动。另一种是通过铰制孔用螺栓与孔的紧配合对中。当尺寸相同时后者传递的转矩较大，且装拆时轴不必作轴向移动。

凸缘联轴器传递的转矩大，对中精度高，结构简单，使用维护方便，应用较为广泛，但不能补偿两轴线偏移。适用于速度较低、载荷平稳、两轴对中性好的场合。它的型号和尺寸可按国家标准选用（GB/T 5843—2003）。半联轴器材料为钢或铸铁。

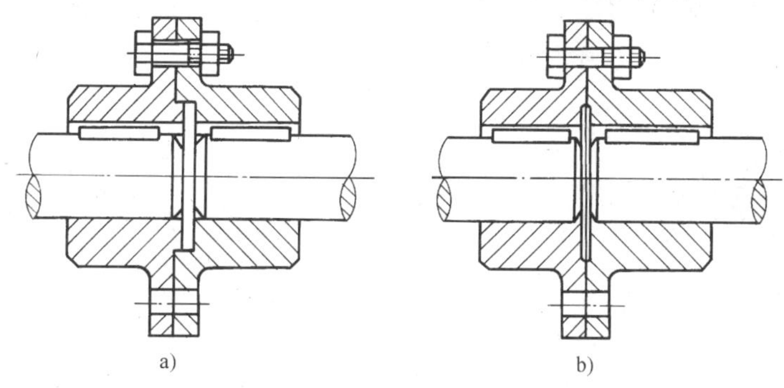

图 18-3　凸缘联轴器

a）用凸肩和凹槽对中　b）用配合螺栓对中

二、无弹性元件挠性联轴器

挠性联轴器不仅能传递运动和转矩，还能在一定程度上补偿轴的偏移。

1. 滑块联轴器

滑块联轴器如图 18-4 所示。它是由两个半联轴器 1、3 和中间盘 2 组成，半联轴器 1、3 的端面上开有凹槽，中间盘 2 两端面带有互相垂直的凸台，工作时凸台可沿凹槽滑动，故可补偿两轴间的相对径向位移和角偏移。但在两轴间有偏移的情况下工作时，中间盘会产生较大的离心力，故只适用其工作转速较低的场合。

2. 万向联轴器

万向联轴器如图 18-5 所示，它是由分别装在两轴端的叉形接头 1、3 与十字轴 2 组成。这种联轴器允许两轴间有较大的夹角，最大可达 35°～45°，且在工作中也能改变夹角。这种联轴器的缺点是当主动轴角速度 ω_1 为常数时，从动轴的角速度 ω_2 不为常数，而是在一定范围内变化，从而引起附加动载荷。因此，常将两个万向联轴器成对使用，如图 18-6 所示。但安装时应注意必须保证中间轴上两端的叉形接头在同一平面内，且应使主、从动轴与中间轴的夹角相等，这样才可保证 $\omega_1 = \omega_2$。

万向联轴器的结构紧凑，维护方便，能传递较大转矩，广泛应用于汽车、拖拉机和金属切削机床中。

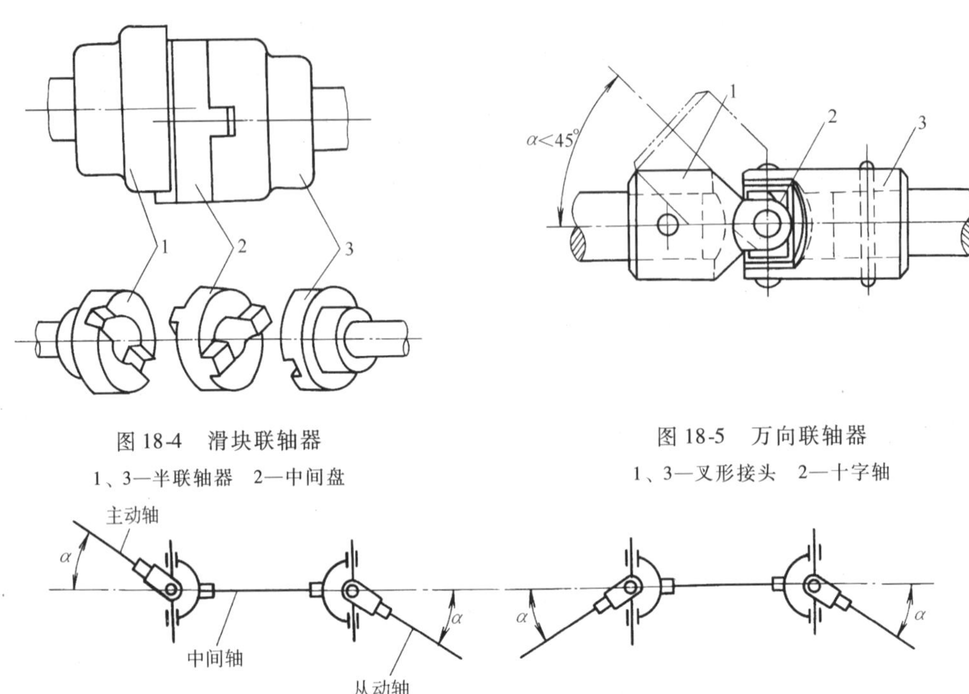

图 18-4　滑块联轴器

1、3—半联轴器　2—中间盘

图 18-5　万向联轴器

1、3—叉形接头　2—十字轴

图 18-6　万向联轴器

3. 齿式联轴器

齿式联轴器是一种具有补偿综合偏移能力的挠性联轴器，如图 18-7 所示。它由两个带有内齿的外套筒 2、3 和两个带有外齿内套筒 1、4 组成。两外套筒用螺栓联接；两内套筒通过键与轴联接，利用内外齿啮合传递转矩。

齿式联轴器的承载能力大，工作可靠，但结构复杂，制造成本高，主要应用于重型机械和起重设备中。

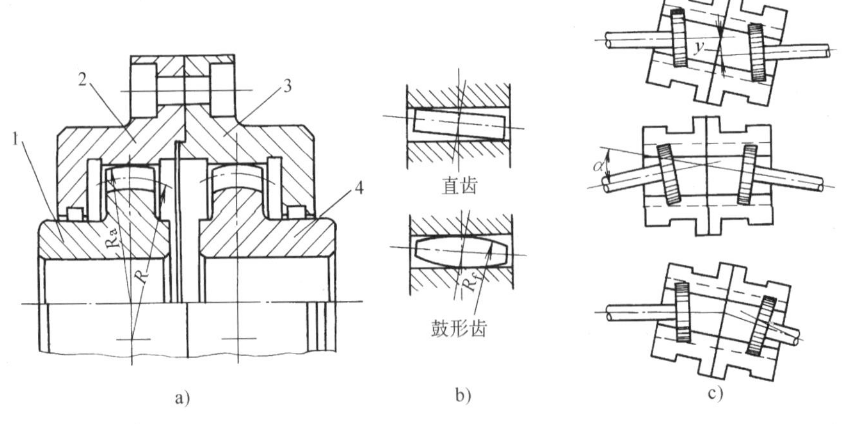

图 18-7　齿式联轴器

a）齿式联轴器的结构　b）齿形示意图　c）位移补偿示意图

1、4—内套筒　2、3—外套筒

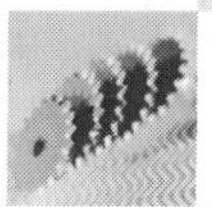

三、弹性元件挠性联轴器

1. 弹性套柱销联轴器

弹性套柱销联轴器如图 18-8 所示，它的构造与凸缘联轴器相似，不同之处是用柱销代替了螺栓，柱销上套有弹性套，利用弹性套的弹性变形来补偿两轴的偏移，并具有缓冲吸振的作用。弹性套材料为耐油橡胶，柱销材料为 45 钢，半联轴的材料为钢或铸铁。

弹性套柱销联轴器结构简单，易拆卸，成本低，但弹性套易损坏，寿命短，故适于载荷平稳、起动频繁的中小功率传动。

2. 弹性柱销联轴器

弹性柱销联轴器如图 18-9 所示，它的构造也与凸缘联轴器相似，弹性柱销将两个半联轴器联接起来。为防止柱销脱落，采用了挡板。柱销多用尼龙或酚醛布棒等弹性材料制造。

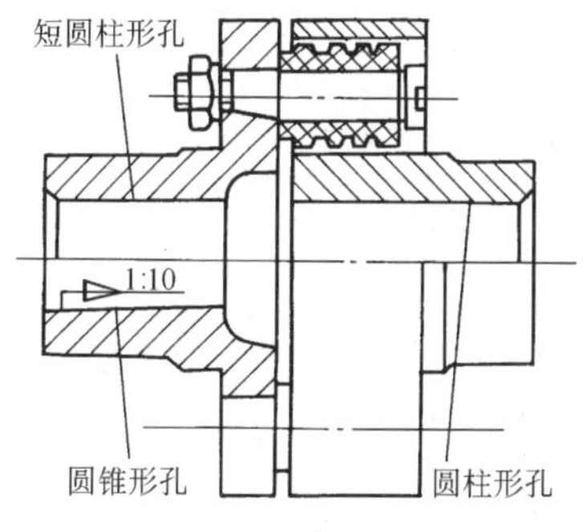

图 18-8　弹性套柱销联轴器

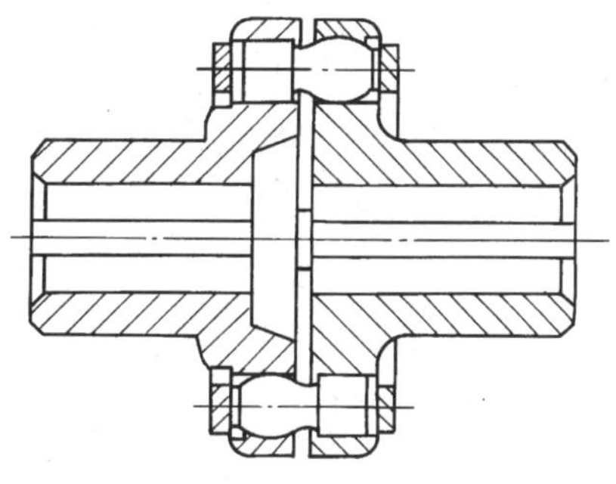

图 18-9　弹性柱销联轴器

与弹性套柱销联轴器相比，弹性柱销联轴器的载荷传递能力更大、结构更为简单，使用寿命及缓冲吸振能力更强。它适用于轴向窜动量大、经常正反转、起动频繁和转速较高的场合。但由于柱销材料对温度较为敏感，一般宜在 20～70℃工作。

第二节　离　合　器

离合器用来联接两轴并传递转矩，并且在机器运转过程中可随时进行接合或分离。因此，离合器应保证离合平稳、迅速、可靠，操纵方便，耐磨性及散热性好。

按工作原理离合器可分为嵌合式离合器、摩擦式离合器两类；按控制方式可分为操纵式离合器和自动式离合器两类。操纵式离合器多以机械、液压、气动、电磁等为动力进行操纵。

一、嵌合式离合器

嵌合式离合器依靠机械啮合实现传动，有牙嵌式、齿式、销式、拉键式和转键式等多种形式，如图 18-10 所示。它们结构简单，尺寸较小，工作时无相对滑动，因而可使两轴同步转动，减小齿间冲击，延长齿的寿命。

图 18-11 所示为常见的牙嵌离合器。它由两个端面带牙的半离合器 1、2 组成。从动半

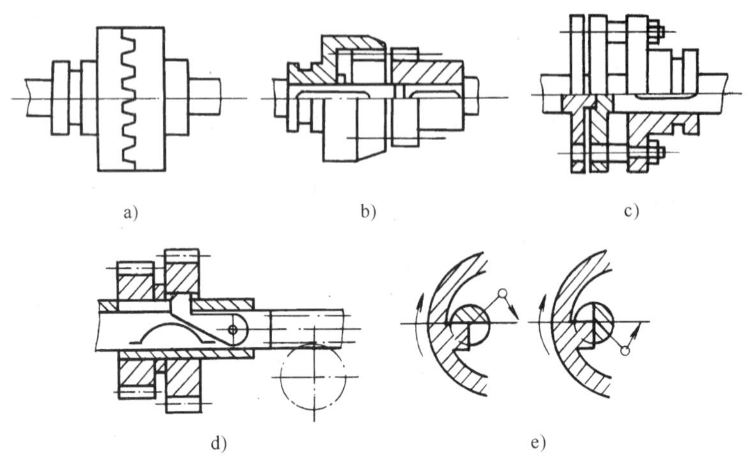

图 18-10 嵌合式离合器的形式

a) 牙嵌式 b) 齿式 c) 销式 d) 拉键式 e) 转键式

离合器 2 用导向平键 3 与轴联接，主动半离合器 1 用平键与轴联接，对中环 4 用来提高两轴对中程度，使离合器容易分离或接合。

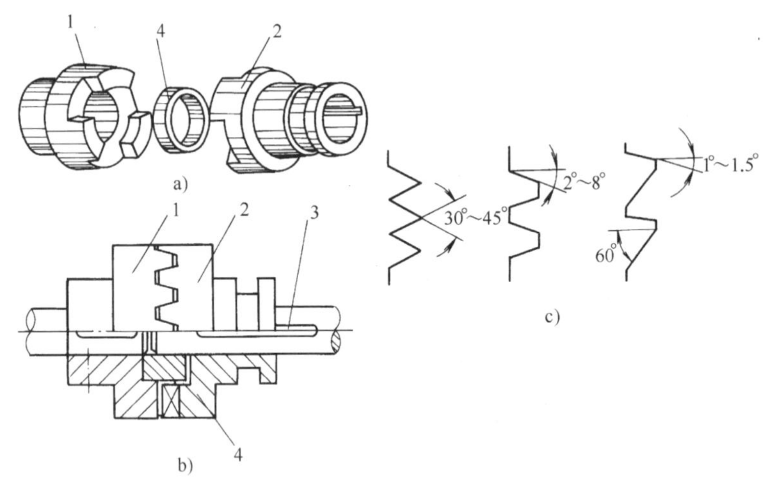

图 18-11 牙嵌离合器

1、2—半离合器 3—导向平键 4—对中环

牙嵌离合器的常用牙型有矩形、梯形和锯齿形等。矩形齿接合、分离困难，牙的强度低，磨损后无法补偿，仅用于静止状态的手动接合；梯形齿牙根强度高，接合容易，且能自动补偿牙的磨损与间隙，因此应用较广；锯齿形牙根强度高，可传递较大转矩，但只能单向工作。

牙嵌离合器应在两轴不转动或转速差很小时接合或分离。

二、摩擦式离合器

摩擦式离合器是利用主、从动摩擦片间的摩擦来传递转矩的。它能在不停车或两轴有较

大转速差时进行平稳接合，在机器过载时打滑能起到保护作用。当摩擦面产生相对滑动时，两轴不能保持同步转动。

1. 单盘离合器

图 18-12 所示为是单盘离合器，在同样的压紧力下，锥面比平面的摩擦力矩更大。有时用摩擦材料加装在盘的表面，以增大两盘间的摩擦力矩，提高耐磨、耐油及耐高温的性能。

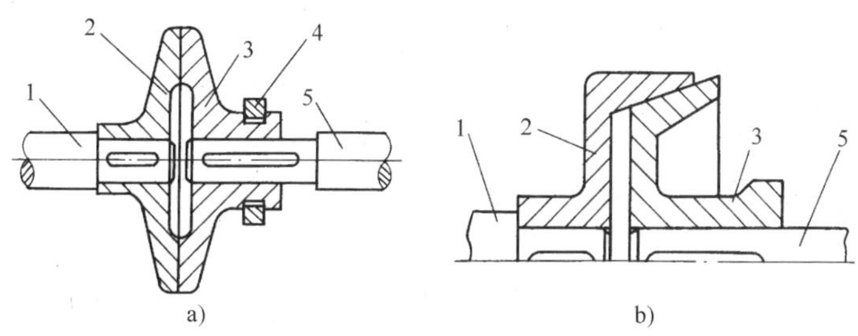

图 18-12　单盘离合器

a）平面摩擦　b）锥面摩擦

1—主动轴　2—主动盘　3—从动盘　4—操纵环　5—从动轴

2. 多片离合器

为提高传递转矩的能力，很多机器上采用多片离合器。如图 18-13 所示，主动部分有主动轴 1、外套 2 和一组外摩擦片 4，外摩擦片 4 可以沿外套 2 的内槽移动；从动部分有从动轴 10、套筒 9 和一组内摩擦片 5，内摩擦片 5 可以沿套筒 9 上的槽滑动；套筒 9 上开有均布的三个纵向槽，在槽内安装有曲臂压杆 8。当操纵滑环 7 向左移动时，通过曲臂压杆 8 顺时针转动，将两组摩擦片压紧，离合器处于接合状态，主动轴 1 带动从动轴 10 转动。当操纵滑环 7 向右移动时，通过曲臂压杆 8 下面的弹簧片使 8 逆时针转动，两组摩擦片压力消除，离合器处于分离状态。双螺母 6 靠调整内、外两组摩擦片的间距，来调整摩擦片之间的压力。

摩擦片的形状见图 18-13b、c 和 d。碟形摩擦片在离合器分离时能借助其弹性自动恢复原状，有利于内、外摩擦片快速分离。

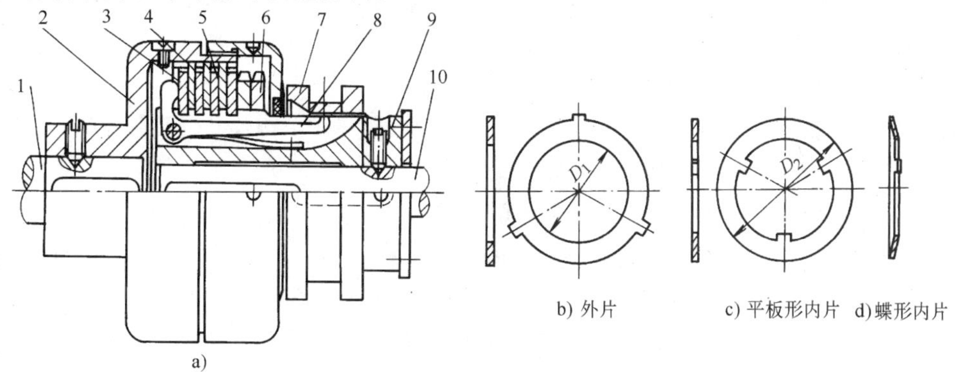

图 18-13　多片离合器

1—主动轴　2—外套　3—压板　4—外摩擦片　5—内摩擦片

6—双螺母　7—滑环　8—压杆　9—套筒　10—从动轴

多片离合器的传动能力与摩擦面对数有关，摩擦片越多，摩擦面的对数也越多，所传递的功率就越大。如果所传递的功率相同，它可以比单盘式大大减小径向尺寸，所需轴向压紧力也可减小。所以多片离合器承载能力大，结构紧凑，操作轻便，应用较为广泛。

多片离合器除机械操纵外，还有电磁、液压、气动等操纵方式，它们在数控机床及自动机械中有广泛应用。

三、自动离合器

自动式离合器不需要外来操纵，当机器的转矩、转速或转向变化达到规定限度时，离合器自行完成接合和分离动作。常用的有安全离合器、离心式离合器和定向离合器。

1. 安全离合器

当工作转矩或转速超过一定数值后，通过离合器脱开或打滑，使主、从动轴的运动中断，从而保护机器上的其他零件不被破坏，这种离合器称为安全离合器。图 18-14 所示为牙嵌安全离合器，它由两个半离合器和弹簧、螺母等组成。它没有操纵机构，靠弹簧压紧两半离合器的端面梯形齿传递转矩。当从动轴上的载荷过大时，在梯形齿面上产生的轴向分力大于弹簧压力，从而迫使离合器分离。通过螺母调节弹簧的压力，可以控制传递转矩的大小。

2. 离心离合器

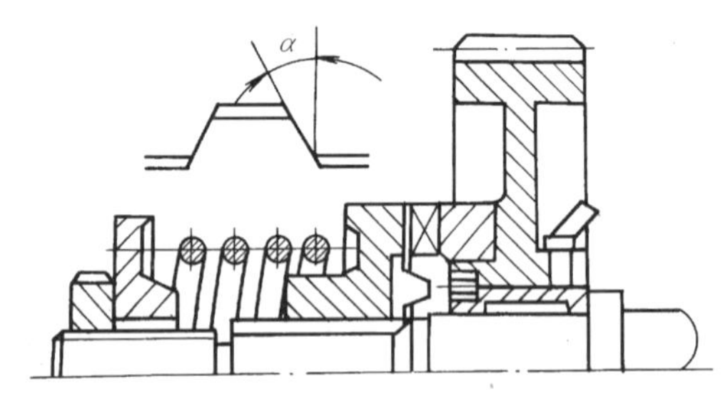

图 18-14　牙嵌安全离合器

离心离合器是利用惯性离心力来控制接合和分离的离合器。图 18-15a 所示为自动接合式离合器，当主动轴达到超过某一转速时，闸瓦 5 上的离心力将克服弹簧 2 的拉力，使闸瓦 5 压紧从动轴的半离合器内表面，产生摩擦力矩带动从动轴旋转。图 18-15b 所示为自动分离式离合器，闸瓦靠弹簧压紧作用产生摩擦力，主从动轴一起转动；当从动轴的转速达到某一定值时，闸瓦上的离心力将克服弹簧的压力而移动，摩擦力矩减小直至消失，主、从动轴自动分离。

离心离合器一般装在机械的高速部分，如动力机的输出轴或工作机的输入轴上，以控制动力机的起动转矩过大或防止过载。

3. 单向离合器

单向离合器也称为超越离合器，它只能按一个转向传递转矩，反向时就自动分离。图 18-16 所示为应用很多的滚柱超越离合器，由星轮 1、外圈 2、滚柱 3 和弹簧 4 组成。弹簧 4 将滚柱 3 压向楔形槽内，与星轮 1、外圈 2 相接触。

当星轮 1 为主动件顺时针方向旋转时，滚柱 3 被楔紧在槽内，星轮 1 通过滚柱 3 从而带动外圈 2 一起转动；当星轮 1 逆时针方向转动时，滚柱 3 被推到槽中较宽的部位不再楔紧，外圈 2 就不再转动，离合器处于分离状态。如果外圈 2 为主动件逆时针方向旋转时，滚柱 3 被楔紧，离合器处于接合状态；而顺时针方向转动时，则处于分离状态。

单向离合器工作时无噪声，宜用于高速防止逆转或间歇运动等场合。

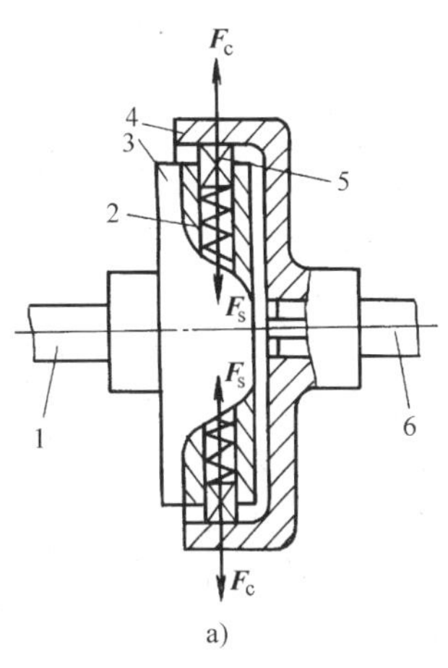

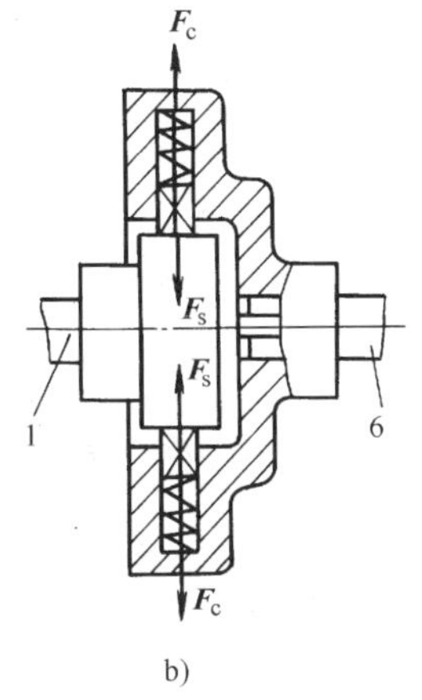

图 18-15 离心离合器

a）自动接合式 b）自动分离式

1—主动轴 2—弹簧 3—主动半离合器

4—从动半离合器 5—闸瓦 6—从动轴

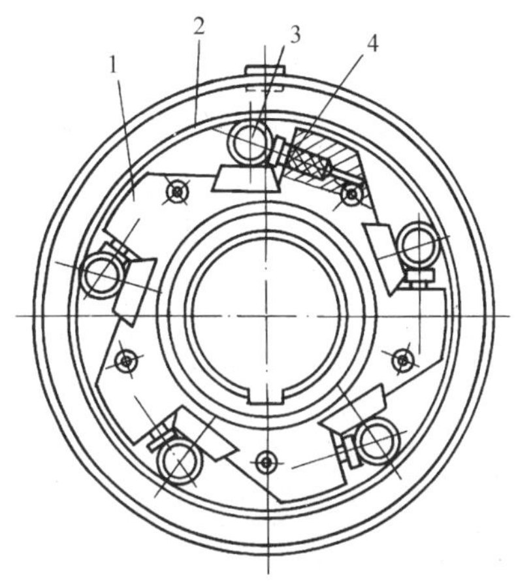

图 18-16 滚柱超越离合器

1—星轮 2—外圈 3—滚柱 4—弹簧

第三节 制 动 器

制动器的功用是降低机器的速度或让其停止运动，有时也用于限速，它是保护机器正常和安全工作的重要部件。因此，制动器应制动力矩大、工作可靠、操纵简便灵活、结构合理。通常将制动器安装在机器的高速轴或减速器的输入轴上，以减小制动力矩，缩小制动器的尺寸。安全制动器多安装在低速轴上，以防止因中间传动零件损坏而造成制动失灵。

制动器分为摩擦式和非摩擦式两大类，摩擦式应用很普遍。操纵方式有机械、液压、气压和电磁等。下面介绍几种常用的摩擦式制动器。

图 18-17 常闭式抱块制动器

1—制动轮 2—闸瓦块 3—主弹簧

4—制动臂 5—推杆 6—松闸器

一、抱块式制动器

抱块式制动器分为常闭式和常开式。常闭式抱块制动器的工作状态是：通电时松闸，断电时制动。如图 18-17 所示，当松闸器 6 断电时，主弹簧 3 通过制动臂 4 使闸瓦块 2 压紧在制动轮 1 上，达到制动的目的。当松闸器 6 通电时，电磁力顶起立柱，通过推杆 5 和制动臂 4 操纵闸瓦块 2 与制动轮 1 松开。闸瓦块 2 磨损时可以调节推杆 5 的长度进行补偿。这种制动器结构简单，性能可靠，间隙调整方便且散热较好。但由于接触面有限，使制动力矩较小，且外形尺寸较大，一般用于制动频繁且空间较大的场合。常闭式抱块制动器经常处于闭合状态，比较安全，一般用于起重运输机械。

常开式抱块制动器的工作状态是：通电时制动，断电时松闸。常用于机动车辆的制动，如汽车防抱死制动系统（简称 ABS）等。

二、内涨蹄式制动器

图 18-18 所示为内涨蹄式制动器。制动蹄 2 和 7 的外表面装有摩擦片 3，并分别通过销轴 1 和 8 与机架铰接。压力油通过双向液压缸 4 推动左右两个活塞，使两个制动蹄 2 和 7 压紧制动轮毂 6，达到制动的目的。压力油卸载后，制动蹄 2 和 7 在弹簧 5 的作用下与制动轮毂 6 分离。

内涨蹄式制动器结构紧凑，制动力矩大，在结构尺寸受限的机械及车辆中得到广泛应用。

三、带式制动器

图 18-19 是由杠杆控制的带式制动器。钢带环绕在被制动的轮轴上，制动力 F_Q 通过杠杆放大后使钢带张紧从而实现制动。这种制动器构造简单，制动力矩大，但发热也较大，制动带磨损不均匀，被制动的轮轴受弯矩作用，主要应用于一些小型起重机械和汽车的手动制动装置中。

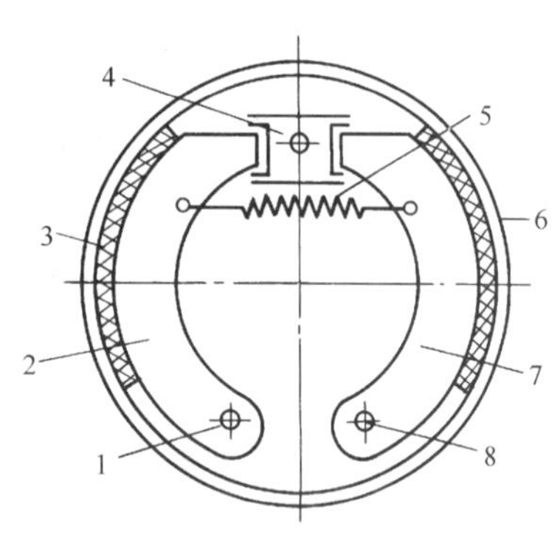

图 18-18　内涨蹄式制动器

1、8—销轴　2、7—制动蹄　3—摩擦片
4—双向液压缸　5—弹簧　6—制动轮毂

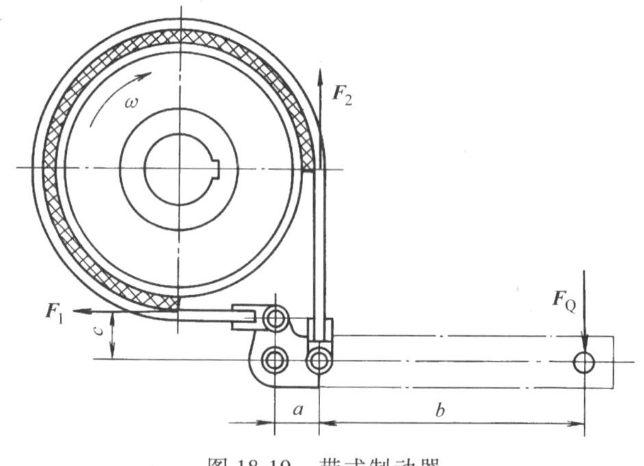

图 18-19　带式制动器

思考题与习题

一、多选填空题：本题的可选答案中，有 2～4 个是正确的，请将正确答案号填到空格里。

18-1　联轴器和离合器在机器中所起的主要作用是__________。

a）缓和冲击与振动　b）用来联接两轴　c）传递运动和转矩　d）防止机器发生过载

18-2　与联轴器相比，离合器联接两根轴__________。

a）一直处于联接状态　b）停车后才能分离或接合

c）可以在转动中分离　d）可以在转动中接合

18-3　在两轴对中性好的情况下，可以考虑采用的联轴器有__________。

a）套筒联轴器　　b）凸缘联轴器　　c）齿式联轴器　　d）滑块联轴器

18-4　在载荷平稳、转速稳定、两轴对中性差的情况下，可以考虑采用的联轴器有__________。

a）滑块联轴器　　b）齿式联轴器　　c）万向联轴器　　d）弹性柱销联轴器

18-5　万向联轴器的特点有__________。

a）结构紧凑　　b）维护方便　　c）能传递较大转矩　　d）价格低廉

18-6　联接转速高、载荷大、正反转多变的两轴，一般宜采用的联轴器是__________。

a）弹性套柱销联轴器　　b）弹性柱销联轴器　　c）万向联轴器　　d）齿式联轴器

18-7　弹性套柱销联轴器的特点是__________。

a）价格低廉　　b）结构简单、装拆方便　　c）能吸收振动和补偿两轴的综合偏移

d）弹性套不易损坏，使用寿命长

18-8　牙嵌离合器可以在__________情况下接合。

a）高速转动　　b）停机　　c）低速转动　　d）正反转工作

二、选择填空题： 请将最恰当的一个答案的题号填到空格里。

18-9　汽车发动机变速箱输出轴与汽车后桥间的联接采用的是__________。

a）齿式联轴器　　b）万向联轴器　　c）弹性柱销联轴器　　d）弹性套柱销联轴器

18-10　牙嵌离合器中，牙形为__________的具有牙根强度高、牙磨损后能自动补偿的特点。

a）矩形　　b）锯齿形　　c）梯形　　d）都具有

18-11　要求两轴在任何转速下都可接合，并有过载保护作用，宜采用__________。

a）牙嵌离合器　　b）离心离合器　　c）超越离合器　　d）摩擦离合器

18-12　齿式联轴器的特点是__________。

a）可补偿两轴的综合偏移　　b）只可补偿两轴的径向偏移

c）只可补偿两轴的角偏移　　d）有齿顶间隙，能缓冲吸振

18-13　如图 18-20 所示的超越离合器，当星轮为主动件时，外环能被带动的是__________。

a）星轮顺时针方向转动　　b）星轮逆时针方向转动

c）星轮和外环都顺时针方向转动，星轮转速较慢

d）星轮和外环都逆时针方向转动，星轮转速较快

18-14　不增大摩擦离合器径向尺寸，提高传递转矩能力的最有效措施是__________。

a）增大压紧力　　b）更换摩擦片材料

c）提高主动轴转速　　d）增加摩擦片的数目

18-15　自行车后轮上的飞轮相当于一个离合器，它属于的类型是__________。

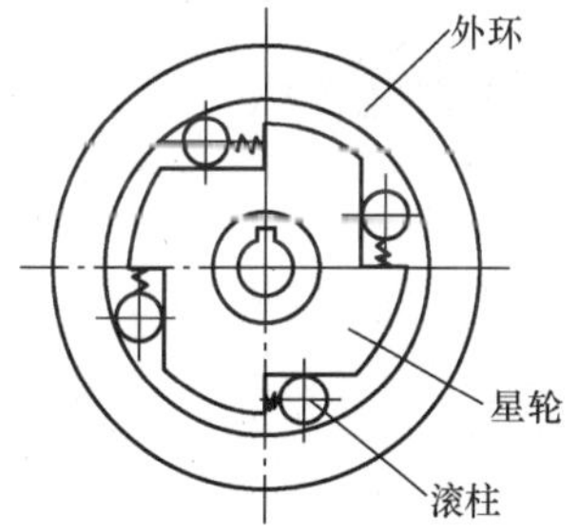

图 18-20　题 18-13 图

a）牙嵌离合器　　b）摩擦离合器　　c）超越离合器　　d）离心离合器

三、判断题

18-16　联轴器与离合器都是靠啮合来联接两轴，传递回转运动和转矩的。（　　）

18-17　万向联轴器只要成对使用，就可以使主、从动轴达到等角速比传动。（　　）

18-18　机器过载时，摩擦离合器具有一定的安全保护作用。（　　）

18-19　摩擦式离合器可在任何不同的转速下实现离合。（　　）

18-20　若两轴刚性较好，安装时能精确对中，则选用弹性套柱销联轴器。（　　）

18-21　联轴器、离合器和制动器，尚未标准化和系列化。（　　）

18-22　制动器是用来使机械停止运转的装置，通常装在设备的低速轴上。（　　）

18-23　安全制动器应装在机器的高速轴，以减小制动器的尺寸。（　　）

四、设计计算题

18-24 机械加工车间的桥式起重机如图 18-21 所示，*A*、*B*、*C*、*D* 四处需采用联轴器，试选择合适的类型。

18-25 多片式摩擦离合器工作中，出现打滑或分离不彻底现象，试分析其原因，并提出克服的方法。

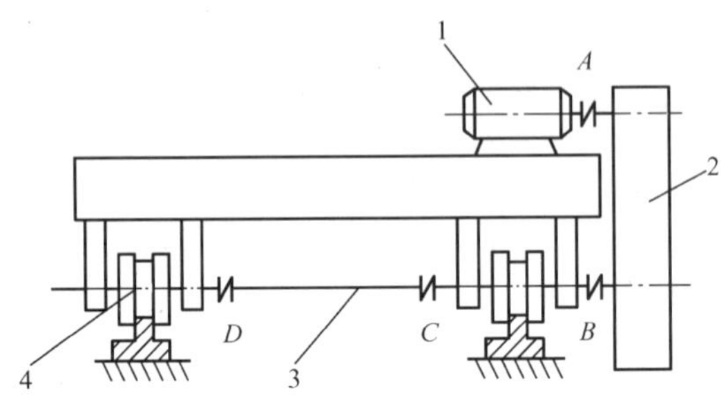

图 18-21 题 18-24 图

1—电动机 2—减速器 3—传动轴 4—轮轴

第十九章　弹性连接

第一节　弹性连接的功用与类型

在外载荷作用下产生弹性变形，卸载后恢复原有形状和尺寸的零件，称为弹性零件；机器中各种类型的弹簧、仪表中形状各异的簧片、膜片和波纹管等都是弹性零件。用弹性零件与被连接件形成的动连接，称为弹性连接；弹性连接广泛应用于各种机器、仪表及日常用品中。

一、弹性连接的功用

(1) 缓冲吸振　如各种车辆上的弹簧悬挂所构成的连接。

(2) 控制运动　如内燃机中的进排气阀门弹簧连接等。

(3) 储存和输出能量　如钟表的发条等。

(4) 测量载荷　如弹簧秤、测力器中的弹簧连接。

弹性零件种类繁多，本章主要介绍机器中常用的弹簧。

二、弹簧的类型、特点和应用

常用弹簧的承载性质、类型、特点及应用见表19-1。

表19-1　弹簧的主要类型、特点及应用

<table>
<tr><th colspan="2">类型</th><th>承载</th><th>简　图</th><th>特点及应用</th></tr>
<tr><td rowspan="4">螺旋弹簧</td><td rowspan="3">圆柱形</td><td>压缩</td><td></td><td rowspan="2">刚度稳定，结构简单，制造方便，应用最广。适用于各种机械</td></tr>
<tr><td>拉伸</td><td></td></tr>
<tr><td>扭转</td><td></td><td>主要用于各种装置中的压紧和储能</td></tr>
<tr><td>圆锥形</td><td>压缩</td><td></td><td>结构紧凑，稳定性好，刚度随载荷增大而变化，多用于需承受较大载荷和减振的场合</td></tr>
</table>

（续）

类型	承载	简　图	特点及应用
碟形弹簧	压缩		适用于载荷很大而弹簧轴向尺寸受限的地方。具有变刚度的特性
环形弹簧	压缩		有很高的缓冲和吸振能力，用于重型设备的缓冲装置
涡卷弹簧	扭转		变形大，轴向尺寸小，多用作仪器、钟表中的储能弹簧
板弹簧	弯曲		缓冲和减振性能好，多主要用于车辆的悬挂装置

三、弹簧的材料与制造

弹簧工作时，一般要求有较大的变形，同时经常承受交变载荷和冲击载荷，所以弹簧材料应具有高弹性极限和疲劳极限、良好的冲击韧度和热处理性能。常用的弹簧材料有优质碳素弹簧钢、合金弹簧钢和非铁合金，也有非金属的橡胶、塑料、软木和空气等。常用弹簧材料见表19-2。

表19-2　常用的弹簧材料

材料	牌号	适用温度℃	硬度范围	特点及应用
碳素弹簧钢丝	B、C、D级	-40～120		价格低廉，热处理后强度较高，但尺寸大时不易淬透，多用于制作小弹簧
合金钢丝	60Si2Mn	-40～200	45～50 HRC	弹性和回火稳定性好，适用于受重载的大弹簧
	50CrVA	-40～210	47～50 HRC	有高的疲劳极限，弹性、淬透性和回火稳定性好，常用于制造受变载荷的弹簧
	60Si2CrVA	45～50	47～52 HRC	强度高，耐高温，适用于承受重载荷的弹簧
不锈钢丝	4Cr13	-40～300	48～53HRC	耐腐蚀，耐高温，适于受腐蚀影响的弹簧
青铜丝	QSi3-1	-40～120	90～100HBW	耐腐蚀，防磁，适用于机械或仪表中的弹簧

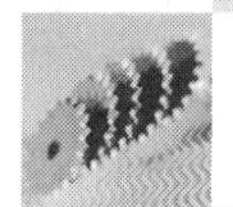

第二节　圆柱形螺旋弹簧的结构、参数和尺寸

一、弹簧的端部结构

圆柱螺旋弹簧的端部结构形式很多，压缩弹簧的两端各有$\frac{3}{4}\sim1\frac{1}{4}$圈与邻圈并紧，只起支承作用，不参与变形，叫做支承圈或死圈。支承圈端面与弹簧座接触，最常见的端部结构如图 19-1 所示。YⅠ型端部并紧磨平，两支承端面与弹簧的轴线垂直，弹簧受压时不致歪斜，适用于重要场合。YⅡ型端部并紧不磨平，用于不重要场合。

拉伸弹簧的端部制有挂钩，以便安装和加载。常用的端部结构形式如图 19-2 所示。LI 型和 LⅡ型制作方便，应用广泛；但在挂钩过渡处产生很大的弯曲应力，故宜用于弹簧丝直径小于 10mm 的弹簧。LⅦ和 LⅧ型挂钩受力情况较好，因可转向而便于安装，但制造成本较高。对受力较大的重要弹簧，多采用 LⅦ型挂钩。

二、弹簧的特性曲线

弹簧的变形量与所受载荷大小直接相关，表示弹簧所受载荷与变形量之间关系的曲线，称为弹簧特性曲线。在制造和选用弹簧时，它是检验和测试的重要依据，通常特性曲线画在弹簧工作图上。

1. 压缩弹簧的特性曲线

压缩弹簧的特性曲线如图 19-3 所示。弹簧未受载荷时的自由高度为 H_0。安装时一般要给弹簧施加压缩载荷 F_1，使它稳定在工作位置上，在 F_1 的作用下弹簧的压缩变形量为 f_1，弹簧的高度由 H_0 减少到 H_1。当弹簧工作时，在最大工作载荷 F_2 作用下相应的变形量为 f_2，弹簧的高度减少到 H_2。图中的 $h = f_2 - f_1 - H_1 - H_2$，称为弹簧的工作行程。

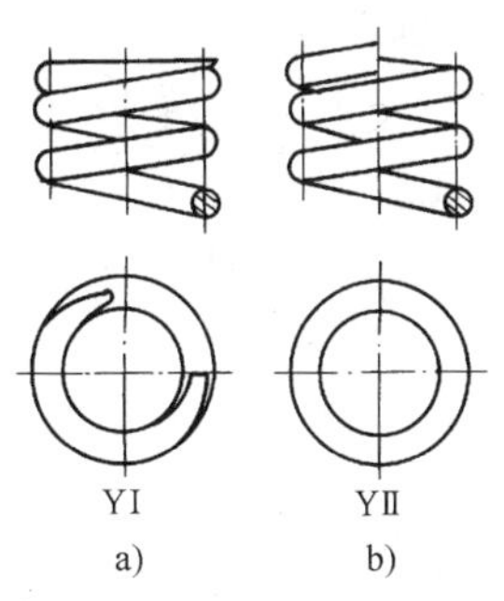

图 19-1　圆柱螺旋压缩弹簧的端部结构
a) YⅠ型 并紧磨平　b) YⅡ型 并紧不磨平

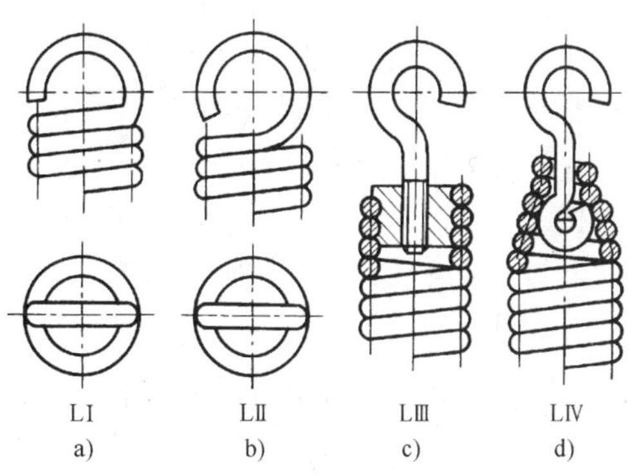

图 19-2　圆柱螺旋拉伸弹簧的端部结构
a) LⅠ型　b) LⅡ型　c) LⅦ型　d) LⅧ型

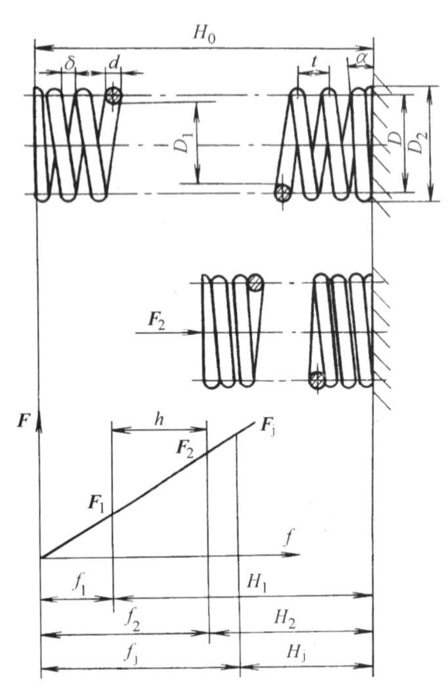

图 19-3　压缩弹簧的特性曲线

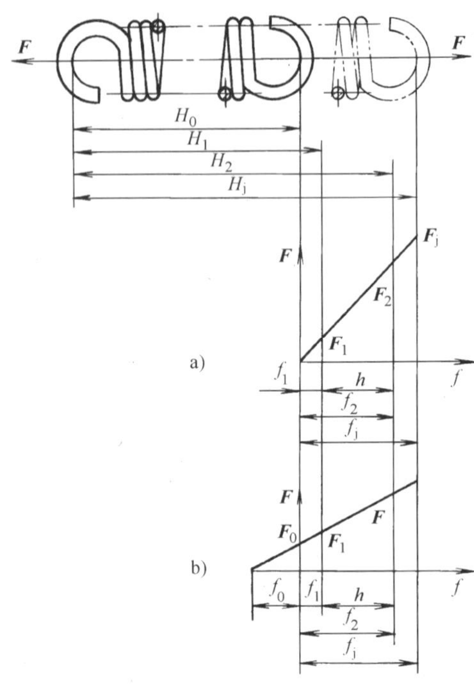

图 19-4　拉伸弹簧的特性曲线

弹簧的最大工作载荷 F_2 是根据工作要求确定的；最小工作载荷通常取为 $F_1=(0.1\sim0.5)F_2$。

图中 F_{lim} 为弹簧的极限载荷，F_{lim} 使弹簧的高度减少到 H_{lim}，弹簧的变形量为 f_{lim}，此时弹簧丝的应力达到了材料的剪切弹性极限。为了保证弹簧能安全可靠地工作，要求 $F_2\leqslant0.8F_{lim}$。

2. 拉伸弹簧的特性曲线

由于卷绕方式不同，拉伸弹簧分为无预应力拉伸弹簧和有预应力拉伸弹簧两种。无预应力拉伸弹簧的特性曲线如图 19-4 所示，它与压缩弹簧的特性曲线相似。

有预应力的拉伸弹簧的特性曲线如图 19-4b 所示；预应力是在卷绕弹簧的过程中，由于各圈并紧而产生的内力造成的，这个力称为初拉力 F_0。有预应力的拉伸弹簧只有外载荷超过初拉力 F_0 后，弹簧才开始变形；图中的 f_0 是假设在 F_0 作用下产生的假想变形量。这种有预应力的拉伸弹簧，比无预应力的拉伸弹簧节省轴向空间。

3. 弹簧的刚度

弹簧产生单位变形量所需的载荷称为弹簧刚度，以 k 表示，$k=\dfrac{F}{f}$，它是表征弹簧性能的重要参数。

思考题与习题

一、多选填空题：本题的可选答案中，有 2～4 个是正确的，请将正确答案号填到空格里。

19-1　弹性联接的主要功用是________。

a）缓冲吸振　　b）控制运动　　c）储存和输出能量　　d）测量载荷

19-2　在日常生活中常见的弹簧有________。

a）圆柱螺旋弹簧　　b）蜗卷盘簧　　c）环形弹簧　　d）板弹簧

19-3　下列材料中，常用于制造弹簧的是________。

a）GCr15　　b）50CrVA　　c）45 钢　　d）60Si2MnA

19-4　当弹簧丝直径小于 10mm 时，常采用________。

a）冷卷法　　b）热卷法　　c）淬火后回火　　d）低温回火

19-5　在潮湿环境或腐蚀介质中工作的弹簧，宜选用的材料有________。

a）65Mn　　b）50CrVA　　c）4Cr13　　d）QSi3-1

二、判断题

19-6　汽车、拖拉机和火车等交通工具上使用的板弹簧，都是用来储存能量的。（　　）

19-7　弹簧材料必须具有高屈服强度、疲劳极限、低韧性和良好的热处理性能。（　　）

19-8　弹簧工作时钢丝反复变形、承受交变应力，因而失效形式主要是疲劳破坏。（　　）

19-9　弹簧特性曲线表示弹簧所受载荷与变形量之间的关系。（　　）

19-10　对压缩弹簧产生单位变形量所需的载荷称为弹簧刚度。（　　）

参 考 文 献

[1] 刘思俊. 工程力学［M］. 北京：机械工业出版社，2003.

[2] 中国机械工业教育协会. 工程力学［M］. 北京：机械工业出版社，2001.

[3] 吴建生. 工程力学［M］. 北京：机械工业出版社，2002.

[4] 吴绍莲. 工程力学［M］. 北京：机械工业出版社，2002.

[5] 杜建根，陈庭吉. 工程力学［M］. 北京：机械工业出版社，2003.

[6] 顾晓勤. 工程力学［M］. 北京：机械工业出版社，2001.

[7] 杨可桢，程光蕴. 机械设计基础［M］. 北京：高等教育出版社，2003.

[8] 何元庚. 机械原理与机械零件［M］. 北京：高等教育出版社，1999.

[9] 黄森彬. 机械设计基础［M］. 北京：机械工业出版社，2003.

[10] 汤慧瑾. 机械设计基础［M］. 北京：机械工业出版社，1997.

[11] 李彦青，张国俊. 机械设计基础［M］. 北京：机械工业出版社，2002.

[12] 胡家秀. 机械设计基础［M］. 北京：机械工业出版社，2004.

[13] 陈庭吉. 机械设计基础［M］. 北京：机械工业出版社，2002.

[14] 张久成. 机械设计基础［M］. 北京：机械工业出版社，2001.

[15] 霍震生. 机械设计基础［M］. 北京：机械工业出版社，2003.

[16] 郭仁生. 机械设计基础［M］. 北京：清华大学出版社，2001.

[17] 陈立德. 机械设计基础［M］. 北京：高等教育出版社，2000.

[18] 栾学钢. 机械设计基础［M］. 北京：高等教育出版社，2001.

[19] 胡家秀. 简明机械零件设计实用手册［M］. 北京：机械工业出版社，1999.

[20] 机械工程师手册编辑委员会. 机械工程师手册［M］. 2 版. 北京：机械工业出版社，2001.

[21] 吴宗泽. 机械设计师手册：上册［M］. 北京：机械工业出版社，2002.

[22] 黄森彬. 机械原理与机械零件选择题集［M］. 北京：高等教育出版社，1992.